새로운

복소해석학의 기초

방현수 지음

KyoWooSa 敎友社

머리말

복소함수론은 수학뿐만 아니라 이학이나 공학을 전공하는 학생들도 꼭 배워야 하는 학문으로 인식되고 있으며 그 전통은 2백년 이상 지속되고 있다. 본서는 미적분학을 마치고 한 학기 정도의 고등미적분을 수강한 학부 3, 4학년의 이공계 학생들이 공부하기에 적당하리라 본다. 그러나 많은 예제와 특히 3백여 개의 연습문제 해답이 모두 준비되어 있기 때문에 미적분학에서 $\epsilon-\delta$ 논법을 어느 정도 이해한 사람이면 복소함수론을 공부할 수 있으리라 생각된다.

이 책은 저자가 지난 십여 년간 강의한 복소함수론 강의록을 중심으로 꾸며보았다. 그동안 학생들에게 숙제로 내준 문제와 해답을 근간으로 하고 새로이 많은 연습문제들을 이미 널리 알려진 복소함수론에 관한 영문서적인 J.H. Mathew, Pennisi, L. Alhfors, J. Conway 등의 Complex Analysis 혹은 Complex Variables로부터 선택하여 해답집을 만들어 보았다. 수학공부는 많은 연습문제를 스스로 해결하여야 가장 효율적이기에 해답집을 참조하기 이전에 먼저 문제를 풀어 나중에 답과 비교할 것을 추천하고 싶다.

대학에서 이 책을 교재로 강의할 때는 1년 강좌인 경우, 제1장 복소수에서 제6장 멱급수를 1학기에, 그리고 나머지 부분을 2학기에 강의하면 적당하리라 보고, 한 학기 강의인 경우에는 정리의 증명보다는 유수정리의 실적분응용과 등각사상과 1차분수변환을 포함한 문제풀이 중심으로 강의하면 알맞은 분량이라고 생각된다.

제 1장 복소수에서는 복소수의 정의와 성질, 복소수의 기하학적 의미와 표현에 대해서 설명하였다. 2장 복소공간에서의 위상은 복소 수열과 극한, 연속함수 등에 관한 기본적인 개념들을 요약한 것이므로 이것에 익숙한 사람들은 생략할 수도 있다. 그러나 복소공간에서 예들은 새로운 것이므로 꼭 읽어 보아야 할 것이다. 3장 해석함수에서는 미분 가능한 함수와 해석함수에 관하여 설명하였다. 예제와 연습문제를 통해 해석함수의 여러 종류의 특성을 파악하도록 하였다. 4장 초등함수에서는 삼각함수, 지수함수 그리고 대수함수가 어떻게 복소평면에서 정의되고 확장되었는지 배운다. 5장 복소적분은 선적분으로서의 복소적분을 소개하고 복소적분이 갖는 특이한 성질과 이를 이용한 해석함수의 특성에 대해서 알아본다. 가장 중요한 정리 중 하나인 Cauchy의 적분정리는 homotopy 방법을 택했으나 증명은 생략하였다.

6장 멱급수에서는 멱급수와 Taylor정리, Laurent 정리를 소개하였다. 멱급수도 해석함수를 이해하는 방법 중에 하나이다. 7장 유수정리와 응용에서는 유수의 설명과 유수를 이용하여 실적분을 구하는 방법을 많은 예제를 통해 설명하였다. 제8장 등각사상에서는 1차분수변환의 여러 가지 성질과 이것을 이용한 복소평면의 영역 사이의 등각사상을 구하는 방법에 대해서 알아보았다. 7장에서 배운 Montel의 정리를 사용하여 Riemann의 사상정리를 증명하였다. 9장에서는 조화함수에 대해 해석함수와 유사한 여러 가지 성질과 Poisson의 적분공식을 이용한 Dirichlet 문제와 경상의 원리 등을 설명한다. 열조화함수에 관한 정리와 문제는 연습문제에 포함되어있다. 해석함수는 복소함수론을 대표하는 단어이다. 3장부터 마지막 9장까지 새로운 개념이 소개되면 그것으로 해석함수의 특성을 찾아보는 것이 복소함수론을 공부하는 흐름이라고 보겠다.

본서를 통해 복소해석학에 흥미와 재미를 갖게 되기를 바라며, 필자에게는 그보다 더한 기쁜 일은 없을 것이다. 마지막으로 이 책이 세상에 나오게끔 노력하신 교우사 오판근 사장님과 편집부 여러분께 감사드린다.

저자

차 례

제 4 장 초등함수(elementary functions) / 81

제 5 장 복소적분 / 109

제 6 장 멱급수(power series) / 147

제 7 장 유수정리와 응용 / 185

제 8 장 등각사상 / 239

제 9 장 조화함수(harmonic functions) / 279

1

복소수와 복소수의 기하학적 표현

1.1 복소수

복소 함수론은 복소수를 변수와 함수 값으로 하는 함수를 다루는 학문이며 우리가 공부하려는 내용은 미분 가능한 함수에 관한 것이다. 이것을 보다 자세히 알기 위해 먼저 복소수에 대해 소개하려 한다. 복소수의 발견은 역사적으로 스위스의 수학자 L. Euler (1707-1783)와 독일의 수학자 C. F. Gauss(1777-1855)에 의한 것이라고 알려져 있다. 그러나 오늘날과 같은 복소 함수론은 프랑스의 수학자 A. L. Cauchy(1789-1857), 그리고 독일의 수학자 B. Riemann(1826-1866), 그리고 K. Weierstrass(1815-1897)에 의해서 완성되었다고 볼 수 있다.

먼저 복소수를 순서쌍으로 정의한다. 그러나 이것은 어디까지나 복소수를 $\mathbb{R}^2$의 원소로서 특별한 연산을 갖고 있다는 점을 강조하기 위한 것이다. 복소수의 의미를 순서쌍으로 이해하고 복소수의 사칙연산을 확인한 후에는 이미 우리가 알고 있는 복소수의 사칙연산을 사용한다.

a, b, c, d를 실수라고 하자. 복소수(complex number)는 $\mathbb{R}^2$의 원소로서 다음 성질을 갖는 순서쌍 $[a, b]$로 정의한다.

(1) $[a, b]+[c, d]=[a+c, b+d]$

(2) $[a, b]\cdot[c, d]=[ac-bd, ad+bc]$

(3) $[a, b]=[c, d] \Leftrightarrow a=c$이고, $b=d$.

정리 1.1.1 α, β를 $[a.b]$, $[c.d]$들을 나타낸다고 하자. 그러면 다음이 성립한다.

(i) $\alpha+\beta=\beta+\alpha$ (교환법칙; commutative rule)

(ii) $\alpha+(\beta+\gamma)=(\alpha+\beta)+\gamma$ (결합법칙; associative rule)

(iii) 모든 복소수 α에 대해 $\alpha+\gamma=\alpha=\gamma+\alpha$인 복소수 γ가 존재한다. 사실

$$\gamma=[0,0].$$

(iv) $\alpha \cdot \beta=\beta \cdot \alpha$ (곱셈에 대한 교환법칙)

(v) $\alpha \cdot (\beta \cdot \gamma)=(\alpha \cdot \beta) \cdot \gamma$ (곱셈에 대한 결합법칙)

(vi) $\alpha \cdot (\beta+\gamma)=\alpha \cdot \beta+\alpha \cdot \gamma$ (분배법칙; distributive rule)

증명 (iv) $\alpha=[a \cdot b]$, $\beta=[c \cdot d]$라 하자. 그러면

$$\begin{aligned}\alpha \cdot \beta &= [a, b][c, d]=[ac-bd, bc+ad] \\ &= [ca-bd, cb+da]=[c, d][a, b]=\beta \cdot \alpha.\end{aligned}$$

나머지 식도 성립하는 것을 쉽게 보일 수 있으므로 연습문제로 남긴다. ■

복소수 $\alpha=[a, b]$, $\beta=[c, d]$라 하면 $\gamma=[c-a, d-b]$일 때 $\alpha+\gamma=\beta$이 성립하므로 다음 정리를 얻을 수 있다.

정리 1.1.2 주어진 복소수 α, β에 대하여 $\alpha+\gamma=\beta$인 복소수 γ가 유일하게 존재한다. 이때 복소수 $\gamma=\beta-\alpha$를 $\alpha+\gamma=\beta$가 되는 복소수로 정의한다.

정의 1.1.1 (i) 복소수 $[a, 0]$와 실수 a 사이에는 1-1대응이 존재하므로 $[a, 0]$를 그냥 a라고 표현해도 된다. 그러면 실수 사이의 사칙연산에서도 이 대응이 자연스럽게 정의됨을 알 수 있다. 즉,

$$\begin{aligned}a+b &\leftrightarrow [a+b, 0]=[a, 0]+[b, 0] \leftrightarrow a+b \\ a \cdot b &\leftrightarrow [ab, 0]=[a, 0] \cdot [b, 0].\end{aligned}$$

(ii) $i=[0, 1]$라 놓자. 그러면

$$i^2 = [0, 1] \cdot [0, 1] = [0 \cdot 0 - 1 \cdot 1,\ 1 \cdot 0 + 0 \cdot 1] = [-1, 0] = -1$$

이 된다. 그러므로 i를 -1의 **제곱근**이라고 부른다.

i를 사용하면 임의의 복소수를 다음과 같이 우리가 평소에 익숙한 모양으로 쓸 수 있다.

(iii) $[a, b] = [a, 0] + [0, b] = [a, 0] + [0, 1][b, 0] = a + ib$

(iv) $[0, b] = ib$를 **순허수**(pure imaginary number)라 부른다.

위에서 정의한 곱은 정의(B)를 따르면 $0 \cdot [a, b] = 0$이 되고 $k[a, b] = [k, 0][a, b] = [ka, kb]$이므로 $k(a + ib) = ka + kbi$이다.

이제부터 복소수를 순서쌍으로 표현하기보다는 $a + ib$ 형태로 표기하자.

정리 1.1.3 주어진 두 개의 복소수 $\alpha, \beta \in \mathbb{C}$에 대해서 $\beta \neq 0$일 때, $\beta\delta = \alpha$인 복소수 δ가 유일하게 존재한다.

증명 $\alpha = [a, b] = a + ib$라 하고 $\beta = [c \cdot d] = c + id$라 하자. $\beta \neq 0$이므로 $c^2 + d^2 \neq 0$. 따라서

$$\delta = \frac{(a+bi)(c-di)}{c^2+d^2}$$

로 정의하면 $\delta \in \mathbb{C}$이고 $\beta\delta = \alpha$인 것을 쉽게 보일 수 있다. 여기서 δ가 유일하게 존재하는 것도 쉽게 알 수 있다. ■

이제부터 $\beta \neq 0$일 때 δ를 $\dfrac{\alpha}{\beta}$라고 쓰자.

정의 1.1.2 (i) $\alpha \in \mathbb{C}$이고 $\alpha = a + bi$일 때 α의 x축에 대한 대칭점 $\overline{\alpha} = a - bi$를 α의 **공액**(conjugate) 혹은 **켤레**로 정의한다. 덧셈과 곱셈에 대한 공액복소수의 관계는 다음과 같다.

$$\overline{\alpha+\beta}=\overline{\alpha}+\overline{\beta},$$

$$\overline{\left(\frac{\alpha}{\beta}\right)}=\frac{\overline{\alpha}}{\overline{\beta}},$$

$$\overline{\alpha\beta}=\overline{\alpha}\cdot\overline{\beta}.$$

(ii) $\alpha\in\mathbb{C}$의 **크기**(modulus of α, absolute value of α)는 다음과 같이 정의한다. 즉 α의 크기는 $|\alpha|=\sqrt{a^2+b^2}$으로 정의하고 $|\alpha|$라고 쓴다. 이때 다음 관계식이 성립한다.

$$\alpha\overline{\alpha}=|\alpha|^2,\ \ |\overline{\alpha}|=|\alpha|.$$

(iii) $z=x+iy$일 때, x는 z의 **실수부분**(real part)이라 하고 $x=\mathrm{Re}(z)$라 쓴다. 또 y는 z의 **허수부분**(imaginary part)이라 하고 $y=\mathrm{Im}(z)$라고 쓴다.
$z=x+iy$일 때, $\overline{z}=x-iy$이므로 $z+\overline{z}=2x$, $z-\overline{z}=2iy$이 된다. 따라서

$$\mathrm{Re}(z)=\frac{z+\overline{z}}{2},\quad \mathrm{Im}(z)=\frac{z-\overline{z}}{2i}$$

이다. 또한 $\mathrm{Re}(z)$와 $\mathrm{Im}(z)$의 크기는 각각 $|z|$보다 작다. 즉,

$$|\mathrm{Re}(z)|=|x|=\sqrt{x^2}\leqq\sqrt{x^2+y^2}=|z|,$$

$$|\mathrm{Im}(z)|=|y|=\sqrt{y^2}\leqq\sqrt{x^2+y^2}=|z|.$$

정리 1.1.4 임의의 $z_1\cdot z_2\in\mathbb{C}$에 대해서 $|z_1z_2|=|z_1||z_2|$.

증명 위의 정의 1.1.2(ii)를 사용하여 계산하면

$$|z_1z_2|^2=(z_1z_2)\overline{(z_1z_2)}=(z_1z_2)(\overline{z_1}\cdot\overline{z_2})=(z_1\overline{z_1})(z_2\overline{z_2})=|z_1|^2|z_2|^2$$

이고, 복소수의 절대값은 음수가 아니므로 위의 등식을 얻는다. ■

정리 1.1.5 임의의 $z_1 \cdot z_2 \in \mathbb{C}$에 대해서

$$|z_1 + z_2| \leq |z_1| + |z_2| \tag{1.1}$$

이것을 **삼각부등식**(triangle equality)이라고 한다.

증명 양변 모두 0보다 크므로, $|z_1+z_2|^2 \leq (|z_1|+|z_2|)^2$이 성립하는 것을 보이면 된다.

$$\begin{aligned} |z_1+z_2|^2 &= (z_1+z_2)\overline{(z_1+z_2)} = (z_1+z_2)(\overline{z_1}+\overline{z_2}) \\ &= z_1\overline{z_1} + z_1\overline{z_2} + z_2\overline{z_1} + z_2\overline{z_2} = |z_1|^2 + 2\mathrm{Re}(z_1\overline{z_2}) + |z_2|^2 \\ &\leq |z_1|^2 + 2|\mathrm{Re}(z_1\overline{z_2})| + |z_2|^2 \leq |z_1|^2 + 2|z_1\overline{z_2}| + |z_2|^2 \\ &= |z_1|^2 + 2|z_1| \cdot |z_2| + |z_2|^2 = (|z_1|+|z_2|)^2 \end{aligned}$$

이고 양수를 제곱하였으므로

$$|z_1+z_2| \leq |z_1|+|z_2|$$ ■

위의 결과와 수학적 귀납법을 사용하여 복소수의 유한합에 대한 삼각부등식도 증명할 수 있다. 이것의 증명은 연습문제로 남긴다.

따름정리 1.1.6 $|z_1 + z_2 + \cdots + z_n| \leq |z_1| + |z_2| + \cdots + |z_n|$.

따름정리 1.1.7 $||z_1| - |z_2|| \leq |z_1 - z_2|$.

증명 삼각부등식에 의해

$$|z_1| = |z_1 - z_2 + z_2| \leq |z_1 - z_2| + |z_2|.$$

따라서

$$|z_1| - |z_2| \leq |z_1 - z_2|.$$

위 식에서 z의 첨수 1, 2를 서로 교환하여도 성립하므로

$$|z_2|-|z_1| \leqq |z_2-z_1|=|z_1-z_2|$$

따라서 $||z_1|-|z_2|| \leqq |z_1-z_2|$. ■

[예 1.1.1] $z_1, z_2 \in \mathbb{C}$라 하자. z_1+z_2, $z_1 z_2$ 모두 실수이면 $z_1, z_2 \in \mathbb{R}$ 또는 $z_1=\overline{z_2}$.

증명 $z_1+z_2=r_1$, $z_1 z_2=r_2$를 모두 실수라 하자. 먼저 z_1, z_2가 모두 0이면 결과는 당연히 성립한다. 다음 $z_2 \neq 0$이라 하자. 그러면

$$z_1=\frac{r_2}{z_2}=\frac{r_2\overline{z_2}}{z_2\overline{z_2}}=\frac{r_2}{|z_2|^2}\cdot\overline{z_2}=r_3\cdot\overline{z_2} \tag{1.2}$$

여기서 $r_3=\dfrac{r_2}{|z_2|^2}$인 실수이다.

따라서 $r_1=z_1+z_2=r_3\overline{z_2}+z_2$이고, $z_2=x_2+iy_2$라 하면, $\mathrm{Im}(\overline{z_2})=-y_2=-\mathrm{Im}(z_2)$이므로

$$0=\mathrm{Im}(r_1)=-r_3(\mathrm{Im}\ z_2)+\mathrm{Im}(z_2)=(1-r_3)\mathrm{Im}(z_2).$$

따라서 $r_3=1$ 또는 $\mathrm{Im}(z_2)=0$.

$\mathrm{Im}(z_2)=0$인 경우, z_2는 실수이고 $z_1=r_1-z_2$이므로 z_1도 실수이다. $r_3=1$인 경우, 식 (1.2)로부터 $z_1=\overline{z_2}$인 것은 당연하다. ■

연습문제 [1.1]

1. $\dfrac{3z+i}{(3z-i)^2}$의 절대값을 x와 y를 사용하여 표현하여라.

2. $z^2=\overline{z}^2$이면 z는 실수이든지 순허수이다.

3. $\left|\dfrac{1-z}{\overline{z}-1}\right|=1$이다.

4. z_1+z_2와 $z_1\overline{z_2}$ 모두 실수이면 z_1, z_2는 동시에 실수이든지 $z_1=-z_2$이다.

5. $\left|\sum_{k=1}^{n} z_k\right| \leq \sum_{k=1}^{n} |z_k|$ 가 성립하는 것을 보여라.

6. 다음 항등식과 부등식이 성립함을 보여라.

(a) (Lagrange 항등식) $\left|\sum_{j=1}^{n} \alpha_j \beta_j\right|^2 = \sum_{j=1}^{n} |\alpha_j|^2 \cdot \sum_{j=1}^{n} |\beta_j|^2 - \sum_{1 \leq j < k \leq n} |\alpha_j \overline{\beta}_j - \alpha_k \overline{\beta}_j|^2$

(b) (Cauchy 부등식) $\left|\sum_{j=1}^{n} \alpha_j \beta_j\right|^2 \leq \sum_{j=1}^{n} |\alpha_j|^2 \cdot \sum_{j=1}^{n} |\beta_j|^2$

(c) (Minkowski 부등식) $\left(\sum_{j=1}^{n} |\alpha_j + \beta_j|^2\right)^{\frac{1}{2}} \leq \left(\sum_{j=1}^{n} |\alpha_j|^2\right)^{\frac{1}{2}} + \left(\sum_{j=1}^{n} |\beta_j|^2\right)^{\frac{1}{2}}$

7. $\overline{z}w \neq 1$이면, 다음이 성립함을 보여라.

$$1 - \left|\frac{z-w}{1-z\overline{w}}\right|^2 = \frac{(1-|z|^2)(1-|w|^2)}{|1-\overline{z}w|^2}$$

8. $|z|<1,\ |w|<1$이면 $\left|\frac{z-w}{1-\overline{z}w}\right| < 1$이다.

9. 복소수 z가 존재하여 $|z-a|+|z+a| = 2|c|$가 성립하기 위한 필요충분조건은 $|a| \leq |c|$임을 보여라. 이 경우 $|z|$의 최대값과 최소값을 구하여라.

1.2 복소수의 기하학적인 표현

Gauss는 복소수를 평면 위의 한 점으로 표시할 수 있다고 생각했다. 이 평면은 직교좌표계로 이루어졌고 임의의 복소수 $z = x + iy$는 이 좌표계의 점 (x, y)와 대응된다. 지금부터 이 공간을 **복소평면** 혹은 $z-$평면이라고 부르자. x 축과 y 축은 각각 **실수축** 그리고 **허수축**이라고 부른다. 0이 아닌 복소수는 원점을 시점으로 하고 점 (x, y)를 종점으로 하는 벡터와 대응된다. 원점은 0벡터이다. 따라서 복소수는 평면 위에서 벡터로 표현할 수 있다. 복소수의 크기 $|z|$는 변의 길이가 각각 $|x|, |y|$인 직각삼각형의 빗변의 길이

즉, 벡터의 크기이며 $\bar{z}$는 벡터 z와 x축에 대해서 대칭이 된다. 복소수의 덧셈은 x와 y 좌표 값을 각각 더하여 얻으므로, 이것은 복소수를 벡터로 간주하고 복소평면에서 평행사변형의 법칙에 따라 기하학적인 방법으로 벡터의 합을 얻는 것과 같은 결과를 가져온다. 이것은 그림 1-2에서 보여준다. 뺄셈에 관한 기하학적 해석도 유사한 방법에 의해서 할 수 있다.

복소수체는 순서체가 아니다. $z_1 < z_2$이거나 $z_1 > z_2$라고 쓸 수 있는 경우는 z_1과 z_2 모두 실수인 경우에만 해당된다. 그러나 $|z_1| < |z_2|$이라고 쓸 수 있는데, 이 경우는 z_1이 z_2보다 원점에서 더 멀리 떨어져 있음을 의미한다. 만약 $z = k,\ k > 0$라고 쓰면 이것은 z가 0보다 큰 실수라고 이해한다.

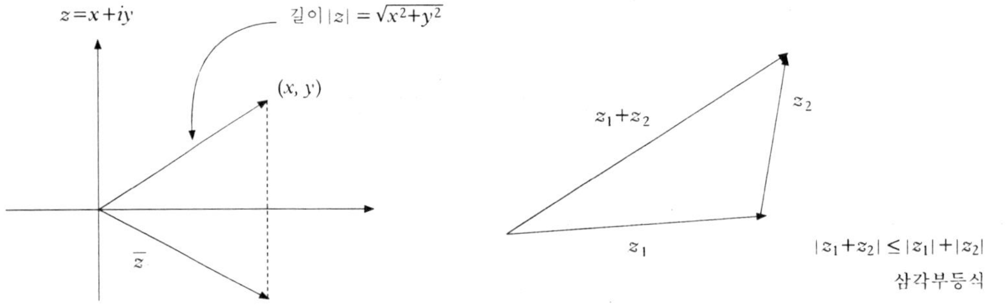

그림 1-1

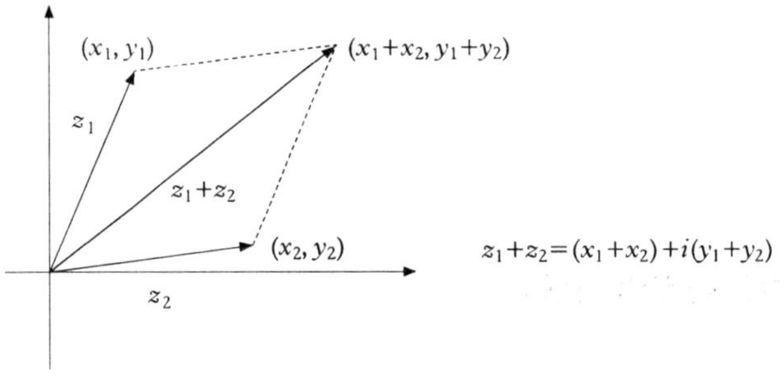

그림 1-2

[예 1.2.1] $\{z : |z-z_0| = r\}$은 z_0에서 거리가 r인 복소수들의 집합이므로 중심이 z_0이고 반경이 r인 원의 방정식이다. 계산을 해보면

$$|z-z_0| = r \Rightarrow r^2 = |z-z_0|^2 = (z-z_0)(\bar{z}-\overline{z_0}) = |z|^2 - \overline{z_0}\,z - z_0\bar{z} + |z_0|^2 \qquad (1.3)$$

이므로 $a|z|^2 + b\bar{z} + \bar{b}z + c = 0$인 꼴로 쓸 수 있다. 여기서 $a \neq 0$, $b \in \mathbb{C}$, $c \in \mathbb{R}$ 이다. 특히, 식 (1.3)에서 $a = 1$, $b = -z_0$, $c = |z_0|^2 - r^2$.

$r = 1$이고 $z_0 = 0$이면 이 원을 **단위원(unit circle)**이라고 부른다.

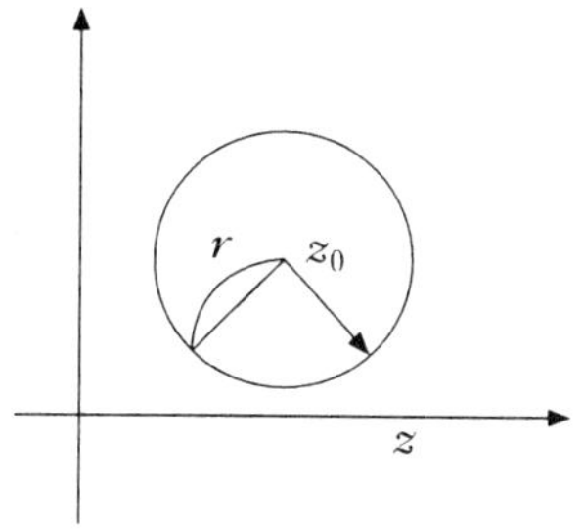

그림 1-3

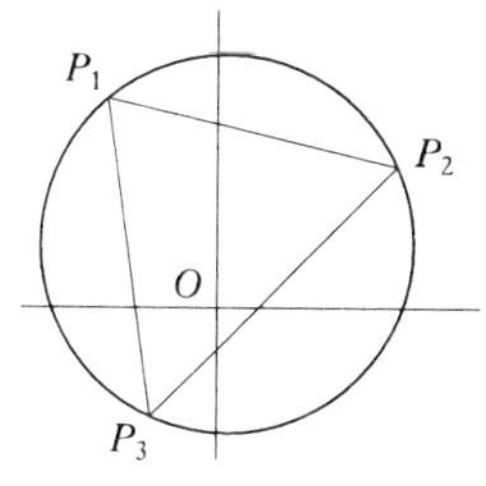

그림 1-4

[예 1.2.2] 복소수 z_1, z_2 그리고 z_3가 $|z_1| = |z_2| = |z_3| = 1$이고 $z_1 + z_2 + z_3 = 0$인 관계가 성립하면 z_1, z_2, z_3는 단위원에 내접하는 정삼각형의 꼭짓점인 것을 보여라.

증명 그림 1-4에서, $z_k = \overline{OP_k}$, $k = 1, 2, 3$이라 하자. 그러면 삼각형 $P_1P_2P_3$에서 변 $\overline{P_1P_2} = z_2 - z_2$, $\overline{P_2P_3} = z_3 - z_2$ 그리고 $\overline{P_3P_1} = z_1 - z_3$이므로

$$|z_2 - z_1| = |z_3 - z_2| = |z_1 - z_3|$$

이 성립함을 보이면 된다. $z_1 + z_2 + z_3 = 0$으로부터 $z_1 = -(z_2 + z_3)$. 따라서

$$|z_2 - z_1| = |z_1 - z_3| \Leftrightarrow |2z_2 + z_3| = |2z_3 + z_2|$$

그런데 $z_2\overline{z_2} = z_3\overline{z_3} = 1$이므로

$$(2z_2 + z_3)\overline{(2z_2 + z_3)} - (2z_3 + z_2)\overline{(2z_3 + z_2)} = 0$$

즉, $|z_2 - z_1| = |z_1 - z_3|$이 성립한다. 마찬가지 방법으로 $|z_2 - z_1| = |z_3 - z_2|$. 따라서 z_1, z_2, z_3는 단위원에 내접하는 정삼각형의 꼭짓점이다. ■

[예 1.2.3] 다음 부등식을 만족하는 복소수들의 집합을 복소평면 $\mathbb{C}$에서 구하여라.

(1) $|z - 1| \leq 2|z + 1|$ (2) $|z + 1| \leq 4 - |z - 1|$

풀이 (1) 양변이 모두 양수이므로 제곱하여도 부등식의 방향이 변하지 않는다.

$$(z-1)\overline{(z-1)} \le 4(z+1)\overline{(z+1)} \;\Rightarrow\; z\bar{z}-z-\bar{z}+1 \le 4(z\bar{z}+z+\bar{z}+1)$$

이것을 정리하면

$$3z\bar{z}+5z+5\bar{z}+3 \ge 0 \;\Leftrightarrow\; \left(z+\frac{5}{3}\right)\overline{\left(z+\frac{5}{3}\right)} \ge \left(\frac{4}{3}\right)^2$$
$$\Leftrightarrow\; \left|z+\frac{5}{3}\right| \ge \frac{4}{3}.$$

따라서 구하려는 집합은 중심이 $\left(-\frac{5}{3}, 0\right)$이고 반경이 $\frac{4}{3}$인 원의 외부이다.

(2) 주어진 부등식은 $|z+1|+|z-1| \le 4$이므로 점 $(1, 0)$와 $(-1, 0)$를 초점으로 하고 그 점까지 거리의 합이 4인 타원의 내부이다. 원래 식을 등식으로 놓고 제곱하면

$$|z+1|^2 = |z-1|^2 - 8|z-1| + 16 \;\Leftrightarrow\; (x+1)^2 = (x-1)^2 - 8\sqrt{(x-1)^2+y^2} + 16$$
$$\Leftrightarrow\; 2\sqrt{(x-1)^2+y^2} = 4-x$$

마지막 식을 제곱하면 $4(x^2-2x+1)+4y^2 = 16-8x+x^2$. 따라서 구하려는 부등식은

$$\frac{x^2}{4}+\frac{y^2}{3} \le 1$$

■

연습문제 [1.2]

1. $z^2 = 2(z-1)$이 성립하는 복소수들의 집합을 복소평면 $\mathbb{C}$에서 구하여라.

2. $|\alpha| = 1$이고 $\alpha \ne \beta$이면 $\left|\dfrac{\alpha-\beta}{1-\bar{\beta}\alpha}\right| = 1$임을 보여라.

3. 주어진 복소수 α에 수직인 직선의 방정식은 $\alpha\bar{z}+\bar{\alpha}z+k=0$ (k는 실수)이다.

4. 복소평면 $\mathbb{C}$의 3점 z_1, z_2, z_3가 일직선상에 있기 위한 필요충분조건은 $(z_3-z_1)/(z_2-z_1)$이 실수이다.

5. 세 점 z_1, z_2, z_3가 복소평면 $\mathbb{C}$에서 일직선상에 있으면 모두 0이 아닌 $p, q, r \in \mathbb{R}$이 존재하여 $p+q+r=0$이고 $pz_1+qz_2+rz_3=0$이다.

6. 복소평면 위의 세 점 z_1, z_2, z_3가 관계식 $z_1+z_2+z_3=z_1z_2z_3$을 만족하면 세 점은 모두 실수축 위에 있거나 아래에 있을 수 없다.

7. 복소평면 위의 세 점 z_1, z_2, z_3가 정삼각형의 꼭짓점이 되기 위한 필요충분조건은

$$z_1^2+z_2^2+z_3^2=z_1z_2+z_2z_3+z_3z_1.$$

8. 3개의 꼭짓점이 각각 z_1, z_2, z_3이고 z_4, z_5, z_6인 2개의 삼각형이 닮은꼴이 되기 위한 필요충분조건은 행렬식 $\begin{vmatrix} z_1 & z_4 & 1 \\ z_2 & z_5 & 1 \\ z_3 & z_6 & 1 \end{vmatrix}=0.$

9. $z_2 \neq 0$라 하자. 다음을 보여라.

(a) $|z_1+z_2|=|z_1|+|z_2|$ 또는 $|z_1-z_2|=||z_1|-|z_2||$이면 $z_1=rz_2$, $r \geq 0$이다.

(b) (a)의 역을 쓰고 이를 증명하여라.

1.3 복소수의 극형식(polar form)

복소수를 평면의 극좌표 표현식을 사용하여 나타내면 매우 편리하다. $z=x+iy$라 하면 z를 (x, y)좌표 대신 (r, θ)의 좌표로 나타낼 수 있다. 그림 1-5에서

$$x=r\cos\theta,\ y=r\sin\theta,\ \text{여기서}\ r=\sqrt{x^2+y^2}\ \text{이고}\ \tan\theta=\frac{y}{x}.$$

그러면 z는 $z=r\cos\theta+ir\sin\theta$로 나타낼 수 있다. 이것을 복소수 z의 **극형식 표현**이라 부른다. $\theta=\tan^{-1}\left(\frac{y}{x}\right)$를 z의 **편각**(argument, amplitude of z)이라 부르고, "$\arg(z)$"라 쓴다. 특히 $-\pi<\arg(z)\leq\pi$일 때, 이것을 **주편각**(principle argument)이라 부르고 $\mathrm{Arg}(z)$라고 쓴다.

공액복소수 $\bar{z}=x-iy$는 z의 실수축 x에 대한 대칭점이므로 $|\bar{z}|=|z|=r$이고 $\arg\bar{z}=-\arg z=-\theta$. 따라서 $\bar{z}$의 극형식은

$$\overline{z} = r(\cos\theta + i\sin\theta).$$

$\cos\theta + i\sin\theta$를 $e^{i\theta}$라고 써서 나타내자. 그러면 $z = re^{i\theta}$, $\overline{z} = re^{-i\theta}$.

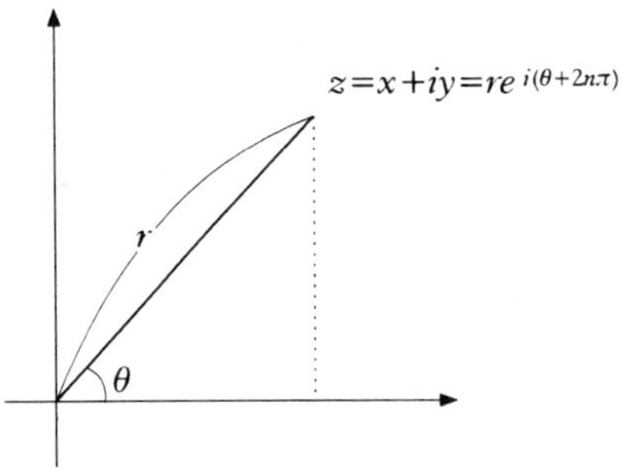

그림 1-5

복소함수 $e^{i\theta}$에는 다음과 같은 성질이 있다. 이것의 검증은 생략한다.

(1) $e^{i\theta_1}e^{i\theta_2} = e^{i(\theta_1+\theta_2)}$ (2) $(e^{i\theta})^{-1} = e^{-i\theta}$

(3) $\dfrac{e^{i\theta_1}}{e^{i\theta_2}} = e^{i(\theta_1-\theta_2)}$ (4) $e^{(\theta+2\pi k)i} = e^{i\theta}$, $k \in \mathbb{Z}$

$z_1 = r_1 e^{i\theta_1}$, $z_2 = r_2 e^{i\theta_2}$라 하면 복소수 z_1과 z_2의 곱 $z_1 z_2$은 위 식을 이용하면 다음과 같이 계산할 수 있다.

$$z_1 z_2 = r_1 e^{i\theta_1} \cdot r_2 e^{i\theta_2} = r_1 r_2 e^{i(\theta_1+\theta_2)}.$$

위 식으로부터 $|z_1 z_2| = r_1 r_2 = |z_1||z_2|$, 이것은 정리 1.1.4의 또 다른 증명이다. 또한

$$\arg(z_1 z_2) = \arg(z_1) + \arg(z_2).$$

그러나 일반적으로 다음 정리가 성립한다.

정리 1.3.1 $\arg(z_1 z_2) = \arg(z_1) + \arg(z_2) + 2k\pi$, $k = 0, \pm 1, \pm 2, \cdots$

증명 $z_1 = r_1 e^{i\theta_1}$, $z_2 = r_2 e^{i\theta_2}$라 하면,

$z_1 z_2 = r_1 r_2 e^{i\theta_1} e^{i\theta_2} = r_1 r_2 e^{(i\theta_1 + \theta_2)} = r_1 r_2 e^{i(\theta_1 + \theta_2 + 2k\pi)}$, $k = 0, \pm 1, \pm 2, \cdots$이고

$\arg(z_1 z_2) = \theta_1 + \theta_2 + 2k\pi = \arg(z_1) + \arg(z_2) + 2k\pi$. ■

따름정리 1.3.2 $z_2 \neq 0$라 할 때 $\left(\dfrac{z_1}{z_2}\right) = z_1 \cdot z_2^{-1}$

$$\arg\left(\frac{z_1}{z_2}\right) = \arg(z_1) - \arg(z_2) + 2k\pi \quad (k = 0, \ \pm 1, \ \pm 2, \ \cdots)$$

$z_1 = z_2 \Leftrightarrow |z_1| = |z_2|$ & $\arg(z_1) = \arg(z_2)$인 사실에 주목하라.

[예 1.3.1] 다음 복소수를 극형식 형태로 나타내어라.

$$\frac{(1+i)^3}{(\sqrt{3}+i)^2}$$

$z_1 = 1 + i$, $z_2 = \sqrt{3} + i$라 하면

$$\arg(z_1) = \tan^{-1}(1) = \frac{\pi}{4}, \quad \arg(z_2) = \tan^{-1}\left(\frac{1}{\sqrt{3}}\right) = \frac{\pi}{6}$$

$$|z_1| = \sqrt{2}, \quad |z_2| = 2$$

이므로 z_1, z_2를 극형식으로 표현하면 $z_1 = \sqrt{2}e^{\frac{\pi i}{4}}$, $z_2 = 2e^{\frac{\pi i}{6}}$. 따라서

$$\frac{z_1^3}{z_2^2} = \frac{\sqrt{2^3}\, e^{\frac{3\pi i}{4}}}{2^2 e^{\frac{2\pi i}{6}}} = \frac{1}{\sqrt{2}} e^{\frac{5\pi i}{12}} = \frac{1}{\sqrt{2}}\left(\cos\frac{5\pi}{12} + i\sin\frac{5\pi}{12}\right)$$

[예 1.3.2] $1 + \cos\theta + \cos 2\theta + \cdots + \cos n\theta$와 $\sin\theta + \sin 2\theta + \cdots + \sin n\theta$를 간단히 표현하여라.

$$\begin{aligned}\sum_{k=0}^{n} e^{ik\theta} &= 1 + \cos\theta + i\sin\theta + \cos 2\theta + i\sin 2\theta + \cdots + \cos n\theta + i\sin n\theta \\ &= 1 + \cos\theta + \cos 2\theta + \cdots + \cos n\theta + i(\sin\theta + \sin 2\theta + \cdots + \sin n\theta)\end{aligned}$$

이므로 $\mathrm{Re}\sum_{k=0}^{n} e^{ik\theta} = \sum_{k=0}^{n}\cos k\theta$, $\mathrm{Im}\sum_{k=0}^{n} e^{ik\theta} = \sum_{k=0}^{n}\sin k\theta$.

$$\sum_{k=0}^{n} e^{ik\theta} = \frac{1-e^{i(k+1)\theta}}{1-e^{i\theta}} = \frac{(1-\cos(n+1)\theta)-i\sin(n+1)\theta}{1-\cos\theta-i\sin\theta}$$
$$= \frac{[1-\cos(n+1)\theta](1-\cos\theta)+\sin(n+1)\theta\sin\theta}{2-2\cos\theta}+$$
$$-\frac{i\cdot[\sin(n+1)\theta\cdot(1-\cos\theta)-\sin\theta(1-\cos(n+1)\theta)]}{2-2\cos\theta}$$

이므로 $\mathrm{Re}\sum_{k=0}^{n} e^{ik\theta} = \frac{1}{2}\{1-\cos(n+1)\theta\} + \frac{\sin(n+1)\theta\cdot\sin\theta}{2(1-\cos\theta)}$

$$= \frac{1}{2}+\frac{\sin(n+1)\theta\cos\frac{\theta}{2}-\cos(n+1)\theta\sin\frac{\theta}{2}}{2\sin\frac{\theta}{2}} = \frac{1}{2}+\frac{\sin(n+\frac{1}{2})\theta}{2\sin\frac{\theta}{2}}$$

여기서 $1-\cos\theta = 2\sin^2\frac{\theta}{2}$, $\sin\theta = 2\sin\frac{\theta}{2}\cos\frac{\theta}{2}$인 사실을 이용하였다. 따라서

$$\sum_{k=0}^{n}\cos k\theta = \frac{1}{2}+\frac{\sin(n+\frac{1}{2})\theta}{2\sin\frac{\theta}{2}}$$

유사한 방법으로 허수부분에 대해서 계산하면 $0<\theta<\pi$일 때

$$\sum_{k=1}^{n}\sin k\theta = \frac{1}{2}\cot\frac{\theta}{2} - \frac{\cos(n+\frac{1}{2})\theta}{2\sin\frac{\theta}{2}}$$

연습문제 [1.3]

1. 다음 복소수 z를 극형식으로 나타내어라.

   (a) $z = -2+2i$ (b) $z = 1-\sqrt{3}i$

   (c) $z = -3$ (d) $z = -\sqrt{7}+\sqrt{21}i$

2. 복소수 $\dfrac{1+\cos\theta+i\sin\theta}{1+\cos\phi+i\sin\phi}$의 실수부분과 허수부분을 구하여라.

3. $\dfrac{1+\sin\theta+i\cos\theta}{1+\sin\theta-i\cos\theta} = \sin\theta+i\cos\theta$이 성립함을 보여라. 따라서

$$\left(1+\sin\frac{\pi}{5}+i\cos\frac{\pi}{5}\right)^5+i\left(1+\sin\frac{\pi}{5}-i\cos\frac{\pi}{5}\right)^5=0$$

이다. 이유를 설명하여라. 위 관계식을 이용하여 다음이 성립하는 것을 보여라.

$$\left(\frac{1+\sin\theta+i\cos\theta}{1+\sin\theta-i\cos\theta}\right)^n = \cos\left[n\left(\frac{\pi}{2}-\theta\right)\right]+i\sin\left[n\left(\frac{\pi}{2}-\theta\right)\right]$$

4. $z=\cos\theta+i\sin\theta$라 하자. 다음을 증명하여라.

   (a) $z^n+\dfrac{1}{z^n} = 2\cos n\theta,\ z^n-\dfrac{1}{z^n} = 2i\sin\theta.$

   (b) n이 양의 홀수이면, $\cos^n\theta = \dfrac{1}{2^{n-1}}\displaystyle\sum_{r=0}^{(n-1)/2}\binom{n}{r}\cos(n-2r)\theta,$

   $$\sin^n\theta = \frac{1}{2^{n-1}}(-1)^{(n-1)/2}\sum_{r=0}^{(n-1)/2}(-1)^r\binom{n}{r}\sin(n-2r)\theta$$

   (c) n이 양의 짝수이면, $\cos^n\theta = \dfrac{1}{2^{n-1}}\displaystyle\sum_{r=0}^{(n-2)/2}\binom{n}{r}\cos(n-2r)\theta+\frac{1}{2^n}\binom{n}{n/2},$

   $$\sin^n\theta = \frac{1}{2^{n-1}}(-1)^{n/2}\sum_{r=0}^{(n-2)/2}(-1)^r\binom{n}{r}\cos(n-2r)\theta+\frac{1}{2^n}\binom{n}{n/2}$$

5. 다음 식이 성립하는 것을 보여라.

   (a) $\cos^6\theta+\sin^6\theta = \dfrac{1}{8}(3\cos 4\theta+5)$

   (b) $\cos^8\theta+\sin^8\theta = \dfrac{1}{64}(\cos 8\theta+28\cos 4\theta+35)$

6. $\forall n\in\mathbb{N}$에 대해 $x_n+iy_n = (1+\sqrt{3}i)^n$라 하자. 다음이 성립한다.

$$x_{n-1}y_n-x_ny_{n-1} = 2^{2n-2}\sqrt{3}$$

7. $\arg(z_1)+\arg(z_2) \subseteq \arg(z_1 z_2)$임을 보여라.

8. $\mathrm{Arg}(1/z) \neq -\mathrm{Arg}(z)$인 복소수의 집합을 찾고 이유를 설명하여라.

9. 다음 집합을 $\mathbb{C}$ 평면에 그려라.

   (a) $|\arg z| < \frac{\pi}{4}$ (b) $|z| = \arg z$ (c) $0 < \arg(z-1-i) < \frac{\pi}{3}$

10. $|z_1|=|z_2|=|z_3|$이면 $\arg\left(\frac{z_3-z_2}{z_3-z_1}\right) = \frac{1}{2}\arg(z_2/z_1)$임을 보여라.

11. $\arg z + \arg \bar{z} = 2n\pi,\ n \in \mathbb{Z}$인 것을 증명하여라.

1.4 복소수의 n승근

$z \neq 0$이라 하자. $z_0^n = z$인 z_0를 z의 n**승근**(n-th root of z_0)이라고 부른다. $z = re^{i\theta}$이라 하자. z의 n승근은 다음과 같이 구한다. $z_0 = r_0 e^{i\theta_0}$라 하면 $r_0^n e^{in\theta_0} = z_0^n = z = re^{i\theta}$이므로

$$r_0^n = r\left(r_0 = r^{\frac{1}{n}}\right), \quad n\theta_0 = \theta + 2k\pi$$

따라서

$$\theta_0 = \frac{\theta + 2k\pi}{n}, \ k = 0, \ \pm 1, \ \pm 2, \ \cdots$$

$$\theta_1 = \frac{\theta}{n}\ (k=0\text{일 때}), \quad \theta_2 = \frac{\theta + 2\pi}{n}\ (k=1\text{일 때}), \ \cdots, \ \theta_n = \frac{\theta + 2(n-1)\pi}{n}\text{이고,}$$

$$\theta_{n+1} = \frac{\theta + 2n\pi}{n} = \frac{\theta}{n} + 2\pi\text{이므로 } e^{i\theta_1} = e^{i\theta_{n+1}}.$$

따라서 z의 n승근은

$$z_1 = r^{\frac{1}{n}} e^{\frac{\theta}{n} i}, \quad \cdots, \quad z_n = r^{\frac{1}{n}} e^{\frac{(\theta + 2(n-1)\pi)i}{n}}$$

[예 1.4.1] $w = -2 - 2i\sqrt{3}$ 의 4승근을 구하여라.

$-2 - 2i\sqrt{3} = 4e^{-2/3\pi i}$이므로 $4^{\frac{1}{4}} e^{\frac{1}{4}(-2/3\pi + 2k\pi)i}$, $k = 0, 1, 2, 3$이 w의 4승근이 된다. 따라서 이것을 $a + bi$ 꼴로 나타내면 다음과 같다.

$$4^{\frac{1}{4}} e^{(-\pi/6)i} = \sqrt{2}(\cos(-\pi/6) + i\sin(-\pi/6)) = \sqrt{2}(\sqrt{3}/2 - i/2),$$
$$4^{\frac{1}{4}} e^{(\pi/3)i} = \sqrt{2}(\cos(\pi/3) + i\sin(\pi/3)) = \sqrt{2}(1/2 + \sqrt{3}i/2),$$
$$4^{\frac{1}{4}} e^{(5\pi/6)i} = \sqrt{2}(\cos(5\pi/6) + i\sin(5\pi/6)) = \sqrt{2}(-\sqrt{3}/2 + i/2),$$
$$4^{\frac{1}{4}} e^{(4\pi/3)i} = \sqrt{2}(\cos(4\pi/3) + i\sin(4\pi/3)) = \sqrt{2}(-1/2 - \sqrt{3}i/2).$$

[예 1.4.2] 방정식 $(z+1)^5 + z^5 = 0$의 해를 모두 구하여라. 그리고 모든 해는 직선 $x = -\frac{1}{2}$ 위에 있음을 보여라.

주어진 방정식은 $[-(z+1)/z]^5 = 1$이라고 쓸 수 있다. $w = -\frac{z+1}{z}$라 놓으면 방정식은 $w^5 = 1$이므로 이것은 1의 5승근을 구하는 문제와 같다.
따라서

$$w = -\frac{z+1}{z} = e^{i(2k\pi/5)}, \quad k = 0, 1, \cdots, 4$$

구하려는 해는 $z = -\frac{1}{1+w}$에서

$$\begin{aligned} z_k &= -\frac{1}{1 + e^{i(2k\pi/5)}}, \quad k = 0, 1, \cdots, 4 \\ &= -\frac{1}{1 + \cos(2k\pi/5) + i\sin(2k\pi/5)} = -\frac{(1 + \cos(2k\pi/5) - i\sin(2k\pi/5)}{2(1 + \cos(2k\pi/5))} \\ &= -\frac{1}{2} + \frac{i\sin(2k\pi/5)}{2(1 + \cos(2k\pi/5))} \end{aligned}$$

따라서 모든 해의 실수부분이 $-\frac{1}{2}$로 동일하며, 모든 z_k는 직선 $x=-\frac{1}{2}$ 위에 있다.

[예 1.4.3] $1=\cos 0+i\sin 0=e^{0i}$이므로 1의 n승근은 $e^{i(2k\pi/n)}$, $k=0, 1, \cdots, n-1$. $k=0$이면 $e^{0i}=1$. 즉 1 자신도 n승근 중의 하나이다. $w_n=e^{i(2\pi/n)}$이라 하면

$$1,\ w_n,\ w_n^2,\ \cdots,\ w_n^{n-1}$$

이 1의 n승근이다. 기하학적으로 이것은 단위원에 내접하는 정 n각형의 꼭짓점들이고 이중 하나는 1이다. $w_n^n=1$이므로

$$(w_n-1)(w_n^{n-1}+w_n^{n-2}+\cdots+w_n^2+w_n+1)=0$$

이고, $w_n\neq 1$이므로 $1+w_n+w_n^2+\cdots+w_n^{n-1}=0$.

z_0가 z의 임의의 n승근인 경우, 나머지 근을 w_n을 써서 나타내 보면

$$z_0,\ z_0w_n,\ \cdots,\ z_0w_n^{n-1}$$

들은 z의 모든 n승근이다.

연습문제 [1.4]

1. 방정식 $(z+1)^3=z^3$의 해를 구하여라.

2. 방정식 $32z^5=(z+1)^5$는 4개의 복소수 근을 갖는데 이 중 2개는 제 2사분면에 있고 나머지 2개는 제 3사분면에 있다. 5개의 모든 근은 원 $\left(x-\frac{1}{3}\right)^2+y^2=\left(\frac{2}{3}\right)^2$ 위에 있다.

3. $z=re^{i\theta}$라 할 때 $z^{\frac{1}{n}}+\bar{z}^{\frac{1}{n}}$의 실수부분은 $2\sqrt[n]{r}\cos\left(\frac{\theta}{n}+\frac{2k\pi}{n}\right)$, $k=0, 1, \cdots, n-1$. $(1+\sqrt{3}i)^{\frac{1}{3}}+(1-\sqrt{3}i)^{\frac{1}{3}}$의 실수부분을 구하여라.

4. z_1, z_2, z_3를 $z^3-3pz^2+3qz-r=0$의 세 근이라 하자. z_1, z_2, z_3를 꼭짓점으로 하는 삼각형 ΔABC라 할 때 삼각형의 중점은 p이다. 만약 ΔABC이 정삼각형이면 $p^2=q$이다.

1.5 복소평면 위에서 기하(geometry in the complex plane)

복소평면에서 복소수를 평면 위의 벡터라고 간주하면 직선의 방정식은 $b \neq 0$일 때, 집합

$$L = \{ a + tb : -\infty < t < \infty \}$$

이다. $z = a + tb \in L$이라 하면 $t = \frac{z-a}{b} \in \mathbb{R}$ 이므로, $L = \left\{ z : \operatorname{Im} \frac{z-a}{b} = 0 \right\}$라고 쓸 수 있다. 그러면 $\operatorname{Im} \frac{z-a}{b} = 0$은 복소평면에서 직선의 방정식을 나타내는 식이다.

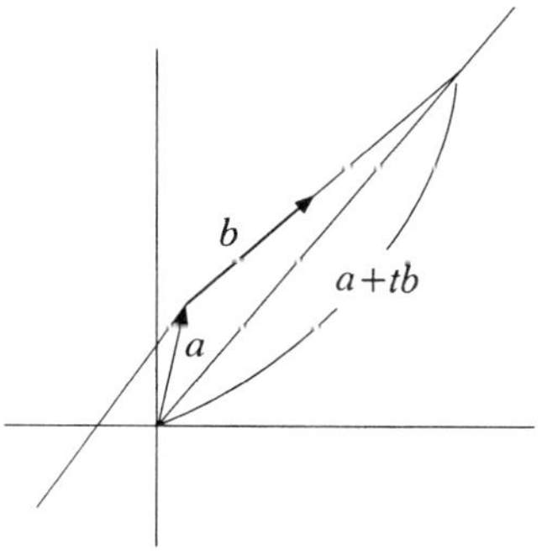

그림 1-6

부등식 $\operatorname{Im} \frac{z-a}{b} < 0$ 또는 $\operatorname{Im} \frac{z-a}{b} > 0$을 만족하는 복소수들의 집합을 구해 보자. 복소수 b는 직선 L의 방향을 결정하므로 $|b| = 1$이라고 가정해도 된다.

$a = 0$인 경우를 먼저 생각해보자.

$$H_0 = \left\{ z \ ; \operatorname{Im} \left(\frac{z}{b} \right) > 0 \right\}$$

라 하자. $|b| = 1$이므로 $b = e^{i\beta} = \cos\beta + i\sin\beta$이다. $z = re^{i\theta}$라 놓으면,

$$\frac{z}{b} = \frac{re^{i\theta}}{e^{i\beta}} = re^{i(\theta - \beta)}$$

$\operatorname{Im}\left(\frac{z}{b} \right) = r\sin(\theta - \beta) > 0$이므로 $0 < \theta - \beta < \pi$, 따라서 $\beta < \theta < \beta + \pi$. 즉 H_0의 범위는 그림 1-7과 같이 원점을 지나는 직선 L_0의 왼쪽부분이다. 마찬가지 이유로

$$K_0 = \left\{ z : \operatorname{Im} \frac{z}{b} < 0 \right\}$$

는 나타내는 부분은 직선의 오른쪽 부분이 된다.

$a \neq 0$인 경우는 $z - a = re^{i\theta}$라 놓으면 위와 같은 이유로 $\operatorname{Im} \frac{z-a}{b} > 0$을 만족하는 복소수들의 집합은 $z-a$가 직선 L_0의 왼쪽부분에 있는 복소수 z들의 집합이다. 이것은 H_0를 a방향으로 평행이동하여 얻은 영역 H_a와 동일하다. (그림 1-7과 그림 1-8 참조).

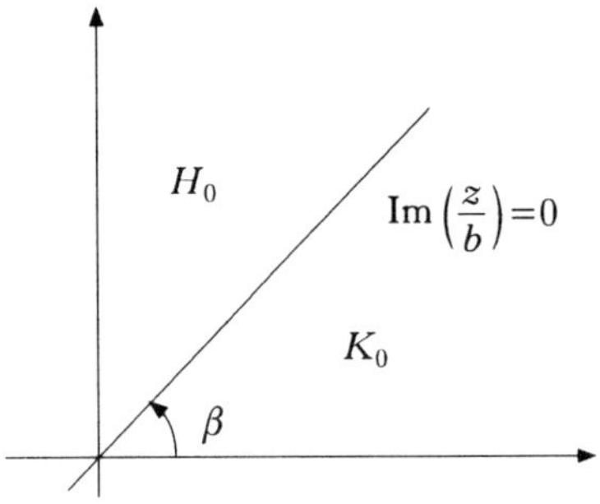

그림 1-7

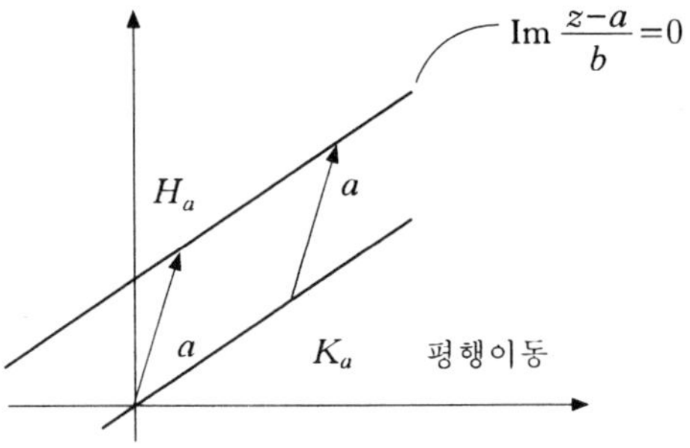

그림 1-8

일반적으로, $H_a = \left\{ z : \operatorname{Im} \frac{z-a}{b} > 0 \right\}$ 그리고 $K_a = \left\{ z : \operatorname{Im} \frac{z-a}{b} < 0 \right\}$라 쓰고 H_a와 K_a를 **반평면**(half plane)이라 부른다.

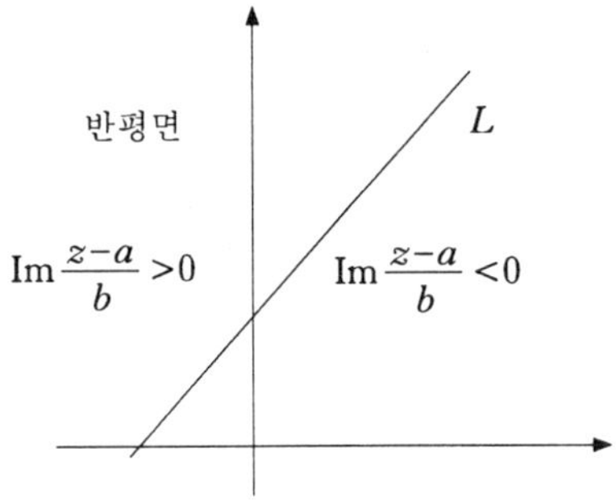

그림 1-9

[예 1.5.1] 집합 $\{z \in \mathbb{C} : az + b\bar{z} + c = 0\}$이 복소평면 $\mathbb{C}$ 위에서 직선이 되기 위한 필요충분조건은 $|a| = |b| \neq 0$이고 $\bar{b}c = \bar{c}a$이다.

증명 (⇒) $a=0$ 또는 $b=0$이면 직선이 될 수 없다. 직선의 방정식을 $z=\alpha+\beta t$, $-\infty<t<\infty$라 하면

$$a(\alpha+\beta t)+b(\overline{\alpha}+\overline{\beta}t)+c=0 \tag{1.4}$$

$t=0$일 때 식 (1.4)가 성립하므로 $a\alpha+b\overline{\alpha}+c=0$. 따라서 $\forall t\in\mathbb{R}$, $t(a\beta+b\overline{\beta})=0$. $t=1$일 때도 성립하므로 $a\beta+b\overline{\beta}=0$. 따라서 $|a|=|b|$. 그런데 $c=-a\alpha-b\overline{\alpha}$이므로

$$\begin{aligned}\overline{b}c &= \overline{b}(-a\alpha-b\overline{\alpha}) = -a\overline{b}\alpha-|b|^2\overline{\alpha} = -a\overline{b}\alpha-|a|^2\overline{\alpha}\\ &= a(-\overline{a}\,\overline{\alpha}-\overline{b}\alpha)\\ &= a\overline{c}.\end{aligned}$$

(⇐) $az+b\overline{z}+c=0$에 $\overline{c}$를 곱하고 $\overline{b}c=\overline{c}a$를 대입하면

$$\overline{b}cz+b\overline{c}\cdot\overline{z}+|c|^2=0 \tag{1.5}$$

를 얻고 이것은 $2\mathrm{Re}(\overline{b}cz)+|c|^2=0$. $\overline{b}c=re^{i\theta}$라 놓으면 식 (1.5)는

$$2r\cos\theta\cdot x-2r\sin\theta\cdot y+|c|^2=0 \tag{1.6}$$

과 동일한데 이것은 xy평면에서 직선의 방정식이다. ■

평면도형의 기하학적인 성질을 복소수의 계산을 통해서 증명하여 보자. 먼저 원에 관한 문제와 그 다음으로는 평행사변형과 마름모꼴에 관한 문제를 풀어본다.

[예 1.5.2] $|a|\neq 1, 0$이라 하자. a와 $\frac{1}{\overline{a}}$를 지나는 원은 단위원 $|z|=1$과 서로 직교한다.

증명 a와 $\frac{1}{\overline{a}}$를 지나는 원 C의 중심을 α, 반경을 R이라 하면 $|a-\alpha|=R$, $\left|\frac{1}{\overline{a}}-\alpha\right|=R$. 그러면 첫 번째와 두 번째 식으로부터

$$|a|^2-\overline{a}\alpha-a\overline{\alpha}+|\alpha|^2=R^2,$$

$$\frac{1}{|a|^2}-\frac{\alpha}{a}-\frac{\overline{\alpha}}{\overline{a}}+|\alpha|^2=R^2 \Leftrightarrow 1-\overline{a}\alpha-a\overline{\alpha}+|a|^2|\alpha|^2=|a|^2\cdot R^2$$

첫 번째 식에서 두 번째 식을 빼면

$$1-|a|^2+(1-|a|^2)|\alpha|^2=(1-|a|^2)R^2$$

그런데 $|a| \neq 1$이므로 양변을 $1-|a|^2$으로 나누고 정리하면 $|\alpha|^2 = 1+R^2$. 원 C와 단위원이 만나는 점을 b라 하면 $|b|=1$이고 $|b-\alpha| = R$이므로, 원점과 점 b와 α를 꼭짓점으로 하는 삼각형은 직각 삼각형이다. 이것으로부터 원 C와 단위원은 서로 직교함을 알 수 있다. ■

[예 1.5.3] 평행사변형의 두 대각선은 각각 상대방을 이등분한다. 마름모꼴인 경우에는 두 대각선은 서로 직교한다.

증명 그림 1.2와 같이 꼭짓점 중 하나를 원점에 놓고 원점에 이웃한 다른 두 꼭짓점을 각각 z_1, z_2라 하면 원점을 마주하는 꼭짓점은 z_1+z_2가 된다. z_1과 z_2를 연결하는 대각선을 복소수로 나타내면 z_1-z_2이고 이 복소수의 중점은 $\dfrac{z_1-z_2}{2}$이다. 그런데 이 대각선의 시점이 z_2이므로, z_1과 z_2를 연결하는 대각선의 중점을 복소수로 나타내면, $\dfrac{z_1-z_2}{2}+z_2$이고 이것은 원점과 z_1+z_2를 연결한 다른 쪽 대각선을 나타내는 복소수 z_1+z_2의 중점과 일치한다.

마름모꼴인 경우, 원점과 z_1, $\dfrac{z_1+z_2}{2}$를 꼭짓점으로 하는 삼각형이 직각 삼각형임을 보이면 된다. 세 변의 길이가 각각 $|z_1|$, $|z_1-z_2|/2$, 그리고 $|z_1+z_2|/2$이며, 이 경우 $|z_1|=|z_2|$이므로

$$
\begin{aligned}
&\left(\frac{|z_1-z_2|}{2}\right)^2+\left(\frac{|z_1+z_2|}{2}\right)^2 \\
&\qquad = \frac{1}{4}(|z_1|^2+|z_2|^2-\overline{z_1}\,z_2-z_1\overline{z_2}+|z_1|^2+|z_2|^2+\overline{z_1}\,z_2+z_1\overline{z_2}) \\
&\qquad = \frac{1}{4}(2|z_1|^2+2|z_2|^2)=|z_1|^2.
\end{aligned}
$$

즉, 피타고라스의 정리가 성립하므로 이 삼각형은 직각삼각형이다. ■

두 복소수 z_1, z_2가 서로 직교하기 위한 필요충분조건은 $\mathrm{Re}(z_1\overline{z_2})=0$이다.

$z_1=x_1+iy_1$, $z_2=x_2+iy_2$라 하면 2차원 벡터 (x_1, y_1)와 (x_2, y_2)가 서로 직교하기 위해서는 두 벡터의 내적이 0이어야 하므로 $\mathrm{Re}(z_1\overline{z_2})=x_1y_1+x_2y_2=0$이다.

[예 1.5.4] 복소수 a, b 그리고 c를 꼭짓점으로 하는 삼각형의 외접원의 중심과 반경을 구하여보자.

증명 주어진 삼각형의 외접원의 중심을 복소수 α라 하자. 점 a와 b를 잇는 선분은 외접원의 현이므로 이 선분의 중점 $\frac{a+b}{2}$와, α를 잇는 선분은 서로 직교한다. 이 선분들을 복소수로 나타내면 각각 $a-b$와 $\alpha-\frac{a+b}{2}$이므로, 두 복소수가 직교할 조건은

$$\begin{aligned}&\operatorname{Re}\left(\alpha-\frac{a+b}{2}\right)(\bar{a}-\bar{b})=0\\ &\qquad\Leftrightarrow\left(\alpha-\frac{a+b}{2}\right)(\bar{a}-\bar{b})+\left(\bar{\alpha}-\frac{\bar{a}+\bar{b}}{2}\right)(a-b)=0\end{aligned}$$

이것을 정리하면

$$\alpha(\bar{a}-\bar{b})+\bar{\alpha}(a-b)=|a|^2-|b|^2$$

점 b와 c에 대해서 동일한 조건을 적용하여 얻은 식은 위 식에서 a, b를 각각 b, c로 교환하여 구하면 되므로

$$\alpha(\bar{b}-\bar{c})+\bar{\alpha}(b-c)=|b|^2-|c|^2$$

α, $\bar{\alpha}$에 관한 두 연립방정식에서 외접원의 중심 α와 반경 r을 구하면

$$\begin{aligned}\alpha&=\frac{(|a|^2-|b|^2)(b-c)-(|b|^2-|c|^2)(a-b)}{(\bar{a}-\bar{b})(b-c)-(a-b)(\bar{b}-\bar{c})},\\ r&=|\alpha-a|=\left|\frac{(a-b)(c-a)(c-b)}{(\bar{a}-\bar{b})(b-c)-(a-b)(\bar{b}-\bar{c})}\right|=\left|\frac{(a-b)(c-a)(c-b)}{2\operatorname{Im}(\bar{a}-\bar{b})(b-c)}\right|\end{aligned}$$

■

연습문제 [1.5]

1. $z_1+z_2+z_3+z_4=0$이고 $|z_1|=|z_2|=|z_3|=|z_4|$이면 4점 z_1, z_2, z_3, z_4는 직사각형의 꼭짓점이든지 2개씩 서로 같다.

2. (Ptolemy 정리) 4점 z_1, z_2, z_3, z_4가 순서대로 원둘레에 있기 위한 필요충분조건은

$$|(z_1-z_2)(z_3-z_4)|+|(z_2-z_3)(z_1-z_4)|-|(z_3-z_1)(z_4-z_2)|=0$$

3. $a, b\in\mathbb{R}$이고 $ab\neq 0$라 하자. 그러면 $\left\{z\in\mathbb{C}:\operatorname{Im}\left(\frac{z-ia}{z-b}\right)=0\right\}$는 직선을 나타낸다. $\left\{z\in\mathbb{C}:\operatorname{Re}\left(\frac{z-ia}{z-b}\right)=0\right\}$가 나타내는 것은 무엇인가?

4. 복소평면 $\mathbb{C}$에서 다음과 같이 주어진 곡선 족을 x, y 변수를 써서 나타내어라.

(a) $\operatorname{Re}\frac{1}{z}=\alpha,\ \alpha\in\mathbb{R}$　(b) $\operatorname{Im}\frac{1}{z}=\alpha,\ \alpha\in\mathbb{R}$　(c) $\operatorname{Re}z^2=\alpha,\ \alpha\in\mathbb{R}$

(d) $\operatorname{Im}z^2=\alpha,\ \alpha\in\mathbb{R}$　(e) $\left|\frac{z-z_1}{z-z_2}\right|=\lambda,\ \lambda>0$　(f) $\arg\left(\frac{z-z_1}{z-z_2}\right)=\alpha,\ \alpha\in(-\pi,\pi]$

1.6 확장된 복소평면(extended complex plane)

확장된 복소평면은 복소평면 $\mathbb{C}$와 무한대 ∞의 합으로 이루어진 집합이다. 이것은 $\mathbb{C}^*$로 표시하는데 $\mathbb{C}^*=\mathbb{C}\cup\{\infty\}$이다. 확장된 복소평면을 보는 방법 중 하나는 3차원 유클리드 공간 $\mathbb{R}^3$에서 정의된 단위 구

$$S^2=\left\{(x_1,x_2,x_3)\in\mathbb{R}^3 \mid x_1^2+x_2^2+x_3^2=1\right\}$$

와 $\mathbb{C}^*$를 동일시하는 것이다. S^2에서 확장된 복소평면 $\mathbb{C}^*$위로 사영하는 **입체사영사상**(stereographic projection)을 소개한다. 먼저 $N=(0,0,1)$을 북극이라 하자.

$P=(x_1,x_2,x_3)$를 N이 아닌 단위 구 S^2 위에 있는 점이라면 N과 P를 연결한 직선 l이 $\mathbb{C}$-평면과 만나는 점이 $z=x+iy$이면 점 P의 $\mathbb{C}$-평면 위로 입체사영을 z로 정의하고 북극점 N의 입체사영은 ∞로 정의한다.

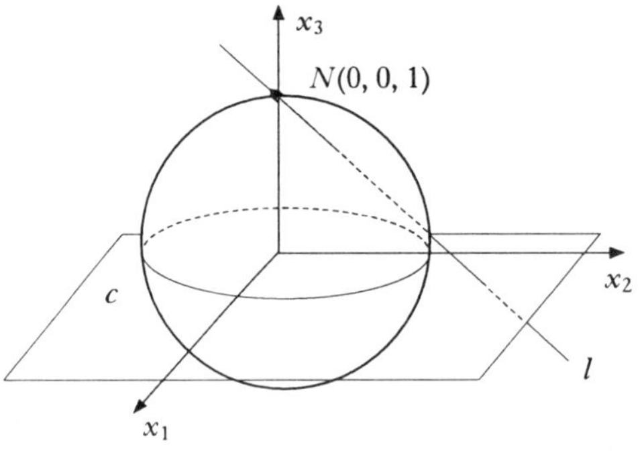

그림 1-10

그림 1-10에서 보듯 복소수 z가 $|z|>1$이면 z는 북반구와 1-1 대응하고 $|z|<1$이면 z는 남반구와 1-1 대응한다. 또 $|z|=1$은 적도와 1-1로 대응한다. 실제로 직선 l과 복소평면 $\mathbb{C}$가 만나는 점을 계산하여 보자. 직선 l은 $(0, 0, 1)$과 (x_1, x_2, x_3)를 지나므로 l의 방향벡터는 $(x_1, x_2, x_3)-(0, 0, 1)=(x_1, x_2, x_3-1)$이다. 따라서 l은

$$(0, 0, 1)+t(x_1, x_2, x_3-1)=(tx_1, tx_2, t(x_3-1)+1), \quad -\infty<t<+\infty$$

로 표현된다.

$t(x_3-1)+1=0$이면, 직선 l은 평면과 만난다. 즉, $t=\dfrac{1}{1-x_3}$일 때, x, y 좌표 값은 각각 $tx_1=\dfrac{x_1}{1-x_3}$, $tx_2=\dfrac{x_2}{1-x_3}$이다. 따라서 점 $P=(x_1, x_2, x_3)$가 $\mathbb{C}$위로 사영된 점은

$$z=\frac{x_1+ix_2}{1-x_3} \tag{1.7}$$

역으로, $\mathbb{C}$위의 임의의 점을 z라 하고 이 점으로 사영하는 단위 구 위의 점을 찾아보자. $z=\dfrac{x_1+ix_2}{1-x_3}$라 하면, 점 (x_1, x_2, x_3)은 단위 구 S^2 위에 있으므로 $x_1^2+x_2^2+x_3^2=1$.

$$|z|^2=\frac{x_1^2+x_2^2}{(1-x_3)^2}=\frac{1+x_3}{1-x_3}$$

이므로 $x_3=\dfrac{|z|^2-1}{|z|^2+1}$. z 식으로부터 $z+\bar{z}=\dfrac{2x_1}{1-x_3}$이고,

$$x_1=\frac{1}{2}(1-x_3)(z+\bar{z})=\frac{z+\bar{z}}{1+|z|^2}, \quad x_2=\frac{z-\bar{z}}{i(1+|z|^2)}$$

따라서 임의의 $z\in\mathbb{C}$는 단위 구 위의 점

$$\left(\frac{z+\bar{z}}{1+|z|^2}, \frac{z-\bar{z}}{i(1+|z|^2)}, \frac{|z|^2-1}{|z|^2+1}\right)\in S^2 \tag{1.8}$$

로 입체사영에 의해서 역 사영된다. $\infty\leftrightarrow(0,0,1)$로 대응하면 입체사영사상(stereographic projection)은 S^2와 $\mathbb{C}^*=\mathbb{C}\cup\{\infty\}$를 1-1이고 위로(onto) 대응시키는 사상(mapping)인 것을 알 수 있다.

확장된 복소공간 $\mathbb{C}^* = \mathbb{C} \cup \{\infty\}$의 두 점 z_1, z_2 사이의 **거리**, $d(z_1, z_2)$는 다음과 같다. z_1과 z_2에 대응되는 점을 각각 $Z_1, Z_2 \in S^2$라 할 때 $d(z_1, z_2)$는 3차원 공간 $\mathbb{R}^3$에서의 두 점 $Z_1 = (x_1, x_2, x_3)$, $Z_2 = (y_1, y_2, y_3)$ 사이의 거리로 정의한다. 그러면

$$d(z_1, z_2) = \left((x_1 - y_1)^2 + (x_2 - y_2)^2 + (x_3 - y_3)^2\right)^{\frac{1}{2}}$$

Z_1, Z_2가 단위 구의 점이란 사실을 이용하면

$$d(z_1, z_2)^2 = 2 - 2(x_1 y_1 + x_2 y_2 + x_3 y_3)$$

이고 앞의 식 (1.8)을 이용하여 계산하면

$$d(z_1, z_2) = \frac{2|z_1 - z_2|}{[(1+|z_1|^2)(1+|z_2|^2)]^{\frac{1}{2}}}, \quad z_1, z_2 \in \mathbb{C} \tag{1.9}$$

이다. 똑같은 방법으로 $z_2 = \infty$인 경우, Z_2는 북극이므로 $y_1 = y_2 = 0$, $y_3 = 1$을 대입하여

$$d(z, \infty) = \frac{2}{(1+|z|^2)^{\frac{1}{2}}}$$

정리 1.6.1 구면 S^2 위의 원은 입체사영에 의해서 $\mathbb{C}$-평면의 원이나 직선으로 사영한다.

증명 S^2 위의 원은 S^2와 평면의 교집합

$$\{(x_1, x_2, x_3) : x_1^2 + x_2^2 + x_3^2 = 1\} \bigcap \{(x_1, x_2, x_3) : \alpha_1 x_1 + \alpha_2 x_2 + \alpha_3 x_3 = \alpha_0\}$$

으로 나타낼 수 있다. 여기서 $\alpha_1^2 + \alpha_2^2 + \alpha_3^2 = 1$, $0 \le \alpha_0 < 1$이라고 가정해도 된다. 특히 두 번째 조건은 평면이 단위 구와 만나기 위해서 필요하다.

$$x_1 = \frac{z + \bar{z}}{1+|z|^2}, \quad x_2 = \frac{z - \bar{z}}{i(1+|z|^2)}, \quad x_3 = \frac{|z|^2 - 1}{|z|^2 + 1}$$

를 평면의 방정식에 대입하면

$$\alpha_1(z+\bar{z})-\alpha_2 i(z-\bar{z})+\alpha_3(|z|^2-1)=\alpha_0(|z|^2+1)$$

이 식에 $z=x+iy$를 대입하면

$$(\alpha_0-\alpha_3)(x^2+y^2)-2\alpha_1 x-2\alpha_2 y+\alpha_0+\alpha_3=0$$

이것은 평면 위에서 방정식이다. $\alpha_0=\alpha_3$이면 직선의 방정식이고 $\alpha_0\neq\alpha_3$이면

$$x^2+y^2-\frac{2\alpha_1}{(\alpha_0-\alpha_3)}x-\frac{2\alpha_2}{(\alpha_0-\alpha_3)}y+\frac{\alpha_0+\alpha_3}{\alpha_0-\alpha_3}=0$$

$$\Leftrightarrow\left(x-\frac{\alpha_1}{\alpha_0-\alpha_3}\right)^2+\left(y-\frac{\alpha_2}{\alpha_0-\alpha_3}\right)^2=\frac{1-\alpha_0^2}{(\alpha_0-\alpha_3)^2}$$

즉, 중심이 $\left(\frac{\alpha_1}{\alpha_0-\alpha_3}, \frac{\alpha_2}{\alpha_0-\alpha_3}\right)$이고 반지름이 $\frac{\sqrt{1-\alpha_0^2}}{|\alpha_0-\alpha_3|}$인 원의 방정식이다. ■

[예 1.6.1] 복소평면 $\mathbb{C}$ 위에서 중심이 α이고 반지름이 R인 원이 역 입체사영사상에 의해서 S^2에 맺어지는 원의 반지름을 구하여라.

(증명) 원점과 α를 지나는 직선을 그리면 직선은 원 위의 두 점 $(|\alpha|-R)\frac{\alpha}{|\alpha|}$와 $(R+|\alpha|)\frac{\alpha}{|\alpha|}$에서 원과 만난다. 구하려는 반지름은

$$r=\frac{1}{2}d\left((|\alpha|-R)\frac{\alpha}{|\alpha|},\ (|\alpha|+R)\frac{\alpha}{|\alpha|}\right)$$

이므로, 식 (1.9)에 대입하여

$$r=\frac{2R}{[(1+(R-|\alpha|)^2)(1+(|\alpha|+R)^2]^{\frac{1}{2}}}$$

을 얻는다 ■

[예 1.6.2] 구면 S^2 위의 점 P와 입체사상에 의해서 대응되는 복소수를 z라 하자. P와 구의 원점에 대해서 대칭이 되는 점을 P'이라 하자. 그러면 P'과 입체사상에 의해서 대응되는 복소수 z'은 $-\frac{1}{\bar{z}}$이다.

(증명) $P=(x_1, x_2, x_3)$라 하면 구의 원점에 대한 대칭점은 $P'=(-x_1, -x_2, -x_3)$이다. 식 (1.7)을 사용하면

$$z' = -\frac{x_1+ix_2}{1+x_3} = -\frac{(x_1+ix_2)(1-x_3)}{1-x_3^2} = -\frac{(x_1+ix_2)(1-x_3)}{x_1^2+x_2^2}$$

$$= -\frac{(x_1+ix_2)(1-x_3)}{(x_1+ix_2)(x_1-ix_2)} = -\frac{1}{\bar{z}}$$ ■

연습문제 [1.6]

1. 복소수 0, $1+i$, $2+3i$에 대응되는 구면 S^2 위의 점을 구하여라.

2. $Z_1, Z_2 \in S^2$를 복소수 $z_1, z_2 \in \mathbb{C}$에 대응되는 구면 위의 점이라 하자. W가 z_1+z_2에 대응되는 S^2의 점이라면 W를 Z_1과 Z_2를 써서 나타내어 보아라.

3. S^2를 x축을 회전축으로 180도 회전한 변환은 입체사영사상에 의해서 $\mathbb{C}$ 위에서는 반전 $z \mapsto \frac{1}{z}$에 대응된다.

2

$\mathbb{C}$ 위에서 위상(topology)

2.1 거리공간 $\mathbb{C}$

복소평면 $\mathbb{C}$의 가장 두드러진 성질 중 하나는 거리공간이라는 점이다. 즉 두 점 사이의 거리를 정의할 수 있다. 임의의 두 점 z, w에 대해 $|z-w|$를 두 점 사이의 거리로 정의하는데 이것은 이미 우리들이 알고 있는 사실 중 하나이다. 그러나 조금 더 엄밀히 말하면 거리 공간이 되기 위해서는 몇 가지 조건이 있다.

정의 2.1.1 X를 임의의 집합이라 하고 $d : X \times X \to \mathbb{R}$를 실함수라 하자. 실함수 d가 임의의 $x, y, z \in X$에 대해 다음의 4가지 조건을 만족하면 d를 **거리함수**(distance function)라 부르고 쌍(X, d)는 **거리공간**(metric space)이라 부른다.

(i) $d(x, y) \geq 0$

(ii) $d(x, y) = 0$이기 위한 필요충분조건은 $x = y$

(iii) $d(x, y) = d(y, x)$ (대칭성(symmetry))

(iv) $d(x, z) \leq d(x, y) + d(y, z)$ (삼각부등식(triangle inequality))

복소평면 $\mathbb{C}$는 두 점 z, w 사이의 거리를 자연스럽게 유클리드 공간 $\mathbb{R}^2$에서의 거리 $|z-w|$로 정의한다면 1.1에서 보듯 4가지의 조건이 모두 성립하므로 거리공간이 된다. 그러나 거리공간에 대한 결과는 다음의 몇 가지 예를 제외하고는 더 이상 언급하지 않으

려 한다. 일반적인 결과는 실해석학이나 위상수학에서 참조하여라.

[예 2.1.1] (거리공간 또는 거리공간이 아닌 예)

(1) $X=\mathbb{R}^n$이라 하자. $x=(x_1, x_2, \cdots, x_n)$, $y=(y_1, y_2, \cdots, y_n)$를 $\mathbb{R}^n$의 임의의 두 점이라 할 때 유클리드 거리함수 d를

$$d=\sqrt{\Sigma_{j=1}^{n}(x_j-y_j)^2}$$

로 정의하면 $(\mathbb{R}^n, d)$는 거리공간이다.

(2) $X=\mathbb{C}$ 라 하자. $d(x+iy,\ a+ib)=|x-a|+|y-b|$로 정의하면 $(\mathbb{C}, d)$는 거리공간이다.

(3) $X=\mathbb{C}$ 라 하자. $\tilde{d}(x+iy,\ a+ib)=|x-a|$로 정의하면 $(\mathbb{C}, \tilde{d})$는 거리공간이 아니다.

(4) X를 임의의 집합이라 하자.

$$d(x, y)=\begin{cases} 0 & x=y\text{인 경우} \\ 1 & x\neq y\text{인 경우} \end{cases}$$

로 정의하면 (X, d)는 거리공간이 된다. 특히 이 거리공간을 **이산거리공간**(discrete)이라 부르는데 특이한 성질을 갖고 있다.

여기서 우리가 주목해야 할 점은, 동일한 집합이라 할지라도 그 위에 정의된 함수 d가 거리함수가 될 때만 거리공간이 된다는 점과, 동일한 집합 위에서도 여러 가지 서로 다른 거리를 정의할 수 있으면, 한 개 이상의 거리공간을 만들 수 있다는 점이다.

복소평면에서 열린 원판과 닫힌 원판은 다음과 같이 정의한다. $a\in\mathbb{C}$, $r>0$이라 하자. **열린 원판**(open disk) $B(a;r)$과 **닫힌 원판**(closed disk) $\overline{B}(a;r)$는 각각

$$B(a;r)=\{z\in\mathbb{C} : |z-a|<r\},$$
$$\overline{B}(a;r)=\{z\in\mathbb{C} : |z-a|\leq r\}$$

로 정의한다. 기하학적으로 열린 원판 $B(a;r)$는 중심이 a이고 지름이 $r>0$인 원의 내부이고 닫힌 원판 $\overline{B}(a;r)$은 $B(a;r)$와 이것의 경계인 원 $|z-a|=r$의 합집합이다. $\overline{B}(a;r)$은 $B(a;r)$의 **닫힘**(closure)이다. 임의의 거리공간에서는 열린 원판과 닫힌 원판을 절대값 기호 $|\ \ |$ 대신 거리 d를 사용하여 정의한다. 즉,

$$y\in B(x;r)\Leftrightarrow d(x, y)<r \ \text{이고}\ \ y\in\overline{B}(x;r)\Leftrightarrow d(x, y)\leq r.$$

여기서 주목하여야 할 점은 복소평면이 아닌 경우에 열린 원판 $B(x;r)$의 닫힘이 닫힌 원판 $\overline{B}(x;r)$이 아니라는 점이다. 이산거리 공간이 바로 그 예이다.

> **정의 2.1.2** $G \subset \mathbb{C}$를 부분집합이라 하자. 임의의 $a \in G$에 대해 양수 $\epsilon > 0$이 존재하여 $B(a;\epsilon) \subset G$이면 $a \in G$를 집합 G의 **내점**(interior point)이라 부른다. G의 모든 점이 G의 내점이 되면 G를 **열린집합**이라 한다. $H \subset \mathbb{C}$를 임의의 부분집합이라 하자. H의 모든 내점들의 집합을 $\mathrm{int} H$, 또는 H^0라 표기하고 이것을 H의 내부(interior)라 부른다. $\mathrm{int} H$는 언제나 열린집합이며 H가 열린집합이면 $H = H^0$이다.

그러므로 열린 집합은 경계점을 포함하지 않는다. 예를 들면 $\{z \in \mathbb{C} : \mathrm{Re}(z) > 0\}$은 열린 집합이고 $U = \{z \in \mathbb{C} : \mathrm{Im}(z) < \mathrm{Re}(z)\} \cup \{0\}$는 열린집합이 아니다. $\epsilon > 0$을 아무리 작게 선택해도 $B(0;\epsilon)$는 U의 부분집합이 될 수 없기 때문이다. 또 복소평면 $\mathbb{C}$와 공집합 $\varnothing$도 정의에 의해서 열린집합이 된다.

> **정리 2.1.1** $G_j \subseteq \mathbb{C}$, $j \in J$를 모두 열린집합이라 하자. 그러면 다음이 성립한다.
>
> (i) $\bigcup_{j \in J} G_j$는 열린집합이다.
>
> (ii) J가 유한집합인 경우 $\bigcap_{j \in J} G_j$는 열린집합이다.

증명 (i) $z \in \bigcup_{j \in J} G_j$를 임의의 점이라 하자. 그러면 $z \in G_{j_0}$인 $j_0 \in J$가 존재한다. 정의에 의해서 $r > 0$이 존재하여 $z \in B(z;r) \subset G_{j_0}$이 성립한다. $G_{j_0} \subset \bigcup_{j \in J} G_j$이므로 z는 $\bigcup_{j \in J} G_j$의 내점이다. z는 임의의 점이므로 $\bigcup_{j \in J} G_j$는 열린집합이다.

(ii) J가 유한집합이므로 $J = 1, 2, \cdots, n$이라 놓자. $z \in \bigcap_{j=1}^{n} G_j$라 하자.

모든 $j = 1, 2, \cdots, n$에 대해 $\epsilon_j > 0$가 존재하여 $z \in B(z, \epsilon_j) \subset G_j$.

$\epsilon = \min\{\epsilon_1, \epsilon_2, \cdots, \epsilon_n\}$이라 놓으면

$$z \in B(z;\epsilon) \subset \bigcap_{j=1}^{n} G_j$$

■

그러나 J가 유한집합이 아닌 경우에는 $\bigcap_{j\in J} G_j$이 열린집합이 아닐 수도 있다. 예를 들면 $G_j = B(0;\, 1+1/j),\ j=1, 2, \cdots$라 하면 $\bigcap_{j\in J} G_j = \overline{B}(0;1)$인데 닫힌 원판은 경계점들이 내점이 될 수 없으므로 열린집합이 아니다.

관심의 대상인 집합이 ℂ자신일 때보다 ℂ의 부분집합 A인 경우가 오히려 더 편리할 때가 많다. 이 경우 A에서 열린집합 V는 전체 평면 ℂ에서 열린집합 U와 A의 교집합, 즉 $V = A \cap U$를 의미한다. 이 경우 V를 **상대적**(relatively)으로 열려 있다, 또는 **A에서 열려 있다**고 한다.

정의 2.1.3 F를 ℂ의 부분집합이라 하자. F의 여집합 F^c가 ℂ의 열린 부분집합이면 F를 **닫힌집합**이라 한다. 임의의 집합 $A \subseteq \mathbb{C}$의 **닫힘**(closure)은 $\overline{A}$로 표기하고

$$\overline{A} = \bigcap \{F : F\text{는 닫힌집합},\ A \subset F\}$$

로 정의한다. $\overline{A}$는 집합 A와, A의 모든 경계점들의 집합의 합집합이다. 만약 $\overline{A} = \mathbb{C}$이면 A를 ℂ의 **조밀**(dense) 부분집합이라고 한다. 복소평면 ℂ와 공집합 $\varnothing$는 닫힌집합이다. ℂ의 부분집합 중, 동시에 열려있고 닫힌집합은 ℂ와 공집합 $\varnothing$뿐이다. 이 사실을 앞으로 여러 가지 종류의 정리를 증명하는데 유용하게 쓸 것이다.

A의 **경계**(boundary)는 ∂A라 표기하고 $\partial A = \overline{A} \cap \overline{(\mathbb{C} \setminus A)}$로 정의한다. 열린 원판의 경계는 기하적인 경계와 같지만 일반적으로는 A의 모든 점이 경계점이 될 수 있다. $A = \{z = x+iy : x, y \in \mathbb{Q}\}$라 하면 A의 경계 $\partial A = \mathbb{C}$이다. 여기서 ℚ는 유리수들의 집합을 의미한다.

De Morgan의 법칙을 써서 정리 2.1.1과 유사한 결과를 얻을 수 있다.

정리 2.1.2

(i) $F_j \subseteq \mathbb{C},\ j \in J$를 모두 닫힌집합이라 하자. 그러면 $\bigcap_{j\in J} F_j$도 닫힌집합이다.

(ii) J가 유한집합이면 $\bigcup_{j\in J} F_j$도 닫힌집합이다.

정리 2.1.1(ii)와 마찬가지로 J가 무한집합일 때 $\bigcup_{j\in J} F_j$이 닫힌집합이 아닐 수도 있다. $\bigcup_{j=1}^{\infty}\overline{B}(0;1-1/j)=B(0;1)$이므로 이 경우에는 닫힌집합의 가산 무한합이 열린집합이 된다.

복소해석학을 포함해서 해석학의 기본이 되는 것은 극한개념일 것이다. 이것은 도함수의 정의와 존재, 연속함수와 균등연속함수, 복소수열과 수열의 극한 그리고 무한급수의 수렴성 그리고 앞으로 정의할 해석함수의 존재와 이와 관련된 정리를 이해하기 위해 꼭 알아두어야 할 개념이다. 미적분학에서 배운 실수열의 극한에 대해서 알고 있지만 집합에 있어서도 이와 유사한 개념이 존재한다. 열린 원판 $B(a;r)$과 원 $|z-a|=r$을 비교해 보면 원 위에 있는 점들은 모두 $B(a;r)$에 없지만 원판까지의 거리는 0이다. 이러한 점들을 원판의 집적점이라고 부른다.

정의 2.1.4 $A\subseteq\mathbb{C}$를 $\mathbb{C}$의 부분집합이라 하고 $z\in\mathbb{C}$를 임의의 복소수라 하자. 임의의 $\epsilon>0$에 대해서 $B(z;\epsilon)\cap(A\setminus\{z\})\neq\varnothing$이면 즉, $B(z;\epsilon)$이 z와 다른 A의 집을 갖고 있다면, z를 A의 **집적점** 또는 **극한점**(accumulation point)이라고 한다. 열린 원판 $B(a;r)$의 집적점들의 집합은 $\overline{B}(a;r)$이다. A의 모든 집적점들의 집합을 A의 **유도집합**(derived set)이라 부르고 A'으로 나타낸다.

정리 2.1.3 $A\subseteq\mathbb{C}$를 $\mathbb{C}$의 부분집합이라 하자. 그러면 다음이 성립한다.

(i) A가 닫힌집합이기 위한 필요충분조건은 $A=\overline{A}$.

(ii) $z\in\overline{A}$이기 위한 필요충분조건은 $\forall\,\epsilon>0,\ B(z;\epsilon)\cap A\neq\varnothing$.

(iii) A가 닫혀 있기 위한 필요충분조건은 A가 A의 모든 집적점을 포함하고 있는 것이다.

증명 (i)는 정의에 의해서 당연하다.

(ii) ($\Rightarrow$) 어떤 $\epsilon>0$이 존재하여 $B(z;\epsilon)\cap A=\varnothing$라고 가정하자. 그러면 $B(z;\epsilon)^c\supseteq A$이고 $B(z;\epsilon)^c$가 닫힌집합이므로 $B(z;\epsilon)^c\supseteq\overline{A}$. 즉, $z\notin\overline{A}$.

($\Leftarrow$) $z\notin\overline{A}$라 하자. 그러면 $\overline{A}$는 A를 포함하는 모든 닫힌집합들의 교집합이므로 닫힌집합 $F\supset A$가 존재하여 $z\notin F$이다. 그런데 F^c는 열린집합이므로 $\epsilon>0$이 존재하여 $B(z;\epsilon)\subset F^c$. 따라서 $B(z;\epsilon)\cap A\subseteq B(z;\epsilon)\cap F=\varnothing$.

(iii) ($\Rightarrow$) $z \notin A$라 하자. (i)와 (ii)에 의해, $\epsilon > 0$이 존재하여 $B(z;\epsilon) \cap A = \varnothing$.
즉, z는 A의 집적점이 아니다.
($\Leftarrow$) A가 닫혀있지 않다고 하자. 그러면 (i)에 의해서 $A \neq \overline{A}$. $z \in \overline{A} \setminus A$이면 (ii)에 의해서, 특히 $z \notin A$이므로 모든 $\epsilon > 0$에 대해 $B(z;\epsilon) \cap (A \setminus \{z\}) \neq \varnothing$. 따라서 z는 A의 집적점이다. 가정에 의해서 $z \in A$. 이것은 모순이다. ■

A를 $\mathbb{C}$의 부분집합이라 하자. $0 < r < \infty$이 존재하여 $A \subset B(0;r)$이면 즉, $|z| < r$이면 A를 **유계**(bounded)인 집합이라고 한다. 유계인 집합은 다음과 같은 성질을 갖고 있다.

> 정리 2.1.4 (Bolzano–Weierstrass) $\mathbb{C}$의 무한이고 유계인 부분집합은 적어도 하나의 집적점을 갖는다.

연습문제 [2.1]

※ 다음을 증명하여라.

1. $d(x+iy,\ a+ib) = |x-a| + |y-b|$로 정의하면 $(\mathbb{C}, d)$는 거리공간이다.

2. $d(x+iy,\ a+ib) = \max\{|x-a|,\ |y-b|\}$로 정의하면 $(\mathbb{C}, d)$는 거리공간이다.

3. 이산거리공간은 실제로 거리공간이다.

4. (X, d)를 거리공간이라 하자. $\forall x, y, z \in X,\ |d(x, y) - d(x, z)| \leqq d(y, z)$이다.

5. 다음에 주어진 $\mathbb{C}$의 부분집합이 열린집합 혹은 닫힌집합 혹은 어느 것도 아닌지 결정하여라. 그리고 각 집합의 내부, 닫힘, 그리고 경계를 구하여라.

   (a) $\{z : 0 \leqq \text{Re } z \leqq 1,\ 0 < \text{Im } z < 1\}$

   (b) $\left\{z : z = \dfrac{1}{n} + iy,\ n = 1, 2, \cdots,\ 0 \leqq y \leqq 1\right\}$

   (c) $\{z : |z| = 1\}$

   (d) $\{z : z = m + in,\ m, n \in \mathbb{N}\}$

   (e) $\{z : |z| < 1 \text{ or } z = i/n + 1,\ n \in \mathbb{Z}\}$

6. A, B를 거리공간 (X, d)의 부분집합이라 하자. 그러면

(a) $\mathrm{int}(A) = \left(\overline{A^c}\right)^c$, $\overline{A} = (\mathrm{int}(A^c))^c$

(b) $\overline{A \cup B} = \overline{A} \cup \overline{B}$

(c) $\partial A = \overline{A} \setminus \mathrm{int}\, A$

(d) $\mathrm{int}(A \cup B) \supseteq \mathrm{int}(A) \cup \mathrm{int}(B)$, $\mathrm{int}(A \cap B) = \mathrm{int}(A) \cap \mathrm{int}(B)$

(e) ① A의 유도집합 A'은 닫힌집합이다. 즉, $(A')' \subseteq A'$

② $A \subseteq B \Rightarrow A' \subseteq B'$ ③ $(A \cup B)' = A' \cup B'$

④ $(\overline{A})' = A'$ ⑤ $(A \cap B)' = A' \cap B'$

(f) ∂A는 닫힌집합이다.

7. $\{e^{k\theta i} \mid k \geq 0$인 정수$\}$가 단위원 $\{z \mid |z| = 1\}$에서 조밀집합이 되도록 θ를 결정하여라.

2.2 복소수열(complex sequences)

복소수열 $\{z_n\}$이란, 각 항 z_n이 복소수인 경우를 말한다. 그러나 좀 더 일반적인 거리공간이나 위상공간에서는 수열 대신 점열(sequences of points)을 정의하는데 사실 수열도 점열의 일종이므로, 복소수열을 수학적으로 정의하면, 복소수열은 자연수의 집합 N에서 복소평면으로 가는 함수 $f : \mathbb{N} \to \mathbb{C}$를 의미한다. 그리고 $f(n)$ 대신 z_n 또는 a_n, 함수 f 대신 우리에게 익숙한 기호 $\{z_n\}$ 또는 $\{a_n\}$을 써서 나타낸다. 이때 z_n을 복소수열 $\{z_n\}$의 n-번째 항이라고 부른다. 그러나 앞으로 수열을 논의할 때는, 함수로서의 정이 대신 통상 사용하던 괄호기호를 사용한다.

우리가 앞으로 공부할 $\mathbb{C}$의 부분집합의 집적점이라든지 닫힘의 성질을 규명하는 도구로 수열만큼 편리한 것은 없다. 먼저 복소수열의 극한에 대해서 알아보자.

정의 2.2.1 $\{z_n\}$을 복소수열이라 하고 $z \in \mathbb{C}$ 라 하자. 임의의 $\epsilon > 0$에 대해서 자연수 $N \in \mathbb{N}$이 존재하여 $\forall n \geq N \Rightarrow |z_n - z| < \epsilon$이면, z를 $\{z_n\}$의 **극한**(limit)이라고 한다. 마지막 부등식은 $z_n \in B(z;\epsilon)$와 같은 의미이다. 그리고 이 경우

$$\lim_{n\to\infty} z_n = z$$

라고 써서 표현한다.

복소평면에서는 수열을 이용하여 닫힘(closedness)의 성질을 증명할 수 있는데 다음 정리가 그 중 한 예이다.

정리 2.2.1 집합 $A \subset \mathbb{C}$가 닫혀 있기 위한 필요충분조건은 A 안에 있는 임의의 수열 $\{z_n\}$의 극한이 z이면 $z \in A$이다.

증명 $\{z_n\} \subset A$이고 $\lim_{n\to\infty} z_n = z$이지만 $z \notin A$이라 하면 $z \in A^c$이고 A^c는 열린집합이므로 $\epsilon > 0$이 존재하여 $B(z;\epsilon) \subset A^c$. 그러면 $\forall n \in \mathbb{N}$, $z_n \notin B(z;\epsilon)$이고 이것은 $\lim_{n\to\infty} z_n \neq z$을 의미한다. 역으로 z가 A의 집적점이라 하자. 그러면 집적점의 정의에 의해서 임의의 $n \in \mathbb{N}$에 대해서 $|z - z_n| < \dfrac{1}{n}$이 되는 점 $z_n \in A$이 존재한다. 이것은 $\lim_{n\to\infty} z_n = z$을 의미하므로 가정에 의해서 $z \in A$. 따라서 $\overline{A} = A$이다. 정리 2.1.3에 의해서 A는 닫힌집합이다. ■

수렴수열(convergent sequences)은 극한값 근처에 z_n들이 집중적으로 몰려 있음을 정의로부터 알 수 있다. Cauchy 수열은 수렴수열의 성질을 갖는 수열인데 ℂ에서는 수렴수열과 동일시하여도 된다.

정의 2.2.2 (Cauchy 수열) $\{z_n\}$을 복소수열이라 하자. 임의의 $\epsilon > 0$에 대해 $N \in \mathbb{N}$이 존재하여 모든 $m, n \geq N$에 대해 $|z_n - z_m| < \epsilon$이면 이 수열을 **Cauchy수열**이라고 부른다.

수렴수열은 언제나 Cauchy 수열이다. 역이 성립하지 않는 거리공간의 예는 부분공간에서 찾을 수 있다. $A=\{z: |z-1|<1\}$, $z_n=\dfrac{1}{n}$이라고 하면 $\lim_{n\to\infty} z_n=0$이다. $z_n \in A$이지만 $0 \not\in A$. 이 경우 수열 $\{z_n\}$은 Cauchy 수열이지만 집합 A 안에서는 수렴한다고 말하지 않는다. 만약 거리공간의 모든 Cauchy 수열이 수렴한다면 이 공간을 **완비공간**(complete space)이라 부른다. 복소공간 $\mathbb{C}$는 완비공간이다.

A가 $\mathbb{C}$의 부분공간일 때 완비공간이 되면 A를 **완비적**이라고 부른다. 1.6절에서 소개한 확장된 복소공간 $\mathbb{C}^*$는 d를 거리로 갖는 거리공간이다. 지금 $z_n, z\in\mathbb{C}$라 하면 $\lim_{n\to\infty} z_n=z$이기 위한 필요충분조건은 $\lim_{n\to\infty} d(z_n, z)=0$이다. 거리 d의 정의에 의해서 임의의 수열 $\{z_n\}$이 $\lim_{n\to\infty}|z_n|=\infty$이면 $\lim_{n\to\infty} d(z_n, \infty)=0$. 즉 $\mathbb{C}$에서 ∞로 발산하는 수열 $\{z_n\}$은 $\mathbb{C}^*$의 d 거리 하에서는 수렴하는 Cauchy 수열이다. 따라서 $\mathbb{C}^*$도 완비 거리공간이다.

다음 정리는 집적점의 존재를 확인하는데 매우 유용한 정리이다.

> **정리 2.2.2** (Cantor의 교집합정리) $\{F_j\}$를 $\mathbb{C}$의 유계이고 공집합이 아닌 닫힌 부분집합들의 모임이라 하자. $F_1 \supset F_2 \supset \cdots \supset F_n \supset F_{n+1} \cdots$이면(이것을 **축소 집합열**이라고 부른다.) $\cap_{j=1}^{\infty} F_j \neq \varnothing$. 특히 $\mathrm{diam}(F_j)\to 0$이면 $\cap_{j=1}^{\infty} F_j$는 한 점 집합이다. 여기서
>
> $$\mathrm{diam}(F)=\sup\{|z-w|: z, w\in F\}.$$

증명 $\forall n\in\mathrm{N}$, $F_n\neq\varnothing$이므로 $z_n\in F_n$를 하나씩 선택할 수 있다. 집합으로서 $\{z_n\}$은 유한집합이든지 혹은 무한집합이다. 유한집합인 경우 적어도 하나의 z_k는 무한 번 선택된 수이다. 그런데 $\{F_j\}$는 축소집합 열이므로 $z_k\in\cap_{j=1}^{\infty} F_j$. 무한집합인 경우 볼짜노-바이어스트라스 정리에 의해서 $\{z_n\}$는 집적점 z_0을 갖는다.

집적점의 정의에 의해서 $\forall j\in\mathrm{N}$, $n_j\in\mathrm{N}$이 존재하여 $z_{n_j}\in B\left(z_0; \dfrac{1}{j}\right)$. 그런데 F_{n_1}는 닫힌집합이고 $\{z_{n_j}\}\subset F_{n_1}$이므로 $z_0\in F_{n_1}$이다. F_{n_k}는 닫힌집합이고 $\{z_{n_j}\}_{j=k}^{\infty}\subset F_{n_k}$이므로 $z_0\subset F_{n_k}$. 또한 $\{F_j\}$는 축소집합열이므로, $\forall j, k\in\mathrm{N}$, $n_k\le j\le n_{k+1}$이면 $z_0\in F_j$이다. 따라서 $z_0\in\cap_{j=1}^{\infty} F_j$. ■

정리 2.2.2에서 F_j 들이 유계인 조건과 닫힌 조건은 꼭 필요한 조건이다. $\mathbb{C}$의 닫힌 부분집합 $F_j=\{z: |z|\ge j\}$라 하면 $\cap_{j=1}^{\infty} F_j=\varnothing$이다. 만약 $U_n=\{z: |z-1/n|<1/n\}$이면 U_n 들은 열린집합이고 $\cap_{n=1}^{\infty} U_n=\varnothing$이다.

연습문제 [2.2]

1. 다음 복소수열의 극한을 구하여라.

(a) $z_n = 1 + \frac{2n}{n+1}i$ (b) $z_n = i^{2n}$ (c) $z_n = \frac{1+2n^2}{n^2} - \frac{n}{n-1}i$

(d) $z_n = e^{\frac{n\pi}{3}i}$ (e) $z_n = i\sin n$ (f) $z_n = i^{\frac{1}{n}}$

(g) $z_n = \frac{(n+1)(1+ni)}{n^2}$ (h) $z_n = \left(\frac{1}{2} + \frac{i}{4}\right)^n$

2. z_n, $z \in \mathbb{C}$ 라 하자. d를 $\mathbb{C}^*$위에서 정의된 거리라 하자. $|z_n - z| \to 0$이기 위한 필요충분조건은 $d(z_n, z) \to 0$임을 보여라. $|z_n| \to \infty$이면 $\{z_n\}$은 $\mathbb{C}^*$에서 Cauchy 수열이 됨을 보여라.

3. $\lim_n z_n = \alpha$라 하자. 그러면 $\lim_{n \to \infty} \frac{1}{n}(z_1 + z_2 + \cdots + z_n) = \alpha$임을 보여라.

4. 임의의 복소수 $\alpha \in \mathbb{C}$에 대해서, 이항계수를 다음과 같이 정의한다.

$$\binom{\alpha}{0} = 1, \quad \binom{\alpha}{n} = \frac{\alpha(\alpha-1)\cdots(\alpha-n+1)}{n!}, \quad n \geq 1.$$

(a) 수열 $\binom{\alpha}{n}$이 유계이기 위한 필요충분조건은 $\operatorname{Re}\alpha \geq -1$.

(b) 수열 $\binom{\alpha}{n} \to 0$이기 위한 필요충분조건은 $\operatorname{Re}\alpha > -1$.

(c) $\alpha \notin \mathrm{N} \cup \{0\}$이면 $\dfrac{\binom{\alpha}{n+1}}{\binom{\alpha}{n}} \to -1$.

(d) $\operatorname{Re}\alpha \leq -1$, $\alpha \neq -1$이면 모든 $n \geq 0$에 대해서 $\left|\binom{\alpha}{n+1}\right| > \left|\binom{\alpha}{n}\right|$.

(e) $\operatorname{Re}\alpha > -1$이고 $\alpha \notin \mathrm{Z}$이면 충분히 큰 $n \in \mathrm{N}$에 대해서 $\left|\binom{\alpha}{n+1}\right| < \left|\binom{\alpha}{n}\right|$.

2.3 컴팩트 부분집합(compact subset)

A를 복소평면 $\mathbb{C}$의 부분집합이라 하자. A가 유한집합이면 A는 유계이고 닫혀 있다. 무한집합인 경우 유계이고 닫혀있으면 임의의 수열은 볼짜노-바이어스트라스의 정리에 의해서 집적점을 갖고 있으며, 닫힌집합 A 안에 있다. 특히 A가 수열이면 그 점으로 수렴하는 부분수열이 존재한다. 그러나 유계가 아니거나 닫혀있지 않으면, 이와 같은 성질을 갖지 않는다.

예를 들면, $A=\{z=n+in : n\in\mathbb{Z}\}$, 여기서 $\mathbb{Z}$는 정수들의 집합을 나타내는 기호이며, 집적점이 없으므로 수렴하는 부분수열이 존재하지 않는다. 0은 집합 $B=\{1/n\}_{n\in\mathbb{N}}$의 집적점이지만 $0\not\in B$이다. 이것은 A, B가 각각 유계가 아니고 닫혀있지 않기 때문에 생기는 문제이다. A의 모든 무한부분집합의 극한점이 A 안에 있으면 A는 Bolzano–Weierstrass 성질을 갖는다고 한다. 이 집합은 컴팩트 집합이 되기 위한 조건과 동치이다.

정의 2.3.1 A를 거리공간 S의 임의의 부분집합이라 하자. $\{U_j\}_{j\in\Lambda}$를 임의의 부분집합들의 모임이라 할 때 $A\subset\bigcup_{j\in\Lambda}U_j$이면 $\{U_j\}_{j\in\Lambda}$를 A의 **덮개**(cover)라고 부르고, 특히 U_j들이 모두 열린집합이면 **열린덮개**(open cover)라고 한다. $\Gamma\subset\Lambda$일 때 $A\subset\bigcup_{j\in\Gamma}U_j$이면 $\{U_j\}_{j\in\Gamma}$를 **부분덮개**(subcover)라 한다. A의 어떠한 열린덮개 $\{U_i\}_{j\in\Lambda}$에 대해서도 유한부분덮개가 존재하면 A를 **컴팩트**(compact) 집합이라 한다. 즉, 유한개의 집합 $U_{j_1}, U_{j_2}, \cdots, U_{j_n}$합으로 A를 덮을 수 있다.

예를 들면 유한집합들은 컴팩트 집합이다. 닫힌 원판 $\overline{B(0;r)}=\{z : |z|\le r\}$와 극한을 갖고 있는 집합 $\left\{\dfrac{1}{n}+\dfrac{1}{n}i\right\}_{n=1}^{\infty}\cup\{0\}$도 컴팩트 집합이다.

정리 2.3.1 $\mathbb{C}$의 부분집합 A가 컴팩트 집합이 되기 위한 필요충분조건은 볼짜노-바이어스트라스 성질을 갖는 것이다.

증명 ($\Rightarrow$) A가 볼짜노-바이어스트라스 성질을 갖고 있지 않다고 가정하자. 그러면 집적점을 갖고 있지 않는 무한집합 B가 존재한다. 각각의 $z \in B$는 B의 집적점이 아니므로 $\epsilon_z > 0$가 존재하여 $B(z;\epsilon_z) \cap B = \{z\}$. 정리 2.1.3에 의해서 B는 닫힌집합이다. 따라서 $\{B^c\} \cup \{B(z;\epsilon_z)\}_{z\in B}$는 A의 유한부분덮개를 갖지 않는 열린덮개이다. 이것은 가정에 모순이다.

($\Leftarrow$) A가 컴팩트가 아니라고 하자. 그러면 유한부분덮개를 갖지 않는 A의 열린덮개 $\{U_j\}_{j\in J}$가 존재한다. ℂ에서는 $J = \mathbb{N}$이라고 해도 된다. 가정에 의해서 각각의 $j \geq 1$에 대해 $z_j \in A \setminus (U_1 \cup U_2 \cup \dots \cup U_j)$가 존재하고

$$\bigcap_{j=1}^{\infty} A \setminus (U_1 \cup U_2 \cup \dots \cup U_j) = A \setminus \cup_{j=1}^{\infty} U_j = \varnothing$$

이므로 집합 $\{z_j\}$는 무한집합이다. $z \in A$라 하자. $\{U_j\}_{j=1}^{\infty}$는 A의 열린덮개이므로 $z \in U_{j_0}$인 $j_0 \in \mathbb{N}$이 존재하고 $j \geq j_0 + 1$이면 z_j의 선택에 의해 $z_j \notin U_{j_0}$이므로 z는 $\{z_j\}$의 극한점이 아니다. 따라서 A는 볼짜노-바이어스트라스 성질을 갖지 않는다. ■

컴팩트 집합은 매우 중요하다. 다음 절에서 언급하겠지만 컴팩트 집합 위에서 정의된 실 연속함수는 최대값과 최소값을 갖는다. 우리가 다룰 함수는 미분 가능한 복소함수이고 또 연속 함수이므로 위의 사실을 이용하면 매우 편리해진다. 컴팩트 집합에 관한 정리 중 가장 기본적인 정리는 다음의 Heine-Borel 정리일 것이다. ℂ에서 이것을 이용하면 컴팩트 성질을 곧바로 판별할 수 있다.

정리 2.3.2 (Heine-Borel) ℂ의 부분집합 A가 컴팩트 집합이 되기 위한 필요충분조건은 그것이 유계이고 닫혀있는 것이다.

증명 ($\Rightarrow$) A가 유계가 아니면 $\forall n \in \mathbb{N}$에 대해서 $z_n \in A$, $|z_n| \geq n$인 수열 $\{z_n\}$이 존재한다. 그러면 $\{z_n\}$은 무한집합이다. 임의의 점 $z \in A$에 대해 $|z| \leq m$이면 $\forall k \geq m+1$에 대해 $z_k \notin B(z;1)$ 즉, $|z - z_k| > 1$이므로 A의 모든 점이 $\{z_n\}$의 극한점이 될 수 없다. A는 볼짜노-바이어스트라스 성질을 갖고 있으므로 이것은 모순이다. 따라서 A는 유계이다. w를 A의 극한점이라 하자. 그러면 $w_n \neq w$이고 $\lim_{n\to\infty} w_n = w$인 무한수열 $\{w_n\}$을 A안에서 찾을 수 있다. A는 볼짜노-바이어스트라스 성질을 갖고 있으므로 $w \in A$ 즉, A는 닫힌집합이다.

($\Leftarrow$) 정리 2.3.1에 의해서 A가 볼짜노-바이어스트라스 성질을 갖고 있음을 보이면 충분하다. $\{z_n\}$를 A의 무한수열이라 하자. $\{z_n\}$는 유계인 무한수열이므로 정리 2.1.4 (Bolzano-Weierstrass)에 의해서 집적점 z가 존재하고 A가 닫혀있으므로 $z \in A$. ■

Heine-Borel 정리를 사용하여 집합이 컴팩트 집합인지 아닌지 여부를 결정할 수 있다. 예를 들어 보자. 닫힌 원판 $\{z : |z-\alpha| \le r\}$, 집합 $\left\{\frac{1}{n}\right\}_{n=1}^{\infty} \cup \{0\}$ 그리고 유한집합 등은 컴팩트 집합이다. 그러나 $\mathbb{C}$ 자신이나 집합 $\{z=x+yi : x \le y\}$는 닫힌집합이기는 해도 유계가 아니므로 컴팩트가 아니고 열린 원판 $\{z : |z-\alpha| < r\}$과 $\{z=x+yi : x, y \in \mathbb{Q}\}$는 닫혀있지 않으므로 컴팩트가 아니다.

연습문제 [2.3]

1. $\{z \,|\, |z| \le 1\}$이 컴팩트 집합인 것을 Heine-Borel 정리를 쓰지 말고 증명하여라.

2. 컴팩트 집합 $K \subseteq \mathbb{C}$의 닫힌 부분집합은 컴팩트 집합임을 증명하여라.

3. 컴팩트 집합 $K \subseteq \mathbb{C}$는 완전 유계이다. 즉, 임의의 $\epsilon > 0$에 대해 유한부분집합 $A \subset K$가 존재하여 $\bigcup_{\alpha \in A} B(a ; \epsilon) \supseteq K$.

4. 다음을 증명하여라.

   (a) $\{K_\alpha\}_{\alpha \in \Lambda}$를 $\mathbb{C}$의 컴팩트 부분집합들의 모임이라 하자. 그러면 $\bigcap_{\alpha \in \Lambda} K_\alpha$도 컴팩트집합이다. $\bigcup_{\alpha \in \Lambda} K_\alpha$도 컴팩트 집합인가?

   (b) U를 열린집합이라 하고 $\{K_\alpha\}_{\alpha \in \Lambda}$를 $\mathbb{C}$의 컴팩트 부분집합들의 모임이라 하자. $\bigcap_{\alpha \in \Lambda} K_\alpha \subseteq U$이면 Λ의 유한부분집합 Γ가 존재하여 $\bigcap_{\alpha \in \Gamma} K_\alpha \subseteq U$이다.

   (c) K를 $\mathbb{C}$의 컴팩트 부분집합이라 하고 $x \notin K$라 하자. 그러면 서로소인 열린집합 U, V가 존재하여 $U \supseteq K$, $x \in V$이고 $U \cap V = \varnothing$.

   (d) A와 B가 볼짜노-바이어스트라스 성질을 갖고 있으면 $A \cup B$도 볼짜노-바이어스트라스 성질을 갖고 있다.

   (e) $[0, \infty)$는 볼짜노-바이어스트라스 성질을 갖고 있지 않음을 보여라.

   (f) A에 있는 모든 수열이 극한점을 갖기 위한 필요충분조건은 그것이 볼짜노-바이어스트라스 성질을 갖고 있는 것이다.

5. $K_1, K_2 \subseteq \mathbb{C}$를 컴팩트 부분집합이라 하자. 그러면 $z_0 \in K_1$, $w_0 \in K_2$가 존재하여 모든 $z \in K_1$, $w \in K_2$에 대해서 $|z-w| \ge |z_0 - w_0|$이다.

6. $K \subseteq \mathbb{C}$를 컴팩트 부분집합이고 $F \subseteq \mathbb{C}$를 닫힌집합이라 하자. $K \cap F = \varnothing$이면 $z_0 \in K$, $w_0 \in F$가 존재하여 모든 $z \in K_1$, $w \in K_2$에 대해서 $|z-w| \geq |z_0 - w_0|$이다.

2.4 연결집합(connected set)

A를 $\mathbb{C}$의 부분집합이라 하자. 연결을 연상시키는 가장 기하학적인 그림은 A의 임의의 두 점 z_1, z_2를, 연필을 평면 위에서 떼지 않고 연결할 수 있거나 연결이 아닌 집합일 때 떠오르는 그림은 집합을 전혀 건드리지 않고 가위로 평면을 자를 수 있는 경우일 것이다. 예를 들면 $\{z : |z-1| < 1\} \cup \{z : |z-4| < 1\}$은 비 연결집합이다. 이것은 직선 $x = 2.5$로 두 원판을 손상시키지 않고 분리할 수 있기 때문이다. 또 성분이 유리수들로만 구성된 집합 $\{z = x + yi : x, y \in \mathbb{Q}\}$도 직선 $x = \sqrt{2}$로 분리할 수 있기 때문에 비 연결 집합이다. 그러나 다음 예는 기하학적인 직관이 별로 도움을 주지 못한다.

[예 2.4.1] $T = \left\{ z = x + yi : y = \sin\dfrac{1}{x},\ 0 < x \leq 1 \right\} \cup \{ z = yi : -1 \leq y \leq 1 \}$라 하자.

분명히 T는 서로 만나지 않는 두 개의 집합의 합으로 되어 있으나 T를 가위로 분리시키는 절단방법은 발견할 수 없다. T는 분명히 연결집합이지만 점 $z_1 = yi$와 $z_2 = x + i\sin\dfrac{1}{x}$, 여기서 $0 < x \leq 1$를 곡선으로 연결할 수 있을 것인가?

이런 문제를 수학적으로 명확하게 하기 위해, 다음과 같이 연결집합의 정의를 소개한다.

정의 2.4.1 A를 $\mathbb{C}$의 부분집합이라 하자. 만약 공집합이 아닌 열린집합 U, V가 존재하여 다음의 세 가지 조건

(i) $U \cap V \cap A = \varnothing$, (ii) $U \cap A \neq \varnothing$, $V \cap A \neq \varnothing$, (iii) $U \cup V \supset A$

을 만족하면 A를 **비 연결 집합**(disconnected set)이라고 한다. 이때 쌍 (U, V)를 A의 **절단**(disconnection)이라고 한다. 만약 A가 비 연결이 아니면 A를 **연결집합**(connected)이라고 한다. 정의로부터 다음 정리를 곧바로 얻을 수 있다.

> **정리 2.4.1** $A \subset \mathbb{C}$ 가 연결이 되기 위한 필요충분조건은 부분공간 A에서 열린 동시에 닫힌집합은 A 자신과 $\varnothing$ 뿐이 없는 것이다(A에서 위상은 부분공간에서 정의된 상대적 위상(relative topology)이다).

위에서 언급한 집합 중에서

(i) $\{z : |z-1| < 1\} \cup \{z : |z-4| < 1\}$ 의 절단은 $U = \{z = x+iy \in \mathbb{C} : x < 5/2\}$ 이고 $V = \{z = x+iy \in \mathbb{C} : x > 5/2\}$ 이다.

(ii) $\{z = x+yi : x, y \in \mathbb{Q}\}$ 의 절단은 $U = \{z = x+iy \in \mathbb{C} : x < \sqrt{2}\}$ 이고 $V = \{z = x+iy \in \mathbb{C} : x > \sqrt{2}\}$ 이다.

예 2.4.1에서 T의 부분집합 $\left\{z = x+yi : y = \sin\dfrac{1}{x},\ 0 < x \le 1\right\}$은 연결집합이다. T는 이 집합의 닫힘이고 다음 정리에 의해서 T도 연결집합이다.

> **정리 2.4.2** $A \subseteq \mathbb{C}$ 가 연결집합이면 $\overline{A}$도 연결되어 있다.

증명 $\overline{A}$를 비 연결이라 하자. (U, V)가 $\overline{A}$의 절단이면

$$U \cap V \cap A \subset U \cap V \cap \overline{A} = \varnothing, \quad U \cup V \supset \overline{A} \supset A$$

이므로 정의 2.4.1 (i), (iii)이 성립하고, $U \cap \overline{A} \neq \varnothing$ 이므로 $z \in U \cap \overline{A} \neq \varnothing$ 라 하자. 이 경우 z는 A의 극한점이고 U는 z를 포함하는 열린집합이므로 $U \cap A \neq \varnothing$. 마찬가지로 $V \cap A \neq \varnothing$. 따라서 (U, V)는 A의 절단도 된다. 이것은 A가 연결집합이므로 모순이다. ■

$A \subseteq \mathbb{C}$를 부분집합이라 하자. 만약 $D \subseteq A$가 A의 최대의 연결부분집합이면, D를 A의 **연결성분**(component)이라고 한다. 즉, D^*가 A의 연결부분집합이고 $D \cap D^* \neq \varnothing$ 이면 $D^* \subseteq D$이다. 예를 들면, $A = \left\{0, 1, \dfrac{1}{2}, \dfrac{1}{3}, \cdots\right\}$이면 각 점들은 성분이다.

실수체 $\mathbb{R}$에서 집합의 연결성은 오히려 간단한 형태를 띠고 있다. 그러나 이것은 다른 집합들의 연결성을 증명하는데 매우 유용하게 쓰인다.

> **정리 2.4.3** 실수체 $\mathbb{R}$의 두 점 이상으로 된 부분집합 K가 연결이 되기 위한 필요충분조건은 K가 구간인 것이다.

증명 ($\Rightarrow$) A가 구간이 아니라고 하자. 그러면 $c<d$인 $c, d\in A$가 존재하고 A에 없는 t가 c와 d 사이에 존재한다. 즉, $c<t<d$이고 $t\notin A$. $(-\infty, t)$와 (t, ∞)는 A의 절단이다. 이것은 A가 연결집합이라는 사실에 모순이다.

($\Leftarrow$) A를 구간이라 하고 A가 비 연결이라고 가정하자. 그러면 A의 절단 (U, V)가 존재한다. $A\cap U\neq\varnothing$이고 $A\cap V\neq\varnothing$이므로 $a\in A\cap U$, $b\in A\cap V$라 하고 $a<b$라 하자. $\alpha=\sup(U\cap[a, b])$이라 놓는다. 그러면 $a\leq\alpha\leq b$이다. a는 U의 내점이므로 $\exists\delta>0$ $s.t.$ $(a-\delta,\ a+\delta)\subseteq U$. 따라서 $a+\delta\leqq\alpha$. b도 V의 내점이므로 $\epsilon>0$이 존재하여 $(b-\epsilon, b+\epsilon)\subseteq V$이다. 만약 $\alpha=b$이면 sup의 성질로부터 $x\in U\cap[a, b]\subseteq U\cap A$가 존재하여 $b-\epsilon<x<b$. 그러면 $x\in U\cap V\cap A$이므로 모순이다. 따라서 $a<\alpha<b$이다.

그런데 A는 구간이므로 $\alpha\in A$이다. 만약 $\alpha\in U$이면 $\alpha<t<b$인 $t\in U$가 존재하므로 α가 $U\cap[a, b]$의 sup이라는 사실에 모순이다. 따라서 $\alpha\notin U$. 만약 $\alpha\in V$이면 $a<s<\alpha$인 $s\in U\cap V\cap A$가 존재하므로 모순이다. 따라서 $\alpha\notin V$. 즉, $\alpha\notin U\cup V$. 그런데 $U\cup V\supseteq A$이므로 이것은 모순이다. A는 연결집합이다. ■

두 점 z와 w를 잇는 선분은 $\{tz+(1-t)w : 0\leq t\leq 1\}$이다. 점 $z_1, z_2, \cdots, z_n$이 있을 때 각각의 $j=1, 2, \cdots, n-1$에 대해서 z_j와 z_{j+1}을 직선으로 연결하여 z_1과 z_n을 맺은 곡선을 **다각형곡선**(polygonal curve)이라 한다. 그리고 이것을 $[z_1, z_2, \cdots, z_n]$으로 표기하여 나타낸다. 다음의 정리는 다각형곡선의 존재와 연결성의 관계를 나타내는데 증명은 연습문제로 남긴다.

> **정리 2.4.4** $U\subset\mathbb{C}$를 열린집합이라 하자. U가 연결이 되기 위한 필요충분조건은 임의의 두 점 $a, b\in U$를 잇는 다각형 곡선이 U 안에 존재하는 것이다.

여기서 집합 U가 열린집합인 것은 필요한 조건이다. $U=T$라 하자. 여기서 T는 예 2.4.1의 topologist의 sine 곡선이다. T는 연결집합이기는 하나, ℂ에서 열린집합은 아니다. 허수축 위의 점과 허수축 위에 없는 점을 다각형 곡선으로 잇는 것은 불가능하다. 임의의 두 점을 끊기지 않고 연속적으로 연결할 수 있는 집합을 연결집합과 구분하여 **경로**

연결집합(pathwise connected)이라고 한다. 이것을 좀 더 수학적으로 표현하면 닫힌구간 $[a, b]$에서 $\mathbb{C}$로 가는 연속함수 $p: [a, b] \to \mathbb{C}$를 **경로**(path)라 정의하고 $p(a)$를 **시점**(initial point), $p(b)$를 **끝점**(terminal point)으로 표시한다. A의 임의의 두 점 z_1, z_2를 시점과 끝점으로 하는 경로가 A 안에 존재하면 A를 **경로연결**이라고 한다.

정의 2.4.2 $D \subseteq \mathbb{C}$가 열린 연결집합이면 **정의역**(domain)이라 한다.

정리 2.4.4에 의해서 집합 D가 열려 있고 임의의 두 점 $a, b \in D$를 다각형 곡선으로 연결할 수 있으면 정의역이다.

열린 원판 $B(z; r)$, **원환** $\{z : r_1 < |z - z_0| < r_2\}$, 상반평면 $\{z : \text{Im}\, z > 0\}$ 등은 열린 집합이고 연결되어 있으므로 정의역이다. 그러나 $\{z : |z-1| < 1\} \cup \{z : |z-4| < 1\}$은 열려있지만 비 연결이므로 정의역이 아니다. 다음 정리는 정의역에 관한 것이다. 미적분학에서 배운 함수의 구배(gradient)와 정의역과의 관계는 다음과 같다.

정리 2.4.5 $h(x, y)$를 정의역 D 위에서 정의된 미분가능하고 편도함수들이 연속이라 하자. $\nabla h = \left(\dfrac{\partial h}{\partial x}, \dfrac{\partial h}{\partial y}\right) = (0, 0)$이면 h는 상수함수이다.

증명 $\nabla h = 0$이므로 $h(x, y)$의 방향도함수는 모든 방향에 대해서 0이다. 따라서 $h(x, y)$는 D 안에 있는 선분 위에서 상수이다. 그런데 임의의 두 점은 D가 정의역이므로 다각형 곡선으로 연결할 수 있다. 따라서 h는 D 전체에서 상수함수이다. ■

연습문제 [2.4]

1. 다음 $\mathbb{C}$의 부분집합 중 연결집합과 비 연결집합을 구분하여라. 비 연결인 경우 연결 성분을 구하여라.

   (a) $\{z : |z| \leq 1\} \cup \left\{z : |z-2| < \dfrac{1}{2}\right\}$ (b) $\{z = x + iy : x, y \in \mathbb{Q}\}$

   (c) $A = (-\infty, \infty)$이고 $B = \{re^{ir} : 0 \leq r \leq \infty\}$일 때 $\mathbb{C} \setminus A \cup B$.

2. 다음을 증명하여라.

(a) $F \subseteq \mathbb{C}$를 닫힌 연결집합이라 하자. 임의의 $a, b \in F$와 $\epsilon > 0$에 대해 F의 점 $a = z_0, z_1, \cdots, z_n = b$가 존재하여 $|z_j - z_{j-1}| < \epsilon$, $1 \le j \le n$이 성립한다.

(b) C를 연결집합이라 하자. x가 C의 극한점이면 $C \cup \{x\}$도 연결집합이다.

(c) $\{K_\alpha\}_{\alpha \in \Lambda}$를 $\mathbb{R}$의 연결부분집합들의 모임이라 하자. 그러면 $\bigcap_{\alpha \in \Lambda} K_\alpha \neq \phi$도 연결집합이다.

(d) 어떤 집합 $K \subseteq \mathbb{R}$의 연결부분집합이 한 점으로 이루어진 집합이라면 K를 **완전비연결집합**(totally disconnected)이라고 부른다. Cantor 집합 Δ는 완전비연결집합이다.

(e) C가 연결집합이면 $\overline{C}$도 연결집합이다.

(f) $\{C_\alpha\}_{\alpha \in \Lambda}$를 연결집합들의 모임이라 하자. $\bigcap_{\alpha \in \Lambda} C_\alpha \neq \varnothing$이면 $\bigcup_{\alpha \in \Lambda} C_\alpha$은 연결집합이다.

(g) $x \in C$라 하자. (f)에 의해서 x를 포함하는 모든 연결집합의 합집합도 연결집합이다. 이것을 $U(x)$라 나타내면 $U(x)$는 x를 품는 최대의 연결부분집합이다. $U(x)$는 닫힌집합이다. $U(x)$를 **연결성분**(component of A)이라고 부른다.

(h) C가 연결집합이 되기 위한 필요충분조건은, C의 임의의 상대적 열린 덮개 $\{U_\alpha\}_{\alpha \in \Lambda}$에서 U, V를 택했을 때 유한개의 $U = U_{\alpha_1}, U_{\alpha_2}, \cdots, U_{\alpha_n} = V$가 존재하여

$$\forall k = 1, \cdots, n-1, \quad U_{\alpha_k} \cap U_{\alpha_{k+1}} \neq \varnothing.$$

2.5 복소함수와 연속함수(continuous function)

복소해석학에서 다루는 함수는 주로 미분 가능한 함수들이므로 연속함수들이다. 연속함수들의 기본적인 정리를 이용하면 복소평면에서의 함수들의 성질을 이해하는데 도움이 된다.

$f : D \subseteq \mathbb{C} \to \mathbb{C}$ 즉, $D = \mathrm{dom}(f) \subset \mathbb{C}$ 이고, $\mathrm{Range}(f) \subset \mathbb{C}$ 인 변수를 복소수 z로 하는 함수 f를 **복소함수**(complex function)라 부른다. 보통 이것을 실함수와 구별하기 위해 x, y 대신 z, w를 사용한다. $f(z)$도 복소수이므로 복소함수의 실수부분과 허수부분을 구별할 필요가 있다. 그런데 $z = x + iy$이라 하면 각각의 실수부분과 허수부분은 $\mathbb{R}^2$에서 $\mathbb{R}$로 가는 실함수이므로 독립변수를 2개씩 갖고 있다. 이런 이유로 $f(z) = u(x, y) + iv(x, y)$로 쓴다. 이때 $u(x, y)$를 f의 **실수부분**(real part), $v(x, y)$를 f의 허

수부분(imaginary part)이라 부르고, 각각 Re(f)와 Im(f)로 나타낸다. 복소함수의 그래프는 실함수와 같이 한 평면이나 한 공간에 나타낼 수 없다. 복소평면 $\mathbb{C}$는 2차원이므로 그래프를 한 공간에 그리려면 4차원이 된다. 부득이 2개의 평면을 그리고 (이것을 각각 z-**평면**(plane)과 w-**평면**이라고 부른다. w-평면에서는 u가 실수축을, v가 허수축을 나타내는 변수이다.) z-평면의 특별한 곡선 혹은 영역이 w-평면에서는 어떻게 대응되는지 알아봄으로써 대략 함수의 구조를 예측한다.

[예 2.5.1] $w=z^2$은 복소함수이다. 실함수일 때와 마찬가지로 그래프를 그려 나타내어 보자. $z=x+iy$라 하면 $w=(x+iy)^2=x^2-y^2+2xyi$이므로

$$\mathrm{Re}(f)=x^2-y^2, \quad \mathrm{Im}(f)=2xy$$

$x=c$라 하면 이것은 z-평면에서 y축에 평행인 직선이고 $w=z^2$에 의해서

$$u=c^2-y^2, \quad v=2cy$$

여기서 y를 소거하면 $u=c^2-\left(\dfrac{v}{2c}\right)^2$. 이것은 왼쪽으로 열린 포물선이다. $y=d$라 하면 이것은 z-평면에서 x축에 평행인 직선이고 $w=z^2$에 의해서

$$u=x^2-d^2, \quad v=2dx$$

여기서 x를 소거하면 $u=\left(\dfrac{v}{2d}\right)^2-d^2$. 이것은 오른쪽으로 열린 포물선이다.

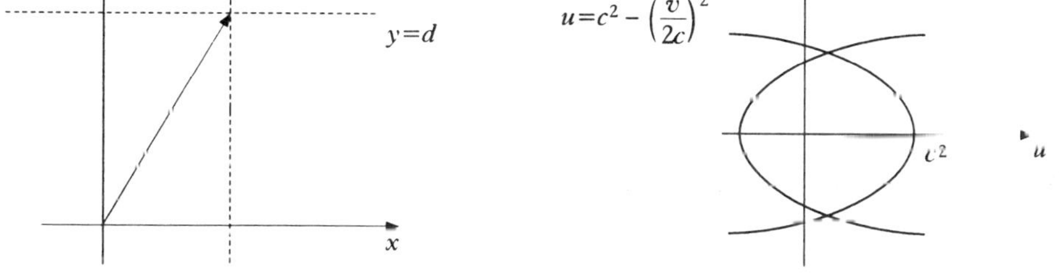

그림 2-1

$z=x+iy$, $\bar{z}=x-iy \Rightarrow x=\dfrac{z+\bar{z}}{2}$, $y=\dfrac{z-\bar{z}}{2i}$이므로 u, v를 독립 변수 x와 y의 함수 대신에 독립변수 $z, \bar{z}$를 써서 나타낼 수 있다. 즉, $f(z)=u(z,\bar{z})+iv(z,\bar{z})$.

[예 2.5.2] $f(z)=z^2+3z+4$라 하자. $z=x+iy$이므로

$$f(z)=(x+iy)^2+3(x+iy)+4=(x^2-y^2-2ixy)+3(x+iy)+4$$
$$=(x^2-y^2+3x+4)+i(2xy+3y)$$

$$u(x,y)=x^2-y^2+3x+4=\frac{1}{4}(z+\bar{z})^2-\frac{1}{4i^2}(z-\bar{z})^2+\frac{3}{2}(z+\bar{z})+4$$
$$=\frac{1}{2}(z^2+\overline{z^2})+\frac{3}{2}(z+\bar{z})+4$$

$$v(x,y)=2xy+3y=\frac{z^2-\overline{z^2}}{2i}+\frac{3(z-\bar{z})}{2i}.$$

정의 2.5.1 (함수의 극한) $f:D\subseteq\mathbb{C}\to\mathbb{C}$ 라 하고 $z_0\in\mathbb{C}$ 라 하자. $w_0\in\mathbb{C}$ 라 할 때 임의의 $\epsilon>0$에 대해서 $\delta>0$가 존재하여,

$$0<|z-z_0|<\delta \quad \& \quad z\in D \;\Rightarrow\; |f(z)-w_0|<\epsilon$$

이면, z가 z_0로 수렴할 때 $f(z)$가 w_0로 **수렴한다**, 혹은 $f(z)$의 **극한**이 w_0라 한다. 이 경우,

$$\lim_{z\to z_0} f(z)=w_0$$

라고 쓴다. 여기서 $z_0\in\overline{D}$이고 D의 원소가 아니어도 상관없다.

예를 들어 $f(z)=\dfrac{z^2-4}{z-2}$, $D=B(1;1)=\{z:|z-1|<1\}$라 하면 $2\notin\overline{D}$이지만 $\lim_{z\to 2} f(z)=4$라고 할 수 있다.

정리 2.5.1 $w=f(z)=u(x,y)+iv(x,y)$라 하자. 그러면 $\lim_{z\to z_0} f(z)=w_0=u_0+iv_0$이기 위한 필요충분조건은 $\lim_{z\to z_0} u(z)=u_0$이고 $\lim_{z\to z_0} v(z)=v_0$이다.

증명 $\lim_{z\to z_0} f(z)=w_0$라 하자. 그러면 주어진 $\epsilon>0$에 대하여 $\delta>0$가 존재하여

$$0<|z-z_0|<\delta \;\Rightarrow\; |f(z)-w_0|<\epsilon$$

그러면

$$0<|z-z_0|<\delta \Rightarrow |u(z)-u_0| \leqq \sqrt{(u(z)-u_0)^2+(v(z)-v_0)^2}$$
$$=|u(z)+iv(z)-(u_0+iv_0)|=|f(z)-w_0|<\epsilon$$

따라서 $\lim_{z\to z_0} u(z)=u_0$. 마찬가지 방법으로 $\lim_{z\to z_0} v(z)=v_0$.

역으로 $\lim_{z\to z_0} u(z)=u_0$이고 $\lim_{z\to z_0} v(z)=v_0$라 하자. $\epsilon>0$이 주어졌다고 하자. 그러면

$$\delta_1>0\text{이 존재하여 } 0<|z-z_0|<\delta_1 \Rightarrow |u(z)-u_0|<\frac{\epsilon}{\sqrt{2}}$$
$$\delta_2>0\text{이 존재하여 } 0<|z-z_0|<\delta_2 \Rightarrow |v(z)-v_0|<\frac{\epsilon}{\sqrt{2}}.$$

$\delta=\min(\delta_1, \delta_2)>0$이라 하면,

$$0<|z-z_0|<\delta \Rightarrow |f(z)-w_0|=\sqrt{(u(z)-u_0)^2+(v(z)-v_0)^2}$$
$$<\sqrt{\frac{\epsilon^2}{2}+\frac{\epsilon^2}{2}}=\sqrt{\epsilon^2}=\epsilon.$$

따라서 $\lim_{z\to z_0} f(z)=w_0$. ■

정의 2.5.2 D_1, D_2를 $\mathbb{C}$의 부분집합이라 하자. $f: D_1\to D_2$를 집합 D_1에서 D_2로 가는 함수라 하고 $z_0\in D_1$라 하자. 임의의 $\epsilon>0$에 대해 $\delta>0$가 존재하여

$$z\in D_1\cap B(z_0;\ \delta) \Rightarrow f(z)\in B(f(z_0);\ \epsilon)$$

이면 f는 z_0에서 **연속**이라고 한다. 다시 말하면,

(i) $\lim_{z\to z_0} f(z)=f(z_0)$, $z\in D_1$, 또는

(ii) $|z-z_0|<\delta$이고 $z_0\in D_1$이면 $|f(z)-f(z_0)|<\epsilon$

---

f가 D_1의 모든 점에서 연속일 때 f는 D_1에서 **연속** 또는 산난히 **연속**이라고 한다.

복소변수 z에 대해서 $(\lim_{z\to z_0} z)^n=\lim_{z\to z_0} z^n$이므로 모든 복소다항식들은 $\mathbb{C}$에서 연속인 함수이다. 따름정리 1.1.2에 의하면 $f(z)=|z|$도 $\mathbb{C}$에서 연속인 함수이다. 따라서 $|z|$를 변수로 하는 다항식, 예를 들면 $i|z|^3+(2-3i)|z|^2+2|z|-6-2i$는 연속함수이다.

[예 2.5.3] $f(z)=\dfrac{1}{z}$는 $z\neq 0$인 점에서 연속이다. $z_0\neq 0$라 하고 $\epsilon>0$이 주어졌다 하자. $|z-z_0|<\dfrac{|z_0|}{2}$이면 $|z|\geq ||z_0|-|z-z_0||>\dfrac{|z_0|}{2}$이므로 $\delta=\min\left\{\dfrac{|z_0|}{2},\ \dfrac{\epsilon|z_0|^2}{2}\right\}$라 놓으면

$$|z-z_0|<\delta\ \Rightarrow\ \left|\frac{1}{z}-\frac{1}{z_0}\right|=\frac{|z-z_0|}{|z||z_0|}<\frac{2|z-z_0|}{|z_0|^2}\leq\epsilon$$

따라서 $f(z)=\dfrac{1}{z}$는 $z\neq 0$에서 연속이다. 이 사실을 이용하면 $\dfrac{1}{|z|}$, 그리고 $\dfrac{1}{|z|}$를 변수로 하는 다항식 모두, $z\neq 0$인 점에서 연속이다.

그런데 사실 위에서 보인 예는 다음 정리 2.5.2의 특별한 경우이다.

[예 2.5.4] $f(z)=\begin{cases}\dfrac{(\mathrm{Re}(z^2))^2}{|z|^2}, & z\neq 0\\ 0 & , z=0\end{cases}$ 로 정의된 함수는 모든 점에서 연속이다. 우선 $f(z)$를 다음과 같이 x, y의 함수로 표현할 수 있다.

f는 $(x,y)\neq(0,0)$, 즉, $z\neq 0$이면 $f(x,y)=\dfrac{(x^2-y^2)^2}{x^2+y^2}$인 분수식이므로 이 점에서 연속이다. $z=0$에서는 다음과 같이 극한을 계산한다.

$$\begin{aligned}\lim_{(x,y)\to(0,0)} f(x,y)&=\lim_{(x,y)\to(0,0)}\frac{(x^2-y^2)^2}{x^2+y^2}=\lim_{(x,y)\to(0,0)}\frac{(x^2+y^2)^2-4x^2y^2}{x^2+y^2}\\ &=\lim_{(x,y)\to(0,0)}(x^2+y^2)+\lim_{(x,y)\to(0,0)}\frac{-4x^2y^2}{x^2+y^2}=0\end{aligned}$$

따라서 f는 모든 점에서 연속이다.

정리 2.5.2 f와 g를 복소함수라 하고 $z=a$에서 각각 연속이라 하자.

(i) $f\pm g$은 $z=a$에서 연속이다.

(ii) 곱의 함수 $f(z)g(z)$은 $z=a$에서 연속이다.

(iii) g가 $\forall z\in B(a;\delta)$에서 $g(z)\neq 0$이면 $\dfrac{1}{g}$도 $z=a$에서 연속이다.

[예 2.5.5] (i) 오직 한 점에서만 연속인 함수를 만들어 보자.

$$f(z)=\begin{cases} z & z=x+iy, \quad x,y \text{ 는 유리수} \\ 0 & z=0, \quad\quad x,y \text{ 중 적어도 하나는 무리수} \end{cases}$$

는 $z=0$인 곳에서만 연속이다.

$z\neq 0$인 유리점이라 하자. $0<\epsilon<|z|$인 경우 $\delta>0$를 아무리 작게 택해도 w가 유리점이 아니고 $|w-z|<\delta$이면, $|f(z)-f(w)|=|z|>\epsilon$. $z\neq 0$이고 유리점이 아니라 하자. $\epsilon>0$이 $|z|>\epsilon$이면, w가 유리점인 모든 복소수에 대해서 $|f(z)-f(w)|=|w|>\epsilon$. 따라서 f는 $z\neq 0$에서 연속이 아니다.

(ii) 한 점만 제외한 모든 점에서 연속인 함수는 다음과 같다.

$f(z)=z/\bar{z}$, $z\neq 0$이고 $f(0)=0$로 정의한다. 그러면 f는 $\mathbb{C}$위에서 정의된 함수이고, $z\neq 0$이면 $f(z)=\dfrac{z^2}{|z|^2}$이므로 연속함수 $h(z)=z^2$와 $g(z)=\dfrac{1}{|z|^2}$의 곱이 $f(z)$이다. 따라서 f는 $z\neq 0$에서 연속이다. 그러나 $z=0$에서는 연속이 아니다. z가 실수이면, $f(z)=1$이고 $z=iy$, 순허수이면, $f(z)=-1$이므로, z가 실수축을 따라 0으로 수렴하면 $\lim_{z\to 0} f(z)=1$이고 허수축을 따라 0으로 수렴하면 $\lim_{z\to 0} f(z)=-1$(연속이면 접근하는 경로에 관계없이 극한값이 같다).

$f: D_1\to D_2$라 하자. $U\subset D_2$가 열린집합이고 $z\in f^{-1}(U)$라 하자. 그러면 $f(z)\in U$이므로 $B(f(z);\,r)\subset U$인 $r>0$이 존재한다. f가 연속이면 $\delta>0$가 존재하여 $f(B(z;\delta)\cap D_1)\subset B(f(z);r)$. 이것은 $B(z;\,\delta)\cap D_1\subset f^{-1}(U)$을 의미하므로 $f^{-1}(U)$가 열려있음을 보여준다. 따라서 다음 정리가 성립한다.

정리 2.5.3 $f: D_1\to D_2$라 하자. 그러면 다음은 서로 동치이다.

(i) f는 연속이다.

(ii) U가 D_2에서 열린집합이면 $f^{-1}(U)$는 D_1에서 열려 있다.

(iii) F가 D_2에서 닫힌집합이면 $f^{-1}(F)$는 D_1에서 닫혀 있다.

$f(z)=\frac{1}{z}$는 $z\neq 0$에서 연속인 것을 예 2.5.1에서 보았다. $\delta>0$가 고정된 양수라 하자. $\frac{1}{n}<\delta$인 $n\in\mathbb{N}$에 대해 $z_n=\frac{1}{n}$, $w_n=\frac{1}{2n}$이라 하면 $|z_n-w_n|=\frac{1}{2n}<\frac{1}{n}$이고 $|f(z_n)-f(w_n)|=n$. 따라서 주어진 $\epsilon>0$에 대해서 $\delta>0$는 z와 ϵ에 따라 정해진다. 그러나 $g(z)=2z+4$이면 $|g(z)-g(w)|=2|z-w|$이므로 이 경우 ϵ과 δ의 관계는 $\delta=\frac{\epsilon}{2}$이므로 g가 어느 점에서 연속이냐에 관계없이 주어진 $\epsilon>0$에 대해 정의역 전체에 공통으로 쓰이는 δ가 존재한다. 이런 종류의 연속을 균등연속이라고 한다.

> **정의 2.5.3** $f: D_1 \to D_2$라 하자. 주어진 $\epsilon>0$에 대해 $\delta>0$가 존재하여
>
> $$\forall\, z,\ w\in D_1,\ |z-w|<\delta \ \Rightarrow\ |f(z)-f(w)|<\epsilon$$
>
> 이면 함수 f를 집합 D_1에서 **균등연속**(uniformly continuous)이라고 한다.

균등연속 여부를 보이기 위해 정의 2.5.2의 대우를 사용하는 경우가 있다. 이것은 다음과 같다.

$$\text{“}\exists\, \epsilon_0>0,\ \forall\, n\in\mathbb{N}\text{에 대해 수열 } \{z_n\}\text{과 } \{w_n\}\text{이 존재하여} \qquad (*)$$
$$|z_n-w_n|<\frac{1}{n}\text{이고} \quad |f(z_n)-f(w_n)|\geq \epsilon_0\text{”}$$

이 사실을 이용하여 다음 정리를 증명한다.

> **정리 2.5.4** $f: K\to\mathbb{C}$를 컴팩트 집합 K 위에서 정의된 연속함수라 하자. 그러면 f는 균등연속이다.

증명 f가 균등연속이 아니라고 가정하자. 그러면 (*)를 성립하게 하는 $\epsilon_0>0$와 수열 $\{z_n\}$과 $\{w_n\}$이 존재한다. K가 컴팩트집합이므로 부분수열 $\{z_{n_j}\}$와 $\{w_{n_j}\}$이 존재하여 각각 $z, w\in K$로 수렴한다. 그러면 $z=\lim z_{n_j}=\lim w_{n_j}=w$이다. f는 연속이고, $f(z)=f(w)$이므로 $\epsilon_0\leq \lim|f(z_{n_j})-f(w_{n_j})|\leq \lim|f(z_{n_j})-f(z)|+\lim|f(w_{n_j})-f(w)|=0$.
이것은 모순이다. ■

다음에 연속함수의 성질 중 기본이 되는 세 개의 정리를 더 소개하려 한다.

정리 2.5.5 $K \subset \mathbb{C}$ 를 컴팩트 집합이라 하고 $f: K \to \mathbb{C}$ 를 연속함수라 하자. 그러면 $f(K)$도 $\mathbb{C}$의 컴팩트 부분집합이다.

증명 $\{f(z_n)\}$이 $f(K)$ 안에 있는 무한수열이라 하자. K가 컴팩트 집합이고 $\{z_n\}$은 K 안에 있는 무한수열이므로 부분수열 $\{z_{n_j}\}$이 존재하고 $\lim z_{n_j} = z \in K$이다. 그런데 f는 연속이므로 $\lim f(z_{n_j}) = f(z) \in f(K)$. 즉, 부분수열 $\{f(z_{n_j})\}$은 $f(K)$의 점 $f(z)$로 수렴한다. 정리 2.3.1에 의해서 $f(K)$는 컴팩트 집합이다. ■

정리 2.5.6 (최대-최소값 정리) $K \subset \mathbb{C}$ 를 컴팩트 집합이라 하고 $f: K \to \mathbb{R}$ 를 연속인 실함수라 하자. 그러면 $k_1,\ k_2 \in K$가 존재하여

$$f(k_1) = \sup\{f(z) : z \in K\},\ f(k_2) = \inf\{f(z) : z \in K\}$$

이다. 여기서 $f(k_1)$, $f(k_2)$를 각각 최대값, 최소값이라고 부른다.

증명 정리 2.5.5에 의해서 실수의 부분집합 $f(K)$는 위로 유계이다. $M = \sup_{z \in K} f(z)$이라고 놓자. 상한의 정의에 의해서 $M - 1/n < f(z_n) \leq M$인 수열 $\{z_n\}$이 존재한다. $f(z_m) = M$인 $m \in \mathrm{N}$이 존재하면 $z_m = k_1$이라 놓는다. $\forall n \in \mathrm{N}$에 대해 $f(z_n) > M - \dfrac{1}{n}$이라 가정하자. 그러면 $\{z_n\}$은 무한수열이다. K가 컴팩트 집합이므로 부분수열 $\{z_{n_j}\}$이 존재하고 $\lim z_{n_j} = k_1 \in K$이다. 그런데 f는 연속이므로 $f(k_1) = \lim f(z_{n_j}) = M$. 같은 방법으로 $k_2 \in K$가 존재하여 $f(k_2) = \inf f(z)$. ■

정리 2.5.7 $A \subseteq \mathbb{C}$ 를 연결집합이라 하고 $f: A \to \mathbb{C}$ 를 연속함수라 하자. 그러면 $f(A)$도 연결집합이다.

증명 (U, V)가 $f(A)$의 절단이면 $(f^{-1}(U),\ f^{-1}(V))$도 A의 절단이다. 따라서 $f(A)$가 비 연결이면 A도 비 연결이다. ■

연습문제 [2.5]

※ 다음을 증명하여라.

1. 다음에 주어진 균등연속함수에 대해서 $\epsilon > 0$만을 종속변수로 하는 $\delta(\epsilon) > 0$를 구하여라.

   (a) $f(z) = z^2 - 1,\ |z| \leq 4$ (b) $f(z) = \dfrac{1}{z},\ |z| > 1$ (c) $f(z) = z^3 + 1,\ |z| \leq 3$

2. $f(z) = \dfrac{1}{1-z}$는 $|z| < 1$에서 균등수렴이 아님을 보여라.

3. $C \subseteq \mathbb{C}$를 유계이고 닫힌집합이라 하자. $z_0 \notin C$이면 $z_1 \in C$이 존재하여 $\forall z \in C$,

$$|z - z_0| \geq |z_1 - z_0|$$

4. 문 1에서 C가 연속인 곡선이고 $z_0 \notin C$이면 $\rho > 0$가 존재하여 $\forall z \in C$,

$$|z - z_0| \geq \rho$$

5. $A \subseteq \mathbb{C}$를 연결집합이고 $f : A \to \mathbb{Z}$를 연속함수라 하자. 그러면 f는 상수함수이다.

6. $D \subseteq \mathbb{C}$를 임의의 부분집합이라 하자. $z \in \mathbb{C}$에서 D까지 거리

$$d(z;\, D) = \inf\{\, |z - w| : w \in D \}$$

   로 정의한다. $z \in D$이면 $d(z; D) = 0$. $K \subseteq \mathbb{C}$를 컴팩트 부분집합이라 하고 $z \in \mathbb{C}$를 임의의 점이라 하면 $f(z) = d(z;\, K)$는 $f : K \to \mathbb{R}$인 연속함수이다.

7. 균등연속인 2개의 함수의 합성함수도 균등연속인가?

8. $f : D \subseteq \mathbb{C} \to \mathbb{C}$는 균등연속인 함수이고 $\{z_n\}$은 D에 있는 Cauchy 수열이라 하면 $\{f(z_n)\}$도 Cauchy 수열이다. f가 연속인 경우는 어떻겠는가?

9. $G \subseteq \mathbb{C}$를 열린부분집합이라 하자. $a, b \in G$라 하고 P를 a와 b를 잇는 다각형곡선이라 하면 P의 꼭지점을 모두 지나고 변이 실수축과 허수축에 평행이며 a와 b를 잇는 다각형곡선 Q가 G 안에 존재한다.

10. $\displaystyle\lim_{z \to 0} \frac{\bar{z}}{z}$가 존재하는가?

11. $f(z) = \dfrac{z^2}{|z|^2}$이라 하자.

(a) $y = x$를 따라 z가 0으로 수렴할 때 $\lim\limits_{z \to 0} f(z)$를 구하여라.

(b) $y = 2x$를 따라 z가 0으로 수렴할 때 $\lim\limits_{z \to 0} f(z)$를 구하여라.

(c) $y = x^2$을 따라 z가 0으로 수렴할 때 $\lim\limits_{z \to 0} f(z)$를 구하여라.

12. $f(z) = \begin{cases} \dfrac{x^2 + iy^2}{|z|^2}, & z \neq 0 \\ 0, & z = 0 \end{cases}$ 이라 하자. f는 $z = 0$에서 연속인가?

13. $f(z) = z^{\frac{1}{2}} = r^{\frac{1}{2}}[\cos(\theta/2) + i\sin(\theta/2)]$, $z = re^{i\theta}$, $r > 0$, $-\pi < \theta \leqq \pi$라 하자.

(a) 반원 $r = 1$, $0 < \theta \leqq \pi$를 따라 z가 -1으로 수렴할 때 $\lim\limits_{z \to -1} f(z) = i$이다.

(b) 반원 $r = 1$, $-\pi < \theta < 0$를 따라 z가 -1으로 수렴할 때 $\lim\limits_{z \to -1} f(z) = -i$이다.

(c) (a),(b)로부터 무엇을 알 수 있을까?

3

해석함수(analytic function)

복소평면 $\mathbb{C}$에서 $\mathbb{C}$로 가는 함수를 복소함수라 한다. 실함수의 경우와 마찬가지로 복소도함수와 미분 가능한 복소함수를 정의한다. 복소함수는 $\mathbb{R}^2$에서 $\mathbb{R}^2$로 가는 벡터함수와 유사한 점도 있지만 다른 점도 있다. $\mathbb{C}$에서 거리는 실제로 유클리드 거리이므로 복소함수와 벡터함수의 연속성은 같다. 그러나 미분가능성은 조금 차이가 있다.

3.1 복소함수의 도함수

복소함수의 도함수도 실변수함수의 도함수의 정의와 동일하다. 이 절에서는 미분 가능한 복소함수와 Cauchy-Riemann 방정식과 해석함수의 관계를 살펴본다.

정의 3.1.1 $w=f(z)$를 열린집합 U 위에서 정의된 복소함수라 하자. 그리고 $z_0 \subset U$는 고정된 점이라 하자. 만약 $\lim_{z \to z_0} \frac{f(z)-f(z_0)}{z-z_0}$이 존재하면 f는 z_0에서 **복소미분가능**(complex differentiable), 또는 미분가능하다고 한다. 이때 이 극한값을 $f'(z_0)$로 나타내고 함수 f의 $z=z_0$에서 **도함수**(derivativc)라 부른다.

[예 3.1.1] $f:\mathbb{C}\to\mathbb{C}$ 를 $f(z)=z^2$이라 하면 f는 $\mathbb{C}$ 의 모든 점에서 미분가능하고 $f'(z)=2z$. $z=z_0$에서 도함수를 구하면

$$\lim_{z\to z_0}\frac{f(z)-f(z_0)}{z-z_0}=\lim_{z\to z_0}\frac{z^2-z_0^2}{z-z_0}=\lim_{z\to z_0}(z+z_0)=2z_0$$

따라서 $f'(z_0)=2z_0$이다.

정의 3.1.2 $f:U\to\mathbb{C}$ 를 복소함수라 하자. $z_0\in U$의 근방 $B(z_0;\epsilon)$이 존재하여 f가 $B(z_0;\epsilon)\cap U$의 모든 점에서 미분 가능하면 f는 z_0에서 **해석적**(解析的, analytic)이라 한다. U의 모든 점에서 f가 해석적이면 f는 집합 U에서 해석적이라 한다.

정리 3.1.1 $f, g: U\to\mathbb{C}$가 해석함수일 때 $f\pm g$, fg도 해석함수이고, 다음이 성립한다.

(i) $(f\pm g)'(z)=f'(z)\pm g'(z)$,

(ii) $(fg)'(z)=f(z)g'(z)+f'(z)g(z)$,

$\forall z\in U$, $g(z)\neq 0$이면 $\dfrac{1}{g}$도 해석적이고

(iii) $\left(\dfrac{f}{g}\right)'(z)=\dfrac{f'(z)g(z)-g'(z)f(z)}{[g(z)]^2}$

증명 $f\pm g$의 미분가능성은 연습문제로 남기고 fg와 $\dfrac{1}{g}$의 미분가능성에 대해 증명해보자. $z_0\in U$라 하고

$$\begin{aligned}\lim_{z\to z_0}\left[\frac{f(z)g(z)-f(z_0)g(z_0)}{z-z_o}\right] &= \lim_{z\to z_0}f(z)\frac{g(z)-g(z_0)}{z-z_0}+\lim_{z\to z_0}g(z)\frac{f(z)-f(z_0)}{z-z_0}\\ &= f(z_0)g'(z_0)+g(z_0)f'(z_0)\end{aligned}$$

이므로 fg는 z_0에서 미분가능하고 (ii)식이 성립한다.

g는 z_0 근방에서 연속이므로 z가 z_0 근방 W에 있으면, 그곳에서 $\dfrac{1}{g(z)}$는 유계이고 연속이다. 극한을 계산해보면

$$\lim_{z \to z_0} \frac{\dfrac{1}{g(z)} - \dfrac{1}{g(z_0)}}{z - z_0} = \lim_{z \to z_0} \left\{ -\frac{1}{g(z_0)} \cdot \frac{g(z) - g(z_0)}{z - z_0} \cdot \frac{1}{g(z)} \right\}$$
$$= -\frac{g'(z_0)}{[g(z_0)]^2}$$

이므로 극한이 존재하고 $\left(\dfrac{1}{g}\right)'(z_0) = \dfrac{g'(z_0)}{[g(z_0)]^2}$. 그런데 $\dfrac{f}{g} = f \cdot \dfrac{1}{g}$이므로 (ii)에 의해

$$\left(\frac{f}{g}\right)'(z) = f'(z) \cdot \frac{1}{g}(z) + f(z)\left(\frac{1}{g}\right)'(z) = f'(z) \cdot \frac{1}{g}(z) - f(z) \cdot \frac{g'(z)}{[g(z)]^2}$$
$$= \frac{f'(z)g(z) - g'(z)f(z)}{[g(z)]^2}$$

■

상수함수의 도함수는 언제나 0이므로 해석적인 함수이다. $f(z) = z$도 해석적이고 $f'(z) = 1$이다. 임의의 $n \in \mathbb{N}$에 대해 z^n은 해석적이고 도함수는 귀납법에 의해서 nz^{n-1}임을 보일 수 있다. 복소다항식

$$P_n(z) = a_0 + a_1 z + \cdots + a_n z^n, \ a_j \in \mathbb{C}, \ 1 \le j \le n$$

은 $\mathbb{C}$위에서 해석적이고 도함수는 $P_n'(z) = a_1 + 2a_2 z + \cdots na_n z^{n-1}$이다.

$P(z)$와 $Q(z)$는 복소다항식이라 하자. 유리함수 $f(z) = \dfrac{P(z)}{Q(z)}$는 $\mathbb{C} \setminus \{Q\text{의 영점}\}$에서 해석적이다.

[예 3.1.2] (1) $f(z) = |z|^2$는 $z = 0$에서 미분 가능하나 그 외의 점에서는 미분 불가능하다. 따라서 $z = 0$에서 해석적이지 않다. 이것은 다음과 같이 보일 수 있다.

$$\lim_{h \to 0} \frac{|c+h|^2 - |c|^2}{h} = \lim_{h \to 0} \frac{h\bar{c} + hc + h\bar{h}}{h} - \lim_{h \to 0} (\bar{c} + \bar{h} + c\frac{\bar{h}}{h}) = \bar{c} + c \lim_{h \to 0} \frac{\bar{h}}{h} \quad (3.1)$$

$c = 0$이면 극한이 존재하고 $f'(0) = 0$이다. 그러나 $c \neq 0$인 경우에는 x축을 따라 h가 0에 수렴하면 $\lim_{h \to 0} \dfrac{\bar{h}}{h} = \lim_{h \to 0} \dfrac{h}{h} = 1$이고 y축을 따라 h가 0에 수렴하면 $\lim_{h \to 0} \dfrac{\bar{h}}{h} = \lim_{h \to 0} \dfrac{-h}{h} = -1$.
따라서 (3.1)의 극한은 존재하지 않는다.

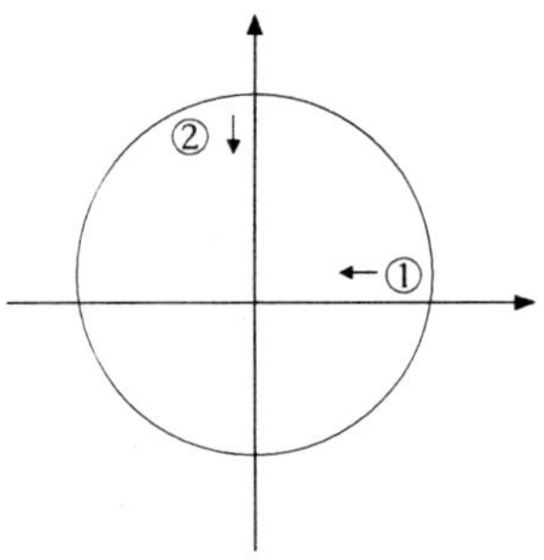

그림 3-1

(2) $g(z)=|z|$는 모든 점에서 미분 불가능하다. $c\in\mathbb{C}$라 하자.

$$\lim_{h\to 0}\frac{|c+h|-|c|}{h}=\lim_{h\to 0}\frac{|c+h|^2-|c|^2}{h(|c+h|+|c|)}=\lim_{h\to 0}\frac{\bar{c}h+c\bar{h}+h\bar{h}}{h(|c+h|+|c|)}$$

이므로 x축과 평행인 경로 ①을 따라 h가 원점에 수렴하면, 극한은 $c=0$인 경우는 1, $c\neq 0$인 경우는 $\dfrac{c+\bar{c}}{2|c|}$이고 y축과 평행인 경로 ②를 따라 h가 원점에 수렴하면 극한은 $c=0$인 경우는 $-i$, $c\neq 0$인 경우는 $\dfrac{\bar{c}-c}{2|c|}$이므로 모든 점에서 미분 불가능이다.

(3) $\mathrm{Re}(z)$, $\mathrm{Im}(z)$도 미분 불가능하다. 먼저 $h(z)=\bar{z}$가 미분 불가능한 것을 위와 같은 방법으로 보일 수 있다. 그러면 $\mathrm{Re}(z)=\dfrac{z+\bar{z}}{2}$이고 $\mathrm{Im}(z)=\dfrac{z-\bar{z}}{2i}$이므로 모든 점에서 미분 불가능하다.

위의 예에서 z가 z_0로 직선을 따라 접근할 때 값이 같다고 해서 미분가능하다고 결론을 내리면 안 된다. 정의에 의하면 z가 어떤 경로를 따라 z_0에 수렴하든지 그 극한값이 같아야 미분가능하다. 다음 예는 그 보기이다.

[예 3.1.3] $z=x+iy\in\mathbb{C}$라 하자. $f:\mathbb{C}\to\mathbb{C}$를 다음과 같이 정의한다.

$$f(z)=\begin{cases}\dfrac{xy^2z}{x^2+y^4}, & z\neq 0\\ 0, & z=0\end{cases}$$

$z=0$에서 도함수를 계산해보자.

$$\frac{f(z)-f(0)}{z-0}=\frac{xy^2 z}{x^2+y^4}\cdot\frac{1}{z}=\frac{xy^2}{x^2+y^4}$$

이므로 $y=kx$이면 $\dfrac{xy^2}{x^2+y^4}=\dfrac{k^2x}{1+k^4x^2}$.

따라서 원점을 지나는 직선을 따라 원점에 수렴하면 $\lim\limits_{x\to 0}\dfrac{f(z)-f(0)}{z-0}=\lim\limits_{x\to 0}\dfrac{k^2x}{1+k^4x^2}=0$.
한편 $x=y^2$이면 $\dfrac{xy^2}{x^2+y^4}=\dfrac{y^4}{y^4+y^4}=\dfrac{1}{2}$이므로 포물선 $x=y^2$를 따라 원점에 수렴하면

$$\lim_{x\to 0}\frac{f(z)-f(0)}{z-0}=\lim_{x\to 0}\frac{y^4}{y^4+y^4}=\frac{1}{2}$$

이다. 따라서 $f'(0)$는 존재하지 않는다.

복소 미분 가능한 함수는 다음과 같은 특성을 가지고 있다. 이것을 이용하면 연쇄법칙을 쉽게 증명할 수 있다.

정리 3.1.2 $U\subset \mathbb{C}$ 라 하고 $z_0\in U$라 하자. f가 z_0에서 미분 가능하기 위한 필요충분조건은 z_0에서 연속인 함수 $\varphi : U\to\mathbb{C}$가 존재하여 $\forall z\in U$에 대해

$$f(z)-f(z_0)=(z-z_0)\varphi(z)$$

증명 ($\Rightarrow$) φ를 다음과 같이 정의한다.

$$\varphi(z)=\begin{cases}\dfrac{f(z)-f(z_0)}{z-z_0}, & z\neq z_0\\ f'(z_0), & z=z_0\end{cases}$$

그러면 모든 $z\in U$에 대해 $f(z)-f(z_0)=(z-z_0)\varphi(z)$이고

$$\lim_{z\to z_0}\varphi(z)=\lim_{z\to z_0}\frac{f(z)-f(z_0)}{z-z_0}=f'(z_0)=\varphi(z_0)$$

이므로 φ는 z_0에서 연속이다. 물론 이 함수는 나머지 점에서도 연속이다.

$$(\Leftarrow) \qquad \lim_{z \to z_0} \frac{f(z)-f(z_0)}{z-z_0} = \lim_{z \to z_0} \varphi(z) = \varphi(z_0)$$

이므로 f는 z_0에서 미분가능하고 $f'(z_0)=\varphi(z_0)$. ■

> **정리 3.1.3** (연쇄법칙) U, V를 열린집합이라 하고 $f: U \to \mathbb{C}$와 $g: V \to \mathbb{C}$를 해석함수라 하자. $g(V) \subset U$이면 합성함수 $f \circ g: V \to \mathbb{C}$도 해석함수이고
>
> $$(f \circ g)' = (f' \circ g)g'$$

증명 $z_0 \in V$, $w_0 = g(z_0)$라 하자. f는 w_0에서 미분 가능하므로 정리 3.1.2에 의해서 w_0에서 연속인 함수 $\varphi: U \to \mathbb{C}$가 존재하여 임의의 $w \in U$에 대해

$$f(w)-f(w_0) = (w-w_0)\varphi(w)$$

더욱이 $\varphi(w_0) = f'(w_0)$. 따라서 $w=g(z)$라 하면 $\forall z \in V \setminus \{z_0\}$,

$$\frac{f(g(z))-f(g(z_0))}{z-z_0} = \frac{((g(z)-g(z_0))\varphi(g(z))}{z-z_0}$$

이 식으로부터

$$\begin{aligned}(f \circ g)'(z_0) &= \lim_{z \to z_0} \frac{f(g(z_0)-f(g(z_0))}{z-z_0} = \lim_{z \to z_0}\left[\frac{g(z)-g(z_0)}{z-z_0} \cdot \varphi(g(z))\right] \\ &= \lim_{z \to z_0} \frac{g(z)-g(z_0)}{z-z_0} \cdot \lim_{z \to z_0}\varphi(g(z)) = g'(z_0) \cdot \varphi(w_0) = g'(z_0) \cdot f'(w_0) \\ &= g'(z_0) \cdot f'(g(z_0))\end{aligned}$$

■

연습문제 [3.1]

1. $f(z) = |z|^4$은 $z=0$에서만 미분가능함을 보여라.

2. $f(z) = z^3$이라 하자. $z_1 = 1$, $z_2 = i$라 할 때 z_1과 z_2를 잇는 선분 $y = 1-x$ 위에는

$$f'(c) = \frac{f(z_2)-f(z_1)}{z_2-z_1}$$

이 성립하는 c가 없음을 보여라.

3. $f(z)=\begin{cases} \dfrac{\overline{z^2}}{z}, & z \neq 0 \\ 0, & z=0 \end{cases}$ 라 하면 f는 $z=0$에서 미분가능한가?

4. z의 함수들인 $\text{Re}z$, $\text{Im}z$, $\text{Arg}z$는 모든 점에서 도함수를 갖고 있지 않다.

5. $f(z)=x^2+y^2+2xyi$는 x축 위에서만 미분가능하다.

3.2 Cauchy-Riemann 방정식

복소함수 $f(z)$를 f의 실수부분 $u(x, y)$와 허수부분 $v(x, y)$로 나눠

$$f(z)=u(x, y)+iv(x, y)$$

로 표현할 수 있다. u, v의 x, y에 대한 편도함수 $\dfrac{\partial u}{\partial x}, \dfrac{\partial u}{\partial y}, \dfrac{\partial v}{\partial x}, \dfrac{\partial v}{\partial y}$를 각각 u_x, u_y, v_x 그리고 v_y 등으로 나타내자.

정리 3.2.1 D를 정의역이라 하자. $f: D \subseteq \mathbb{C} \to \mathbb{C}$가 해석적이면 u, v의 x, y에 대한 편도함수 $\dfrac{\partial u}{\partial x}, \dfrac{\partial u}{\partial y}, \dfrac{\partial v}{\partial x}$ 그리고 $\dfrac{\partial v}{\partial y}$가 존재하여 u, v는 Cauchy-Riemann 방정식

$$\frac{\partial u}{\partial x}=\frac{\partial v}{\partial y}, \quad \frac{\partial u}{\partial y}=-\frac{\partial v}{\partial x}$$

을 만족한다.(또는 간단히 $u_x=v_y$, $u_y=-v_x$)

증명 $z_0=a+bi \in D \subseteq \mathbb{C}$를 고정된 점이라 하자. 그림 3-2에서 실수축과 평행인 경로 ①을 따라 z_0로 수렴하면,

$$\begin{aligned} f'(z_0) &= \lim_{h\to 0}\frac{u(a+h,\,b)+iv(a+h,\,b)-[u(a,\,b)+iv(a,\,b)]}{h} \\ &= \lim_{h\to 0}\frac{u(a+h,\,b)-u(a,\,b)}{h}+i\lim_{h\to 0}\frac{v(a+h,\,b)-v(a,\,b)}{h} \\ &= u_x(a,\,b)+iv_x(a,\,b) \end{aligned}$$

허수축과 평행인 경로 ②를 따라 z_0로 수렴하면,

$$\begin{aligned} f'(z_0) &= \lim_{h\to 0}\frac{u(a,\,b+h)-u(a,\,b)}{ih}+i\lim_{h\to 0}\frac{v(a,\,b+h)-v(a,\,b)}{ih} \\ &= \frac{1}{i}\,u_y(a,\,b)+v_y(a,\,b) \end{aligned}$$

따라서 $u_x(a,\,b)=v_y(a,\,b)$, $u_y(a,\,b)=-v_x(a,\,b)$. 그런데 $z_0=a+bi\in D$는 임의의 점이므로 $u_x=v_y$, $u_y=-v_x$. ■

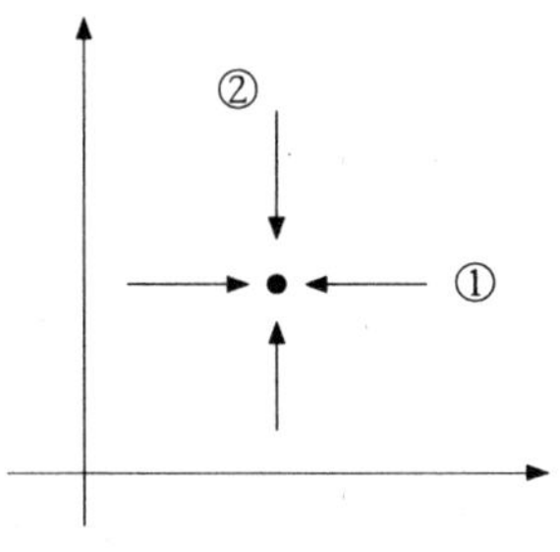

그림 3-2

만약 한 점 z_0에서 f가 미분가능하면, 정리 3.2.1의 증명으로부터 u, v의 편도함수들이 존재하고 z_0에서 Cauchy-Riemann 방정식이 성립하는 것을 알 수 있다. 이 경우

$$f'(z_0)=\frac{\partial u}{\partial x}(z_0)+i\frac{\partial v}{\partial x}(z_0)=\frac{\partial v}{\partial y}(z_0)-i\frac{\partial u}{\partial y}(z_0)$$

다음 예에서 Cauchy-Riemann 방정식이 성립하더라도 $f=u+iv$가 미분 불가능인 경우를 설명한다.

[예 3.2.1] $f(z)=u(x,\,y)+iv(x,\,y)$, $z\neq 0$이고 $f(0)=0$이라 하자. 여기서

$$u(x,\,y)=\frac{x^3-y^3}{x^2+y^2}, \quad v(x,\,y)=\frac{x^3+y^3}{x^2+y^2}$$

$$u_x(0,0)=\lim_{h\to 0}\frac{u(0+h,0)-u(0,0)}{h}=\lim_{h\to 0}\frac{\frac{h^3-0^3}{h^2+0^2}-0}{h}=\lim_{h\to 0}\frac{h}{h}=1$$

$$v_y(0,0)=\lim_{h\to 0}\frac{v(0,0+h)-v(0,0)}{h}=\lim_{h\to 0}\frac{\frac{h^3}{h^2}}{h}=\lim_{h\to 0}\frac{h}{h}=1$$

따라서 $u_x(0,0)=v_y(0,0)$. 다음에

$$u_y(0,0)=\lim_{h\to 0}\frac{u(0,0+h)-u(0,0)}{h}=\lim_{h\to 0}\frac{-\frac{h^3}{h^2}}{h}=-1$$

이고 마찬가지로, $v_x(0,0)=1$. 따라서 $u_y(0,0)=-v_x(0,0)$.

그러므로 $f(z)$는 $z=0$에서 코오시-리만 방정식을 만족한다. 그러나 $f'(0)$는 존재하지 않는다. 만약 $f'(0)$이 존재한다면, 어떤 경로를 따라 $(0,0)$으로 수렴해도 $\lim_{h\to 0}\frac{f(h)-f(0)}{h}$이 존재하고 각각의 극한값이 같아야 한다.

(1) 선분 $y=x$를 따라 $(0,0)$으로 수렴할 때,

$$\lim_{h\to o}\frac{f(h)-f(0)}{h}=\lim_{h\to 0}\frac{\frac{h^3-h^3}{h^2+h^2}+i\frac{h^3+h^3}{h^2+h^2}}{h}=i$$

(2) x축을 따라 $(0,0)$으로 수렴할 때, $\lim_{h\to o}\frac{f(h)-f(0)}{h}=\lim_{h\to 0}\frac{\frac{h^3}{h^2}+i\frac{h^3}{h^2}}{h}=1+i$.

(1)값 $\neq$ (2)값이므로, $f'(0)$은 존재하지 않는다. 그러나 편도함수에 조건을 하나 더하면 정리 3.2.1의 역도 성립한다.

> **정리 3.2.2** $f(z)=u(x,y)+iv(x,y)$라 하자. 편도함수 u_x, u_y, v_x, v_y가 존재하고 연속이며, 각 점에서 Cauchy-Riemann 방정식을 만족하면 f는 주어진 정의역 D에서 해석적이다.

증명 $z_0 = x_0 + iy_0 \in D$이라 하자. $\lim_{h \to 0} \frac{f(z_0+h)-f(z_0)}{h}$이 존재함을 보이려 한다. $h = h_1 + ih_2$라 놓자. 그러면 $z_0 + h = (x_0+h_1) + i(y_0+h_2)$이고

$$f(z_0+h)-f(z_0) = u(x_0+h_1,\ y_0+h_2) - u(x_0,\ y_0) + i[v(x_0+h_1,\ y_0+h_2) - v(x_0,\ y_0)] \tag{3.2}$$

실수부분만 택해 계산하자. 평균치 정리를 적용하면,

$$\begin{aligned} &u(x_0+h_1,\ y_0+h_2) - u(x_0,\ y_0) \\ &= u(x_0+h_1,\ y_0+h_2) - u(x_0,\ y_0+h_2) + u(x_0,\ y_0+h_2) - u(x_0,\ y_0) \\ &= u_x(x_0+\widetilde{h_1},\ y_0+h_2)\,h_1 + u_y(x_0,\ y_0+\widetilde{h_2})\,h_2 \end{aligned} \tag{3.3}$$

여기서 $|\widetilde{h_1}| \leqq |h_1|$이고 $|\widetilde{h_2}| \leqq |h_2|$.

마찬가지로, $|\overline{h_1}| \leqq |h_1|$이고 $|\overline{h_2}| \leqq |h_2|$인 $\overline{h_1}$, $\overline{h_2}$가 존재하여

$$v(x_0+h_1,\ y_0+h_2) - v(x_0,\ y_0) = v_x(x_0+\overline{h_1},\ y_0+h_2)\,h_1 + v_y(x_0,\ y_0+\overline{h_2})\,h_2 \tag{3.4}$$

(3.2), (3.3), (3.4)식을 종합하고 극한을 취하면

$$\begin{aligned} &\lim_{h \to 0} \frac{f(z_0+h)-f(z_0)}{h} \\ &= \lim_{h \to 0}\left(\frac{1}{h}[u_x(x_0+\widetilde{h_1},\ y_0+h_2)]h + \frac{ih_2}{h}\left[v_y(x_0,\ y_0+\overline{h_2}) - u_x(x_0+\widetilde{h_1},\ y_0+h_2)\right]\right) \\ &\quad + \lim_{h \to 0}\left(\frac{i}{h}\left[v_x(x_0+\overline{h_1},\ y_0+h_2)\right]h + \frac{h_2}{h}\left[u_y(x_0,\ y_0+\widetilde{h_2}) + v_x(x_0+\overline{h_1},\ y_0+h_2)\right]\right) \\ &= u_x(x_0,\ y_0) + iv_x(x_0,\ y_0) \end{aligned} \tag{3.5}$$

$h = h_1 + ih_2$이면 $\left|\frac{ih_2}{h}\right| \leqq 1$, $\left|\frac{h_2}{h}\right| \leqq 1$이다. $u_x = v_y$, $u_y = -v_x$이고 v_x, v_y가 각각 $(x_0,\ y_0)$에서 연속이므로 위 식에서 2번째와 4번째 극한값은 0이다.

따라서 $\lim_{h \to 0} \frac{f(z_0+h)-f(z_0)}{h}$가 존재하고, $f'(z_0) = u_x(x_0,\ y_0) + iv_x(x_0,\ y_0)$이다. z_0는 임의의 점이므로 f는 주어진 정의역 D에서 해석적이다. ■

정리 3.2.1과 정리 3.2.2를 종합하여 다음과 같이 쓸 수 있다.

> **정리 3.2.3** $f(z)=u(x, y)+iv(x, y)$가 정의역 D에서 해석적이기 위한 필요충분조건은 편도함수 u_x, u_y, v_x, v_y가 각각 존재하고 연속이며, 코오시-리만 방정식 $u_x=v_y,\ u_y=-v_x$를 만족하는 것이다.

[예 3.2.2] (1) $f(z)=z^3$는 해석적이다.

$$f(z)=(x+iy)^3=x^3+3x^2(iy)+3x(iy)^2+(iy)^3=x^3-3xy^2+i(3x^2y-y^3)$$

이므로

$$u(x, y)=x^3-3xy^2,\ v(x, y)=3x^2y-y^3$$
$$u_x=3x^2-3y^2,\ u_y=-6xy,\ v_y=3x^2-3y^2,\ v_x=6xy$$

이 성립한다. 그러면 모든 (x, y)에서 Cauchy-Riemann 방정식 $u_x=v_y,\ u_y=-v_x$이 성립하고 모두 연속이므로 정리 3.2.3에 의해서 $f(z)=z^3$는 해석적이다.

(2) $f(z)=|z|^2$는 해석적이 아니다. 예 3.1.2와는 다르게 Cauchy-Riemann 방정식을 적용하여 해석적인 여부를 판별해보자.

$f(z)=|x+iy|^2=x^2+y^2$이므로 $u(x, y)=x^2+y^2,\ v(x, y)=0$이다. 따라서 $u_x=2x$, $u_y=2y,\ v_x=v_y=0$이고 모두 연속인 함수들이다. $(x, y)\neq(0, 0)$이면, 코오시-리만 방정식을 만족하지 않는다. 따라서 f는 $(x, y)\neq(0, 0)$에서 미분가능하지 않다. 따라서 해석적이지 않다. 그러나 원점에서는 Cauchy-Riemann 방정식이 성립하므로 미분가능하다.

f를 x, y 대신 z와 $\bar{z}$의 함수로 보면 Cauchy-Riemann 방정식을 간단한 형태로 쓸 수 있다.

$$\frac{\partial x}{\partial \bar{z}}=\frac{1}{2},\ \frac{\partial y}{\partial \bar{z}}=-\frac{1}{2i}\quad \text{그리고}\quad \frac{\partial f}{\partial x}=\frac{\partial u}{\partial x}+i\frac{\partial v}{\partial x},\ \frac{\partial f}{\partial y}=\frac{\partial u}{\partial y}+i\frac{\partial v}{\partial y}$$

이므로

$$\frac{\partial f}{\partial \bar{z}}=\frac{\partial f}{\partial x}\frac{\partial x}{\partial \bar{z}}+\frac{\partial f}{\partial y}\frac{\partial y}{\partial \bar{z}}=\frac{1}{2}\left(\frac{\partial u}{\partial x}-\frac{\partial v}{\partial y}\right)-\frac{1}{2i}\left(\frac{\partial u}{\partial y}+\frac{\partial v}{\partial x}\right)$$

따라서 $\dfrac{\partial u}{\partial x}=\dfrac{\partial v}{\partial y},\ \dfrac{\partial u}{\partial y}=-\dfrac{\partial v}{\partial x}\ \Leftrightarrow\ \dfrac{\partial f}{\partial \bar{z}}=0.$

$\frac{\partial f}{\partial \bar{z}} = 0$는 Cauchy-Riemann 방정식의 또 다른 식이다. $|z|^2$, $\mathrm{Re}(z)$, $\mathrm{Im}(z)$ 등은 각각 변수 $\bar{z}$에 대한 편도함수가 z, $\frac{1}{2}$, $\frac{i}{2}$이므로 해석적이지 않다. $|z|^2$인 경우, $\frac{\partial f}{\partial \bar{z}} = z$이므로 $z=0$에서만 미분가능하고, 나머지 점에서는 미분가능하지 않다.

Cauchy-Riemann 방정식을 사용하여 해석함수의 특성을 몇몇 알아보자. 먼저 정의를 소개한다.

$f: D \to \mathbb{C}$ 라 하자. $\forall z \in D$, $B(z;r)$이 존재하여 f가 $D \cap B(z;r)$에서 함수 값이 일정한 상수이면 f를 **국소적 상수함수**(locally constant)라 부른다.

> **정리 3.2.4** $f: D \to \mathbb{C}$ 를 $f(D) \subseteq \mathbb{R}$ 또는 $f(D) \subseteq i\mathbb{R}$ 인 해석함수라 하자.(즉, f는 실 혹은 순허수 함수이다.) 그러면 f는 D에서 국소적 상수함수이다.

증명 f를 실함수라 하자. $f(z)=u+iv$, $v=0$이라 하자. f가 해석적이므로 $u_x=v_y=0$, $u_y=-v_x=0$. 따라서 u는 상수함수이고 f도 상수함수이다. 마찬가지 방법으로 $u=0$일 때도 f는 상수함수가 된다. ■

> **정리 3.2.5** $f: D \to \mathbb{C}$ 해석함수이고, $\forall z \in D$에 대해서 $|f(z)| = r \in \mathbb{R}$ 이라 하자. 그러면 f는 D에서 국소적 상수함수가 된다.

증명 $f=u+iv$라 놓으면 $|f(z)|^2 = u^2+v^2=r^2$이다. 양변을 x에 대해서 편미분하면 $2u \cdot u_x + 2v \cdot v_x = 0$. y에 대해 편미분하면 $u \cdot u_y + v \cdot v_y = 0$이다. f가 해석적이므로 $u_x = v_y$, $u_y = -v_x$을 이 식에 대입하면 $-uv_x + vv_y = 0$. 그러면

$$\begin{aligned} 0 = u \cdot 0 = u(u \cdot u_x + v \cdot v_x) = u^2u_x + uv \cdot v_x = u^2u_x + v^2 \cdot v_y = u^2u_x + v^2u_x \\ = (u^2+v^2)u_x = r^2u_x \end{aligned}$$

마찬가지로 $r^2v_x = 0$. $r=0$인 경우, $\forall z \in D$에 대해 $f(z)=0$. 따라서 f는 상수함수이다.
$r \neq 0$인 경우, $u_x = v_x = 0$이므로 $f'(z) = u_x + iv_x = 0$.
이것은 $u_x = v_y = 0$와 $v_x = -u_y = 0$를 의미하므로 f는 국소적 상수함수이다. ■

연습문제 [3.2]

1. 다음 함수의 해석성을 조사하고 미분가능한 점에서는 도함수를 구하여라.

   (a) $f(z)=z^3+2i$ (b) $f(z)=(\overline{z}+3i)^2+6$ (c) $f(z)=|z-1|^2$

   (d) $f(z)=\mathrm{Re}\left(\dfrac{z}{z-1}\right)$ (e) $f(z)=\dfrac{|z|}{|z|+1}$ (f) $f(z)=\dfrac{z^2}{z+\overline{z}}$

   (g) $f(z)=|z|^2$ (h) $f(z)=e^{\frac{-1}{z^4}}$, $z\neq 0$, $f(0)=0$

2. Cauchy-Riemann 조건을 사용하여 다음 함수들이 모든 $z\in\mathbb{C}$에 대해 미분가능함을 보이고 $f'(z)$를 구하여라.

   (a) $f(z)=iz+4i$ (b) $f(z)=z^2+z$

   (c) $f(z)=-2(xy+x)+i(x^2-2y-y^2)$

   (d) $f(z)=x^3-3x^2-3xy+3y^2+i(3x^2y-6xy-y^2)$

3. 함수 f와 g가 정의역 D에서 해석적이고 임의의 $z\in D$에 대해서 $f'(z)=g'(z)$라 하자. 그러면 상수 $c\in\mathbb{C}$가 존재하여 $f(z)=g(z)+c$이다.

4. $f(z)=u+iv$가 정의역 D에서 해석적이라 하자. $g(z)=\overline{f(\overline{z})}$로 정의하면 $g(z)$는 $\overline{D}=\{z\in\mathbb{C}:\overline{z}\in D\}$에서 해석적이다.

5. $f(z)=\sqrt{|xy|}$는 $z=0$에서 Cauchy-Riemann 조건을 만족하지만 도함수는 존재하지 않는다.

6. $f(z)=\begin{cases}\dfrac{z^5}{|z|^4}, & z\neq 0\\ 0, & z=0\end{cases}$ 라 하자. $\mathrm{Re}f$와 $\mathrm{Im}f$는 $z=0$에서 Cauchy-Riemann 조건을 만족하지만 $f'(0)$는 존재하지 않는다.

7. f가 해석적이고 $f(\overline{z})$가 해석적이든지, 혹은 $f(|z|)$가 해석적이면 $f(z)$는 상수함수임을 보여라. $w=2ix$, $w=-4y$, $w=|z|^2$은 모두 해석적이 아님을 설명하여라.

8. $f(z)=u+iv$가 정의역 D에서 해석적이라 하자. u, v가 각각 연속인 2차 편도함수를

갖는다고 하자. 다음이 성립하는 것을 보여라.

(a) $\left(\frac{\partial}{\partial x}|f(z)|\right)^2+\left(\frac{\partial}{\partial y}|f(z)|\right)^2=|f'(z)|^2$, (b) $\frac{\partial^2}{\partial x^2}|f(z)|^2+\frac{\partial^2}{\partial y^2}|f(z)|^2=4|f'(z)|^2$

9. 다음 함수가 미분 가능한 점들의 집합과 해석적인 점들의 집합을 각각 구하여라.

(a) $x^3+3xy^2+i(y^3+3x^2y)$ (b) $f(z)=x^2-y^2+2|xy|i$

(c) $f(z)=8x-x^3-xy^2+i(x^2y+y^3-8y)$

3.3 Laplace 방정식과 조화함수

미분 가능한 함수 $u(x, y)$와 $v(x, y)$를 $f(z)=u(x, y)+iv(x, y)$로 놓았을 때 f가 해석적이 되려면 u, v 사이에 Cauchy-Riemann 방정식이 성립해야 한다. f가 해석적이고 $u=\mathrm{Re}(f)$이면 v는 Cauchy-Riemann 방정식을 이용하여 구할 수 있다. 그러나 어떤 편미분 가능한 실함수 $u(x, y)$는 $f=u+iv$가 해석적이 되도록 v를 정할 수 없다. 예를 들면, $u(x, y)=x^2+y^2$라 하면 Cauchy-Riemann 방정식에 의해서 $v(x, y)$를 구할 수 없다.

정의 3.3.1 $u(x, y)$를 정의역 D에서 정의된 실함수라 하자. 연속인 2차 편도함수들이 존재하고 Laplace 방정식

$$u_{xx}+u_{yy}=0$$

을 만족하면 u를 **조화함수**(harmonic function)라고 부른다. 여기서

$$\Delta=\frac{\partial^2}{\partial x^2}+\frac{\partial^2}{\partial y^2}$$

를 **Laplace 연산자**(Laplace operator)라고 부른다.

$f(z)=|z|^2=|x+iy|^2=x^2+y^2$라 하자.

$$\frac{\partial f}{\partial x} = 2x, \quad \frac{\partial^2 f}{\partial x^2} = 2, \quad \frac{\partial f}{\partial y} = 2y, \quad \frac{\partial^2 f}{\partial y^2} = 2$$

따라서 $\Delta f = \dfrac{\partial^2 f}{\partial x^2} + \dfrac{\partial^2 f}{\partial y^2} = 2+2 = 4 \neq 0$. $f(z) = |z|^2$는 조화함수가 아니다.

정리 5.6.2에 의해서 만약 $f(z) = u(x, y) + iv(x, y)$이 정의역 D에서 해석적이면 $f'(z)$도 해석적이다. 그러면 $\forall n \in \mathbf{N}$에 대해 $f^{(n)}(z)$도 해석적이다. 즉, f가 해석적이면 u, v의 모든 계수의 편도함수가 존재하고 연속이다. 이 경우,

$$u_x = v_y, \quad u_y = -v_x$$

이 성립하고,

$$u_{xx} + u_{yy} = (u_x)_x + (u_y)_y = (v_y)_x + (-v_x)_y = v_{yx} - v_{xy} = 0.$$

마찬가지로, $v_{xx} + v_{yy} = 0$이다. 위의 내용으로부터 다음 정리가 성립한다.

> **정리 3.3.1** $f(z) = u(x, y) + iv(x, y)$이 해석적이면, u, v는 모두 조화함수이다.

[예 3.3.1] $u(x, y) = e^x \cos y$이라 하자. 그러면 $u_x = u_{xx} = e^x \cos y$, $u_y = -e^x \sin y$이고 $u_{yy} = -e^x \cos y$이므로 $u_{xx} + u_{yy} = 0$. 따라서 $u(x, y)$는 조화함수이다. 만약 $u(x, y)$가 해석함수 $f = u + iv$의 실수부분이면 $u_x = v_y$, $v_x = -u_y$이므로 $v_x = -u_y = e^x \sin y$이고 $v_y = e^x \cos y$.

따라서 $v = \int^y v_y dy + h(x) = e^x \sin y + h(x)$, $v_x = e^x \sin y + h'(x) = e^x \sin y$이므로 $h'(x) = 0$. 따라서 $h(x) = c$. 그러면 $v = e^x \sin y + c$이고 구하려는 해석함수는

$$f(z) = e^x \cos y + i(e^x \sin y + c) = e^x(e^{iy}) + ic = e^z + k$$

> **정의 3.3.2** $u(x, y)$, $v(x, y)$를 정의역 D에서 정의된 조화함수라 하자. $f(z) = u(x, y) + iv(x, y)$가 D에서 해석적이면 v를 u의 **공액조화함수**라 한다.

앞의 예에서 $v = e^x \sin y + c$는 $u(x, y) = e^x \cos y$의 공액조화함수이다.

[예 3.3.2] $u(x, y) = \ln(x^2 + y^2)$를 정의역 $D = \mathbb{C} \setminus \{0\}$에서 정의된 함수라 하자.

$$u_x = \frac{2x}{x^2+y^2}, \quad u_{xx} = \frac{2(x^2+y^2) - (2x)^2}{(x^2+y^2)^2}$$
$$u_y = \frac{2y}{x^2+y^2}, \quad u_{yy} = \frac{2(x^2+y^2) - (2y)^2}{(x^2+y^2)^2}$$

$\dfrac{\partial^2 u}{\partial x^2} + \dfrac{\partial^2 u}{\partial y^2} = 0$이므로 $u(x, y)$는 조화함수이다. 그러나 u의 공액조화함수는 없다.(4장에서 $\log z$를 공부할 때 다시 언급한다.)

Laplace 방정식을 $u_{z\bar{z}} = 0$ 또는 $\dfrac{\partial^2 u}{\partial z \partial \bar{z}} = 0$로 표현할 수 있다. $z = x + iy$, $\bar{z} = x - iy$로부터 $x = \dfrac{z+\bar{z}}{2}$, $y = \dfrac{z-\bar{z}}{2i}$이므로 $f(z) = u(x, y) + iv(x, y)$가 해석함수이면

$$u_z = u_x \cdot \frac{\partial x}{\partial z} + u_y \cdot \frac{\partial y}{\partial z} = \frac{1}{2}u_x + \frac{1}{2i}u_y,$$
$$u_{z\bar{z}} = \frac{1}{2}\left(u_{xx}\frac{\partial x}{\partial \bar{z}} + u_{xy}\frac{\partial y}{\partial \bar{z}}\right) + \frac{1}{2i}\left(u_{yx}\frac{\partial x}{\partial \bar{z}} + u_{yy}\frac{\partial y}{\partial z}\right)$$
$$= \frac{1}{4}(u_{xx} + u_{yy}) + \left(-\frac{1}{4i}u_{xy} + \frac{1}{4i}u_{yx}\right) = 0$$

[예 3.3.3] $u(x, y)$를 정의역 D에서 정의된 조화함수라 하자. 극좌표에서 Laplace 방정식은

$$\frac{\partial}{\partial r}\left(r\frac{\partial u}{\partial r}\right) + \frac{1}{r}\frac{\partial^2 u}{\partial \theta^2} = 0 \tag{3.6}$$

먼저 극좌표에서 Cauchy-Riemann 방정식을 구해보자. $x = r\cos\theta$, $y = r\sin\theta$이고 $\dfrac{\partial u}{\partial x} = \dfrac{\partial v}{\partial y}$, $\dfrac{\partial u}{\partial y} = -\dfrac{\partial v}{\partial x}$이므로

$$\frac{\partial u}{\partial r} = \frac{\partial u}{\partial x}\frac{\partial x}{\partial r} + \frac{\partial u}{\partial y}\frac{\partial y}{\partial r} = \frac{\partial u}{\partial x}\cos\theta + \frac{\partial u}{\partial y}\sin\theta,$$

$$\frac{\partial v}{\partial \theta} = \frac{\partial v}{\partial x}\frac{\partial x}{\partial \theta} + \frac{\partial v}{\partial y}\frac{\partial y}{\partial \theta} = \frac{\partial v}{\partial x}(-r\sin\theta) + \frac{\partial v}{\partial y}(r\cos\theta) = r\frac{\partial u}{\partial r}.$$

$$\frac{\partial v}{\partial r} = \frac{\partial v}{\partial x}\frac{\partial x}{\partial r} + \frac{\partial v}{\partial y}\frac{\partial y}{\partial r} = \frac{\partial v}{\partial x}\cos\theta + \frac{\partial v}{\partial y}\sin\theta,$$

$$\frac{\partial u}{\partial \theta} = \frac{\partial u}{\partial x}\frac{\partial x}{\partial \theta} + \frac{\partial u}{\partial y}\frac{\partial y}{\partial \theta} = \frac{\partial u}{\partial x}(-r\sin\theta) + \frac{\partial u}{\partial y}(r\cos\theta) = -r\frac{\partial v}{\partial r}.$$

여기서 얻은

$$\frac{\partial v}{\partial \theta} = r\frac{\partial u}{\partial r}, \quad \frac{\partial v}{\partial r} = -\frac{1}{r}\frac{\partial u}{\partial \theta} \tag{3.7}$$

은 **극좌표에서** Cauchy-Riemann **방정식**이다. r, θ에 대해 편미분하면,

$$\frac{\partial^2 v}{\partial r \partial \theta} = \frac{\partial}{\partial r}\left(\frac{\partial v}{\partial \theta}\right) = \frac{\partial}{\partial r}\left(r\frac{\partial u}{\partial r}\right) = r\frac{\partial^2 u}{\partial r^2} + \frac{\partial u}{\partial r},$$

$$\frac{\partial^2 v}{\partial \theta \partial r} = \frac{\partial}{\partial \theta}\left(\frac{\partial v}{\partial r}\right) = \frac{\partial}{\partial \theta}\left(-\frac{1}{r}\frac{\partial u}{\partial \theta}\right) = -\frac{1}{r}\frac{\partial^2 u}{\partial \theta^2}.$$

$\frac{\partial^2 v}{\partial r \partial \theta} = \frac{\partial^2 v}{\partial \theta \partial r}$이므로, $r\frac{\partial^2 u}{\partial r^2} + \frac{\partial u}{\partial r} = -\frac{1}{r}\frac{\partial^2 u}{\partial \theta^2} \Leftrightarrow \frac{\partial}{\partial r}\left(r\frac{\partial u}{\partial r}\right) + \frac{1}{r}\frac{\partial^2 u}{\partial \theta^2} = 0.$

등고선(Level curves)

> **정의 3.3.3** $f : D \to \mathbb{C}$, $z \in D$일 때 집합 $\{z : |f(z)| = M\}$, $M \geq 0$을 $f(z)$의 **등고선**(level curve)이라고 부른다.

[예 3.3.4] (1) $f(z) = z$일 때 등고선은 중심이 원점이고 반경이 r인 원이다. 등고선들은 동심원들을 나타내고 있다.

(2) $f(z) = z^2 - 1$일 때 등고선들을 찾아보자. f의 등고선은 $|z^2 - 1| = M$이므로

$$[(x-1)^2 + y^2][(x+1)^2 + y^2] = M^2$$

이것을 극좌표로 바꾸면

$$(r^2+1)^2 = 4r^2\cos^2\theta + M^2$$

$M>1$인 경우, 등고선들은 Cassini의 **달걀형**(oval)이라 부르고, $M=1$인 경우에는 Bernoulli의 8자 모양(lemniscate)이라 부른다. $0<M<1$인 경우에는 점 $z=1$과 $z=-1$을 둘러싸고 서로 만나지 않는 두 개의 달걀형들의 모임이다.

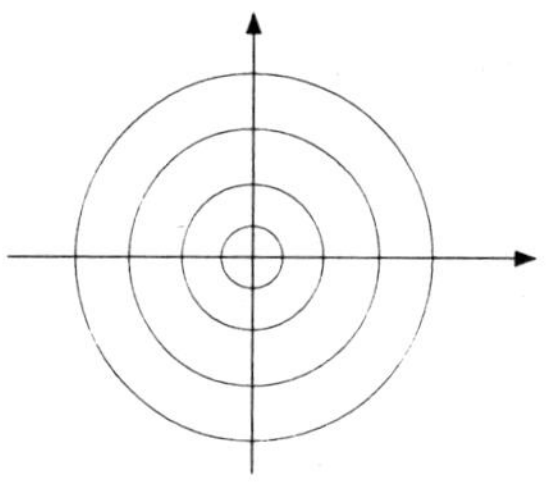

$|z|=r$ (원)

그림 3-3

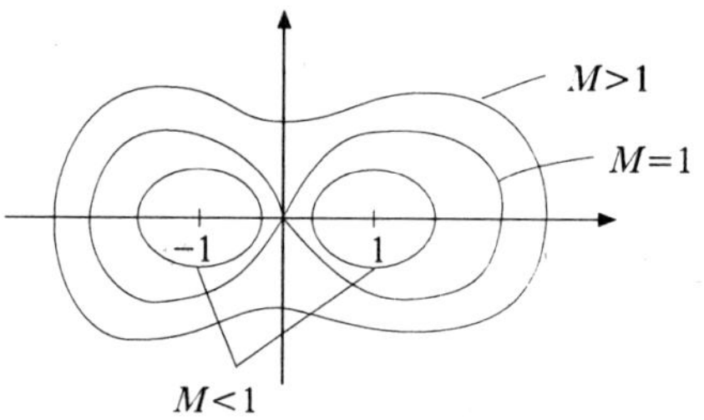

$f(z)=z^2-1$의 level curve

그림 3-4

정의역 D에서 실함수 $F(x, y)$의 등고선은 $F(x, y)=\lambda$인 D에 있는 (x, y) 점들의 궤적이다. D에서 정의된 해석함수 $f(z)=u(x, y)+iv(x, y)$의 실수부분 $u(x, y)$와 허수부분 $v(x, y)$의 등고선들은 특별한 성질을 갖고 있다. 등고선

$$\{(x, y)\in D : u(x, y)=c_1\}\text{와} \quad \{(x, y)\in D : v(x, y)=c_2\}$$

는 서로 직교하는 곡선 족이다. 간단한 예로 $f(z)=z$인 경우

$$f(z)=z=x+iy,\ x=c_1,\ y=c_2$$

이므로 두 종류의 직선 족은 서로 직교한다.

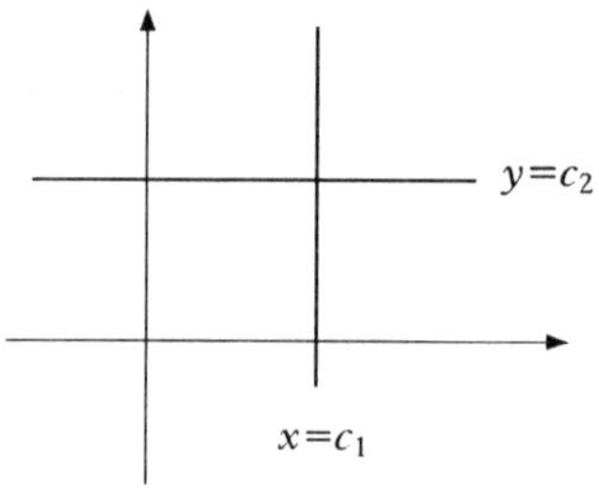

그림 3-5

다음 $f(z) = z^2$, $z \neq 0$인 경우를 살펴보자.

$f(z) = z^2 = x^2 - y^2 + 2ixy$에서 $x^2 - y^2 = c_1$, $2xy = c_2$ 놓으면, 각각 쌍곡선 함수들이므로 각 곡선들의 접선의 기울기는 $m_1 = \dfrac{dy}{dx} = \dfrac{x}{y}$, $m_2 = -\dfrac{y}{x}$이다. 따라서 두 곡선 족은 서로 직교한다. 그런데 실은 모든 해석함수는 위와 같은 성질을 갖고 있다.

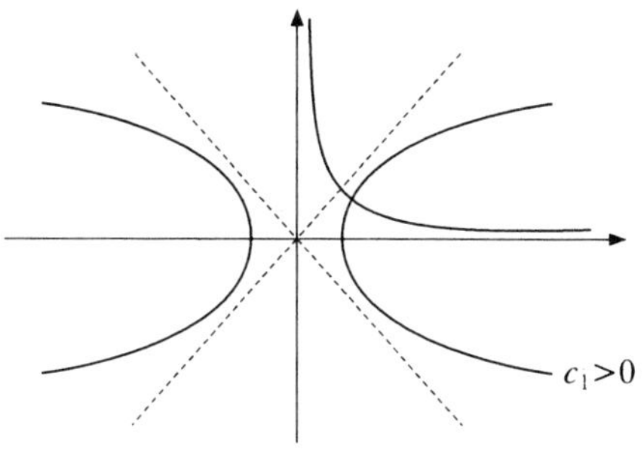

그림 3-6

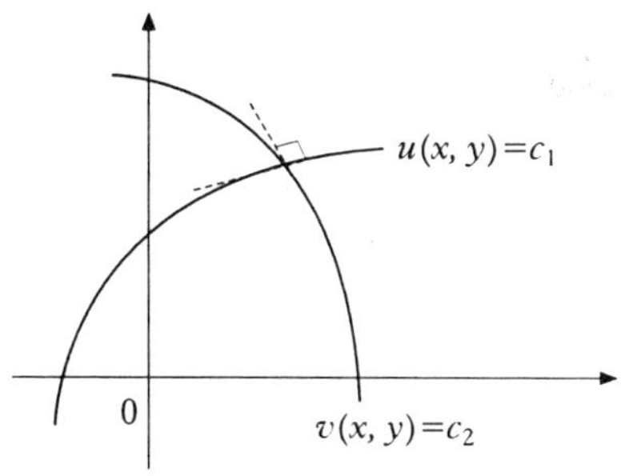

그림 3-7

> **정리 3.3.2** $f: D \to \mathbb{C}$ 를 $f'(z) \neq 0$인 해석함수라 하자. 그러면 등고선
>
> $$u(x, y) = \alpha,\ \alpha \in \mathbb{R} \text{ 과 } v(x, y) = \beta,\ \beta \in \mathbb{R}$$
>
> 는 D에서 서로 직교하는 곡선 족이다.

증명 등고선 $u(x, y) = c_1$와 $v(x, y) = c_2$가 (x_0, y_0)에서 만난다고 하자. $f'(z_0) \neq 0$이므로 $u_x(x_0, y_0)$와 $u_y(x_0, y_0)$가 동시에 0이 아니다. $u_y(x_0, y_0) \neq 0$라 하자. $u(x, y) = c_1$로부터 $u_x + u_y \dfrac{dy}{dx} = 0$이므로, 주어진 점에서 $u(x, y) = c_1$의 접선의 기울기는

$$m_1 = \frac{dy}{dx} = -\frac{u_x}{u_y}$$

마찬가지로 $v_x(x_0, y_0) \neq 0$이므로, 주어진 점에서 등고선 $v(x, y) = c_2$의 접선의 기울기는

$$m_2^{-1} = \frac{dx}{dy} = -\frac{v_y}{v_x}$$

(x_0, y_0)에서 $u(x, y) = c_1$와 $v(x, y) = c_2$가 직교하기 위한 필요충분조건은 $m_1 \cdot m_2 = -1$이다. Cauchy-Riemann 방정식 $u_x = v_y$, $v_x = -u_y$을 적용하면

$$m_1 \cdot m_2 = \left(-\frac{u_x}{u_y}\right)\left(-\frac{v_x}{v_y}\right) = -1$$

이므로 등고선들은 서로 직교하는 곡선 족이다. ■

연습문제 [3.3]

1. 다음에 주어진 함수가 Laplace 방정식의 해인 것을 보이고 $u+iv$가 해석함수가 되도록 v를 구하여라.

   (a) $u(x, y) = e^x x\cos y - e^x y\sin y$ (b) $u(x, y) = x^3 - 3xy^2 + 3x^2 - 3y^2 + 1$

   (c) $u(x, y) = \dfrac{x}{x^2+y^2}$, $(x^2+y^2 \neq 0)$ (d) $u(x, y) = e^{x^2-y^2}\cos 2xy$

   (e) $u(x, y) = (x-1)^3 - 3xy^2 + 3y^2$

2. 다음 함수가 조화적인지 조사하고, 조화적이면 그것의 공액조화함수를 구하여라.

   (a) $u(x, y) = e^x\cos y$ (b) $u(x, y) = \ln(x^2+y^2)$, $(x, y) \neq (0, 0)$

   (c) $u(x, y) = e^x\sin y$ (d) $u(x, y) = \sin y\sinh x$

3. Laplace 방정식의 극 형식을 써서 다음에 주어진 함수가 조화적임을 보여라.

   (a) $u(r, \theta) = \left(r+\dfrac{1}{r}\right)\cos\theta$, $v(r, \theta) = \left(r-\dfrac{1}{r}\right)\sin\theta$

   (b) $u(r, \theta) = r^n\cos n\theta$, $v(r, \theta) = r^n\sin n\theta$

4. $u(x, y)$를 x축에 대해서 대칭인 정의역 D에서 정의된 조화함수라 하면 $U(x, y) = u(x, -y)$도 D에서 조화적이다.

5. v가 u의 공액조화함수이면 $-u$가 v의 공액조화함수이다.

6. v가 u의 공액조화함수이면 $h = u^2 - v^2$은 조화적이다.

7. $f(z) = \dfrac{1}{z}$라 하자. $f(z) = u+iv$라 할 때 등고선 $u = c_1$과 $v = c_2$는 원점을 지나고 서로 직교하는 원들로 중심이 각각 x축과 y축 위에 있다.

8. $f(z) = \dfrac{z+4}{z-4}$라 하자. 등고선 $u = c_1$과 $v = c_2$은 서로 직교함을 정리를 사용하지 말고 보여라.

3.4 복소미분과 실미분의 차이

$\mathbb{C}$에서 $\mathbb{C}$로 가는 복소함수는 $\mathbb{R}^2$에서 $\mathbb{R}^2$로 가는 벡터함수이기도 하므로 복소미분가능과 벡터함수로서의 미분(이것을 실미분이라 부른다.) 사이의 관계에 대한 의문을 갖는 것은 당연하다. $f(z) = |z|^2 = x^2 + y^2$는 해석적이 아니고 $z = 0$에서만 복소미분가능함을 예 3.1.2에서 보았다. 그러나 f는 벡터함수로서는 미분 가능한 함수이다. 복소미분과 실미분의 차이는 Cauchy-Riemann 방정식이라고 할 수 있다.

$f(z) = \bar{z}$를 벡터함수로 보면 $(x, y) \mapsto (x, -y)$이므로 모든 점에서 실 미분 가능하다. 그러나 $z = 0$ 이외의 점에서는 복소미분 가능하지 않다.

$z = x + iy = \begin{pmatrix} x \\ y \end{pmatrix}$로 간주하여 $\mathbb{C}$와 $\mathbb{R}^2$를 동일시하자. 그러면 선형사상 $L : \mathbb{C} \to \mathbb{C}$는 행렬 $A = \begin{pmatrix} a & b \\ c & d \end{pmatrix}$로 표현할 수 있다. 이것을 구체적으로 알려면, 두 점 1과 i가 L에 의해서 어떤 점으로 사상되는지 조사하면 된다. 즉,

$$L(1) = L\begin{pmatrix} 1 \\ 0 \end{pmatrix} = \begin{pmatrix} a \\ c \end{pmatrix} = a + ic,$$

$$L(i) = L\begin{pmatrix} 0 \\ 1 \end{pmatrix} = \begin{pmatrix} b \\ d \end{pmatrix} = b + id.$$

$L : \mathbb{C} \to \mathbb{C}$이 $\forall \alpha, \beta, z, w \in \mathbb{C}$에 대해 $L(\alpha z + \beta w) = \alpha L(z) + \beta L(w)$이면 $\mathbb{C}$-선형이라 한다. 만약 L이 $\mathbb{C}$-선형이면 $b + id = L(i \cdot 1) = i \cdot L(1) = ia - c$이므로

$$c = -b, \ d = a \tag{3.8}$$

보소정리 3.4.1 $A = \begin{pmatrix} a & b \\ c & d \end{pmatrix}$가 $\mathbb{C}$-선형이 되기 위한 필요충분조건은 $c = -b, \ d = a$이다. 이 경우,

$$L(z)=\begin{pmatrix}a & b\\ c & d\end{pmatrix}\begin{pmatrix}x\\ y\end{pmatrix}=\begin{pmatrix}a & -c\\ c & a\end{pmatrix}\begin{pmatrix}x\\ y\end{pmatrix}=\begin{pmatrix}ax-cy\\ cx+ay\end{pmatrix}$$
$$=(a+ic)(x+iy)=(a+ic)z \tag{3.9}$$

이므로 $\mathbb{C}$-선형 L은 실제로 복소수 $a+ic$를 z에 곱하는 선형사상이다.

벡터해석학에서 벡터함수의 미분에 대해 다음과 같이 배웠다.

$U\subseteq \mathbb{R}^2$를 열린집합이라 하고 $f:U\to\mathbb{R}^2$라 하자. $z_0\in U$, $z_0=\begin{pmatrix}x\\ y\end{pmatrix}$가 주어진 점일 때 $\mathbb{R}$-선형사상 $L:\mathbb{R}^2\to\mathbb{R}^2$가 존재하여

$$\lim_{h\to 0}\frac{\|f(z_0+h)-f(z_0)-L(h)\|}{\|h\|}=0$$

이면 **실 미분가능**하다고 한다. 이 식을 복소수로 표현하면

$$\lim_{h\to 0}\frac{|f(z_0+h)-f(z_0)-L(h)|}{|h|}=0 \Leftrightarrow \lim_{h\to 0}\frac{f(z_0+h)-f(z_0)-L(h)}{h}=0 \tag{3.10}$$

정리 3.4.2 $U\subseteq \mathbb{R}^2$를 열린집합이라 하고 $f:U\to\mathbb{R}^2$라 하자. $z_0\in U$라 할 때 다음은 서로 동치이다.

(i) f는 $z_0\in U$에서 복소 미분가능하다.

(ii) f는 $z_0=(x_0, y_0)$에서 실 미분가능하고 Cauchy-Riemann 방정식

$$u_x=v_y,\ v_x=-u_y$$

을 만족한다.

증명 (i) $\Rightarrow$ (ii) f가 $z_0\in U$에서 복소미분가능하면 다음 식이 성립한다.

$$\lim_{h\to 0}\frac{f(z_0+h)-f(z_0)-f'(z_0)h}{h}=0$$

이 식은 (3.10) 식과 같으므로 $L(h)=f'(z_0)h$로 정의하면 L은 구하려는 선형사상이다. 이것은 f가 z_0에서 실 미분 가능함을 보여주고 L은 복소수 $f'(z_0)$를 곱한 선형사상이므로 $\mathbb{C}$-선형사상이다. 한편 L은 다음과 같이 Jacobian 행렬로 나타낼 수 있다.

$$L=\begin{pmatrix} u_x(z_0) & u_y(z_0) \\ v_x(z_0) & v_y(z_0) \end{pmatrix} \tag{3.11}$$

L은 $\mathbb{C}$-선형사상이므로 (3.8) 식에 의해서 $u_x(z_0)-v_y(z_0)$, $u_y(z_0)=-v_x(z_0)$이 성립한다.

(ii) $\Rightarrow$ (i) 보조정리 3.4.1, 그리고 식 (3.11)에 의해서 Jacobian 행렬 L은 $\mathbb{C}$-선형사상이다. L은 상수 곱의 선형사상이므로 (3.9) 식에 의해

$$L(h)=(u_x(z_0)+iv_x(z_0))h \tag{3.12}$$

(3.12) 식을 (3.10)에 대입하면

$$\lim_{h\to 0}\frac{f(z_0+h)-f(z_0)}{h}=u_x(z_0)+iv_x(z_0)$$

따라서 f는 z_0에서 미분가능하고 $f'(z_0)=u_x(z_0)+iv_x(z_0)$이다. ■

위의 결과를 다음과 같이 기술할 수 있다.

"$f: U\to\mathbb{C}$ 가 해석적이기 위한 필요충분조건은 f가 실 미분가능하고 $\dfrac{\partial f}{\partial \bar{z}}=0$"

4

초등함수(elementary functions)

미적분학에서 배운 지수함수와 대수함수, 삼각함수와 쌍곡선함수를 복소수 변수로 확장할 수 있다. 어떤 성질은 실수일 때와 같지만 새로운 성질도 많이 발견할 수 있다. 복소수는 평면에서 기하학적 위치는 같지만 극좌표로 표현하면 서로 다른 편각으로 무수히 많은 형태로 쓸 수 있으므로, 어떤 복소함수는 함수 값이 여럿 혹은 무수히 많이 있을 수 있다. 이 점이 실수일 때와 다른 점이다.

4.1 지수함수(exponential function)

실 지수함수 $\exp: x \mapsto e^x : \mathbb{R} \to \mathbb{R}$를 다음과 같이 특성을 갖고 있다.

첫째, exp는 미분방정식 $y' = y$, $y(0) = 1$의 유일한 해이다.

둘째, exp는 함수방정식 $f(x_1 + x_2) = f(x_1) \cdot f(x_2)$, $\forall x_1, x_2 \in \mathbb{R}$ 이 해이다.

셋째, exp의 Taylor 무한급수는 $e^x = \sum_{k=0}^{\infty} \frac{x^k}{k!}$, $x \in \mathbb{R}$ 이다.

먼저 $f: \mathbb{C} \to \mathbb{C}$ 이고 $\forall z \in \mathbb{C}$에 대해 $f'(z) = f(z)$, $f(0) = 1$인 해석함수를 구해보자. $f = u + iv$라 하면 f가 해석적이므로 $f' = u_x + iv_x$. 그런데 $f' = f$이므로 $u_x = u$, $v_x = v$. 이것을 풀면

$$u(x, y) = A(y) \cdot e^x, \quad v(x, y) = B(y) \cdot e^x \tag{4.1}$$

위 식을 각각 x와 y로 편미분하고 Cauchy-Riemann 방정식 $u_x = v_y$, $u_y = -v_x$을 대입하여 비교하면

$$A(y)e^x = B'(y)e^x \Leftrightarrow A(y) = B'(y),$$
$$A'(y)e^x = -B(y)e^x \Leftrightarrow A'(y) = -B(y).$$

따라서 $A = B' = -A'' \Rightarrow A'' + A = 0$이고, $u(0, 0) = 1$, $v(0, 0) = 0$을 (4.1) 식에 대입하면 $A(0) = 1$, $A'(0) = -B(0) = 0$. 이제 2계 선형미분방정식을 풀면

$$A(y) = \cos y, \ B(y) = -A'(y) = \sin y.$$

따라서 $f(z) = e^x(\cos y + i\sin y)$이고 Cauchy-Riemann 방정식이 성립하므로 $f(z)$는 해석적이다.

정의 4.1.1 $z = x + iy$일 때, **복소 지수함수** $\exp : \mathbb{C} \to \mathbb{C}$를

$$\exp(z) = e^z = e^{x+iy} = e^x e^{iy} = e^x(\cos y + i\sin y)$$

로 정의한다. 특히 e^z는 $\mathbb{R}$에서 실 지수함수 e^x와 일치한다.

정리 4.1.1 $\forall z_1, z_2 \in \mathbb{C}$, $e^{z_1 + z_2} = e^{z_1}e^{z_2}$. 따라서 $e^{-z} = \dfrac{1}{e^z}$.

증명 $z_1 = x_1 + iy_1$, $z_x = x_2 + iy_2$라 하면

$$\begin{aligned} e^{z_1+z_2} &= e^{(x_1+x_2)+i(y_1+y_2)} = e^{x_1} \cdot e^{x_2}[\cos(y_1+y_2) + i\sin(y_1+y_2)] \\ &= e^{x_1} \cdot e^{x_2}[\cos y_1 \cos y_2 - \sin y_1 \sin y_2 + i(\sin y_1 \cos y_2 + \sin y_2 \cos y_1)] \\ &= e^{x_1}[\cos y_1 + i\sin y_1] \cdot e^{x_2}[\cos y_2 + i\sin y_2] = e^{z_1} \cdot e^{z_2}. \end{aligned}$$

특히, $z_2 = -z_1 = -z$이면,

$$e^{z_1+z_2} = e^{z+(-z)} = e^0 = 1, \ e^{z+(-z)} = e^z \cdot e^{-z}\text{이므로 } e^{-z} = \frac{1}{e^z}$$ ■

정리 4.1.2 (i) $\forall z \in \mathbb{C}$ 에 대해 $e^z \neq 0$,

(ii) $z = x + iy$라 하자. 그러면, $|e^{iy}| = 1$이고, $|e^z| = e^x$,

(iii) $e^z = 1 \Leftrightarrow z = 2k\pi i, \quad k \in \mathbb{Z}$,

(iv) $e^{z_1} = e^{z_2} \Leftrightarrow z_1 - z_2 = 2k\pi i, \quad k \in \mathbb{Z}$.

여기서 $\mathbb{Z}$는 모든 정수들의 집합을 의미한다.

(v) $e^{\bar{z}} = \overline{e^z}$

증명 (i) $e^z = e^x(\cos y + i\sin y)$이고 $e^x \neq 0$이므로 $e^z = 0$이면 $\cos y = \sin y = 0$. 그러면 $\cos^2 y + \sin^2 y = 0$인데 이것은 모순이다. 따라서 $\forall z \in \mathbb{C}$, $e^z \neq 0$.

(ii) $e^{iy} = \cos y + i\sin y$이므로 $|e^{iy}| = \sqrt{\cos^2 y + \sin^2 y} = 1$이다. 따라서

$$|e^z| = |e^x||e^{iy}| = e^x.$$

(iii) $e^z = 1$이면 $e^x \cos y = 1$, $e^x \sin y = 0$인데 $e^x \neq 0$이므로 $\sin y = 0$. 그러면 $y = m\pi$, $m \in \mathbb{Z}$이다. $e^x \cos m\pi = \pm e^x = 1$이므로 $m = 2k$이고 $x = 0$.

$$\therefore z = x + iy = 2k\pi i, \; k \in \mathbb{Z}$$

(iv) $e^{z_1} = e^{z_2}$이면 정리 4.1.1에 의해 $e^{z_1 - z_2} = 1$. (iii)에 의해서 $z_1 - z_2 = 2k\pi i$, $k \in \mathbb{Z}$.

(v) $e^{\bar{z}} = e^{x - iy} = e^x(\cos y - i\sin y) = \overline{e^x(\cos y + i\sin y)} = \overline{e^z}$. ■

정리 4.1.3 $w = e^z$는 모든 $z \in \mathbb{C}$ 에 대해 미분가능하고 $\dfrac{dw}{dz} = e^z$.

증명 $w = f(z) = e^z = e^x \cos y + ie^x \sin y = u + iv$라 하자.

u, v의 편도함수들이 모두 연속이므로 f가 Cauchy-Riemann 방정식을 만족하는지 검증하면 정리 3.2.2에 의해 f는 해석적이다.

$$u_x = e^x \cos y, \quad u_y = -e^x \sin y, \quad v_x = e^x \sin y, \quad v_y = e^x \cos y$$

이므로 Cauchy-Riemann방정식 $u_x = v_y$, $u_y = -v_x$를 만족한다. 그러면

$$f'(z) = \frac{dw}{dz} = u_x + iv_x = e^x \cos y + i(e^x \sin y) = e^z$$ ■

$f(z)=z^2$은 하나의 복소수 z에 대해 하나의 복소수 z^2이 대응되는 함수이지만 $g(z)=z^{\frac{1}{3}}$는 하나의 복소수 z에 대해 3개의 복소수가 대응되는데 전자인 경우를 1가(一價) 함수, 후자인 경우를 함수 값이 1개 이상 대응되는 다가(多價) 함수라고 부른다.

> **정의 4.1.2** $f(z)$가 정의역 D에서 정의된 **일가함수**(single-valued function)라 하자. $\lambda \neq 0$가 복소수이고, $\forall z \in D$에 대해 $z+\lambda \in D$이라 하자. $f(z+\lambda)=f(z)$이면 f를 주기가 λ인 **주기함수**(periodic function)라 한다.

$e^{z+2\pi i}=e^z \cdot e^{2\pi i}=e^z$이므로 e^z는 주기가 $2\pi i$인 주기함수이다.

연습문제 [4.1]

1. $|e^{-z}|<1$이기 위한 필요충분조건은 $\mathrm{Re}(z)>0$임을 보여라.
2. e^{iz}와 e^{-iz}는 변수 z에 대해서 해석적임을 보여라.
3. $\mathrm{Im}(z)>0$이면 $|e^{iz}|<1$임을 보여라.
4. $|e^{\lambda iz^2}|=e^{-2\lambda xy}$, $\lambda \in \mathbb{R}$ 임을 보여라.
5. $\mathrm{Re}[e^{1/(z-1)}]$는 $z=1$을 포함하지 않는 임의의 정의역 D에서 조화적임을 보여라.

4.2 삼각함수(trigonometric function)

정의 4.2.1 $\cos z = \dfrac{e^{iz} + e^{-iz}}{2}$, $\sin z = \dfrac{e^{iz} - e^{-iz}}{2i}$ 로 정의한다.

정리 4.2.1 $\cos z$와 $\sin z$는 $\mathbb{C}$에서 해석적이고 도함수는 각각

$$\frac{d}{dz}\cos z = -\sin z\,, \quad \frac{d}{dz}\sin z = \cos z$$

증명 $\cos z = \dfrac{1}{2}e^{iz} + \dfrac{1}{2}e^{-iz}$이고 e^{iz}는 해석함수 e^z와 iz의 합성함수이므로 해석적이다. 마찬가지로 e^{-iz}도 해석함수이다. 따라서 $\cos z$는 해석적이고 마찬가지로 $\sin z$도 해석적이다. 또한,

$$\frac{d}{dz}\cos z = \frac{1}{2}e^{iz} - \frac{i}{2}e^{-iz} = -\frac{e^{iz} - e^{-iz}}{2i} = -\sin z$$

$$\frac{d}{dz}\sin z = \cos z$$

이다. ■

$f(z) = 0$이면 z를 f의 **영점**(zero point)이라 한다.

정리 4.2.2 $\sin z$와 $\cos z$의 영점은 각각 $z = n\pi$, $z = \dfrac{\pi}{2} + n\pi$ ($\forall n \in \mathbb{Z}$)이다.

증명 $0 = \sin z = \dfrac{e^{iz} - e^{-iz}}{2i}$ 이면 $e^{iz} = e^{-iz}$이고 정리 4.1.2(iv)에 의해 $\forall n \in \mathbb{Z}$에 대해서 $iz - (-iz) = 2n\pi i$이다. 따라서 $2iz = 2n\pi i$이므로 $z = n\pi$, $n \in \mathbb{Z}$. 마찬가지로 $\cos z = 0$이면 $e^{iz} = -e^{-iz} = e^{\pi i}e^{-iz} = e^{(\pi - z)i}$, 정리 4.1.2(iv)에 의해 $\forall n \in \mathbb{Z}$에 대해서

$$iz - (\pi - z)i = 2n\pi i$$

따라서 $z = \dfrac{\pi}{2} + n\pi$, $\forall n \in \mathbb{Z}$. ■

정의 4.2.2 삼각함수의 나머지 함수들을 다음과 같이 정의한다.

$$\tan z = \frac{\sin z}{\cos z}, \quad z \neq \frac{\pi}{2} + n\pi \quad (n = 0, \pm 1, \pm 2, \cdots)$$

$$\cot z = \frac{\cos z}{\sin z}, \quad z \neq n\pi \quad (n = 0, \pm 1, \pm 2, \cdots)$$

$$\sec z = \frac{1}{\cos z}, \quad z \neq n\pi + \frac{\pi}{2} \quad (n = 0, \pm 1, \pm 2, \cdots)$$

$$\csc z = \frac{1}{\sin z}, \quad z \neq n\pi \quad (n = 0, \pm 1, \pm 2, \cdots)$$

$\tan z$, $\cot z$, $\sec z$, $\csc z$는 해석함수 $\cos z$와 $\sin z$의 곱과 나누기이므로 각각의 정의역에서 해석적이다. 각 함수의 도함수는 아래와 같다.

$$\frac{d}{dz}\tan z = \sec^2 z, \qquad z \neq \frac{\pi}{2} + n\pi \quad (n \in \mathbb{Z})$$

$$\frac{d}{dz}\cot z = -\csc^2 z, \qquad z \neq n\pi \quad (n \in \mathbb{Z})$$

$$\frac{d}{dz}\sec z = \sec z \tan z, \qquad z \neq \frac{\pi}{2} + n\pi \quad (n \in \mathbb{Z})$$

$$\frac{d}{dz}\csc z = -\csc z \cot z, \qquad z \neq n\pi \quad (n \in \mathbb{Z})$$

정리 4.2.3 $z = x + iy$이면,

(i) $\sin z = \sin x \cosh y + i \cos x \sinh y$,

$\cos z = \cos x \cosh y - i \sin x \sinh y$,

(ii) $\sin iy = i \sinh y$, $\cos iy = \cosh y$,

(iii) $\sin \bar{z} = \overline{\sin z}$, $\cos \bar{z} = \overline{\cos z}$,

(iv) $|\sin z|^2 = \sin^2 x + \sinh^2 y$, $|\cos z|^2 = \cos^2 x + \sinh^2 y$.

증명 (i) $2i \sin z = e^{iz} - e^{-iz} = e^{i(x+iy)} - e^{-i(x+iy)}$

$$= e^{-y}(\cos x + i \sin x) - e^{y}(\cos x - i \sin x)$$

$$= \cos x (e^{-y} - e^{y}) + i \sin x (e^{-y} + e^{y})$$

$$\therefore \sin z = \cos x \frac{e^{-y}-e^{y}}{2i} + \sin x \frac{e^{y}+e^{-y}}{2} = \sin x \cosh y + i \cos x \sinh y$$

똑같은 방법으로 $\cos z$에 관한 식도 얻는다.

(ii) $\sin iy = \dfrac{e^{i^2 y}-e^{-i^2 y}}{2i} = -\dfrac{e^{y}-e^{-y}}{2i} = i\sinh y$이고 $\cos iz$에 관한 식도 똑같은 방법에 의해서 얻는다.

(iii) $\cos \bar{z}$에 관한 식을 계산한다. $e^{\bar{z}} = \overline{e^{z}}$ (정리 4.1.2(v))이므로,

$$\cos \bar{z} = \frac{e^{i\bar{z}}+e^{-i\bar{z}}}{2} = \frac{1}{2}\left(e^{\overline{-i}}e^{\bar{z}}+e^{\bar{i}}e^{\bar{z}}\right) = \overline{\frac{1}{2}\left(e^{-iz}+e^{iz}\right)} = \overline{\cos z}$$

(iv) (i)에 의해서,

$$\begin{aligned}|\cos z|^2 &= |\cos x \cdot \cosh y - i\sin x \cdot \sinh y|^2 \\ &= \cos^2 x \cosh^2 y + \sin^2 x \sinh^2 y = \cos^2 x(1+\sinh^2 y) + \sin^2 x \sinh^2 y \\ &- \cos^2 x + (\cos^2 x + \sin^2 x)\sinh^2 y = \cos^2 x + \sinh^2 y. \\ |\sin z|^2 &= \sin^2 x \cosh^2 x + \cos^2 x \sinh^2 y \\ &- \sin^2 x(\cosh^2 y - \sinh^2 y) + \sinh^2 y = \sin^2 x + \sinh^2 y\end{aligned}$$

■

다음 사실은 위의 정의와 정리를 이용하여 쉽게 보일 수 있다.

(i) $\forall z \in \mathbb{C}, \ \cos^2 z + \sin^2 z = 1,$

(ii) $\sin(z_1 \pm z_2) = \sin z_1 \cos z_2 \pm \cos z_1 \sin z_2,$

$\cos(z_1 \pm z_2) = \cos z_1 \cos z_2 \mp \sin z_1 \sin z_2$

(iii) $\sin 2z = 2\cos z \sin z, \ \cos 2z = \cos^2 z - \sin^2 z$

(iv) $\sin\left(\dfrac{\pi}{2} - z\right) = \cos z, \ \cos\left(\dfrac{\pi}{2} - z\right) = \sin z.$

연습문제 [4.2]

1. $e^{iz} = \cos z + i\sin z, \ e^{-iz} = \cos z - i\sin z$임을 보여라.

2. 다음이 성립하는 것을 보여라.

(a) $\cos z_2 - \cos z_1 = -2\sin\left(\frac{z_1+z_2}{2}\right)\sin\left(\frac{z_2-z_1}{2}\right)$,

$\sin z_2 - \sin z_1 = 2\cos\left(\frac{z_2+z_1}{2}\right)\sin\left(\frac{z_2-z_1}{2}\right)$

(b) $|\cos z| \leq \cosh y$, $|\cos z| \geq |\sinh y|$이고 $|\sin z| \leq \cosh y$, $|\sin z| \geq |\sinh y|$

(c) $\tan z = \dfrac{\sin 2x + i\sinh 2y}{\cos 2x + \cosh 2y}$

3. $\cos z = 2$의 해를 구하여라.

4. $k \in \mathbb{R}$가 상수일 때 $\sin z = \cosh k$의 해를 구하여라.

5. $\sin z_1 = \sin z_2$이면 $z_1 = z_2 + 2n\pi$ 또는 $z_1 = (2n+1)\pi - z_2$, $n \in \mathbb{Z}$임을 보여라.

6. $\cos z_1 = \sin z_2$이면 $\frac{\pi}{2} - z_1 = z_2 + 2n\pi$ 또는 $\frac{\pi}{2} - z_1 = (2n+1)\pi - z_2$, $n \in \mathbb{Z}$이다.

7. $\tan z_1 = \tan z_2$이기 위한 필요충분조건은 $z_1 = z_2 + n\pi$, $n \in \mathbb{Z}$임을 보여라.

8. $k \in \mathbb{R}$이고 $\tan z = kz$는 실수축이나 허수축 이외에서는 해를 갖지 않는다.

9. $\sin(x+iy) = \csc(u+iv)$, $x, y, u, v \in \mathbb{R}$이라 하자. 그러면

(a) $\sin x\cosh y = \dfrac{\sin u\cosh v}{\cosh^2 v - \cos^2 u}$, $\cos x\sinh y = -\dfrac{\cos u\sinh v}{\cosh^2 v - \cos^2 u}$,

(b) $\tan(x)\coth(y) + \tan(u)\coth(v) = 0$,

(c) $z = x+iy$, $w = u+iv$이면, $e^{iz} = i\tan\frac{w}{2}$,

(d) $\tan x = -\sin(u)\operatorname{csch}(v)$,

(e) $\tanh(y)\cosh(v) = \cos u$,

(f) $\tanh(v)\cosh(y) = \cos x$.

4.3 쌍곡선 함수(hyperbolic functions)

쌍곡선함수는 삼각함수와 유사한 점이 있다. 두 종류의 함수는 모두 지수함수를 통해서 정의하므로 실제로 두 함수 사이의 관계식도 얻을 수 있다. 실함수인 경우 관계식을 얻을 수 없었으나 복소함수인 경우에는 얻을 수 있는 장점이다.

정의 4.3.1 $\cosh z = \dfrac{e^z + e^{-z}}{2}$, $\sinh z = \dfrac{e^z - e^{-z}}{2}$로 정의한다.

따라서 $\cosh z$나 $\sinh z$는 모두 해석함수이고 도함수는 다음과 같다.

$$\frac{d\cosh z}{dz} = \sinh z, \quad \frac{d\sinh z}{dz} = \cosh z$$

정리 4.3.1 $\sinh z$와 $\cosh z$의 영점은 각각 $z = n\pi i$와 $z = \left(n + \dfrac{1}{2}\right)\pi i$이다.

정리 4.3.1의 증명은 정리 4.2.2의 증명과 유사하다. 여기서 주목해야 할 점은 영점들이 모두 순허수라는 점일 것이다.

정의 4.3.2 다음과 같이 나머지 쌍곡선함수를 정의한다.

(i) $\tanh z = \dfrac{\sinh z}{\cosh z}$, $\operatorname{sech} z = \dfrac{1}{\cosh z}$, $z \neq \left(n + \dfrac{1}{2}\right)\pi i$, $n \in \mathbb{Z}$

(ii) $\coth z = \dfrac{\cosh z}{\sinh z}$, $\operatorname{csch} z = \dfrac{1}{\sinh z}$, $z \neq n\pi i$, $n \in \mathbb{Z}$.

쌍곡선함수의 도함수는 다음과 같다.

$$\frac{d}{dz}(\tanh z) = \operatorname{sech}^2 z, \qquad z \neq \left(n + \frac{1}{2}\right)\pi i, \ n \in \mathbb{Z},$$

$$\frac{d}{dz}(\coth z) = -\operatorname{csch}^2 z, \qquad z \neq n\pi i, \ n \in \mathbb{Z},$$

$$\frac{d}{dz}(\operatorname{sech} z) = -\operatorname{sech} z \cdot \tanh z, \quad z \neq \left(n + \frac{1}{2}\right)\pi i, \ n \in \mathbb{Z},$$

$$\frac{d}{dz}(\operatorname{csch} z) = -\operatorname{csch} z \cdot \coth z, \quad z \neq n\pi i, \ n \in \mathbb{Z}.$$

정리 4.3.2 $z = x + iy$라 하자. 그러면

(i) $\sinh z = \cos y \sinh x + i \sin y \cosh x$,

(ii) $\cosh z = \cos y \cosh x + i \sin y \sinh x$.

증명 (i) $2\sinh z = e^{z} - e^{-z} = e^{x+iy} - e^{-x-iy}$

$$= e^{x}(\cos y + i\sin y) - e^{-x}(\cos y - i\sin y)$$

$$= \cos y(e^{x} - e^{-x}) + i\sin y(e^{x} + e^{-x})$$

이므로 (i)이 성립한다. (ii)도 같은 방법으로 보일 수 있다. ■

쌍곡선함수와 삼각함수 사이의 관계식은 다음과 같다. 이것에 관한 증명은 간단하므로 연습문제로 남긴다.

정리 4.3.3 $z = x + iy$라 하자. 그러면 다음 식들이 성립한다.

(i) $\sinh(iz) = i\sin z$, $\sin(iz) = i\sinh z$

(ii) $\cosh(iz) = i\cos z$, $\cos(iz) = \cosh z$

(iii) $\sinh(\bar{z}) = \overline{\sinh z}$, $\cosh \bar{z} = \overline{\cosh z}$

(iv) $|\sinh z|^2 = \sin^2 y + \sinh^2 x$, $|\cosh z|^2 = \cos^2 y + \sinh^2 x$.

정리 4.3.4 쌍곡선함수의 기본 항등식은 다음과 같다.

(i) $\cosh^2 z - \sinh^2 z = 1$,

(ii) $\sinh(z_1 \pm z_2) = \sinh z_1 \cosh z_2 \pm \cosh z_1 \sinh z_2$,

$\cosh(z_1 \pm z_2) = \cosh z_1 \cosh z_2 \pm \sinh z_1 \sinh z_2$,

(iii) $\sinh 2z = 2\cosh z \sinh z$, $\cosh 2z = \cosh^2 z + \sinh^2 z$,

(iv) $\sin\left(\frac{\pi}{2}i - z\right) = i\cosh z$, $\cos\left(\frac{\pi}{2}i - z\right) = -i\sinh z$.

연습문제 [4.3]

1. 정리 4.3.3을 증명하여라.

2. 정리 4.3.4를 증명하여라.

3. $z=x+iy$일 때 $\tanh z=\dfrac{\sinh x\cosh x + i\sin y\cos y}{\cos^2 y\cosh^2 x+\sin^2 y\sinh^2 x}$임을 보여라.

4. $x, y, u, v\in\mathbb{R}$이라 하자. $\tanh(x+iy)=u+iv$일 때 다음 식이 성립하는 것을 보여라.

$$u=\frac{\sinh 2x}{\cosh 2x+\cos 2y},\quad v=\frac{\sin 2y}{\cosh 2x+\cos 2y}$$

4.4 대수함수(logarithm)

대수함수 ℓ은 그것이 정의된 정의역에서 $\exp\circ\ell=id$, 즉 항등함수가 되는 해석함수이다. 양변을 미분하면 $(\exp\circ\ell)\cdot\ell'=1$이므로 미분방정식 $\ell'(z)=1/z$의 해가 구하려는 해석함수이다. 예를 들면 $\ell(z)=\log r+i\theta$를 찢어진 평면

$$\{z=re^{i\theta}\mid r>0,\ \alpha<\theta<\alpha+2\pi,\ \ \alpha\in\mathbb{R}\text{ 은 고정된 수}\}$$

를 정의역으로 하는 함수라 하면, 이것이 구하려는 해가 된다.

정리 4.4.1 $z\neq 0$인 복소수에 대해 $e^w=z$가 되는 복소수 w가 존재한다. 특히 $w=\log|z|+i\mathrm{Arg}\,z$가 되며 $w_n=\log|z|+i\mathrm{Arg}\,z+2n\pi i$, $n\in\mathbb{Z}$로 주어지는 복소수도 $e^{w_n}=z$가 된다.

증명 $z=x+iy$라 하자. $r=|z|$, $\theta=\mathrm{Arg}\,z$라 하고 $z=re^{i\theta}$를 극좌표 표현식이라 하면

$$e^{\log|z|+i\mathrm{Arg}\,z}=e^{\log r}e^{i\theta}=re^{i\theta}=z.$$

지금 $e^{w_\alpha}=z$라 하자. 그러면 $e^{w_\alpha}=z=e^w$이므로 $w_\alpha-w=2n\pi i$, $(n\in\mathbb{Z})$.

$$w_\alpha=w+2n\pi i=\log|z|+i\,\mathrm{Arg}z+2n\pi i\ \ (n\in\mathbb{Z})$$ ■

정의 4.4.1 $z\neq 0$인 복소수라 할 때, $e^w=z$이면 w를 z의 **대수**(logarithm)라 부르고 $w=\log z$라 나타낸다. 즉,

$$\log z=\log|z|+i\,\mathrm{Arg}(z)+2n\pi i,\ n\in\mathbb{Z} \tag{4.2}$$

$w=\log z$는 **다가**(多價, multiple valued) 함수이다. 우리가 배운 함수의 정의에 의하면 $w=\log z$ 함수가 될 수 없다. 그래서 편각을 주 편각만 택하여

$$\mathrm{Log}\,z=\log|z|+i\,\mathrm{Arg}(z)$$

를 주 대수(主對數, principal logarithm)라고 부른다.

[예 4.4.1] (i) $\mathrm{Log}(i)=\log|i|+i\,\mathrm{Arg}(i)=\dfrac{\pi}{2}i$,

(ii) $\mathrm{Log}(-1+i)=\log|-1+i|+i\,\mathrm{Arg}(-1+i)=\dfrac{1}{2}\log 2+\dfrac{3}{4}\pi i$,

(iii) $\mathrm{Log}(-1-i)=\log|-1-i|+i\,\mathrm{Arg}(-1-i)=\dfrac{1}{2}\log 2-\dfrac{3}{4}\pi i$,

$$\log(-1-i)=\frac{1}{2}\log 2-\frac{3}{4}\pi i+2n\pi i,\ \ n\in\mathbb{Z}.$$

일반적으로 $\mathrm{Log}(z_1z_2)=\mathrm{Log}z_1+\mathrm{Log}z_2$는 성립하지 않는다. $i(-1+i)=-1-i$이므로

$$\mathrm{Log}(i)+\mathrm{Log}(-1+i)=\frac{\pi}{2}i+\frac{1}{2}\log 2+\frac{3}{4}\pi i=\frac{1}{2}\log 2+\frac{5}{4}\pi i,$$

$$\mathrm{Log}\,i(-1+i)=\mathrm{Log}(-1-i)=\frac{1}{2}\log 2-\frac{3}{4}\pi i.$$

그러나 $\log z$는 집합이로서 $\log(z_1z_2)=\log z_1+\log z_2$은 성립한다.

$$\begin{aligned}\log(z_1z_2) &= \log|z_1z_2| + i\,\mathrm{Arg}(z_1z_2) + 2n\pi i \\ &= \log|z_1| + \log|z_2| + i(\mathrm{Arg}z_1) + 2k\pi i + i(\mathrm{Arg}z_2) + 2m\pi i \quad (m, k \in \mathbb{Z}) \\ &= \log z_1 + \log z_2\end{aligned}$$

정리 4.4.2 복소수 $z, z_1, z_2 \neq 0$라 하자. 그러면 주치와 주 대수의 곱셈과 나눗셈은 다음과 같다.

(i) $\mathrm{Arg}(z_1 \cdot z_2) = \mathrm{Arg}\,z_1 + \mathrm{Arg}\,z_2 + 2\pi n_1(z_1,\ z_2)$

(ii) $\mathrm{Log}(z_1 \cdot z_2) = \mathrm{Log}\,z_1 + \mathrm{Log}\,z_2 + 2\pi n_1(z_1,\ z_2)i$

(iii) $\mathrm{Arg}(z_1/z_2) = \mathrm{Arg}\,z_1 - \mathrm{Arg}\,z_2 + 2\pi n_2(z_1,\ z_2)$

(iv) $\mathrm{Log}(z_1/z_2) = \mathrm{Log}\,z_1 - \mathrm{Log}\,z_2 + 2\pi n_2(z_1,\ z_2)i$

(v) $\mathrm{Arg}(z^n) = n\mathrm{Arg}z + 2\pi k(z,\ n)$

(vi) $\mathrm{Log}(z^n) = n\mathrm{Log}z + 2\pi k(z,\ n)i$

여기서,

$$n_1(z_1,\ z_2) = \begin{cases} -1, & \pi < \mathrm{Arg}z_1 + \mathrm{Arg}z_2 \leqq 2\pi \\ 0, & -\pi < \mathrm{Arg}z_1 + \mathrm{Arg}z_2 \leqq \pi \\ 1, & -2\pi < \mathrm{Arg}z_1 + \mathrm{Arg}z_2 \leqq -\pi \end{cases}$$

$$n_2(z_1,\ z_2) = \begin{cases} -1, & \pi < \mathrm{Arg}z_1 - \mathrm{Arg}z_2 \leqq 2\pi \\ 0, & -\pi < \mathrm{Arg}z_1 - \mathrm{Arg}z_2 \leqq \pi \\ 1, & -2\pi < \mathrm{Arg}z_1 - \mathrm{Arg}z_2 \leqq -\pi \end{cases}$$

$k(z, n) = \left[\frac{1}{2} - \frac{n}{2\pi}\mathrm{Arg}z\right]$, [ ]는 Gauss의 계단함수를 나타낸다.

증명 (i) $-\pi < \mathrm{Arg}(z_1 \cdot z_2) \leqq \pi$이고 $\mathrm{Arg}(z_1 \cdot z_2) = \mathrm{Arg}\,z_1 + \mathrm{Arg}\,z_2 + 2\pi n_1$이라 하자.
$\pi < \mathrm{Arg}\,z_1 + \mathrm{Arg}\,z_2 \leqq 2\pi$인 경우, $-\pi < \mathrm{Arg}\,z_1 + \mathrm{Arg}\,z_2 - 2\pi \leqq 0$. 이것은 주편각의 범위에 들어가므로 $n_1(z_1, z_2) = -1$.
$-2\pi < \mathrm{Arg}z_1 + \mathrm{Arg}z_2 \leqq -\pi$인 경우, $0 < \mathrm{Arg}\,z_1 + \mathrm{Arg}\,z_2 + 2\pi \leqq \pi$이므로 $n_1(z_1, z_2) = 1$. 나머지 경우도 명백하다

(ii) $$\begin{aligned}\mathrm{Log}(z_1 \cdot z_2) &= \mathrm{Log}\,|z_1 \cdot z_2| + i\mathrm{Arg}(z_1 \cdot z_2) \\ &= \mathrm{Log}|z_1| + \mathrm{Log}|z_2| + i(\mathrm{Arg}z_1 + \mathrm{Arg}z_2 + 2\pi n_1(z_1, z_2))\end{aligned}$$

$$= \text{Log}|z_1| + i\,\text{Arg}z_1 + \text{Log}|z_2| + i\,\text{Arg}z_2 + 2\pi n_1(z_1, z_2)i$$
$$= \text{Log}\,z_1 + \text{Log}\,z_2 + 2\pi n_1(z_1, z_2)\,i$$

(iii)와 (iv) z_2 대신 $\dfrac{1}{z_2}$를 대입하고 $\text{Arg}(1/z_2) = -\text{Arg}(z_2)$을 (i), (ii)에 대입하여 얻는다.

(v) $-\pi < \text{Arg}(z^n) \leqq \pi$이므로 $-\pi < n\text{Arg}z + 2\pi k(z, n) \leqq \pi$

$$\Leftrightarrow -\frac{1}{2} < \frac{n}{2\pi}\text{Arg}\,z + k(z, n) \leqq \frac{1}{2}$$

$$\Leftrightarrow -\frac{1}{2} - \frac{n}{2\pi}\text{Arg}z < k(z, n) \leqq \frac{1}{2} - \frac{n}{2\pi}\text{Arg}z$$

따라서 $k(z, n) = \left[\dfrac{1}{2} - \dfrac{n}{2\pi}\text{Arg}z\right]$. ■

정리 4.4.3 $\text{Log}\,z$는 정의역 $D \subseteq \mathbb{C} \setminus \{x \mid x \leqq 0\}$에서 해석적이고, $\dfrac{d}{dz}(\text{Log}\,z) = \dfrac{1}{z}$이다.

증명 $\text{Log}\,z = \log|z| + i\text{Arg}z,\ z = x + iy \in D$라 하자.

$$\text{Log}\,z = \log\sqrt{x^2+y^2} + i\text{Tan}^{-1}\left(\frac{y}{x}\right) = \frac{1}{2}\log(x^2+y^2) + i\text{Tan}^{-1}\left(\frac{y}{x}\right) = u + iv \text{ 라 하면}$$

$$u_x = \frac{x}{x^2+y^2},\ u_y = \frac{y}{x^2+y^2},\ v_x = -\frac{y}{x^2+y^2},\ v_y = \frac{x}{x^2+y^2}$$

$$\therefore\ u_x = v_y,\quad u_y = -v_x$$

u, v는 D에서 Cauchy-Riemann 방정식을 만족하고 u_x, u_y 등 D에서 모두 연속이므로 $\text{Log}z$는 D에서 해석적이다.

$$\frac{d}{dy}\text{Log}z = u_x + iv_x = \frac{x}{x^2+y^2} + i\frac{-y}{x^2+y^2} = \frac{x-iy}{x^2+y^2} = \frac{\bar{z}}{|z|^2} = \frac{\bar{z}}{z\bar{z}} = \frac{1}{z}$$ ■

$u(x, y) = \ln(x^2+y^2)$은 $D^* = \mathbb{C} \setminus \{0\}$에서 조화적이지만 u의 공액조화함수 v는 D에서 존재하지 않는다. 만약 v가 존재하면 정리 3.2.4에 의해 $u + iv$는 해석함수 $2\text{Log}z + c$가 되는데 이 함수는 D^*에서 해석적이 아니다.

정의 4.4.2 $z \neq 0$인 복소수이고 w는 임의의 복소수일 때 z^w는 $z^w = e^{w \log z}$라고 정의한다. z^w는 **다가(多價) 함수**이다. 여기서 $\log z$는 (4.2) 식으로 정의된 다가함수이다.

$$e^{w \log z} = e^{w[\log|z| + i\mathrm{Arg}\, z + 2\pi n i]},\ n \in \mathbb{Z}$$

은 w가 유리수가 아니면 무수히 많은 값을 가지고 있다. $e^{w \,\mathrm{Log} z}$는 z^w의 **주치**(主値, principal value)이고 앞으로 z^w는 언급이 없는 한 주치를 의미한다.

[예 4.4.2] (1) $(-i)^i = e^{i\,\mathrm{Log}(-i)} = e^{i\left(-\frac{\pi}{2}i\right)} = e^{\frac{\pi}{2}}$

(2) $(-i)^{2i} = e^{2i\,\mathrm{Log}(-1)} = e^{2i(\pi i)} = e^{-2\pi}$

정리 4.4.4 w를 고정된 복소수라 하자. z^w는 정의역 $D \subseteq \mathbb{C} \setminus \{x \mid x \leq 0\}$에서 정의된 해석함수이다. 그리고

$$\frac{d}{dz}(z^w) = w z^{w-1}$$

증명 $z^w = e^{w\,\mathrm{Log} z}$이므로 해석함수 e^{wm}와 다른 $m = \mathrm{Log} z$의 합성함수이다. 따라서 z^w도 해석적이고

$$\frac{d}{dz} z^w = \frac{d}{dm}(e^{wm}) \cdot \frac{dm}{dz} = w e^{wm} \cdot \frac{1}{z} = w z^w \cdot \frac{1}{z} = w z^{w-1}$$ ■

정리 4.4.5 $z_1 \neq 0$, $z_2 \neq 0$인 복소수라 하자. w가 임의의 복소수일 때,

(i) $(z_1 z_2)^w = z_1^w z_2^w e^{2\pi w n_1(z_1, z_2) i}$

(ii) $\left(\dfrac{z_1}{z_2}\right)^w = \dfrac{z_1^w}{z_2^w} e^{2\pi w n_2(z_1, z_2) i}$

여기서, $n_1(z_1, z_2)$, $n_2(z_1, z_2)$는 정리 4.4.2에서 정의한 정수이다.

증명 (i)을 정리 4.4.2를 사용하여 증명한다.

$$\begin{aligned}(z_1 z_2)^w &= e^{w\,\mathrm{Log}(z_1 z_2)} = e^{w[\mathrm{Log} z_1 + \mathrm{Log} z_2 + 2\pi i n_1(z_1,\, z_2)]} \\ &= e^{w\,\mathrm{Log}\, z_1} \cdot e^{w\,\mathrm{Log}\, z_1} \cdot e^{2\pi i w n_1(z_1,\, z_2)} \\ &= z_1^w z_2^w e^{2\pi i w n_1(z_1,\, z_2)}.\end{aligned}$$

(ii)도 같은 방식으로 증명한다. ■

정리 4.4.6 $z \neq 0$, w와 λ를 복소수라 하자. 그러면

(i) $\mathrm{Log}(z^w) = w\mathrm{Log}z + 2k\pi i$

(ii) $(z^w)^\lambda = z^{w\lambda} e^{2k\pi i\lambda}$

여기서, $k = \left[\dfrac{1}{2} - \dfrac{\mathrm{Im}(w)\log(|z|) + \mathrm{Re}(w)\,\mathrm{Arg}\,z}{2\pi}\right]$

증명 (i) $w = u + iv$라 하고 $\mathrm{Arg}z = \theta$라 하자.

$$\alpha = z^w = e^{w\,\mathrm{Log}\,z} = e^{(u+iv)(\log|z| + i\theta)} = e^{u\log|z| - v\theta} \cdot e^{i(v\log|z| + u\theta)}$$

이므로 $|\alpha| = e^{u\log|z| - v\theta}$, $\mathrm{Arg}\alpha = \mathrm{Arg}z^w = v\log|z| + u\theta + 2\pi k$, 여기서 k는 정수로서 $-\pi < v\log|z| + u\theta + 2k\pi \leq \pi$이 성립한다. 이 식을 k에 대해 풀면

$$-\frac{1}{2} - \frac{v\log|z| + u\theta}{2\pi} < k \leq \frac{1}{2} - \frac{v\log|z| + u\theta}{2\pi}$$

즉, $t < k \leq t + 1$이고, $t = -\dfrac{1}{2} - \dfrac{v\log|z| + u\theta}{2\pi}$.

따라서

$$k = \left[\frac{1}{2} - \frac{v\log|z| + u\theta}{2\pi}\right] = \left[\frac{1}{2} - \frac{\mathrm{Im}(w)\log|z| + \mathrm{Re}(w)\mathrm{Arg}z}{2\pi}\right]$$

그러면

$$\begin{aligned}\mathrm{Log}\,z^w = \mathrm{Log}\alpha &= \log|\alpha| + i\mathrm{Arg}(\alpha) = \log(e^{u\log|z| - v\theta}) + i\mathrm{Arg}\alpha \\ &= u\log|z| - v\theta + i(v\log|z| + u\theta + 2k\pi) \\ &= (u + iv)(\log|z| + i\theta) + 2k\pi i = w\,\mathrm{Log}\,z + 2k\pi i\end{aligned}$$

(ii) $(z^w)^\lambda = e^{\lambda\,\mathrm{Log}z^w} = e^{\lambda(w\mathrm{Log}z + 2k\pi i)} = e^{\lambda w \mathrm{Log}z + 2k\pi i\lambda} = z^{\lambda w} e^{2k\pi i\lambda}$ ■

실제로 z^w, $\operatorname{Log} z^w$ 등을 계산할 때는 정리 4.4.2의 $n_1, n_2, k(z, n)$ 또는 정리 4.4.6의 k 식을 쓰기보다는 편각이 주 편각 범위에 있도록 정해주면 된다.

[예 4.4.3] (i) $\alpha := (1+i)^{(1-i)} = e^{(1-i)[\log|1+i| + \frac{\pi}{4}i]} = e^{(1-i)\left[\frac{1}{2}\log 2 + \frac{\pi}{4}i\right]}$

$$= e^{\frac{1}{2}\log 2 + \frac{\pi}{4} + i\left[-\frac{1}{2}\log 2 + \frac{\pi}{4}\right]}.$$

따라서 $|\alpha| = e^{\frac{1}{2}\log 2 + \frac{\pi}{4}}$, $\operatorname{Aug}(\alpha) = -\frac{1}{2}\log 2 + \frac{\pi}{4}$.

(ii) $\operatorname{Log}[(1+i)^{1-i}] = \log|\alpha| + i\operatorname{Aug}(\alpha) = \frac{1}{2}\log 2 + \frac{\pi}{4} + i\left(-\frac{1}{2}\log 2 + \frac{\pi}{4}\right)$

$$= \frac{1}{4}[2\log 2 + \pi + i(\pi - 2\log 2)].$$

(iii) $\operatorname{Log}(1+\sqrt{3}i)^8 = 8\left[\log|1+\sqrt{3}i| + \frac{\pi}{3}i\right] = 8\log 2 + \frac{8}{3}\pi i - 2\pi i = 8\log 2 + \frac{2}{3}\pi i$

연습문제 [4.4]

1. 다음 값을 $x+iy$ 꼴로 나타내어라.

   (a) $\operatorname{Log}(1-i)$ (b) $(1+i)^i$ (c) $\operatorname{Log}[(1+i)^{1-i}]$

   (d) $e^{\log(1+i)}$ (e) $[(1+i)^{(1-i)}]^{(1-i)}$ (f) $[(1+i)/2]^{-i}$

   (g) $(\sqrt{3}+i)^{i/2}$ (h) $(-1+i)^{i^{(1+i)}}$ (i) $(1+\sqrt{3}i)^{\operatorname{Log}(1+i)}$

2. 다음 식이 성립하도록 복소수 z를 정하여라.

   (a) $\operatorname{Log} z = 1 - \pi i/4$ (b) $\operatorname{Log}(z-1) = i\pi/2$

   (c) $e^z = -ie$ (d) $e^{z+1} = i$

3. $\frac{d}{dz}(\alpha^z) = \alpha^z \operatorname{Log}\alpha$, $0 \neq \alpha \in \mathbb{C}$ 이 성립함을 보여라.

4. $\theta \in \mathbb{R}$ 이고 $z = |z|e^{i\theta}$이면 $\operatorname{Arg} z = \theta + 2\pi\left[\frac{1}{2} - \frac{\theta}{2\pi}\right]$이다.

4.5 다가함수(多價, multiple valued function)

대수함수 $\log z$는 무수히 많은 값을 갖고 있다. 이런 함수를 다가함수(multiple-valued function)라고 한다. 다가함수는 분지(branch)라고 부르는 1가 함수들의 모임이라고 간주할 수 있는데, 이중 특별히 하나를 택해 주분지(principal branch)라고 한다. 해석함수는 모두 1가 함수이나 해석함수 $w=f(z)$의 역함수가 다가함수가 되는 경우가 있다. 물론 아무런 언급이 없으면 함수는 1가 함수를 의미한다.

[예 4.5.1] $w^2 = z$, $w = \sqrt{z}$.

z는 w의 1가 함수이나 $z = re^{i\theta} \neq 0$로 놓으면 $w^2 = re^{i\theta} = re^{i(\theta + 2k\pi)}$이므로

$$w = \sqrt{r}\, e^{\frac{i(\theta + 2k\pi)}{2}}, \quad k = 0, 1$$

만약 $0 \leqq \theta < 2\pi$로 제한하면 두 개의 역함수

$$w_1 = \sqrt{r}\, e^{\frac{i\theta}{2}}, \quad w_2 = \sqrt{r}\, e^{\frac{i\theta}{2} + \pi i} = -\sqrt{r}\, e^{\frac{i\theta}{2}} = -w_1.$$

를 얻는다. w_1은 모든 점 z에서 정의되고 1가 함수이지만

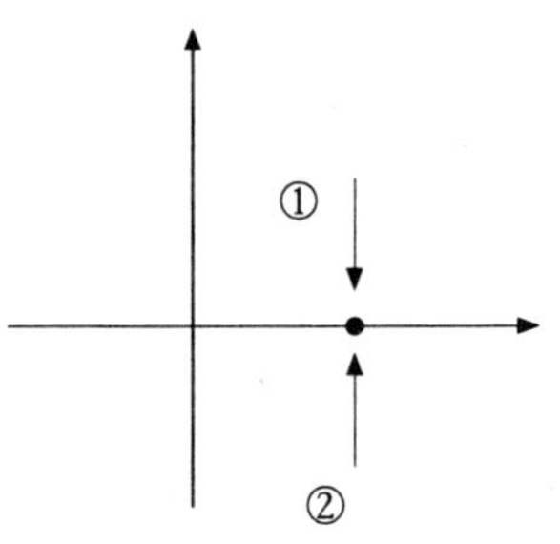

그림 4-1

경로 ①에서는 $\lim\limits_{\theta \downarrow 0} w_1 = \lim\limits_{\theta \downarrow 0} \sqrt{r}\, e^{\frac{i\theta}{2}} = \sqrt{x}$

경로 ②에서는 $\lim\limits_{\theta \uparrow 2\pi} w_1 = \lim\limits_{\theta \uparrow 2\pi} \sqrt{r}\, e^{\frac{i\theta}{2}} = \sqrt{x}\, e^{\pi i} = -\sqrt{x}$.

이므로 양의 실수축 상에서는 연속이 아니다. w_1이 해석적이기 위해서는 영역 D는 w_1이 불연속이 되는 양의 실수축을 포함해서는 안 된다.

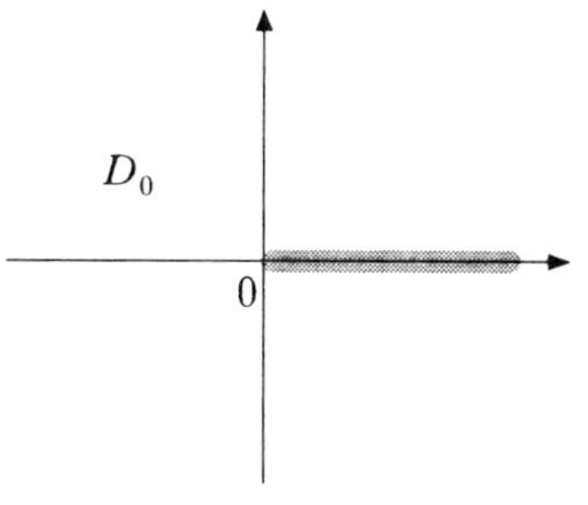

그림 4-2

$D_0 = \{(r, \theta) : 0 < \theta < 2\pi,\ r > 0\}$라고 하자. 그러면, D_0에서 w의 값은 연속인 함수 w_1과 $w_2 = -w_1$로 주어지고 w_1는 D_0에서 연속이다. 이때 음이 아닌 실수축을 **분지절단**(branch cut)이라고 부른다.

w_1은 D_0에서 해석적임을 보이자. w_1은 D_0에서 연속이므로

$$\lim_{\Delta z \to 0} \Delta w_1 = \lim_{\Delta z \to 0} (w_1(z + \Delta z) - w_1(z)) = 0$$

따라서

$$\frac{dw_1}{dz} = \lim_{\Delta z \to 0} \frac{\Delta w_1}{\Delta z} = \lim_{\Delta w_1 \to 0} \frac{\Delta w_1}{\Delta z} = \lim_{\Delta w_1 \to 0} \frac{1}{\frac{\Delta z}{\Delta w_1}}, \quad (w_1^2 = z \Rightarrow \frac{dz}{dw_1} = 2w_1)$$

$$= \frac{1}{\frac{dz}{dw_1}} = \frac{1}{2w_1}$$

$z \in D_0$이면 $w_1 \neq 0$이므로 $\frac{dw_1}{dz}$가 모든 $z \in D_0$에서 존재한다. 따라서 w_1과 $w_2 = -w_1$은 D_0에서 해석적이다. 이것을 D_0에서 w의 **분지**(branch)라고 부른다.

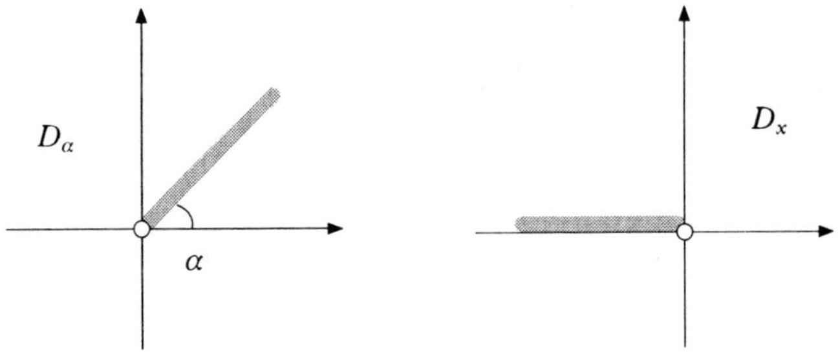

그림 4-3

마찬가지로 $\alpha > 0$일 때, $D_\alpha = \{(r, \theta) : \alpha < \theta < \alpha + 2\pi,\ \gamma > 0\}$로 정의하면

$$W_1 = \sqrt{r}\, e^{i\theta/2}, \quad W_2 = -W_1, \quad \alpha < \theta < \alpha + 2\pi$$

도 w의 분지이다. (그림 4-3 참조)

> **정의 4.5.1** 정의역 D에서 다가함수 $w = f(z)$가 정의되었다고 하고 $D_0 \subset D$를 정의역이라 하자. D_0에서 정의된 1가인 해석함수 $w_1 = g(z)$는 모든 $z \in D_0$에 대해 $f(z)$의 값 중 하나이면 w_1을 w의 **분지**(分枝, branch)라고 부른다.

$w = \sqrt{z}$에서 $z = 0$은 위에서 보듯 $\sqrt{z}$의 모든 분지절단에 포함된다. 이 경우 $z = 0$은 **분지점**(branch point)이라고 부른다. 분지점은 다음과 같은 특별한 성질을 가지고 있다.

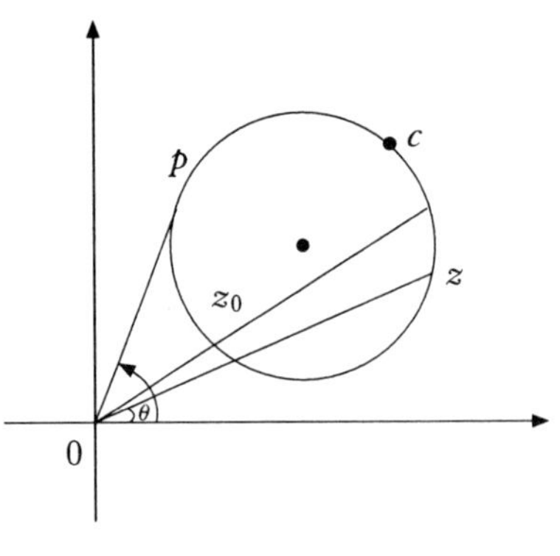

그림 4-4

점 z가 원주 C 위를 움직여 제자리로 돌아온다고 하자. 여기서 원점 $z=0$은 C의 외부에 있다. z의 편각은 C 위를 반시계 방향으로 움직일 때, 점점 커지다가 p 점에서 최대값이 되고 그런 후 점점 줄어들어 제값으로 돌아온다. 이 경우 원주를 한 번 돌아 제자리에 온 후에 $w_1 = \sqrt{r}\, e^{\frac{i\theta}{2}}$의 값은 변화가 없다.

C가 원점을 내부에 포함하는 경우, z의 편각은 한 바퀴 돌아 제자리로 올 때 2π 만큼 증가해 있다. 따라서 w_1의 값은 $-w_1$으로 변화한다. 따라서 z가 원점 0를 감싸는 경우에는 분지 w_1과 w_2는 서로 값을 교환하고 감싸지 않는 경우에는 각각 그대로이다. 이것은 0이 다른 점들과 구별되는 성질이다.

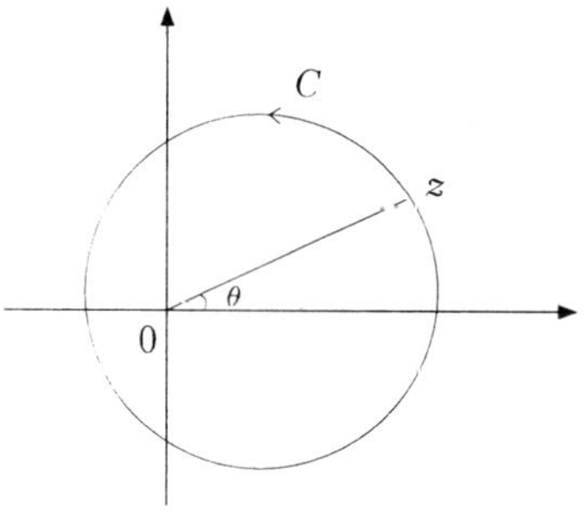

그림 4-5

[예 4.5.2] $w = \sqrt{z^2-1}$

$w^2 = z^2 - 1 = (z-1)(z+1)$이므로

$$z-1 = \rho_1 e^{i\theta_1}, \quad z+1 = \rho_2 e^{i\theta_2}$$

라 놓자. 그러면

$$w = \sqrt{\rho_1 \rho_2}\, e^{\frac{i(\theta_1+\theta_2+2k\pi)}{2}}, \quad k = 0, 1$$

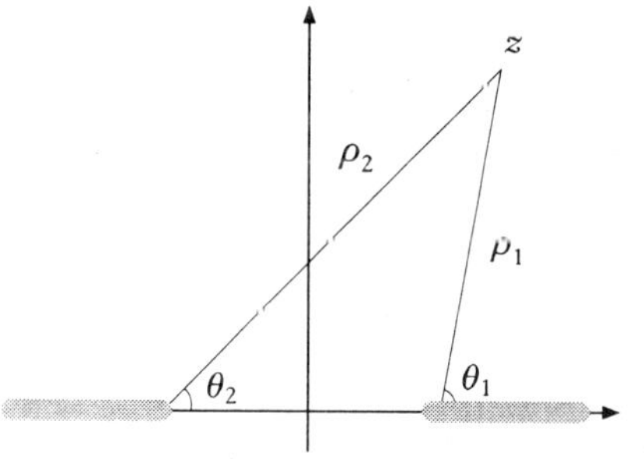

그림 4-6

경우 (1) $-\pi < \theta_1 \leqq \pi$, $0 \leqq \theta_2 < 2\pi$로 θ_1과 θ_2를 제한하는 경우, 두 개의 1가 함수

$$w_1 = \sqrt{\rho_1\rho_2}\, e^{\frac{\theta_1+\theta_2}{2}i}, \quad w_2 = -w_1$$

를 얻는다. 그런데 경로 ①과 경로 ②를 각각 실수축의 위와 아래에서 실수축으로 접근하는 경로라 하고 w_1의 연속성을 조사해 보자.

$x \geqq 1$인 경우, 경로 ①에서는 $\theta_1 \to 0$, $\theta_2 \to 0$이므로 $\dfrac{\theta_1+\theta_2}{2} \to 0$이고 경로 ②에서는 $\theta_1 \to 0$, $\theta_2 \to 2\pi$이므로 $\dfrac{\theta_1+\theta_2}{2} \to \pi$가 된다. 이 경우 w_1은 연속이 될 수 없다. 마찬가지로 $x \leqq -1$이면 w_1은 x에서 연속이 아니다. 따라서 w_1은 실수축의 부분집합 $\{x \| x| \geqq 1\}$에서 연속이 아니다.

$-1 < x < 1$인 경우, 경로 ①에서는 $\theta_1 \to \pi$, $\theta_2 \to 0$이므로 $\dfrac{\theta_1+\theta_2}{2} \to \dfrac{\pi}{2}$이고 경로 ②에서는 $\theta_1 \to -\pi$, $\theta_2 \to 2\pi$이므로 $\dfrac{\theta_1+\theta_2}{2} \to \dfrac{\pi}{2}$이다. 따라서 w_1은 연속이다. w_1과 w_2를 연속함수가 되도록 하려면 $D_1 = \mathbb{C} \setminus \{x \in \mathbb{R} : |x| \geqq 1\}$로 정의역을 제한하여야 한다. 예 4.5.1에서 계산한 것처럼 w_1, $w_2 = -w_1$은 D_1에서 해석적임을 보일 수 있다. 이때

$$\frac{dw_1}{dz} = \frac{z}{w_1}, \ (w_1^2 = z^2 - 1)$$

두 개의 반직선 $\{x \in \mathbb{R} \mid x \geqq 1\}$와 $\{x \in \mathbb{R} \mid x \leqq -1\}$는 분지절단이다. w_1, w_2는 D_1에서 $w = \sqrt{z^2-1}$의 분지이고 $x = \pm 1$는 분지점이다.

경우 (2) $-\pi < \theta_1 \leqq \pi$, $-\pi < \theta_2 \leqq \pi$로 정의하면

$$W_1 = \sqrt{\rho_1\rho_2}\, e^{\frac{\theta_1+\theta_2}{2}i}, \quad W_2 = -W_1$$

는 $|x| \leqq 1$인 실수축 위에서 불연속이고 $|x| \geqq 1$에서 연속이다.

$-1 < x < 1$인 경우, 아래와 같이 경로 ①은 실수축 위에서 실수축으로 경로 ②는 실수축 아래에서 실수축으로 접근한다면

①인 경우, $\theta_2 \to 0$, $\theta_1 \to \pi$, $\dfrac{\theta_1+\theta_2}{2} \to \dfrac{\pi}{2}$,

②인 경우, $\theta_2 \to 0$, $\theta_1 \to -\pi$, $\dfrac{\theta_1+\theta_2}{2} \to -\dfrac{\pi}{2}$

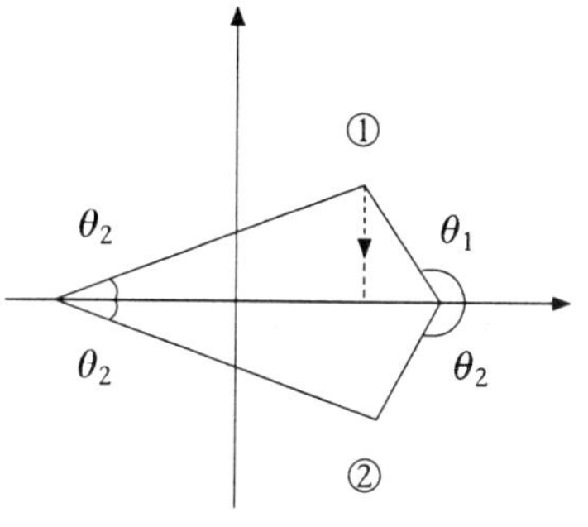

그림 4-7

이 되어 W_1은 이 구간에서 연속이 아니다. 그러나 $|x|\geq 1$인 실수구간에서는 연속이다. $D_2=\mathbb{C}\setminus\{x\in\mathbb{R}\,|\,|x|\leq 1\}$를 정의역으로 택하면 W_1과 W_2는 D_2에서 연속이 된다. $-1<x<1$인 열린구간이 분지절단, ± 1은 분지점이 된다.

D_1 또는 D_2에서 $z=\pm 1$이 분지점이 되는 이유는 다음과 같다. $z=1$인 경우에 $z=1$을 중심으로 하는 원주 위를 z가 반시계 방향으로 일주를 한다고 하자. 출발점을 z_0라 하고

$$z_0-1=r_1e^{i\theta_1},\ z_0+1=r_2e^{i\theta_2}$$

라 하면 원주를 일주 후에는 $z_0-1=r_1e^{i(\theta_1+2\pi)}$, $z_0+1=r_2e^{i\theta_2}$이고

$$w=\sqrt{r_1r_2}\,e^{i(\theta_1+2\pi+\theta_2)/2}=e^{i\pi}w_1=-w_1$$

이므로 $z=1$은 분지가 정의된 정의역에서 제외되어야만 한다. $z=-1$인 경우에도 같은 이유로 제외되어야 한다.

[예 4.5.3] $w=\log z=\mathrm{Log}|z|+i\mathrm{Arg}z+2\pi ik\quad k=0,\ \pm 1,\ \pm 2,\ \cdots(-\pi<\mathrm{Arg}z\leq\pi)$

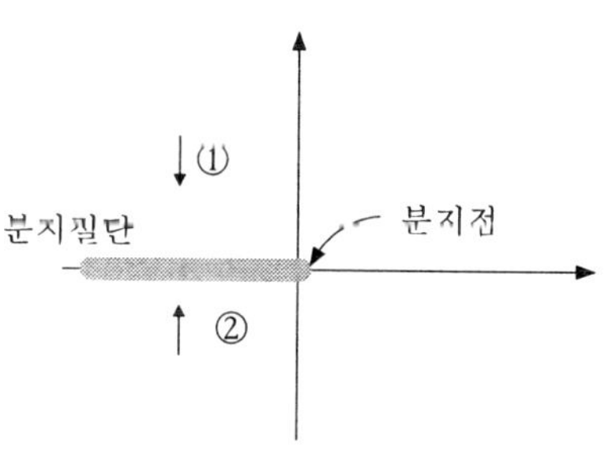

그림 4-8

정의 4.4.1에서 $k=0$인 경우 주대수는 $\text{Log}z = \log|z| + i\text{Arg}z$로 정했다. $\text{Log}z$는 양이 아닌 실수축 위에서 연속이 아니다. 그림 4-8에서 경로 ①을 따라 음의 실수축의 점으로 접근하면 $\text{Arg}z \to \pi$, 경로 ②를 따라 접근하면 $\text{Arg}z \to -\pi$이므로 $\text{Log}z$는 ①에서는 $\text{Log}|z| + \pi i$로 접근하고 ②에서는 $\text{Log}|z| - \pi i$로 접근하여 그 차이는 2π가 된다. 따라서 Log는 음의 실수축에 있는 점에서는 연속이 될 수 없다.

그러므로 $\text{Log}z$는 $D_0 = \mathbb{C} \setminus \{x \in \mathbb{R} : x \leqq 0\}$에서 연속이고 또 해석적이다. 동일한 이유로 $D_0 = \mathbb{C} \setminus \{x \in \mathbb{R} : x \geqq 0\}$에서도 $\text{Log}z = \text{Log}|z| + i\text{Arg}z$는 해석적이다. 그러나 원점을 지나 복소평면을 찢는 임의의 직선을 제외한 찢어진 평면

$$D_\alpha = \mathbb{C} \setminus \{x + iy \in \mathbb{C} : y = \tan\alpha x\}$$

위에서도 $\text{Log}z$를 정의할 수 있다. 어느 경우에도 제외된 직선은 분지절단이고 $z=0$은 분지점이다. 또 임의의 고정된 정수 k에 대해

$$w_k = \log z = \text{Log}|z| + i\text{Arg}z + 2\pi ik \quad k = 0, \pm 1, \pm 2, \cdots (-\pi < \text{Arg}z \leqq \pi)$$

는 다가함수 $\log z$의 분지이다.

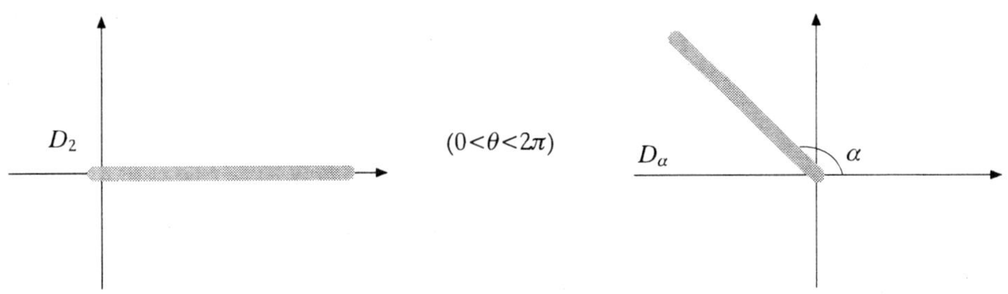

그림 4-9

연습문제 [4.5]

1. w_1, W_1을 예 4.5.2에서 정의한 함수라 하자. 그러면 다음이 성립한다.

   (a) $\text{Im}\, z \neq 0$이면 $w_1(-z) = w_1(z)$,

   (b) $\text{Im}\, z > 0$, $W_1(z) = w_1(z)$,

   (c) $\text{Im}\, z < 0$, $W_1(z) = -w_1(z)$

2. 예 4.5.2에서 정의한 함수 w_1은 D_1에서 해석적이고 $\dfrac{dw_1}{dz} = \dfrac{z}{w_1}$, $\forall z \in D_1$ 보여라. W_1, W_2는 D_2에서 해석적이고 $\dfrac{dW_1}{dz} = \dfrac{z}{W_1}$, $\forall z \in D_2$을 보여라.

3. 예 4.5.3에서 $\mathrm{Log}(-z) + i\pi$는 $\log z$의 분지이고 D_0에서 해석적임을 보여라. 또 z가 상하반평면에 있으면 각각

$$\mathrm{Log}(-z) + i\pi = \mathrm{Log}\, z, \ \mathrm{Log}(-z) + i\pi = \mathrm{Log}\, z + 2\pi.$$

4. 다음 함수의 분지를 알맞게 택하여 w가 해석함수가 되도록 하고 $\dfrac{dw}{dz}$를 구하여라.

(a) $w = \log(z - 1 + i)$ (b) $w = \log(1 + \sqrt{3}\, i - z)$ (c) $w = z\log z$

(d) $w = \log(iz)$ (e) $w = \log(z^2 - z + 2)$ (f) $w = \log(z^2 + z + 1)$

5. $z = -5$에서 해석적이고 함수 값이 $7\pi i$가 되도록 $f(z) = \log(z+4)$의 분지를 택하여라.

6. 다음에 주어진 직선 밖에서는 $f(z) = \log(z+2)$가 해석적이 되도록 $f(z)$의 분지를 정하여라.

(a) $\{z = x + iy \mid x \geq 2,\ y = 0\}$ (b) $\{z = x + iy \mid x = -2,\ y \geq 0\}$

(c) $\{z = x + iy \mid x = -2,\ y \leq 0\}$

4.6 역 삼각함수(the inverse trigonometric functions)

$w = \arcsin z$는 $z = \sin w$ 성립하는 복소수 w로 정의한다. $\arccos z$, $\arctan z$도 같은 방식으로 정의한다. $z = \sin w$이면

$$z = \frac{e^{iw} - e^{-iw}}{2i}$$

로부터 $e^{2iw} - 2iz\,e^{iw} - 1 = 0$. 이것을 풀면,

$$e^{iw} = iz \pm \sqrt{1 - z^2} = iz + \sqrt{1 - z^2}$$

여기서, $\sqrt{1-z^2}$ 는 2가 함수이다. 따라서

$$(1)\quad w=\arcsin z=-i\log(iz+\sqrt{1-z^2})$$

유사한 방법에 의해서

$$(2)\quad \arccos z=-i\log(z+\sqrt{z^2-1}),$$

$$(3)\quad \arctan z=\frac{1}{2i}\log\left(\frac{1+iz}{1-iz}\right),$$

$$(4)\quad \operatorname{arc}\cot z=\frac{1}{2i}\ln\left(\frac{z+i}{z-i}\right),$$

$$(5)\quad \operatorname{arc}\csc z=-i\log\left(\frac{i+\sqrt{z^2-1}}{z}\right),$$

$$(6)\quad \operatorname{arc}\sec z=-i\log\left(\frac{1+\sqrt{1-z^2}}{z}\right)$$

를 얻을 수 있다. 위의 함수들은 모두 다가함수들이다. 4.5절에서 배운 대로 알맞게 정한 정의역과 그 위에 정의된 각 함수들의 주분지는 해석함수가 된다. 이것에 관한 논의는 생략한다.

[예 4.6.1] (1) arcsin2의 값은 $\sqrt{1-2^2}=\sqrt{-3}=\sqrt{3}e^{\frac{\pi}{2}i}$, $\sqrt{3}e^{\frac{3\pi}{2}i}$이므로 -3의 제곱근이 $\sqrt{3}i$와 $-\sqrt{3}i$일 때

$$\begin{aligned}\arcsin 2&=-i\log\left(2i+\sqrt{1-2^2}\right)=-i\log(2+\sqrt{3})i\\&=-i[\log(2+\sqrt{3})+\pi i/2+2k\pi i]=-i\log(2+\sqrt{3})+\pi/2+2k\pi,\\ \arcsin 2&=-i\log\left(2i+\sqrt{1-2^2}\right)=-i\log(2-\sqrt{3})i\\&=-i[\log(2-\sqrt{3})+\pi i/2+2k\pi i]=-i\log(2-\sqrt{3})+\pi/2+2k\pi\\&=i\log(2+\sqrt{3})+\pi/2+2k\pi.\end{aligned}$$

(2) $\arccos(i)$의 값은 $\sqrt{i^2-1}=\sqrt{-2}$는 (1)에서와 같이 $\sqrt{2}i$, $-\sqrt{2}i$ 두 개의 값을 갖는다. 따라서

$$\arccos(i)=-i\log(i+\sqrt{2}i)=-i\log(1+\sqrt{2})+\frac{\pi}{2}+2k\pi,$$

또는

$$\begin{aligned}\arccos(i) &= -i\log(1-\sqrt{2})i = -i[\log(\sqrt{2}-1)+3\pi i/2+2k\pi i] \\ &= -i\log(\sqrt{2}-1)+3\pi/2+2k\pi.\end{aligned}$$

역 쌍곡선 함수도 같은 방식으로 정의한다. $w = \operatorname{arccosh} z$는 $z = \cosh w$와 동일하다. 이외의 역 쌍곡선함수도 같은 방법으로 정의한다.

$$z = \cosh w = \frac{e^w + c^{-w}}{2}$$

이므로 $e^{2w} - 2ze^w + 1 = 0$이고 이것은 e^w에 대한 2차방정식이므로

$$e^w = z \pm \sqrt{z^2-1} = z + \sqrt{z^2-1}$$

따라서

$$(1)\quad w = \operatorname{arccosh} z = \log(z+\sqrt{z^2-1})$$

나머지 역 쌍곡선함수에 대한 식은 아래와 같다.

$$(2)\quad \operatorname{arcsinh} z = \log(z+\sqrt{z^2+1}),$$

$$(3)\quad \operatorname{arctanh} z = \frac{1}{2}\log\left(\frac{1+z}{1-z}\right),$$

$$(4)\quad \operatorname{arccoth} z = \frac{1}{2}\log\left(\frac{z+1}{z-1}\right),$$

$$(5)\quad \operatorname{arcsech} z = \log\left(\frac{1+\sqrt{z^2+1}}{z}\right),$$

$$(6)\quad \operatorname{arccsch} z = \log\left(\frac{1+\sqrt{1-z^2}}{z}\right).$$

여기에 있는 역 쌍곡선함수도 모두 다가함수이다 함수가 해석적이 되도록 정의된 정의 역 위에서 역 쌍곡선함수의 분지를 결정할 수 있으며 이 경우 분지점이나 분지절단도 얻는다. 자세한 설명은 생략하겠다. 실제로 계산할 때는 log와 $\sqrt{z}$의 정의에 맞도록 적용하면 된다.

[예 4.6.2] (1) $\operatorname{arccosh}(i) = \log(i+\sqrt{i^2-1}) = \log(1+\sqrt{2})i$, $\log(1-\sqrt{2})i$이므로

$$\operatorname{arccosh}(i) = \log(1+\sqrt{2})i = \log(1+\sqrt{2})+i[\pi/2+2k\pi],$$

또는

$$\operatorname{arccosh}(i)=\log(1-\sqrt{2})i=\log(1-\sqrt{2})+i[3\pi/2+2k\pi]$$

(2) $$\operatorname{arctanh}(1-i)=\frac{1}{2}\log\left(\frac{1+1-i}{1-(1-i)}\right)$$
$$=\frac{1}{2}\log(-1-2i)=\frac{1}{2}[\log 5+i(\arctan(2)+\pi+2k\pi)].$$

연습문제 [4.6]

1. 다음 값을 구하여라.

(a) $\arcsin\frac{5}{4}$ (b) $\arccos\frac{5}{3}$ (c) $\arctan 2i$

(d) $\operatorname{arcsinh}(i)$ (e) $\operatorname{arccosh}(i)$

2. 4.6절에서 소개된 역삼각함수와 역쌍곡선함수에 관한 항등식이 성립함을 보여라.

3. 다음 항등식이 성립하는 것을 보여라.

(a) $\frac{d}{dz}\arccos z=\frac{-1}{(1-z^2)^{1/2}}$

(b) $\frac{d}{dz}\arctan z=\frac{1}{1+z^2}$

(c) $\frac{d}{dz}\tanh z=\frac{1}{1-z^2}$

(d) $\frac{d}{dz}\operatorname{arcsinh} z=\frac{1}{(1+z^2)^{1/2}}$

(e) $\frac{d}{dz}\operatorname{arc\,cosh} z=\frac{1}{(z^2-1)^{1/2}}$

(f) $\arcsin z+\arccos z=\frac{\pi}{2}+2n\pi,\ n\in\mathbb{Z}$

(g) $\arccos z=(-1)^{k+1}\arcsin z+\frac{\pi}{2}+k\pi,\ k\in\mathbb{Z}$

5

복소적분

제 3장에서 복소함수의 미분에 대해서 배웠다. 이 장에서는 복소함수의 적분에 대해서 배운다. 실적분은 $\mathbb{R}$ 위에서 정의되었으나 복소적분은 복소평면 $\mathbb{C}$ 안에 있는 매끄러운 곡선 위에서 정의된 선적분이다. 실제로 이 적분은 여러 개의 매끄러운 곡선들의 합 위에서 정의한다. 해석함수의 풍부하고 다양한 성질을 아는데 복소적분은 매우 중요한 역할을 한다.

5.1 평활곡선(smooth curves)

$\gamma : [a, b] \to \mathbb{C}$, $\gamma(t) = x(t) + iy(t)$를 연속인 함수라 하자. $x(t)$와 $y(t)$가 각각 (a, b)에서 미분가능하면 미분의 정의와 정리 2.5.1에 의해서 $\gamma'(t) = x'(t) + iy'(t)$가 된다. 특히 $\gamma'(t)$이 (a, b)에서 연속이고 $t = a, b$를 제외하고 $\gamma'(t) \neq 0$이면 γ를 **평활곡선**(平滑, smooth curve) 혹은 매끄러운 곡선이라고 부른다. 이때 $\gamma(a)$를 곡선의 **시점**(始點, beginning point), $\gamma(b)$를 곡선의 **종점**(終點, end point)이라 한다.

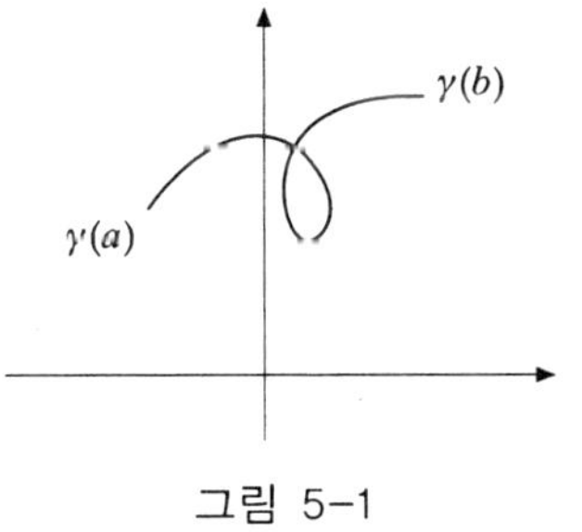

그림 5-1

$\gamma : [a, b] \to \mathbb{C}$ 를 연속인 함수라 하자. $a = t_0 < t_1 < \cdots < t_{n-1} < t_n = b$이 구간 $[a, b]$의 분할이라 하고 각각의 부분구간 (t_{i-1}, t_i)에서 γ가 평활곡선이면 γ를 **구분적 평활곡선**(piecewise smooth curve)이라 한다. 이때, 각각의 부분구간 (t_{i-1}, t_i)에서 $\gamma'(t)$가 존재하고 연속이며 $t \neq t_j$, $j = 0, 1, \cdots, n$이면 $\gamma'(t) \neq 0$이다.

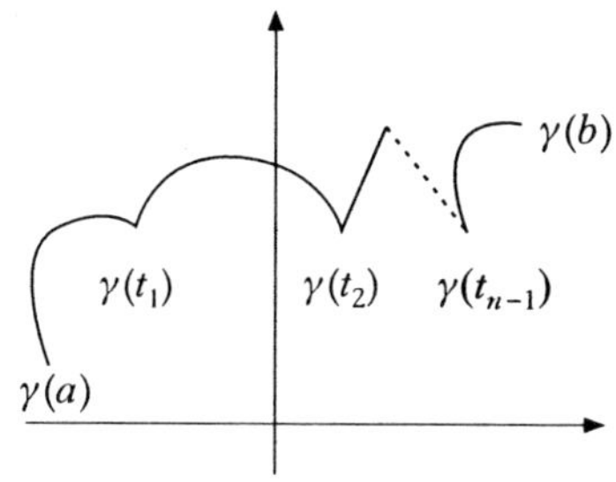

그림 5-2

$\alpha : [c, d] \to \mathbb{C}$ 와 $\gamma : [a, b] \to \mathbb{C}$ 를 평활곡선이라 하자. 만약 다음 조건을 만족하는 함수 $\beta : [a, b] \to [c, d]$가 존재하면 α와 γ는 동일한 곡선을 표현한다.

(i) $\beta'(t)$는 $[a, b]$에서 연속이고 양수이다.

(ii) $\beta(a) = c$, $\beta(b) = d$

(iii) $\gamma = \alpha \circ \beta$.

곡선 $\alpha(t) = \cos t + i\sin t$, $\forall t \in [o, 2\pi]$와 $\gamma(t) = \cos 2t + i\sin 2t$, $\forall t \in [0, \pi]$는 똑같이 지름이 1인 원을 나타낸다. 이 경우 $\beta(t) = 2t$이다.

만약 $\gamma(a) = \gamma(b)$이면 γ를 **닫힌곡선**(closed curve)이라 부르고 γ가 1-1이면 **단순곡선**(單純, simple curve)이라 한다. $\gamma(a) = \gamma(b)$이고 γ가 열린구간 (a, b)에서 1-1이면 γ를 **단순닫힌곡선** 혹은 **단순폐곡선**(simple closed curve)이라 한다.

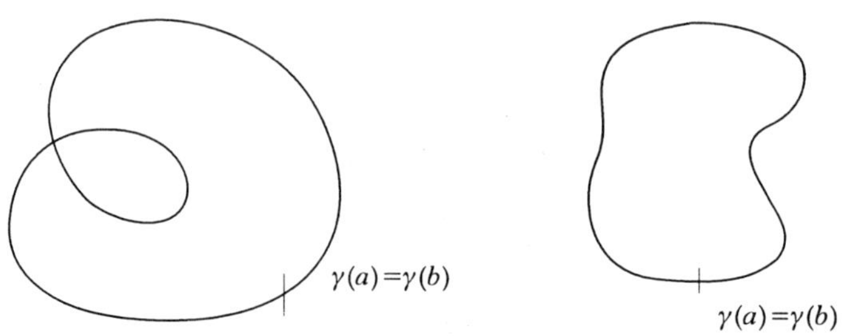

그림 5-3

$\gamma(t)=\gamma_1(t)+\gamma_2(t)i$를 구분적 평활곡선이라 하자. 여기서 $\gamma_1(t)$와 $\gamma_2(t)$는 연속인 실함수이고 유한개의 점을 제외하고 $\gamma'(t)\neq 0$이다. $\gamma_1'(t)$와 $\gamma_2'(t)$는 각각의 닫힌구간 $[t_{k-1}, t_k]$, $k=1, 2, \cdots, n$에서 연속이므로 유한개의 점을 제외하고 모든 $t\in[a, b]$에 대해

$$|f'(t)|\leq M<\infty.$$

곡선 C가 $z=\gamma(t)$, $t\in[a, b]$로 표현되었다 하자.

$$\tilde{\gamma}(t)=\gamma(a+b-t),\ t\in[a, b]$$

로 표현된 곡선 $\tilde{C}$를 C의 역(inverse)이라고 한다. t가 a에서 b로 증가할 때 $\tilde{C}$ 위의 점들의 움직이는 방향은 C 위의 점들이 움직이는 방향과 반대이고 $\tilde{\gamma}$의 시점과 종점은 각각 γ의 종점과 시점이다. 이런 의미로 $\tilde{C}$를 $-C$로 나타낸다.

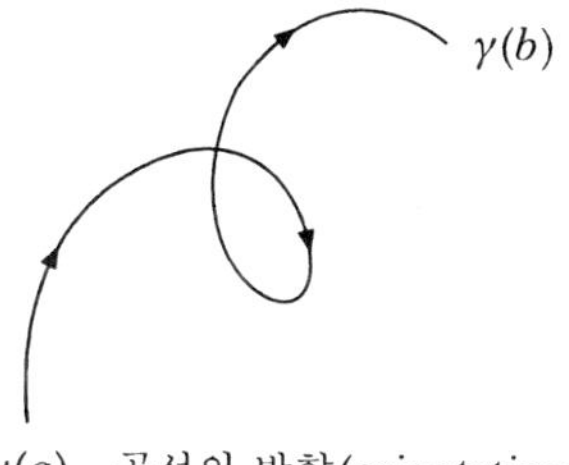

곡선의 방향(orientation)

그림 5-4

곡선 C_1의 종점이 곡선 C_2의 시점과 일치하면 두 곡선을 연결하여 구분적 평활곡선을 만들 수 있다. 이것을 C_1과 C_2의 합이라 하고 C_1+C_2로 나타낸다.

$C_1: z=\gamma_1(t)$, $t\in[a, b]$, $C_2: z=\gamma_2(t)$, $t\in[b, c]$라 하면

$$\gamma(t)=\begin{cases}\gamma_1(t), & t\in[a, b]\\ \gamma_2(t), & t\in[b, c]\end{cases}$$

는 합 C_1+C_2의 표현식이 된다. 그러나 $[a, b]=[b, c]$로 놓아도 된다. 이 경우 γ_1과 γ_2를 적당히 택해 $\gamma_1(b)=\gamma_2(a)$ 되도록 하면 된다.

같은 방식으로 유한개의 곡선, $C_1, C_2, \cdots, C_n$의 합 $C_1+C_2+\cdots+C_n$도 정의한다. 이 경우, 모든 $k=1, \cdots, n-1$에 대해 C_k의 종점과 C_{k+1}의 시점이 같아야 한다. 그러나

앞으로는 $\gamma = \gamma_1 + \gamma_2 + \cdots + \gamma_n$로 써서 곡선과 표현식을 구분하지 않는다.

[예 5.1.1] 원 $|z - z_0| = r$ 위의 점은 $z = z_0 + re^{i\theta}$, $0 \leq \theta \leq 2\pi$이므로 원은 단순닫힌곡선이고 평활곡선이다. 그리고 이 곡선 위의 점들의 진행방향은 반 시계방향이다. 그러나 $z = z_0 + re^{2\pi - \theta}$, $0 \leq \theta \leq 2\pi$의 방향은 시계와 같은 방향이다.

[예 5.1.2] z_1, z_2, z_3, z_4를 반시계 방향으로 적은 직사각형의 꼭짓점이라 하자.

$$\begin{aligned}
\gamma_1 &: z = z_1 + (z_2 - z_1)t, && 0 \leq t \leq 1 \\
\gamma_2 &: z = z_2 + (z_3 - z_2)(t-1), && 1 \leq t \leq 2 \\
\gamma_3 &: z = z_3 + (z_4 - z_3)(t-2), && 2 \leq t \leq 3 \\
\gamma_4 &: z = z_4 + (z_1 - z_4)(t-3), && 3 \leq t \leq 4
\end{aligned}$$

을 직사각형의 변을 반시계 방향으로 순서적으로 표현한 식이면 합 $\sum_{i=1}^{4} \gamma_i$는 사각형의 둘레의 표현식이다. 여기서 $\gamma_2, \gamma_3, \gamma_4$ 대신에

$$\begin{aligned}
\gamma_2^* &: z = z_2 + (z_3 - z_2)t, && 0 \leq t \leq 1 \\
\gamma_3^* &: z = z_3 + (z_4 - z_3)t, && 0 \leq t \leq 1 \\
\gamma_4^* &: z = z_4 + (z_1 - z_4)t, && 0 \leq t \leq 1
\end{aligned}$$

으로 놓아도 동일한 직선을 나타낸다.

5.2 복소 선적분(complex line integral)

복소적분은 선적분이다. $f(t) = u(t) + iv(t)$를 구간 $[a, b]$에서 정의된 복소함수라 하고 $a = t_0 < t_1 < \cdots < t_n = b$를 $[a, b]$의 분할이라 하자. f에 대한 Riemann합은

$$\sum_{j=1}^{n} f(z_j^*)(t_j - t_{j-1}) = \sum_{j=1}^{n} u(z_j^*)(t_j - t_{j-1}) + i\sum_{j=1}^{n} v(z_j^*)(t_j - t_{j-1})$$

라고 쓸 수 있으므로, 실함수 u, v가 각각 구간 $[a, b]$에서 적분 가능한 함수라 하면 $[a, b]$에서 f의 적분을

$$\int_a^b f\,dt = \int_a^b u(t)\,dt + i\int_a^b v(t)dt \tag{5.1}$$

라고 정의하는 것은 자연스러운 일이다.

[예 5.2.1] $\int_0^{\frac{\pi}{2}} e^{t+it}dt$를 계산해보자. 식 (5.1)을 사용하여 계산하면

$$\begin{aligned}\int_0^{\frac{\pi}{2}} e^{t+it}\,dt &= \int_0^{\frac{\pi}{2}} e^t e^{it}\,dt = \int_0^{\frac{\pi}{2}} e^t(\cos t + i\sin t)dt \\ &= \int_0^{\frac{\pi}{2}} e^t\cos t\,dt + i\int_0^{\frac{\pi}{2}} e^t\sin t\,dt \\ &= \left[\frac{1}{2}e^t(\cos t + \sin t) - \frac{i}{2}e^t(\cos t - \sin t)\right]_0^{\frac{\pi}{2}} \\ &= \frac{1}{2}(e^{\pi/2} - 1) - \frac{i}{2}(e^{\pi/2} + 1).\end{aligned}$$

정의 5.2.1 D를 정의역이라 하고 $\gamma : [a, b] \to \mathbb{C}$ 는 평활곡선 C를 나타낸다 하자. 특히 $f : D \to \mathbb{C}$를 연속함수라 하자. 그러면 $a = t_0 < t_1 < \cdots < t_n = b$를 $[a, b]$의 분할이라 하고 분할을 세분하여 $\max_{1 \leqq j \leqq n}(t_j - t_{j-1}) \to 0$일 때, 합

$$\sum_{i=1}^{n} f(\gamma(t_i^*))(\gamma(t_i) - \gamma(t_{i-1})), \quad t_{i-1} \leqq t_i^* \leqq t_i$$

의 극한이 존재하면 이 극한값을 f의 곡선 C 위에서 **복소적분** 혹은 **복소선적분**이라 하고 $\int_\gamma f\,dz$ 또는 $\int_C f(z)\,dz$로 써서 나타낸다.

이 극한값은 분할의 크기, $\max_{1 \leqq j \leqq n}(t_j - t_{j-1})$를 0으로 보내면, 임의의 분할에 대해 같은 극한값을 얻을 수 있다. 복소선적분의 정의를 식으로 나타내면 다음과 같다.

$$\lim_{n \to \infty} \sum_{i=1}^{n} f(\gamma(t_i^*))(\gamma(t_i) - \gamma(t_{i-1})) = \int_\gamma f(z)\,dz \tag{5.2}$$

β가 γ와 동일한 곡선을 표현한다면 h'이 연속이고 양인 함수 h가 존재하여 $\beta \circ h = \gamma$가 성립한다. 그러면 변수변환정리에 의해서 $\int_\gamma f(z)dz = \int_\beta f(z)dz$이므로 선적분의 표현을 $\int_C f(z)dz$ 대신 C를 표현하는 특정한 식 γ에 대해 $\int_\gamma f dz$를 사용해도 된다. 특히 구분적 평활곡선 위에서 선적분을 계산할 때 각 조각에서 매개변수를 동일한 구간에서 택해도 적분값은 변함이 없다.

$\gamma : [a, b] \to \mathbb{C}$, $\gamma(t) = x(t) + iy(t)$를 평활곡선이라 하자. $x(t)$와 $y(t)$가 각각 (a, b)에서 미분가능하고 도함수 $x'(t)$, $y'(t)$가 연속인 함수이므로 각 소구간에서 평균치 정리를 사용하면

$$\begin{aligned}\gamma(t_i) - \gamma(t_{i-1}) &= x(t_i) - x(t_{i-1}) + i[y(t_i) - y(t_{i-1})] \\ &= x'(t_i^+)(t_i - t_{i-1}) + iy'(t_i^{++})(t_i - t_{i-1}), \quad t_i^+,\ t_i^{++} \in [t_{i-1},\ t_i]\end{aligned}$$

이다. 이 식을 (5.2) 식에 대입하여 정리하면

$$\int_\gamma f(z)dz = \int_a^b f(\gamma(t))\gamma'(t)dt. \tag{5.3}$$

$f(z) = u + iv$ 연속인 복소함수이고 $\gamma(t) = \alpha(t) + i\beta(t)$가 평활곡선인 경우, 다음 식을 사용하여 선적분을 구한다.

$$\begin{aligned}\int_\gamma f(z)dz &= \int_a^b f(\gamma(t))(\gamma'(t))dt = \int_a^b (u(\gamma(t)) + iv(\gamma(t)))(\alpha'(t) + i\beta'(t))dt \\ &= \int_a^b (u(\gamma(t)) \cdot \alpha'(t) - v(\gamma(t))\beta'(t))dt + i\int_a^b [u(\gamma(t)\beta'(t) + v(\gamma(t))\alpha'(t)]dt\end{aligned}$$

[예 5.2.2] $z(t) = \cos t + i\sin t$, $0 \leqq t \leqq 2\pi$는 반경이 1인 원을 한 바퀴 반 시계방향으로 일주하는 곡선의 방정식이다. 그러면 $z(t) = e^{it}$, $z'(t) = ie^{it}dt$

(1) $n \neq -1$일 때, $\int_r z^n dz = i\int_0^{2\pi} (e^{it})^n \cdot e^{it}dt = i\int_0^{2\pi} e^{i(n+1)t}dt$

$$= i\int_0^{2\pi} \cos(n+1)t\ dt - \int_0^{2\pi} \sin(n+1)t\ dt = 0$$

(2) $n = -1$일 때, $\int_\gamma z^{-1} dz = i\int_0^{2\pi} e^{-it} \cdot e^{it} dt = 2\pi i.$

정리 5.2.1 f와 g는 연속인 복소함수이고 γ, γ_1과 γ_2를 평활곡선이라 하자. 그러면 다음이 성립한다.

(i) $\displaystyle\int_\gamma (f(z) \pm g(z))\,dz = \int_\gamma f(z)dz \pm \int_\gamma g(z)dz$

(ii) $\displaystyle\int_\gamma kf(z)dz = k\int_\gamma f(z)dz$

(iii) $\displaystyle\int_{\gamma_1+\gamma_2} f(z)\,dz = \int_{\gamma_1} f(z)dz + \int_{\gamma_2} f(z)dz$

(iv) $\displaystyle\int_{-\gamma} f(z)dz = -\int_\gamma f(z)dz$

증명 (iii) $\displaystyle\int_{\gamma_1} f(z)dz + \int_{\gamma_2} f(z)dz = \int_a^b f(\gamma_1(t))\,\gamma_1{}'(t)dt + \int_b^c f(\gamma_2(t))\,\gamma_2{}'(t)\,dt$

$$-\int_a^c f(\gamma(t))\,\gamma'(t)\,dt = \int_\gamma f(z)dz,$$

여기서 $\gamma = \gamma_1 + \gamma_2$이고 다음과 같이 정의된 곡선이다.

$$\gamma(t) = \begin{cases} \gamma_1(t), & a \leqq t \leqq b \\ \gamma_2(t), & b \leqq t \leqq c \end{cases}$$

(iv) $\gamma : [a, b] \to \mathbb{C}$ 이면 $-\gamma(t) = \gamma^*(t) = \gamma(a+b-t)$, $t \in [a, b]$이고 $s = a+b-t$라 놓으면

$$\begin{aligned}\int_{\gamma^*(t)} f(z)dz &= \int_a^b f(\gamma^*(t))(\gamma^*)'(t)dt \\ &= \int_a^b f(\gamma(a+b-t))(-\gamma'(a+b-t))dt = -\int_b^a f(\gamma(s))\,\gamma'(s)(-ds) \\ &= \int_\gamma f(z)dz.\end{aligned}$$

나머지도 유사한 방법으로 증명할 수 있다. ■

[예 5.2.3] γ_1은 1에서 0으로, γ_2는 0에서 $2+2i$로, γ_3는 1에서 $2+2i$로 가는 직선일 때 $\displaystyle\int_{\gamma_1+\gamma_2} \bar{z}\,dz$와 $\displaystyle\int_{\gamma_3} \bar{z}\,dz$를 구하여 보자.(그림 5-5 참조) 먼저 곡선들을 매개변수로 표현하면

$\gamma_1(t) = 1-t,\ t \in [0, 1],\ \gamma_2(t) = 2t + i\,2t,\ t \in [0, 1],\ \gamma_3(t) = (1+t) + 2ti,\ t \in [0, 1]$

이므로

$$\int_{\gamma_1} \bar{z}\,dz = \int_0^1 1-t\,(-dt) = \int_0^1 t-1\,dt = -\frac{1}{2},$$

$$\int_{\gamma_2} \bar{z}\,dz = \int_0^1 \overline{2t(1+i)}\,(2+2i)\,dt = 4\int_0^1 (1-i)(1+i)t\,dt = 4\int_0^1 2t\,dt = 4,$$

따라서 $\int_{\gamma_1+\gamma_2} \bar{z}\,dz = \int_{\gamma_1} \bar{z}\,dz + \int_{\gamma_2} \bar{z}\,dz = \frac{7}{2}.$

$$\int_{\gamma_3} \bar{z}\,dz = \int_0^1 \overline{(1+t)+2ti}\,(1+2i)\,dt = \int_0^1 (1+t-2ti)\,(1+2i)\,dt$$

$$= (1+2i)\left[\int_0^1 1+t\,dt - 2i\int_0^1 t\,dt\right] = (1+2i)\left(\frac{3}{2}-i\right) = \frac{7}{2}+2i.$$

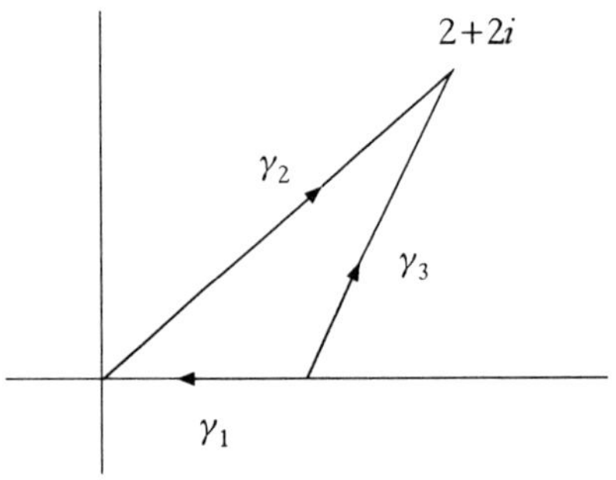

그림 5-5

여기서 주목하여야 할 점은 $\gamma_1+\gamma_2$와 γ_3의 시점과 종점은 서로 일치해도 적분값이 다르다는 점이다. 이것은 $f(z)=\bar{z}$가 해석적이 아니기 때문이다. 해석적이면 경로에 관계없이 시점과 종점이 동일하면 적분값이 같다.(5.3절 참조)

수학적 귀납법을 정리 5.2.1(iii)에 적용하면 합 $\gamma=\gamma_1+\gamma_2+\cdots+\gamma_n$에 대해서 다음이 성립한다.

$$\int_{\gamma} f(z)dz = \int_{\gamma_1} f(z)dz + \int_{\gamma_2} f(z)dz + \cdots + \int_{\gamma_n} f(z)dz$$

[예 5.2.4] 그림 5-6에서 곡선 γ_1, γ_2, γ_3를 각각 선분 $\overline{OA}$, $\overline{AB}$, $\overline{BO}$라 하자. 이때

$$\int_{\gamma_1+\gamma_2+\gamma_3} z^2\,dz = 0.$$

각 곡선의 매개변수 표현식은 $\gamma_1(t) = t + 0i,\ 0 \leqq t \leqq 1,$

$$\gamma_2(t) = 1 + it,\ \ 0 \leqq t \leqq 1,\ \gamma_3(t) = (1-t) + (1-t)i,\ 0 \leqq t \leqq 1.$$

그러면 $d\gamma_1 = dt,\ d\gamma_2 = i\,dt,\ d\gamma_3 = (-1-i)\,dt$이다. 따라서

$$\begin{aligned}\int_{\gamma_1+\gamma_2+\gamma_3} z^2dz &= \int_{\gamma_1} z^2dz + \int_{\gamma_2} z^2dz + \int_{\gamma_3} z^2dz \\ &= \int_0^1 t^2\,dt + \int_0^1 (1+ti)^2 i\,dt + \int_0^1 [(1-t)+(1-t)i]^2(-1-i)\,dt \\ &= \frac{1}{3} + \left(\frac{2}{3}i - 1\right) + 2(1-i)\frac{1}{3} = -\frac{2}{3} + \frac{2}{3}i + \frac{2}{3} - \frac{2}{3}i = 0.\end{aligned}$$

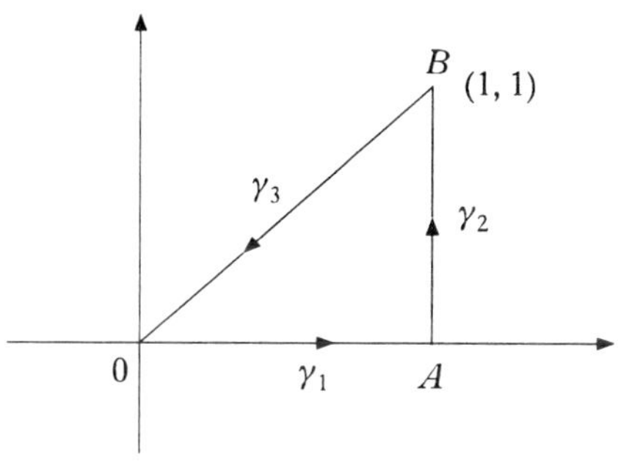

그림 5-6

그런데 임의의 닫힌 구분적 평활곡선 위에서 해석함수 z^2의 선적분은 언제나 0이다. 일반적인 정리와 응용은 5.4절을 참조하기 바란다.

곡선의 합을 $\sum_{i=1}^{n} m_i\gamma_i$로 표현하여 좀 더 일반화 할 수 있다. 이 경우 $\Gamma = \sum_{i=1}^{n} m_i\gamma_i$ 위에서 적분은

$$\int_{\Gamma} f(z)dz := \sum_{i=1}^{n} m_i \int_{\gamma_1} f(z)dz \tag{5.4}$$

로 정의한다.

$\Gamma = \sum_{i=1}^{n} m_i\,\gamma_i$는 구분적 평활곡선의 일부분을 여러 번 혹은 역 방향으로 적분할 때 일

어날 수 있는 매우 자연스런 표현이다. 그림 5-6에서 $\Gamma = OAB^U OB^U OAB$라 하면

$$\Gamma = \gamma_1 + \gamma_2 - \gamma_3 + \gamma_1 + \gamma_2 = 2\gamma_1 + 2\gamma_2 - \gamma_3$$

이고

$$\begin{aligned}\int_\Gamma f(z)dz &= 2\int_{\gamma_1} f(z)dz + 2\int_{\gamma_2} f(z)dz + \int_{-\gamma_3} f(z)dz \\ &= \int_{2\gamma_1 + 2\gamma_2 - \gamma_3} f(z)dz.\end{aligned}$$

> 정의 5.2.2 $f(z)$를 연속인 복소함수라 하자. γ를 포함하는 열린 집합 D 위에서 정의되었다 하자.
>
> $$\int_\gamma f(z)|dz| := \int_a^b f(\gamma(t))|\gamma'(t)|dt$$
>
> 로 정의한다.

그런데

$$\left|\int_a^b f(\gamma(t))\gamma'(t)dt\right| \leqq \int_a^b |f(\gamma(t))||\gamma'(t)|dt$$

이므로

$$\left|\int_\gamma f(z)dz\right| \leqq \int_\gamma |f(z)||dz|$$

이 식을 이용하여 $\gamma(a)$에서 $\gamma(b)$까지 곡선 γ의 길이를 구할 수 있다. 먼저 구간 $[a, b]$의 분할을 $a = t_0 < t_1 < \cdots < t_n = b$라 하면, 길이 L의 근사값은

$$\sum_{i=1}^{n} |\gamma(t_i) - \gamma(t_{i-1})|$$

이므로

$$L = \lim_{n \to \infty} \sum_{i=1}^{n} |\gamma(t_i) - \gamma(t_{i-1})| = \lim_{n \to \infty} \sum_{i=1}^{n} |\gamma'(t_i^*)|(t_i - t_{i-1})$$

$$= \int_a^b |\gamma'(t)|\,dt = \int_\gamma |dz|.$$

> **정리 5.2.2** $\gamma : [a, b] \to \mathbb{C}$ 를 정칙곡선이라 하고 $f(z)$는 곡선 γ를 포함하는 열린집합 위에서 연속인 복소함수, L은 $\gamma(a)$에서 $\gamma(b)$까지 곡선 γ의 길이, 그리고 $\forall z \in \mathbb{C}$에 대해서 $|f(z)| \leqq M < \infty$라 하자. 그러면 $\left| \int_\gamma f(z)\,dz \right| \leqq ML.$

증명 $\left| \int_r f(z)dz \right| \leqq \int_a^b |f(z)||dz| \leqq M \cdot \int_r |dz| = ML.$ ■

[예 5.2.5] γ를 i와 $2+i$를 잇는 직선이라 하자. 그러면, $\left| \int_r \frac{dz}{z^2} \right| \leqq 2.$

γ의 길이 $L = 2$이고, γ 위에서 $\left| \frac{1}{z^2} \right|$의 최대값은 $x \in [0, 2]$일 때 $|x+i|^2$의 최소값과 같고 그것은 1이다.

연습문제 [5.2]

1. 다음 복소적분을 구하여라.

   (a) $\int_\gamma z-1\,dz$, γ는 1에서 i까지 가는 직선

   (b) $\int_\gamma z-1\,dz$, γ는 0에서 $1+i$까지 가는 포물선 $y=x^2$

   (c) $\int_\gamma x\,dz$, γ는 1에서 $1+2i$까지 가는 직선

   (d) $\int_\gamma x+y-ix^2\,dz$, γ는 0에서 $1+i$까지 선분 $x=0$과 $y=1$을 따라가는 직선

   (e) $\int_\gamma x\,dz$, γ는 원 $|z|=1$을 반시계방향으로 회전하는 곡선

   (f) $\int_\gamma x^2+iy^2\,dz$, γ는 원 $|z|=1$의 오른쪽부분을 반시계방향으로 회전하는 곡선

2. 식 (5.3)을 사용하여 다음이 성립하는 것을 보여라.

   (a) $\int_\gamma dz = z_2 - z_1$, 여기서 z_1과 z_2는 평활곡선 γ의 시점과 끝점이다.

   (b) $\int_\gamma z\,dz = \dfrac{1}{2}(z_2^2 - z_1^2)$, 여기서 z_1과 z_2는 평활곡선 γ의 시점과 끝점이다.

   (c) $\int_\gamma z\,dz = 0$, 여기서 γ는 닫힌 평활곡선이다.

3. 다음 적분값을 구하여라.

   (a) $\int_\gamma \dfrac{1}{z^2-1}\,dz$, 여기서 γ는 $|z|=2$ 반시계방향으로 일주하는 닫힌곡선이다.

   (b) $\int_\gamma e^z\,dz$, 여기서 γ는 $z=0, 1, 1+i, i$를 꼭짓점으로 하는 직사각형의 둘레이고 방향은 반시계방향이다.

   (c) $\int_\gamma z^2+1\,dz$, 여기서 γ는 (b)와 같다.

   (d) $\int_\gamma \sin z\,dz$, 여기서 γ는 $z=\dfrac{\pi}{2},\ \dfrac{\pi}{2}+i,\ -\dfrac{\pi}{2}+i,\ -\dfrac{\pi}{2}$를 순서대로 잇는 다각형곡선

   (e) γ를 원점을 지나지 않는 닫힌 평활곡선이라 하면 $\int_\gamma \dfrac{1}{z^2}\,dz = 0$이다.

4. γ를 $z=\pm i$를 끝점으로 하는 반원이면 $\left|\int_\gamma (x^2+y^2)\,dz\right| \leq \pi$이다.

5. γ를 닫힌 평활곡선이라 하고 z_0는 γ 위의 점이 아니면 모든 $n \in \mathbb{Z} \setminus \{0\}$에 대해서

$$\int_\gamma \frac{dz}{(z-z_0)^{n+1}} = 0.$$

6. γ를 원 $|z|=1$을 반시계방향의 곡선이라 할때 $\int_\gamma |z-1| \cdot |dz|$를 구하여라.

7. (a) γ는 $-i$에서 i까지 가는 직선,

   (b) γ는 $-i$에서 i까지 오른쪽 반원일 때 $\int_\gamma |z|\,dz$를 구하여라.

5.3 원시함수(primitive functions)

실변수 해석학에서 배운 미적분학의 기본정리는 다음과 같다.

(1) 임의의 연속인 실함수 $f : [a, b] \to \mathbb{R}$ 에 대해 역도함수 F가 존재한다. 즉, 미분가능한 함수 $F; [a, b] \to \mathbb{R}$가 존재하여 $F' = f$.

(2) F가 연속함수 f의 역도함수(혹은 원시함수)이면

$$\int_a^b f(x)dx = F(b) - F(a)$$

복소함수에서는 어느 경우에 위와 유사한 기본정리가 성립할 것인가? 다음 정의로부터 시작해보자.

정의 5.3.1 $D \subset \mathbb{C}$ 를 열린집합이라 하고 f는 D 위에서 정의된 연속인 복소함수라 하자. F를 D에서 정의된 복소함수이고 임의의 구분적 평활곡선 $\gamma : [a, b] \to D$에 대해

$$\int_\gamma f(z)dz = F(\gamma(b)) - F(\gamma(a))$$

이 성립하면, F 를 f의 **원시함수**(primitive function)라 한다. D에서 f의 원시함수가 있으면 f를 **적분가능**(integrable)하다고 한다.

임의의 $z \in D$에 대해 z의 열린근방 $B(z\,;\,r)$이 있어 f가 $B(z\,;\,r)$ 위에서 적분가능하면 f는 D에서 **구소적으로 적분가능**(locally integrable)하다고 한다.

[예 5.3.1] D를 0을 포함하는 정의역이라 하고 $f(z) = \dfrac{1}{z}$이라고 하자. $\gamma(t) = e^{it}$, $0 \leqq t \leqq 2\pi$이면 f는 불가능하다. 만약 f의 원시함수 F가 존재하면

$$2\pi i = \int_r f(z)dz = F(r(0)) - F(r(2\pi)) = 0 \text{ (모순)}$$

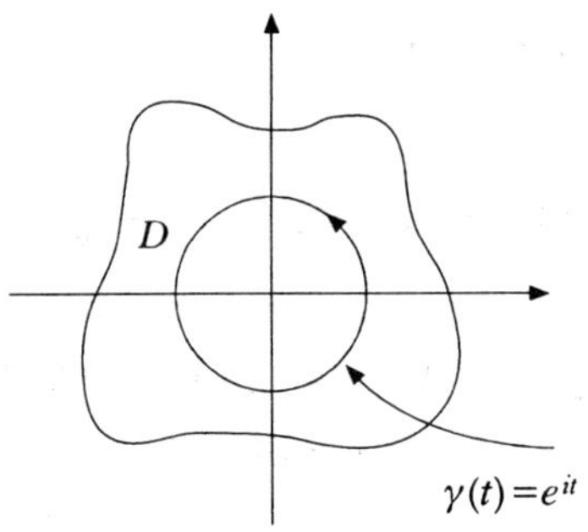

그림 5-7

보조정리 5.3.1 D는 열린집합이고 f는 D 위에서 정의된 연속함수라 하자. 그러면 다음은 서로 동치이다.

(i) f는 적분가능하다.

(ii) γ가 D 위에서 정의된 닫힌 평활곡선이면, $\int_\gamma f(z)dz = 0$.

(iii) 임의의 시점과 종점이 같은 서로 다른 2개의 구분적 평활곡선 γ_1과 γ_2에 대해서

$$\int_{\gamma_1} f(z)dz = \int_{\gamma_2} f(z)dz$$

증명 (i) ⇒ (ii) 당연하다.

(ii) ⇒ (iii) $\gamma_1, \gamma_2 : [0, 1] \to \mathbb{C}$인 평활곡선이라 가정하고 증명해도 충분하다. $\gamma : [0, 2] \to \mathbb{C}$를 다음과 같이 정의한다.

$$\gamma(t) = \begin{cases} \gamma_1(t), & 0 \le t \le 1 \\ \gamma_2(2-t), & 1 \le t \le 2 \end{cases}$$

그러면 γ는 시점과 종점이 같은 구분적 평활곡선이다.

$$\therefore 0 = \int_\gamma f(z)dz = \int_{\gamma_1 - \gamma_2} f(z)dz = \int_{\gamma_1} f(z)dz - \int_{\gamma_2} f(z)dz$$

(iii) ⇒ (i) 적분가능성은 평활곡선이 존재하는 연결집합에서 논하므로 D를 정의역이라 가정해도 일반성을 잃지 않는다. $a \in D$를 하나 선택하고, 임의의 $p \in D$에 대해 시점이 a이고 종점이 p인 모든 구분적 평활곡선 $\gamma_p : [0, 1] \to D$에 대해 $\int_{\gamma_p} f(z)dz$는 가정에 의해서 모두 같은 값이므로 $F : D \to \mathbb{C}$를 다음과 같이 정의한다.

$F(p)=\int_{\gamma_p} f(z)\,dz$. 지금 $\gamma:[a,b]\to D$를 $\gamma(a)=p$, $\gamma(b)=q$인 구분적 평활곡선이라 하면

$$F(p)+\int_\gamma f(z)dz=\int_{\gamma_p+\gamma} f(z)dz=\int_{\gamma_q} f(z)dz=F(q).$$

따라서 f는 적분가능하다. ■

정리 5.3.2 f를 열린집합 D 위에서 정의된 연속함수라 하자. 그러면 다음은 서로 동치이다.
(i) F는 f의 원시함수이다.
(ii) F는 해석적이고 $F'=f$.

증명 (ii) ⇒ (i) $F'=f$라 하자. $\gamma:[a,b]\to D$를 평활곡선, $h(t)=F(\gamma(t))$로 정의한 함수라 하면 연쇄법칙에 의해서 $h'(t)=F'(\gamma(t))\gamma'(t)$. 그러면

$$\begin{aligned}F(\gamma(b))-F(\gamma(a))=h(b)-h(a)&=\int_a^b h'(t)dt=\int_a^b F'(\gamma(t))\gamma'(t)\,dt \qquad (5.5)\\ &=\int_a^b f(\gamma(t))\gamma'(t)dt=\int_\gamma f(z)dz.\end{aligned}$$

그런데 (5.5) 식은 모든 구분적 평활곡선에 대해서 성립하므로 F는 f의 원시함수이다.

(i) ⇒ (ii) $a\in D$를 고정시키자. $U=\{z\in\mathbb{C}\,||z-a|<r\}\subset D$ 되도록 양수 $r>0$을 선택하고 $\Delta: U\to\mathbb{C}$를 다음과 같이 정의한다.

$$\Delta(z)=\begin{cases} f(a), & z=a\\ \dfrac{F(z)-F(a)}{z-a}, & z\neq a\end{cases}$$

Δ가 $z=a$에서 연속임을 보이면 충분하다. $\gamma(t)=a+t(z-a)$, $0\leq t\leq 1$라 하면 γ는 $\gamma(0)=a$, $\gamma(1)=z$이고 a와 z를 잇는 선분을 나타내는 평활곡선이다.
$z\in U$라 하자. F는 f의 원시함수이므로

$$\begin{aligned}F(z)-F(a)&=\int_\gamma f(z)dz\\ &=\int_0^1 f(a+t(z-a))\cdot(z-a)dt=(z-a)\int_0^1 f(a+t(z-a))dt.\end{aligned}$$

따라서 $\forall z \in U,\ z \neq a$

$$\Delta(z) = \frac{F(z)-F(a)}{z-a} = \int_0^1 f(a+t(z-a))\,dt$$

f는 $z=a$에서 연속이므로

$$\lim_{z\to a} \Delta z = f(a) \cdot \int_0^1 dt = f(a)$$

즉, $F'(a)$가 존재하고 $F'(a)=f(a)$이다. $a \in D$는 임의이므로 F는 D에서 해석적이고 $F'=f$. ■

보조정리 5.3.3 $f : B(z_0;\ r) \to \mathbb{C}$를 연속함수라 하자. 다음은 서로 동치이다.

(i) f의 원시함수 F가 존재한다.

(ii) $B(z_0;\ r)$에 있는 모든 삼각형 $\triangle$의 경계인 닫힌곡선 T에 대해

$$\int_T f(z) = 0$$

증명 (i) ⇒ (ii) 정의에 의해서 명백하다.

(ii) ⇒ (i) 임의의 $z \in B(z_0;\ r)$에 대해 $\Gamma_{z_0 z}$를 z_0에서 z를 잇는 직선이라 하자.

$$F(z) = \int_{\Gamma_{z_0 z}} f(\zeta)\,d\zeta := \int_{z_0}^{z} f(\zeta)\,d\zeta$$

라고 정의한다. F가 f의 원시함수인 것을 보이자. $z \in B(z_0;\ r)$라 하자. $B(z_0;\ r)$이 열린집합이므로 $B(z;\ \rho) \subset B(z_0;\ r)$인 $\rho > 0$가 존재한다. $\forall h \in \mathbb{C},\ |h| < \rho$에 대해 선분 $\Gamma_{z,\,z+h}$는 $B(z_0;\ r)$ 안에 있고 또한 세 점 z_0, $z+h$ 그리고 z를 꼭짓점으로 하는 삼각형도 $B(z_0;\ r)$ 안에 있다. T를 이 세 점을 잇는 삼각형 곡선이라 하자. 가정에 의해서

$$\begin{aligned}0 = \int_T f(\zeta)\,d\zeta &= \left(\int_{z_0}^{z+h} + \int_{z+h}^{z} + \int_{z}^{z_0}\right) f(\zeta)\,d\zeta \\ &= F(z+h) - \int_z^{z+h} f\,d\zeta - F(z)\end{aligned}$$

이므로

$$\frac{F(z+h)-F(z)}{h}-f(z)=\frac{1}{h}\int_{z}^{z+h} f\,d\zeta - f(z)$$
$$=\frac{1}{h}\int_{z}^{z+h}(f(\zeta)-f(z))\,d\zeta.$$

임의의 $\epsilon > 0$에 대해, f는 연속이므로 $\delta>0$가 존재하여 $|z-\zeta|<\delta$이면 $|f(z)-f(\zeta)|<\epsilon$. 따라서 $|h|\leq \min\{\rho, \delta\}$이면,

$$\left|\frac{F(z+h)-F(z)}{h}-f(z)\right| \leq \frac{1}{|h|}\int_{z}^{z+h}|f(\zeta)-f(z)||d\zeta|$$
$$\leq \frac{1}{|h|}\cdot\epsilon\cdot|h|=\epsilon$$

이 식으로부터, $F'(z)=f(z)$. 정리 5.3.2에 의해 F는 f의 원시함수이다. ■

$z_0 \in G$가 존재하여 $\forall z \in G$에 대해 선분 Γ_{zz_0}가 G 안에 있으면 G를 **별 모양**의 정의역이라고 한다. 별 모양의 정의역은 연결집합이다.

보조정리 5.3.3의 증명과 같은 방법으로 위의 정리는 별 모양의 정의역에서도 성립함을 알 수 있다. 또 사각형은 두 개의 삼각형들의 합이므로 삼각형 영역 대신 사각형 영역에 대해서도 같은 결과를 얻는다.

> **정리 5.3.4** (Cauchy–Goursat) f가 삼각형 $\triangle$의 내부와 그 경계에서 해석적이라고 하고 T를 $\triangle$의 경계인 닫힌곡선이라 하자. 그러면
>
> $$\int_T f(z)\,dz = 0.$$

증명 $\triangle$의 각 변을 2등분하여 4개의 삼각형 경로 T_1, T_2, T_3, T_4를 경계로 하는 서로 합동인 4개의 삼각형으로 나눈다. 모든 삼각형 경로의 방향을 반 시계방향으로 택하면 $T=T_1+T_2+T_3+T_4$이므로

$$\int_T f(z)\,dz = \Sigma_{i=1}^{4}\int_{T_i} f(z)\,dz$$

$\left|\int_{T_{11}} f(z)dz\right|$를 $\left|\int_{T_i} f(z)dz\right|$중 제일 큰 값이라 하자. 그러면 삼각부등식에 의해

$$\left|\int_T f(z)\,dz\right| \leq 4\left|\int_{T_{11}} f(z)\,dz\right|$$

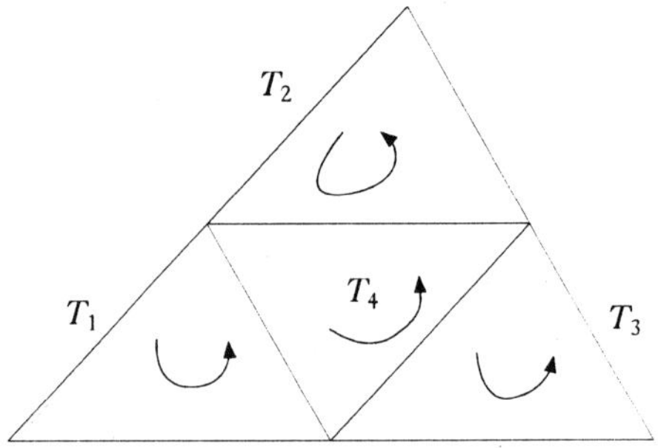

그림 5-8

곡선 T의 길이를 L이라 하면 T_{11}의 길이는 $\frac{L}{2}$이 된다. 다음에 T_{11}을 경계로 하는 삼각형 Δ_1을 4등분한다. 위와 같은 방법으로 $\Delta_2 \subset \Delta_1$을 선택하여 경계 T_{22}에서 선적분의 절대값이 최대가 되도록 한다. 그러면 T_{22}의 길이는

$$\frac{1}{2}\left(\frac{L}{2}\right) = \frac{L}{2^2} \text{이고} \quad \left|\int_{T_{11}} f(z)\,dz\right| \leq 4\left|\int_{T_{22}} f(z)\,dz\right|$$

귀납적으로 다음을 만족하는 삼각형의 열 $\{\Delta_n\}$과 그의 경계 $\{T_{nn}\}$을 얻는다.

(i) $\Delta_1 \supset \Delta_2 \supset \cdots \supset \Delta_n \supset \cdots$

(ii) T_{nn}의 길이 $= \dfrac{L}{2^n}$

(iii) $\left|\displaystyle\int_T f(z)\,dz\right| \leq 4^n \left|\displaystyle\int_{T_{nn}} f(z)dz\right|$

Cantor의 교집합 정리(정리 2.2.2)에 의해서 $\bigcap_{n=1}^{\infty} \Delta_n \neq \varnothing$. 그런데 $diam(\Delta_n) \to 0$이므로 교집합은 한 점 z^*로 된 집합이다. 그런데 $f(z)$는 z^*에서 해석적이므로

$$f(z) = f(z^*) + f'(z^*)(z - z^*) + \lambda(z)(z - z^*)$$

로 나타낼 수 있고, 여기서

$$\lambda(z) = \begin{cases} \dfrac{f(z) - f(z^*)}{z - z^*} - f'(z^*), & z \neq z^* \\ 0 & , z = z^* \end{cases}$$

그런데 $\lim_{z \to z^*} \lambda(z) = f'(z^*) - f'(z^*) = 0 = \lambda(z^*)$이므로 $\lambda(z)$는 $z = z^*$에서 연속이다. 따라서 $\lambda(z)$는 Δ를 포함하는 정의역에서 연속이다. 그러면

$$\int_{T_{nn}} f(z)dz = \int_{T_{nn}} [f(z^*)+f'(z^*)(z-z^*)]\,dz + \int_{T_{nn}} \lambda(z)(z-z^*)dz$$
$$= \int_{T_{nn}} \lambda(z)(z-z^*)\,dz.$$

여기서 첫 번째 적분값은 0이다. 피적분함수 $f(z^*)+f'(z^*)(z-z^*)$가 z에 대한 1차 식이므로 원시함수가 있기 때문이다. $z \in T_{nn}$이면 $|z-z^*| \leq \frac{1}{2}\frac{L}{2^n} = \frac{L}{2^{n+1}}$이므로

$$\left|\int_{T_{nn}} f(z)dz\right| = \left|\int_{T_{nn}} \lambda(z)(z-z^*)\,dz\right|$$
$$\leq \max\{|\lambda(z)||(z-z^*)| : z \in T_{nn}\} \cdot \int_{T_{nn}} |dz|$$
$$= \frac{L}{2^n} \cdot \max\{|\lambda(z)||z-z^*| : z \in T_{nn}\}$$
$$\leq \frac{L^2}{2 \cdot 4^n} \cdot \max\{|\lambda(z)| : z \in T_{nn}\}$$

따라서 모든 $n \in \mathbb{N}$에 대해

$$\left|\int_{T} f(z)dz\right| \leq 4^n \cdot \left|\int_{T_{nn}} f(z)\,dz\right|$$
$$\leq \frac{L^2}{2} \max\{|\lambda(z)| : z \in T_{nn}\} \tag{5.6}$$

그런데 $\lambda(z)$가 $z=z^*$에서 연속이므로 $\forall \epsilon>0$에 대해 $\delta>0$가 존재하여

$$|z-z^*| < \delta \text{이면} \quad |\lambda(z)-\lambda(z^*)| = |\lambda(z)| < \frac{2\epsilon}{L^2}.$$

$\bigcap_{n=1}^{\infty} \Delta_n = z^*$이므로 $n_0 \in \mathbb{N}$이 존재하여 $\Delta_{n_0} \subset B(z^*;\, \delta)$. 그러면 식 (5.6)에 의해서 $\left|\int_T f(z)\,dz\right| < \epsilon$. 그런데 $\epsilon > 0$은 임의이므로 $\int_T f(z)dz = 0$. ■

보조정리 5.3.3과 정리 5.3.4로부터 다음 결과를 얻는다.

> **정리 5.3.5** 임의의 원판(혹은 별 모양 영역) 위에 정의된 해석함수는 원시함수를 갖고 있다.

따름정리 5.3.6 D는 열린집합이고 f는 D 위에서 정의된 연속함수라 하자. $a \in D$이고 f가 $D \setminus \{a\}$에서 해석적이면 f는 국소적으로 적분가능하다.

증명 임의의 $\Delta \subset D$에 대해 $\int_T f(z)dz = 0$임을 보이면 된다. $\Delta \subset D \setminus \{a\}$이면 정리 5.3.5에 의해서 적분 값이 0이 된다. $a \in T$라 하자. $T_1, T_2, \cdots T_n \cdots$를 그림과 같이

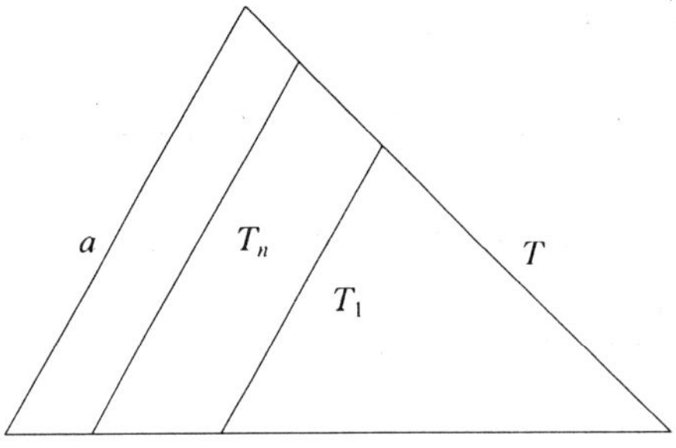

그림 5-9

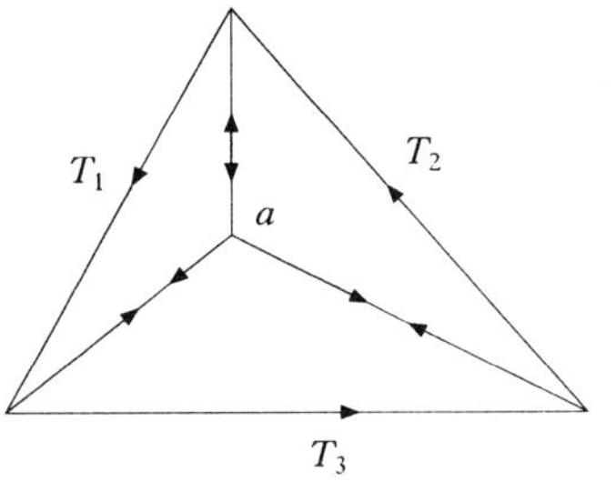

그림 5-10

a를 지나지 않지만 $n \to \infty$이면 T에 수렴하도록 정한다. 그러면 $\forall j \in \mathbb{N}$, $\int_{T_j} f(z)\,dz = 0$이므로 $\int_T f(z)\,dz = \lim_{j\to\infty} \int_{T_j} f(z)\,dz = 0$. $a \notin T$이면 그림과 같이 a와 Δ의 세 꼭짓점을 연결하여 3개의 삼각형으로 나눈다. 각각의 삼각형의 꼭짓점에 a가 있으므로 앞의 경우처럼 경계에서 적분 값이 0이다. 따라서 합도 0이다. ■

연습문제 [5.3]

1. 시점이 $-\pi i$이고 종점이 πi인 평활곡선 γ가 (i) 오른쪽 반평면 위에 있을 때 (ii) 왼쪽 반평면 위에 있을 때 다음 적분을 계산하여라.

   (a) $\int_\gamma z^4\,dz$　　(b) $\int_\gamma e^z\,dz$　　(c) $\int_\gamma \cos z\,dz$

   (d) $\int_\gamma \sinh z\,dz$　　(e) $\int_\gamma \frac{1}{z}\,dz$

2. $m \neq -1$이면 $\mathbb{C} \setminus \{0\}$에서 z^m의 원시함수가 존재함을 보여라.

3. $D = \mathbb{C} \setminus (-\infty, 1]$라 하고 D 위에서 $\sqrt{z^2-1}$의 분지를 반 무한구간 $(1, \infty)$에서 양이 되도록 택하면

(a) $z + \sqrt{z^2-1}$의 함수 값은 D에서 실수의 부분집합인 $(-\infty, 0]$를 포함하지 않는다.

(b) D에서 $\mathrm{Log}(z + \sqrt{z^2-1})$는 함수 $\dfrac{1}{\sqrt{z^2-1}}$의 원시함수이다.

(c) (i) γ를 $-2i$에서 $2i$까지 $|z| = 2$의 오른쪽 반원이고 방향은 반시계 방향일 때

(ii) γ를 $|z| = 2$인 닫힌곡선이고 방향은 반시계 방향일 때

$$\int_\gamma \frac{1}{\sqrt{z^2-1}}\, dz$$

를 구하여라.

5.4 Cauchy의 적분정리

$D \subset \mathbb{C}$를 열린집합이라 하고 $I = [0, 1]$을 단위구간, 그리고 $I \times I \subset \mathbb{R}^2$를 단위 직사각형이라 하자. 평면 위에 시점과 종점이 같은 2개의 곡선이 있다고 하자. 이제 하나의 곡선을 조금씩 변형하여 다른 곡선이 되도록 할 수 있다면 우리는 이런 과정을 연속적으로 변형가능하다고 한다. 실제로 연속함수를 사용하여 정의한다. 수학적으로는 homotopy라는 용어를 써서 다음과 같이 정의한다.

정의 5.4.1 (Homotopy) 연속인 곡선 $\gamma_0, \gamma_1 : I \to D$가 주어졌다고 하자. 만약 연속함수 $H : I \times I \to D$가 존재하여 모든 $s, t \in I$, $k = 0, 1$에 대해 $H(t, k) = \gamma_k(t)$이고 $H(k, s) = H(k, 0)$이면 γ_0와 γ_1을 끝점이 고정된 곡선으로서 연속적으로 변형할 수 있다고 한다.(이것을 이제부터 끝점이 고정된 직선으로 homotopic 하다, 혹은 FEP homotopic이라고 표현하자.) 이때 함수 H는 homotopy라고 부른다.

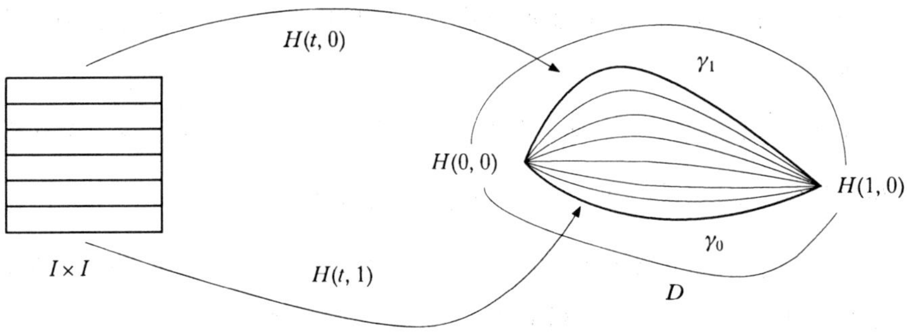

그림 5-11

주어진 조건은 $I\times I$의 경계에서 H를 위쪽 경계 $I\times\{1\}$에 제한하면 γ_1, 아래쪽 경계 $I\times\{0\}$에 제한하면 γ_0와 같고 좌우 양쪽에서는 상수함수가 됨을 보여준다.

정의 5.4.2 $\gamma_0, \gamma_1 : I\to D$를 연속인 닫힌곡선이라 하자. 연속함수 $H: I\times I\to D$가 존재하여 모든 $s, t\in I$, $k=0, 1$에 대해 $H(t, k)=\gamma_k(t)$이고 $H(0, s)=H(1, s)$이면 γ_0와 γ_1을 **닫힌곡선으로서** homotopic 하다고 한다. $\forall\, t\in I$에 대해 $\gamma(t)=a\in D$이면 γ를 **상수**(常數, constant)곡선이라 한다.

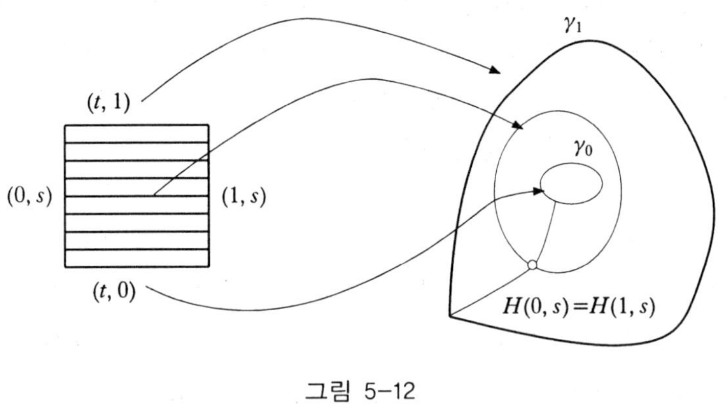

그림 5-12

정의 5.4.3 연속인 닫힌곡선 $\gamma: I\to D$가 상수곡선 $\gamma_0: I\to D$와 닫힌곡선으로서 호모토픽하면 γ를 **영(零)**homotopic 하다고 한다. 즉, D 안에서 닫힌곡선 γ를 연속적으로 줄여나가 한 점이 되도록 할 수 있음을 의미한다.

예를 들면 D를 열린원판이라 하면 임의의 연속이고 닫힌곡선 $\gamma: I \to D$는 D에서 영 homotopic하다. a를 D의 중심이라 하고 $H: I \times I \to D$를

$$H(t, s) = a + s(\gamma(t) - a)$$

라 정의한다.

연결집합 D의 임의의 닫힌곡선이 D에서 영 homotopic하면 D를 **단순연결영역** (simply connected domain)이라고 한다.

다음 정리 5.4.1과 5.4.2의 증명은 생략한다.

정리 5.4.1 (Cauchy의 적분정리) $D \subset \mathbb{C}$는 열린집합이고 f는 D 위에서 정의된 해석함수라 하자. γ가 D에서 정의된 영 homotopic 하고 닫힌 구분적 평활곡선이면

$$\int_\gamma f(z) = 0.$$

γ를 닫힌 구분적 평활곡선이라 하고 D를 단순연결영역이라 하면 γ는 $a \in D$와 영 homotopic, 즉 γ를 연속적으로 수축하여 a가 되도록 할 수 있으므로 정리 5.4.1을 다음과 같이 표현할 수도 있다.

정리 5.4.1' γ는 닫힌 구분적 평활곡선이고 f는 곡선 γ의 상(像)과 그 내부를 포함하는 정의역에서 해석적이면

$$\int_\gamma f(z) = 0.$$

정리 5.4.2 $D \subset \mathbb{C}$를 열린집합이라 하고 $\gamma_0, \gamma_1: I \to D$를 각각 구분적 평활곡선이라 하자. $f: D \to \mathbb{C}$를 해석함수라 할 때

(i) γ_0, γ_1이 끝점이 고정된 homotopic 한 함수이거나

(ii) γ_0, γ_1이 닫힌곡선으로서 homotopic 한 함수이면,

$$\int_{\gamma_0} f(z)dz = \int_{\gamma_1} f(z)dz.$$

[예 5.4.1] $f(z) = \dfrac{\left(\sinh z + \cos \dfrac{z}{2}\right)^2}{(z+3i)(z^2+16)}$ 이라 하자. $f(z)$는 $|z|=2$의 내부와 $|z|=2$ 포함하고 $z=\pm 4i$, $z=-3i$를 포함하지 않는 단순연결영역 D 위에서 해석적이므로 Cauchy 정리에 의해서

$$\int_{|z|=2} \frac{\left(\sinh z + \cos \dfrac{z}{2}\right)^2}{(z+3i)(z^2+16)}\, dz = 0.$$

정리 5.4.1은 정리 5.4.2(ii)의 특별한 경우이다. γ_0를 상수곡선이라 하고 $\gamma_1 = \gamma$라 하면 $\gamma_0' \equiv 0$이므로 임의의 해석함수 $f: D \to \mathbb{C}$에 대해 $\int_\gamma f(z) = 0$.

> **따름정리 5.4.3** $D \subset \mathbb{C}$를 열린 단순연결집합이라 하자. 그러면 D 위에서 정의된 임의의 해석함수는 원시함수를 갖고 있다.

증명 $\gamma: I \to D$를 구분적 평활이고 닫힌곡선이라 하자. 그러면 γ는 영 homotopic 하다. 따라서 임의의 해석함수 $f: D \to \mathbb{C}$에 대해

$$\int_\gamma f(z)\, dz = 0.$$

보조정리 5.3.1에 의해서 f의 원시함수가 존재한다. ■

연습문제 [5.4]

1. 다음에 주어진 함수가 해석적이 되도록 영역을 정하고 $\int_{|z|=1} f(z)dz$를 구하여라. 단, 곡선의 방향은 반시계 방향이다.

(a) $f(z) = \dfrac{z}{z^2+2}$　　(b) $f(z) = \dfrac{1}{z^2+2z+2}$

(c) $f(z) = \tan z$　　(d) $f(z) = \mathrm{Log}(z+5)$

2. γ를 꼭짓점이 $0, 1, i$인 삼각형의 둘레이고 반시계 방향이라 하자. γ를 매개변수화 하여 다음을 보여라.

(a) $\displaystyle\int_\gamma 1\,dz = 0$ (b) $\displaystyle\int_\gamma z\,dz = 0$

3. $z = re^{i\theta}$라 하고 $f(z) = u(r, \theta) + iv(r, \theta)$를 모든 $z = re^{i\theta}$에 대해서 해석적이라 하자. 그러면

$$\int_0^{2\pi} [u(r, \theta)\cos\theta - v(r, \theta)\sin\theta]\,d\theta = 0.$$

5.5 회전수(winding number)

$\gamma(t) = e^{it}$, $t \in [0, 4\pi]$라 하면 곡선 γ는 원점 주위를 반시계 방향으로 두 번 감는다. 이 경우 $\displaystyle\int_\gamma \frac{1}{z}\,dz = \int_0^{4\pi} \frac{1}{e^{it}}\,ie^{it}\,dt = 4\pi i$가 되어 적분 값이 원점을 한 번 감을 때보다 2배가 된다. 이것을 좀 더 일반화 하자. 먼저 곡선 γ의 **궤적**(軌跡, trace)

$$T(\gamma) = \{\gamma(t) \in \mathbb{C} : t \in [0, 1]\}$$

를 $\mathbb{C}$의 부분집합으로 정의한다. γ를 닫힌곡선이라 하자. $a \notin T(\gamma)$일 때 a 둘레에서 γ의 지표, 또는 회전수는 γ 주위에서 $z - a$의 편각의 증감을 2π로 나눈 값을 의미한다. 기하학적으로 $T(\gamma)$가 a를 몇 번 그리고 어느 방향으로 감았는지를 나타낸다.

정의 5.5.1 γ를 연속이며 길이를 잴 수 있는(rectifiable) 닫힌곡선이라 하고 $a \notin T(\gamma)$라 하자.

$$n(\gamma, a) = \frac{1}{2\pi i}\int_\gamma \frac{1}{z - a}\,dz \tag{5.7}$$

를 a에 대한 γ의 **지표**(指標, index) 또는 **회전수**(回轉數, winding number)라고 부른다.

식 (5.7)이 회전수인 것은 대략 다음과 같은 이유에서이다.
먼저 $\gamma(t)-a=\alpha(t)+i\beta(t)$, $t\in[0,1]$를 구분적 평활곡선이라 하자. 그러면

$$\begin{aligned} n(\gamma, a) &= \frac{1}{2\pi}\{\arg(\gamma(1)-a)-\arg(\gamma(0)-a)\} \\ &= \frac{1}{2\pi}\int_0^1 \frac{d}{dt}\arg(\gamma(t)-a) = \frac{1}{2\pi}\int_0^1 \frac{d}{dt}\arctan(\beta(t)/\alpha(t)) \\ &= \frac{1}{2\pi}\int_0^1 \frac{(\beta(t)/\alpha(t))'}{1+(\beta(t)/\alpha(t))^2}dt = \frac{1}{2\pi}\int_0^1 \frac{\beta'(t)\alpha(t)-\alpha'(t)\beta(t)}{\alpha^2(t)+\beta^2(t)}dt \\ &= \frac{1}{2\pi}\int_0^1 \mathrm{Im}\frac{(\alpha'+i\beta')(\alpha-i\beta)}{\alpha^2+\beta^2}dt = \frac{1}{2\pi}\int_0^1 \mathrm{Im}\frac{\alpha'+i\beta'}{\alpha+i\beta}dt \\ &= \frac{1}{2\pi}\mathrm{Im}\int_0^1 \frac{\gamma'(t)}{\gamma(t)-a}dt = \mathrm{Re}\frac{1}{2\pi i}\int \frac{\gamma'(t)}{\gamma(t)-a}dt \\ &= \mathrm{Re}\frac{1}{2\pi i}\int_\gamma \frac{1}{z-a}dz. \end{aligned}$$

정리 5.5.1 $\gamma=\gamma(t)$ $0\leqq t\leqq 1$를 닫힌 구분적 평활곡선이라 하고 $a\notin T(\gamma)$라 하자. 그러면 $n(\gamma, a)\in\mathbb{Z}$이다.

증명 $\psi(t)=\displaystyle\int_0^t \frac{\gamma'(\tau)}{\gamma(\tau)-a}d\tau$, $t\in[0,1]$라 하자.

그러면 $\psi(0)=0$, $\psi(1)=\displaystyle\int_\gamma \frac{1}{z-a}dz$이다. ψ를 t에 대해 미분하면,

$$\psi'(t)=\frac{\gamma'(t)}{\gamma(t)-a}$$

$g(t)=e^{-\psi(t)}(\gamma(t)-a)$로 정의하자. 그러면

$$\begin{aligned} g'(t) &= -\psi'(t)e^{-\psi(t)}(\gamma(t)-a)+e^{-\psi(t)}\gamma'(t) \\ &= -e^{-\psi(t)}\frac{\gamma'(t)}{\gamma(t)-a}\cdot(\gamma(t)-a)+e^{-\psi(t)}\gamma'(t)=0. \end{aligned}$$

따라서 $g(t)$는 상수함수이다. 특히 $t=0$과 $t=1$을 대입하면,

$$e^{-\psi(0)}(\gamma(0)-a)=\gamma(0)-a=e^{-\psi(1)}(\gamma(1)-a)$$

그런데 $\gamma(0)=\gamma(1)$이므로 $e^{-\psi(1)}=1$. 즉, $k\in\mathbb{Z}$가 존재하여 $\psi(1)=2k\pi i$. 따라서

$$n(\gamma, a)=\frac{1}{2\pi i}\int_\gamma \frac{1}{z-a}dz=k\in\mathbb{Z}.$$ ■

정리 5.5.2 γ를 닫힌 구분적 평활곡선이라 하자. 그러면 회전수 $n(\gamma, a)$는 $\mathbb{C} \setminus T(\gamma)$에서 연속인 함수이다.

증명 $a \notin T(\gamma)$라 하자. $T(\gamma)$는 compact 집합이므로 $\rho > 0$가 존재하여 $z \in T(\gamma)$이면 $|z-a| \geq \rho$. $\delta = \min\left\{\frac{\rho}{2}, \frac{\pi\rho^2\epsilon}{L}\right\} > 0$라 하자. 그러면 $|a-b| < \delta$일 때, 모든 $z \in T(\gamma)$에 대해서

$$|z-b| \geq |z-a| - |b-a| \geq \rho - \frac{\rho}{2} = \frac{\rho}{2}$$

이다. L을 곡선의 길이라 하면

$$\begin{aligned} |n(\gamma, a) - n(\gamma, b)| &= \left|\frac{1}{2\pi i}\int_\gamma \left(\frac{1}{z-a} - \frac{1}{z-b}\right) dz\right| \leq \frac{1}{2\pi}\int_\gamma \left|\frac{b-a}{(z-b)(z-a)}\right| |dz| \\ &\leq \frac{1}{2\pi} \cdot \frac{2}{\rho} \cdot \frac{1}{\rho} \cdot |b-a| \int_\gamma |dz| = \frac{L}{\pi\rho^2}|b-a| \\ &< \frac{L}{\pi\rho^2}\delta < \epsilon. \end{aligned}$$

따라서 $n(\gamma, a)$는 $\mathbb{C} \setminus T(\gamma)$에서 연속인 함수이다. ■

따름정리 5.5.3 γ를 구분적 평활곡선이라 하자. $n(\gamma, a)$는 $\mathbb{C} \setminus T(\gamma)$의 연결성분에서 상수함수이고 γ의 내부

$$\operatorname{Inn}(\gamma) := \{z \in \mathbb{C} \setminus T(\gamma) : n(\gamma, a) \neq 0\}$$

는 유계인 집합이다.

증명 $n(\gamma, a)$는 $\mathbb{C} \setminus T(\gamma)$에서 $\mathbb{Z}$로 가는 연속함수이므로 $\mathbb{C} \setminus T(\gamma)$의 각 연결성분에서 상수 함수이어야 한다.

$T(\gamma)$는 컴팩트집합이므로 $R > 0$이 존재하여 $T(\gamma) \subset \{z \in \mathbb{C} : |z| < R\}$. L을 γ의 길이라 하자. $|a| > R$이고, $\forall z \in T(\gamma)$, $|z-a| > \frac{L}{2\pi}$이 되도록 a를 잡자. 그러면

$$|n(\gamma, a)| \leq \frac{1}{2\pi}\int_\gamma \frac{1}{|z-a|}|dz| < 1.$$

그런데 $n(\gamma, a)$는 정수이므로 이것은 0이어야 한다. 또한 $n(\gamma, a)$는 연속함수이므로 $|a| > R$이면 $n(\gamma, a) = 0$. 따라서 $\operatorname{Inn}(\gamma)$는 유계인 집합이고, 유계가 아닌 $\mathbb{C} \setminus T(\gamma)$의 연결성분은 유일함을 알 수 있다. ■

γ를 닫힌 구분적 평활곡선이라 하자. γ의 내부의 점 a에 대하여 $n(\gamma, a)$가 양의 정수이면 γ는 **양방향**(positive direction)의 곡선, 또는 **양향곡선**이라 하고 $n(\gamma, a)$가 음의 정수이면 γ는 **음방향**(negative direction)의 곡선, 또는 **음향곡선**이라 한다.

정리 5.5.4 $\gamma, \gamma_1, \gamma_2, \cdots, \gamma_n$를 양향의 닫힌 단순평활곡선이라 하고 각각의 γ_j, $j = 1, 2, \cdots, n$는 γ의 내부에 있고 $k \neq j$인 k에 대해서 γ_k의 외부에 있다 하자. $f(z)$가 $\gamma, \gamma_1, \gamma_2, \cdots, \gamma_n$ 위에서 해석적이고 γ의 내부와 $\gamma_1, \cdots, \gamma_n$의 외부에서 해석적이라 하면

$$\int_\gamma f(z)\,dz = \sum_{j=1}^{n} \int_{\gamma_j} f(z)\,dz$$

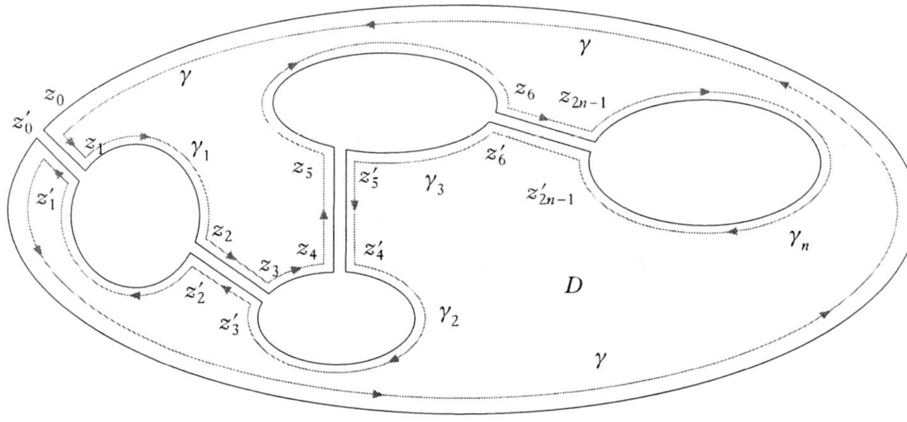

그림 5-13

증명 $\Gamma = \gamma - \gamma_1 - \gamma_2 - \cdots - \gamma_n$라 놓자. D를 그림 5-13과 같이 γ를 포함하는 단순연결영역에서 n개의 연결 영역들과 각 영역을 잇는 통로를 제거하여 얻은 정의역이라 하자. 그러면 D는 단순연결영역이다.

그림과 같이 γ 위에서 점 z_0를 뽑고 γ_k에서는 z_{2k-1}과 z_{2k}를 뽑는다. Γ_1을 z_0에서 시작하여 γ_1의 점 z_1까지는 D안에 있고 어떠한 곡선 γ_j나 γ와 만나지 않는 다각형곡선이고, 다음에 z_1에서 z_2까지는 γ_1을 따라서 시계방향으로 진행하고 z_2에서 z_3까지는 D안에 있는 다각형곡선, 이런 식으로 z_{2n-1}까지 간 다음, 곡선 γ_n을 시계방향으로 돌아 z'_{2n-1}까지 오고 z'_{2n-1}에서 z'_{2n-2}까지는 다각형곡선으로, 각각의 γ_j 위에서는

그림 5-13과 같이 시계방향으로 진행하여 z'_0까지 간 다음에 γ를 따라 z_0까지 반시계 방향으로 돌아오는 닫힌 구분적 평활곡선이라 하면 Γ_1은 단순연결영역 D에서 영 homotopic하다. 따라서 Cauchy의 적분정리에 의해서 $\int_{\Gamma_1} f(z)\,dz = 0$이다.

이제 γ_{j-1}과 γ_j의 간격을 점점 좁히면 다각형곡선들의 적분은 방향이 서로 반대이므로 그 곳에서의 적분 값은 0에 수렴한다. 그러면 $\int_{\Gamma} f(z)\,dz = 0$. 따라서

$$\int_{\gamma} f(z)dz = \sum_{j=1}^{n} \int_{\gamma_j} f(z)dz. \qquad \blacksquare$$

연습문제 [5.5]

1. γ를 닫힌 평활곡선이라 하자. $a \notin T(\gamma)$이면 $n(\gamma, a) = -n(-\gamma, a)$인 것을 보여라.

2. γ와 σ를 시점이 같은 닫힌 평활곡선이라 하자. $a \notin T(\gamma) \cup T(\sigma)$이면

$$n(\gamma+\sigma, a) = n(\gamma, a) + n(\sigma, a)$$

인 것을 보여라.

3. $p(z)$를 n차의 다항식이라 하고 $p(z)$의 모든 영점이 $|z| = R$ 내부에 있으면

$$\int_{|z|=R} \frac{p'(z)}{p(z)}\,dz = 2\pi ni$$

이다. 여기서, 곡선의 방향은 반시계방향이다.

4. $D \subseteq \mathbb{C}$를 단순연결영역이라 하고 f를 D에서 정의된 해석함수라 하자. γ를 단순 닫힌 평활곡선이라 하고 특히 $z \in T(\gamma)$이면 $f(z) \neq a$, $f(z) = \infty$라 하자. 그러면,

$$n(f \circ \gamma, a) = \frac{1}{2\pi i} \int_{\gamma} \frac{f'(z)}{f(z) - a}\,dz$$

는 곡선 $f \circ \gamma$가 a를 감는 횟수를 나타냄을 보여라. 이것을 a에서 $f \circ \gamma$의 회전수라고 부른다.

5. $f(z) = z^2 + z$라 하고 γ를 $|z| = 2$를 양방향으로 한 번 회전하는 곡선이라 하자. 그러면 $f(z)$는 원점을 두 번 감는다.

6. $f(z) = z^5 - z$라 하고 γ를 다음과 같은 단순닫힌곡선이라 할 때 $f \circ \gamma$는 원점을 몇 번 감겠는가?

(a) $|z| = \frac{1}{2}$　　(b) $\pm \frac{1}{2} \pm 3i$를 꼭짓점으로 하는 직사각형의 변

(c) $|z| = 2$　　(d) $|z - i| = \frac{5}{4}$

5.6 Cauchy의 적분공식(integral formula)과 그 결과

정리 5.6.1 (Cauchy의 적분공식)　$D \subset \mathbb{C}$를 열린집합, 그리고 γ를 D 안에 있는 닫힌 구분적 평활곡선이라 하자. γ의 내부와 $T(\gamma)$가 D에 포함되고 f가 D에서 해석적이면, 모든 $a \in \mathbb{C} \setminus T(\gamma)$에 대해

$$n(\gamma, a) f(a) = \frac{1}{2\pi i} \int_\gamma \frac{f(z)}{z - a} dz. \tag{5.8}$$

증명 a가 γ의 외부에 있는 경우에는 $n(\gamma, a) = 0$이고, $\frac{f(z)}{z-a}$는 γ의 내부와 $T(\gamma)$를 포함하고 D 안에 있는 단순연결영역에서 해석적이므로 Cauchy 정리에 의해서 $\int_\gamma \frac{f(z)}{z-a} dz = 0$.
$a \in \mathrm{Inn}(\gamma)$인 경우, $\lambda : D \to \mathbb{C}$를 아래와 같이 정의한다.

$$\lambda(z) = \begin{cases} \dfrac{f(z) - f(a)}{z - a} - f'(a), & z \neq a \\ 0, & z = a \end{cases}$$

그러면 λ는 $z = a$에서 연속이고 $D \setminus \{a\}$에서 해석적이다. 따라서 따름정리 5.3.6에 의해 λ는 국소적으로 적분가능하다. Cauchy의 적분정리는 국소적 적분가능한 함수에 대해서도 성립하므로, $\int_\gamma \lambda(z) dz = 0$.

$$f(z) = f(a) + f'(a)(z - a) + \lambda(z)(z - a)$$

이므로

$$\int_\gamma \frac{f(z)}{z-a}dz = \int_\gamma \frac{f(a)}{z-a}dz + \int_\gamma \lambda(z)dz + \int_\gamma f'(a)dz$$
$$= f(a)\int_\gamma \frac{1}{z-a}dz = 2\pi i \cdot n(\gamma, a)f(a). \qquad \blacksquare$$

이제부터 곡선을 $|z-a| = r$로 나타냈을 때 이것은 $\gamma(t) = a + re^{it}$, $t \in [0, 2\pi]$이며 반시계 방향으로 원둘레를 한 바퀴 도는 곡선이라 하자. 이 경우 $n(\gamma, a) = 1$이다.

$n(\gamma, a) = 1$이고, a가 γ의 내부에 있는 경우 $\int_\gamma \lambda(z)dz = 0$을 다음과 같이 증명해도 된다. 정리 5.5.4에 의해서 $B(a;\delta) \subset D \setminus T(\gamma)$이면, $n(\gamma, a) = 1$이라 가정했을 때

$$\int_\gamma \frac{f(z)}{z-a}dz = \int_{|z-a|=\delta} \frac{f(z)}{z-a}dz$$

이다. $T(\gamma)$가 compact 집합이고 $a \not\in T(\gamma)$이므로 위와 같은 $\delta > 0$가 언제나 존재한다. λ는 연속이므로 모든 $z \in \mathrm{Inn}(\gamma) \cup T(\gamma)$에 대해 $|\lambda(z)| \leqq M$라 하자 그러면

$$\left|\int_{|z-a|=\delta} \lambda(z)dz\right| \leqq \int_{|z-a|=\delta} |\lambda(z)||dz| \leqq M(2\pi\delta).$$

따라서 $\int_\gamma \lambda(z)dz = \lim_{\delta\to 0}\int_{|z-a|=\delta} \lambda(z)dz = 0.$

Cauchy의 적분공식을 사용하여 다음과 같이 복소적분을 계산한다.

[예 5.6.1] (i) $\displaystyle\int_\gamma \frac{[\cos^2(3z) + \cosh^4(4z)]^3}{z}dz = 16\pi i$

여기서 γ는 $a = 0$를 품는 양향의 단순 닫힌 평활곡선이다. $f(z) = (\cos^2 z + \cosh^4 z)^3$이라 하면 적분값은

$$I = 2\pi i f(0) = 2\pi i(\cos^2(0) + \cosh^4(0))^3 = 2\pi i(2)^3 = 16\pi i.$$

(ii) $$\int_{|z|=2} \frac{9z^2 - iz + 4}{z(z^2+1)}dz = \int_{|z|=2} \frac{4}{z}dz + \int_{|z|=2} \frac{2}{z-i}dz + \int_{|z|=2} \frac{3}{z+i}dz$$
$$= 2\pi i(4+2+3) = 18\pi i$$

정리 5.6.2 $f(z)$가 열린집합 D에서 해석적이라 하자. 그러면 f의 모든 차수의 도함수가 존재하고 해석적이다. n차 도함수는 γ의 내부와 $T(\gamma)$가 D에 포함되는 경우 다음과 같다.

$$n(\gamma, a)f^{(n)}(a) = \frac{n!}{2\pi i}\int_\gamma \frac{f(z)}{(z-a)^{n+1}}dz. \tag{5.9}$$

증명 $f'(a)$가 존재하고 $n(\gamma, a)f'(a) = \frac{1}{2\pi i}\int_\gamma \frac{f(z)}{(z-a)^2}dz$임을 보이자. Cauchy의 적분공식에 의해서, $n(\gamma, a) = 0$인 경우 $f(z)/(z-a)^2$이 γ의 내부와 $T(\gamma)$를 포함하고 D 안에 있는 단순연결영역에서 해석적이므로 식 (5.9)의 우변 적분식의 값은 0이다. 따라서 식 (5.9)가 성립한다.

$n(\gamma, a) = 1$인 경우, Cauchy의 적분공식 (5.8)을 사용하면

$$\frac{f(a+h)-f(a)}{h} = \frac{1}{2\pi i}\cdot\frac{1}{h}\left\{\int_\gamma \frac{f(z)}{z-(a+h)}dz - \int_\gamma \frac{f(z)}{z-a}dz\right\}.$$

그런데

$$\begin{aligned}\frac{1}{h}\left[\frac{1}{z-a-h} - \frac{1}{z-a}\right] &= \frac{1}{(z-a-h)(z-a)}\\ &= \frac{z-a-h+h}{(z-a-h)(z-a)^2} = \frac{1}{(z-a)^2} + \frac{h}{(z-a)^2(z-a-h)}\end{aligned}$$

이므로

$$\frac{f(a+h)-f(a)}{h} = \frac{1}{2\pi i}\int_\gamma \frac{f(z)}{(z-a)^2}dz + \frac{1}{2\pi i}\int_\gamma \frac{hf(z)}{(z-a)^2(z-a-h)}dz. \tag{5.10}$$

먼저 $r = \frac{1}{2}\min\{|z-a| : z \in T(\gamma)\}$라 하고 $h \in \mathbb{C}$는 $|h| < r$, 그리고 $l(\gamma)$는 $T(\gamma)$의 길이, $M = \max\{|f(z)| : z \in T(\gamma)\}$라 하자. 그러면

$$\begin{aligned}\left|\frac{1}{2\pi i}\int_\gamma \frac{f(z)h}{(z-a)^2(z-a-h)}dz\right| &\le \frac{1}{2\pi}\cdot\frac{1}{4r^2}\cdot\frac{1}{r}\cdot M\cdot|h|\int_\gamma |dz|\\ &= \frac{M\cdot l(\gamma)\cdot|h|}{8\pi r^3}.\end{aligned}$$

따라서 $\lim_{h\to 0}\left|\frac{1}{2\pi i}\int_\gamma \frac{hf(z)}{(z-a)^2(z-a+h)}dz\right| = 0$. 그러면 식 (5.10)에서 $h \to 0$이면

$$f'(a) = \frac{1}{2\pi i}\int_\gamma \frac{f(z)}{(z-a)^2}dz.$$

$n(\gamma, a) \neq 1$인 경우 (5.10) 식의 우변을 $n(\gamma, a)$로 나누어 극한을 계산하면

$$n(\gamma, a) f'(a) = \frac{1}{2\pi i} \int_\gamma \frac{f(z)}{(z-a)^2} dz. \tag{5.11}$$

식 (5.11)을 사용하여 위와 같은 방법으로 계산하면 $f''(a)$도 존재하고 그 값은

$$n(\gamma, a) f''(a) = \frac{2}{2\pi i} \int_\gamma \frac{f(z)}{(z-a)^3} dz.$$

a는 임의이므로 $f'(z)$는 해석적임을 알 수 있다. 귀납적으로 임의의 n차 도함수 $f^{(n)}$도 미분가능하고

$$n(\gamma, a) f^{(n)}(a) = \frac{n!}{2\pi i} \int_\gamma \frac{f(z)}{(z-a)^{n+1}} dz.$$ ■

정리 5.6.2로부터 해석함수의 매우 중요한 특성을 하나 알았다. 해석함수는 모든 차수의 도함수가 존재한다는 사실이다.

다음 따름정리의 충분조건은 Morera의 정리이다.

따름정리 5.6.3 $D \subset \mathbb{C}$를 열린집합이라 하고 f를 D 위에서 정의된 연속함수라 하자. f가 해석적이기 위한 필요충분조건은 국소적으로 적분 가능한 것이다.

증명 ($\Rightarrow$) 정리 5.3.6에서 이미 다뤘다.

($\Leftarrow$) (Morera의 정리) f를 국소적 적분 가능한 함수라 하고 $a \in D$라 하자. 그러면 정리 5.3.2에 의해서 a의 열린 근방 U와 해석함수 F가 존재하여 $z \in U$에 대해 $F'(z) = f(z)$이다. 그러면 정리 5.6.2에 의해 f도 U에서 해석적이다. $a \in D$는 임의이므로 f는 D에서 해석적이다. ■

[예 5.6.2] $f(z) = e^z + z\sinh z$라 하면

$f'(z) = e^z + \sinh z + z\cosh z$, $f''(z) = e^z + 2\cosh z + z\sinh z$이므로

$$\int_{|z-\pi i|=1} \frac{e^z + z\sinh z}{(z-\pi i)^3} dz = \frac{2\pi i}{2!} f''(\pi i)$$

$$= \pi i (e^{\pi i} + 2\cosh(\pi i) + (\pi i)\sinh(\pi i)) = -3\pi i.$$

정리 5.6.4 (Cauchy의 부등식) $f(z)$가 a를 중심으로 하는 반경이 r인 원 γ와 그 내부에서 해석적이고 $M = \max\{|f(z)| : z \in T(\gamma)\}$라 하면 $\forall n \in \mathbb{N}$에 대해

$$|f^{(n)}(a)| \leq \frac{Mn!}{r^n}$$

증명 n차 도함수에 관한 적분공식 (5.9)를 사용한다. $n(\gamma, a) = 1$이므로

$$\begin{aligned} |f^{(n)}(a)| &= \left| \frac{n!}{2\pi i} \int_{|z-a|=r} \frac{f(z)}{(z-a)^{n+1}} dz \right| \\ &\leq \frac{n!}{2\pi} \cdot \frac{1}{r^{n+1}} \cdot M \cdot \int_{|z-a|=r} |dz| = \frac{n!}{2\pi} \cdot \frac{M}{r^{n+1}} \cdot 2\pi r \\ &= \frac{M \cdot n!}{r^n} \end{aligned}$$

■

정리 5.6.5 (Liouville) $f(z)$가 $\mathbb{C}$에서 유계이고 해석적이라 하자. 그러면 $f(z)$는 상수함수이다.

증명 $a \in \mathbb{C}$ 라 하고 곡선 $\gamma : |z-a| = r$위에서 적분한다고 하자. 1차 도함수에 관한 Cauchy의 부등식에 의해서 $|f(z)| \leq M$이라 하면

$$|f'(a)| \leq \frac{M}{r}.$$

$r > 0$은 임의이고 M은 고정되었으므로 $r \to \infty$이면 $f'(a) = 0$. a는 임의이므로 $f'(z) = 0$. 즉, $f(z)$는 상수함수이다. ■

정리 5.6.6 (대수학의 기본정리: fundamental theorem of algebra)
$f(z)$가 차수 $n \geq 1$인 다항식이라 하자. $f(z)$는 적어도 하나의 근을 갖는다.

증명 $f(z) = a_0 + a_1 z + a_2 z^2 + \cdots + a_n z^n$이라 놓자. ($a_j \in \mathbb{C}$, $j = 0, 1, \cdots, n$) 방정식 $f(z) = 0$이 $\mathbb{C}$에서 근을 갖지 않는다고 하자. $g(z) = 1/f(z)$이라 놓으면 $g(z)$는 $\mathbb{C}$에서 해석적이다. 다음, $|a_0|, \cdots, |a_{n-1}|$은 고정된 값이므로 $|z|$를 충분히 크게 하면 즉, $|z| \geq M > 0$이면

$$|a_n| - \left|\frac{a_0}{z^n}\right| - \cdots - \left|\frac{a_{n-1}}{z}\right| \geq \frac{|a_n|}{2}.$$

따라서

$$|f(z)| \geq |z|^n \left|a_n + \frac{a_0}{z^n} + \cdots + \frac{a_{n-1}}{z}\right|$$
$$\geq |z|^n \left(|a_n| - \left|\frac{a_0}{z^n}\right| - \cdots - \left|\frac{a_0}{z}\right|\right) \geq \frac{|a_n|}{2} \cdot |z|^n \geq \frac{|a_n|}{2} \cdot M^n, \ (\forall |z| \geq M)$$

이고

$$|g(z)| = \frac{1}{f(z)} \leq \frac{2}{|a_n| \cdot M^n} \ (\forall |z| \geq M).$$

한편 $|z| \leq M$이면 $|g(z)|$는 컴팩트집합 $\{z \mid |z| \leq M\}$에서 연속이므로 $|g(z)|$는 최대값 K를 갖는다. 따라서 $g(z)$는 $\mathbb{C}$에서 유계인 해석함수이다. 정리 5.6.5에 의해서 $g(z) \equiv K$. 즉, $f(z) = \frac{1}{K}$ 이것은 모순이다. 그러므로 $f(z)$는 $\mathbb{C}$에서 적어도 하나의 근을 갖는다. ■

연습문제 [5.6]

1. γ를 양향의 원 $|z| = 1$이라 할 때 다음 적분 값이 모두 0임을 밝혀라.

(a) $\displaystyle\int_\gamma \frac{z^3}{z+3}dz$ (b) $\displaystyle\int_\gamma \frac{(z+\sinh z)^2}{\cos z}dz$

(c) $\displaystyle\int_\gamma \frac{e^{3z}+\tanh z}{z^2+4}dz$ (d) $\displaystyle\int_\gamma \frac{3\sin^2 z}{z^2-7z+7}dz$

(e) $\displaystyle\int_\gamma \frac{1+\tan^2 z}{\cosh^2 z}dz$ (f) $\displaystyle\int_\gamma \frac{z^2+3z+4}{z^4-7z^3+11z^2-28z+28}dz$

2. 회전수가 1인 양향의 평활곡선 γ가 다음과 같이 주어졌을 때 적분 값을 구하여라.

(a) $\displaystyle\int_\gamma \frac{e^z - 1}{z}dz,\ \gamma : |z| = 1$ (b) $\displaystyle\int_\gamma \frac{\sinh^2 z + \cos z}{z - \pi i}dz,\ \gamma : |z| = 4$

(c) $\displaystyle\int_\gamma \frac{dz}{z^4 - 1},\ \gamma : |z| = 2$ (d) $\displaystyle\int_\gamma \frac{z^4+3z^2-4}{z-2i}dz,\ \gamma : |z| = 3$

(e) $\int_{\gamma} \frac{3}{z+1} - \frac{4}{z-1}\, dz,\ \gamma : |z| = 2$ (f) $\int_{\gamma} \frac{e^z}{1+z^3}\, dz,\ \gamma : |z| = 2$

3. 꼭짓점이 $\pm 4 \pm 4i$인 정사각형의 변으로 이루어진 양향의 단순 닫힌 평활곡선을 γ라 할 때 다음 적분 값을 구하여라.

(a) $\int_{\gamma} \frac{e^z}{z^6}\, dz$ (b) $\int_{\gamma} \frac{e^{2z}}{(z-\pi i)^6}\, dz$

(c) $\int_{\gamma} \frac{\sinh 2z}{(z-\pi/2)^4}\, dz$ (d) $\int_{\gamma} \frac{e^z \cosh z}{(z-\pi)^3}\, dz$

(e) $\int_{\gamma} \frac{\cos z + \sin\left(\frac{z}{2}\right)}{(z+\pi i)^4}\, dz$ (f) $\int_{\gamma} \frac{z^6 + 4z^4 - 2z^2 + 1}{(z-2i)^6}\, dz$

4. 평활곡선 γ가 다음 그림과 같을 때 $\int_{\gamma} \frac{dz}{z^2-1}$를 구하여라.

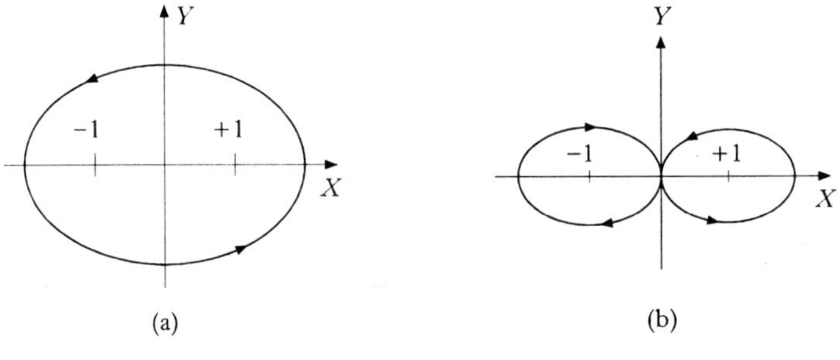

그림 5-14

5. $f(z)$를 $|z| = R$의 내부와 그 자신을 포함하는 열린집합에서 해석적이라 하자. $z_0 = r_0 e^{i\theta_0}$, $r_0 < R$이라 하면

$$f(z_0) = \frac{1}{2\pi} \int_0^{2\pi} \frac{R^2 - r_0^2}{R^2 + r_0^2 - 2Rr_0 \cos(\theta - \theta_0)} f(Re^{i\theta})\, d\theta$$

이다. 이것을 Poisson의 적분공식이라 부른다.

6. $a, b > 0$인 실수라 하자. 그러면

$$\int_0^{2\pi} \frac{1}{a^2 \cos^2 t + b^2 \sin^2 t}\, dt = \frac{2\pi}{ab}.$$

7. $f(z)$는 모든 $z \in \mathbb{C}$에 대해서 $|f(z) \leq M|z|$를 만족하는 정함수라 하자. 그러면

(a) 모든 $n \geq 2$과 $z \in \mathbb{C}$에 대해서 $f^{(n)}(z) = 0$이다.

(b) (a)를 이용하여 $f(z) = az + b$ 임을 보여라.

8. $f(z)$는 $|z| < 5$에서 해석적이라 하자. $|z-1| = 3$인 z에 대해서 $|f(z)| \leq 10$일 때

(a) $|f^{(4)}(1)|$의 상계를 구하여라.

(b) $|f^{(4)}(0)|$의 상계를 구하여라.

9. $f(z)$를 절대값이 충분히 큰 모든 z와 적당한 $n \in \mathbb{N}$에 대해 부등식 $|f(z)| < |z|^n$을 만족하는 정함수라 하자. 그러면 f는 다항식이다.

10. $D \subseteq \mathbb{C}$를 정의역이라 하자. f를 D에서 정의된 해석함수이고 γ를 D 안에 있는 닫힌 평활곡선이라 하면

$$\int_\gamma \overline{f(z)} \cdot f'(z)\,dz$$

는 순허수이거나 0이다.

11. $D \subseteq \mathbb{C}$를 정의역이라 하자. f를 D에서 정의된 해석함수이고, 모든 $z \in D$에 대해 $|f(z) - 1| < 1$이면 D 안에 있는 모든 닫힌 평활곡선 γ에 대해

$$\int_\gamma \frac{f'(z)}{f(z)}\,dz = 0.$$

12. $p(z)$를 다항식이라 하고 $\gamma : |z-a| = R$인 원이라 할 때

$$\int_\gamma p(z)dz = -2\pi i R^2 p'(a)$$

임을 보여라.

6

멱급수(power series)

해석함수는 주어진 점에서 수렴하는 멱급수로 표현할 수 있다. 역으로, 수렴하는 멱급수는 해석함수가 된다. 수렴하는 멱급수는 다항식들인 부분합의 극한이고 다항식 자체도 해석함수이므로 급수는 해석함수의 여러 가지 특성들을 규명하는데 매우 중요하다.

6.1 복소 무한급수(infinite series)

복소 무한급수 $\sum_{k=0}^{\infty} a_k$는 부분 합 $s_n = a_1 + a_2 + \cdots + a_n$을 n-번째 항으로 하는 복소수열 $\{s_n\}$이 α로 수렴하면 무한급수 $\sum_{k=0}^{\infty} a_k$이 α로 수렴한다 하고 $\sum_{k=0}^{\infty} a_k = \alpha$라 표기한다. 무한급수에 관한 정리나 성질은 부분합의 수열 $\{s_n\}$에 관한 결과를 이용하여 표현할 수 있다. $\sum_{k=0}^{\infty} a_k = \alpha$이고 $\sum_{k=0}^{\infty} b_k = \beta$이면 각각의 부분합 수열 $\{s_n\}$과 $\{t_n\}$의 극한이 α와 β 이므로

$$\sum_{k=0}^{\infty} a_k \pm \sum_{k=0}^{\infty} b_k = \lim_{n\to\infty} s_n \pm \lim_{n\to\infty} t_n = \lim_{n\to\infty} (s_n \pm t_n) = \sum_{k=0}^{\infty} a_k \pm b_k = \alpha \pm \beta$$

가 성립한다. 마찬가지 방법으로 임의의 $\alpha \in \mathbb{C}$에 대해 $\sum_{k=0}^{\infty} \alpha a_k = \alpha \sum_{k=0}^{\infty} a_k$도 성립한다.

앞으로 복소무한급수 대신 무한급수로 간단히 부르자. 다음 정리도 부분합 수열을 실수부분과 허수부분의 수열로 나누어 극한의 정의를 사용하면 얻을 수 있다.

정리 6.1.1 $\sum_{k=0}^{\infty} a_k = A = \alpha + \beta i$을 무한급수라 하자. 그러면

$$\sum_{k=0}^{\infty} \mathrm{Re}(a_k) = \alpha, \quad \sum_{k=0} \mathrm{Im}(a_k) = \beta.$$

정리 6.1.2 (Cauchy 판정) 무한급수 $\sum_{k=0}^{\infty} a_k$가 수렴하기 위한 필요충분조건은 임의의 $\epsilon > 0$에 대해서 $N \in \mathbb{N}$이 존재하여 $n > m \geqq N$이면

$$|s_n - s_m| = |a_{m+1} + a_{m+2} + \cdots + a_n| < \epsilon.$$

증명 $\{s_n\}$을 부분합의 수열이라 하자. 복소평면 $\mathbb{C}$가 완비공간이므로 $\sum_{k=0}^{\infty} a_k$가 수렴하기 위한 필요충분조건, 즉 $\{s_n\}$이 수렴하기 위한 필요충분조건은 이 수열이 Cauchy 수열이 되는 것이다. ■

정리 6.1.3 무한급수 $\sum_{k=0}^{\infty} a_k$가 수렴하면 $\lim_{n \to \infty} a_n = 0$이다.

증명 $\sum_{k=0}^{\infty} a_k = \alpha$이라 하자. $a_n = s_n - s_{n-1}$이고 $\lim_{n \to \infty} s_n = \alpha$이므로

$$\lim_{n \to \infty} a_n = \lim_{n \to \infty} s_n - s_{n-1} = \lim_{n \to \infty} s_n - \lim_{n \to \infty} s_{n-1} = \alpha - \alpha = 0.$$ ■

정리 6.1.3의 역은 성립하지 않는다. 예를 들면 $\sum_{n=0}^{\infty} \frac{1}{n} = \infty$인데 $\lim_{n \to \infty} a_n = \lim_{n \to \infty} \frac{1}{n} = 0$. 그러나 $\lim_{n \to \infty} a_n \neq 0$이면 무한급수 $\sum_{k=0}^{\infty} a_k$는 발산한다.

정의 6.1.1 만약 $\sum_{k=0}^{\infty}|a_k|$가 수렴하면 $\sum_{k=0}^{\infty}a_k$는 **절대수렴**(absolutely convergent) 한다고 말한다.

정리 6.1.4 무한급수 $\sum_{k=0}^{\infty}a_k$가 절대수렴하면 $\sum_{k=0}^{\infty}a_k$는 수렴한다.

증명 $\epsilon>0$이 주어졌다고 하자. $\sum_{k=0}^{\infty}a_k$가 절대수렴하므로 $\sum_{k=0}^{\infty}|a_k|$는 수렴한다. Cauchy 판정에 의해 $N\in\mathbb{N}$이 존재하여 $n>m\geq N$이면

$$|a_{n+1}|+|a_{n+2}|+\cdots+|a_m|<\epsilon.$$

그러면 삼각부등식에 의해서

$$|a_{n+1}+a_{n+2}+\cdots+a_m|\leq|a_{n+1}|+|a_{n+2}|+\cdots+|a_m|<\epsilon.$$

Cauchy 판정에 의해 $\sum_{k=0}^{\infty}a_k$는 수렴한다. ■

$\sum_{k=0}^{\infty}(-1)^{n+1}/n$은 수렴하지만 절대수렴하지 않는다. 따라서 정리 6.1.4의 역은 성립하지 않는다. 다음에 무한급수의 수렴에 관한 판정을 소개한다.

정리 6.1.5 (비교판정, Comparison Test) 모든 $n\geq N_0$에 대해 $|a_n|\leq|b_n|$이고, $\sum_{n=1}^{\infty}|b_n|$이 수렴하면 $\sum_{n=1}^{\infty}a_n$은 절대수렴한다.

증명 $\epsilon>0$이 주어졌다고 하자. 그러면 $\sum_{n=1}^{\infty}b_n$이 절대수렴하므로 $N\geq N_0$이 존재하여 $m,n\geq N$에 대해 $\sum_{j=n+1}^{m}|b_j|<\epsilon$. 그러면

$$|a_{n+1}|+|a_{n+2}|+\cdots+|a_m|\leq|b_{n+1}|+|b_{n+2}|+\cdots+|b_m|<\epsilon$$

정리 6.1.2에 의해 $\sum_{n=1}^{\infty}a_n$도 절대수렴한다. ■

정리 6.1.6 (비 판정, Ratio Test) $n > N$에 대해 $a_n \neq 0$라 하고

$$R = \overline{\lim_{n}} \sup \left| \frac{a_{n+1}}{a_n} \right|, \quad r = \underline{\lim_{n}} \inf \left| \frac{a_{n+1}}{a_n} \right|$$

이라 하자.

(i) $R < 1$이면 $\sum_{n=1}^{\infty} a_n$은 절대수렴한다.

(ii) $r > 1$이면 $\sum_{n=1}^{\infty} a_n$은 발산한다.

(iii) $r \leqq 1 \leqq R$이면 비 판정으로는 판정불능이다. 즉, $\sum_{n=1}^{\infty} a_n$은 수렴할 수도 있고 발산할 수도 있다.

증명 (i) $R < \alpha < 1$이라 하자. 상극한 $\overline{\lim_{n}}$의 성질에 의해서 $N_0 > N$이 존재하여 $n \geqq N_0$이면 $\left| \frac{a_{n+1}}{a_n} \right| < \alpha$. 따라서 $|a_{n+1}| < \alpha |a_n|$, $|a_{n+2}| < \alpha |a_{n+1}| < \alpha^2 |a_n|$, $\cdots$. 그러면

$$\sum_{n=1}^{\infty} |a_n| \leqq \sum_{n=1}^{N_0} |a_n| + |a_{N_0}| \sum_{n=0}^{\infty} \alpha^n < \infty.$$

(ii) $1 < \beta < r$이라 하자. 하극한의 성질에 의해서 무수히 많은 $n \in \mathrm{N}$에 대해

$$\left| \frac{a_{n+1}}{a_n} \right| > \beta.$$

그러면 순증가하는 단조부분수열 $\{|a_{n_j}|\}$가 존재하고 $a_{n_1} \neq 0$이므로 $\lim_{n \to \infty} a_n \neq 0$. 정리 6.1.3에 의해서 $\sum_{n=1}^{\infty} a_n$은 발산한다.

(iii) $a_n = \frac{1}{n}$, $b_n = \frac{1}{n^2}$이라 하자. $\overline{\lim_{n}} |a_{n+1} / a_n| = \overline{\lim_{n}} |b_{n+1} / b_n| = 1$이지만 $\sum_{n=1}^{\infty} \frac{1}{n}$은 발산하고 $\sum_{n=1}^{\infty} \frac{1}{n^2}$는 수렴한다. ■

정리 6.1.7 (근 판정, Root Test) $R = \overline{\lim_n} \sqrt[n]{|a_n|}$이라 하자.

(i) $R < 1$이면 $\sum_{n=1}^{\infty} a_n$은 절대수렴한다.

(ii) $R > 1$이면 $\sum_{n=1}^{\infty} a_n$은 발산한다.

(iii) $R = 1$이면 근 판정으로는 판정불능이다. 즉, $\sum_{n=1}^{\infty} a_n$은 수렴할 수도 있고 발산할 수도 있다.

증명 (i) $R < \alpha < 1$인 α를 선택한다. 상극한의 성질에 의해서 $N \in \mathbb{N}$이 존재하여 $n \geq N$이면 $|a_n| < \alpha^n$이다. 비교판정에 의해서 $\sum_{k=0}^{\infty} |a_k|$은 수렴한다.

(ii) $1 < \beta < R$이라 하자. 상극한의 성질에 의해서 무수히 많은 $n \in \mathbb{N}$에 대해

$$|a_n| > \beta^n > 1$$

이 성립한다. 정리 6.1.6(ii)의 증명과 같이 $\lim_{n \to \infty} a_n \neq 0$. 따라서 $\sum_{n=1}^{\infty} a_n$은 발산한다.

(iii) $a_n = \dfrac{1}{n^p}$라 하자. 그러면 L' Hospital의 법칙을 써서 계산하면

$$\overline{\lim_n} \sqrt[n]{|a_n|} = \lim_n n^{-\frac{p}{n}} = 1.$$

그런데 $\sum_{n=1}^{\infty} a_n$은 $p > 1$이면 발산하고 $p \leq 1$이면 수렴한다. ■

[예 6.1.1] (i) $n \geq 1$이면 $\dfrac{1}{n} \leq \dfrac{1}{\log(n+1)}$이므로 $\sum_{n=1}^{\infty} \dfrac{1}{\log(n+1)}$은 비교판정에 의해서 발산한다.

(ii) $a_n = \dfrac{n!\, i^n}{n^n}$이라 하자. $\left|\dfrac{a_{n+1}}{a_n}\right| = \dfrac{(n+1)!}{(n+1)^{n+1}} \cdot \dfrac{n^n}{n!} = \left(\dfrac{n}{n+1}\right)^n = \left(1+\dfrac{1}{n}\right)^{-n}$이다.

따라서 $\overline{\lim_n} \left|\dfrac{a_{n+1}}{a_n}\right| = \lim_{n \to \infty}\left(1+\dfrac{1}{n}\right)^{-n} = \dfrac{1}{e} < 1$. 비 판정에 의해 $\sum_{n=1}^{\infty} \dfrac{n!\, i^n}{n^n}$은 절대수렴한다.

(iii) $a_n = \left(\dfrac{n}{n+1}\right)^{n^2} i^n$이라 하자. $\sqrt[n]{|a_n|} = \left(\dfrac{n}{n+1}\right)^n = \left(1+\dfrac{1}{n}\right)^{-n}$이므로 근 판정에

의해 $\sum_{n=1}^{\infty}\left(\frac{n}{n+1}\right)^{n^2} i^n$는 절대수렴한다.

(iv) $a_{2n-1}=2^{-(2n-1)},\ a_{2n}=2^{-2(n-1)}$라 하자. $\liminf_{n}\left|\frac{a_{n+1}}{a_n}\right|=\frac{1}{8},\ \overline{\lim_{n}}\left|\frac{a_{n+1}}{a_n}\right|=2$ 이므로 비 판정으로는 판정할 수 없으나 $\overline{\lim_{n}}\sqrt[n]{|a_n|}=\frac{1}{2}$이므로 근 판정에 의해서 $\sum_{n=1}^{\infty} a_n$은 수렴한다. 근 판정이 비 판정보다는 적용범위가 좀 더 넓다는 것을 알 수 있다.

연습문제 [6.1]

1. 다음 무한급수의 수렴 또는 발산을 판정하여라.

(a) $\sum_{n=1}^{\infty} n^2 i^n$ (b) $\sum_{n=1}^{\infty}\frac{n^2 i^n}{n^3+1}$ (c) $\sum_{n=2}^{\infty}\frac{n i^n}{\log n}$

(d) $\sum_{n=1}^{\infty}\frac{i^n}{n^3}$ (e) $\sum_{n=1}^{\infty}\left(\frac{1+i}{3}\right)^n$ (f) $\sum_{n=1}^{\infty}\frac{3n i^n}{(n+2i)^3}$

(g) $\sum_{n=1}^{\infty}\frac{(3+2i)^n}{n+2}$ (h) $\sum_{n=1}^{\infty}\frac{\log n^n}{n!} i^n$ (i) $\sum_{n=2}^{\infty}\left(\frac{n^2-1}{n^2+3n+2}\right)^n i^n$

2. 모든 $p\in\mathbb{R}$에 대해서 $\sum_{n=1}^{\infty}\frac{1}{n^{1+ip}}$은 발산한다.

3. 모든 $0\neq p\in\mathbb{R}$에 대해서 $\sum_{n=2}^{\infty}\frac{1}{n^{1+ip}\log n}$은 수렴한다.

6.2 함수열과 함수급수(sequences and series of functions)

$\{f_n\}$를 집합 $D \subseteq \mathbb{C}$에서 정의된 복소함수라 하자. 임의의 $z \in D$에 대해서 복소수열 $\{f_n(z)\}$이 수렴하면 $\{f_n\}$는 D에서 **점마다 수렴**(pointwise converge)한다고 한다.

$f(z) = \lim_{n \to \infty} f_n(z)$라고 정의하면 f는 복소함수이다. 만약 $\{f_n\}$들이 연속인 함수이면 f도 연속인가? 또 $\{f_n\}$이 적분 가능한 함수일 때 적분값의 극한이 극한함수의 적분값과 같겠는가? 다음 예에서 이것이 사실이 아님을 알 수 있다.

[예 6.2.1] $\forall n \in \mathbb{N}$에 대해 $f_n(x) = x^n$, $x \in [0, 1]$이라 하고

$$f(x) = \begin{cases} 0, & 0 \leqq x < 1 \\ 1, & x = 1 \end{cases}$$

라 하자. f_n들은 연속함수이지만, 불연속인 함수 $f(x)$로 점마다 수렴한다.

[예 6.2.2] $n \geqq 2$라 하고 닫힌구간 $[0, 1]$에서 $f_n(x)$을 다음과 같이 정의하자.

$$f_n(x) = \begin{cases} n^2 x, & 0 \leqq x \leqq 1/n \\ 2n - n^2 x, & 1/n \leqq x \leqq 2/n \\ 0, & x \geqq 2/n \end{cases}$$

그러면 $\forall x \in [0, 1]$에 대해서 $\lim_{n \to \infty} f_n(x) = 0$이므로 극한함수 f는 항등적으로 0인 함수이다. 그런데 $\forall n \in \mathbb{N}$에 대해

$$\int_0^1 f_n(x)dx = 1$$

이므로 $\lim_{n \to \infty} \int_0^1 f_n(x)dx = 1 \neq 0 = \int_0^1 f(x)dx.$

위의 2가지 경우가 성립하게 하기 위해서 점마다 수렴보다 더 강한 수렴조건이 필요하다. 이것을 우리는 균등수렴(Uniform Convergence)이라고 부른다

정의 6.2.1 $\{f_n\}$을 $D \subseteq \mathbb{C}$ 위에서 정의된 함수라 하자. 임의의 $\epsilon > 0$에 대해 $N \in \mathbb{N}$이 존재하여 $n \geqq N$이면 모든 $z \in D$에 대해

$$|f(z)-f_n(z)|<\epsilon \tag{6.1}$$

이면 함수열 $\{f_n\}$는 f로 **균등수렴**(uniformly convergent)한다고 말한다.

$$\|f\|_\infty = \sup\{|f(z)| : z\in D\} \tag{6.2}$$

라 하자. 이것을 **균등** norm(uniform norm)이라고 부른다. 균등 norm을 사용하여 식 (6.1)을 표현하면 다음과 같다.

"임의의 $\epsilon>0$에 대해 $N\in\mathbb{N}$이 존재하여 $n\geq N$이면 $\|f-f_n\|_\infty<\epsilon$"

함수열이 균등수렴하면 당연히 점마다 수렴한다. 위의 2가지 예에서는 모두 균등수렴하지 않는다. 첫 번째 예에서는 $\epsilon=1/2$라 했을 때, $n_0\in\mathbb{N}$에 대해서 $x=\left(n_0/(n_0+1)\right)^{1/n_0}$이면

$$|f_{n_0}(x)-f(x)|=\frac{n_0}{n_0+1}-0=1-\frac{1}{n_0+1}\geq\frac{1}{2}$$

이므로, 두 번째 예에서는 $f_n(1/n)=n$이고, $|f_n(1/n)-f(0)|=n$이므로 $\epsilon>0$을 어떻게 선택하더라도 ϵ보다 큰 n을 선택할 수 있으므로 균등수렴하지 않는다.

정리 6.2.1 $\{f_n\}$을 $D\subseteq\mathbb{C}$ 위에서 정의된 연속인 복소함수열이라 하자. 만약 $\{f_n\}$이 D에서 f로 균등수렴하면 f도 연속이다.

증명 먼저 $z\in D$를 임의로 선택한다. $\epsilon>0$이 주어졌다 하자. 균등수렴정의에 의해서 $N\in\mathbb{N}$이 존재하여 $n\geq N$이면 모든 $z\in D$에 대해 $|f(z)-f_n(z)|<\epsilon$. 특히 $n=N$일 때도 식 (6.1)이 성립하고, f_N은 $z\in D$에서 연속이므로 $\delta>0$가 존재하여

$$|z-w|<\delta\text{이고 } w\in D\text{이면 } |f_N(z)-f_N(w)|<\epsilon.$$

따라서 $|z-w|<\delta$이고 $w\in D$이면

$$\begin{aligned}|f(z)-f(w)| &\leq |f(z)-f_N(z)|+|f_N(z)-f_N(w)|+|f_N(w)-f(w)|\\ &<\epsilon+\epsilon+\epsilon=3\epsilon.\end{aligned}$$

$z\in D$는 임의이므로 f는 D에서 연속이다. ∎

정리 6.2.2 γ를 복소평면 $\mathbb{C}$에 있는 구분적 평활곡선이라 하자. $\{f_n\}$를 곡선 γ 위에서 f로 균등 수렴하는 연속인 복소함수열이라 하면

$$\lim_{n \to \infty} \int_\gamma f_n(z)\,dz = \int_\gamma f(z)\,dz.$$

증명 L을 γ의 길이라 하고 $\epsilon > 0$이 주어졌다 하자. 균등수렴정의에 의해서 $N \in \mathbb{N}$이 존재하여 $n \geq N$이면 모든 $z \in T(\gamma)$에 대해 $|f(z) - f_n(z)| < \epsilon / L$. 정리 5.2.2에 의해서

$$\left| \int_\gamma f(z)dz - \int_\gamma f_n(z)dz \right| = \left| \int_\gamma f(z) - f_n(z)\,dz \right| < (\epsilon / L) \cdot L = \epsilon. \qquad \blacksquare$$

다음에 복소함수급수에 대해서 알아보자.

정의 6.2.2 $\{f_n\}$을 $D \subseteq \mathbb{C}$에서 정의된 함수열이라 하자. 각각의 $z \in D$에 대해서

$$s_n(z) = f_1(z) + f_2(z) + \cdots + f_n(z) \tag{6.3}$$

이라고 정의하면 $\{s_n(z)\}$는 무한급수 $\sum_{n=1}^{\infty} f_n(z)$의 부분합 함수열이고 각각의 $z \in D$에 대해서 $\lim_{n \to \infty} s_n(z)$가 존재하면 D에서 극한함수

$$f(z) = \lim_{n \to \infty} s_n(z)$$

를 정의할 수 있다. 이 경우 함수급수 $\sum_{n=1}^{\infty} f_n$은 f로 수렴한다 말하고 $f = \sum_{n=1}^{\infty} f_n$로 표기한다. 만약 $\{s_n\}$이 D에서 f로 균등수렴하면 $\sum_{n=1}^{\infty} f_n$이 f로 균등수렴한다고 말한다.

함수급수의 부분합 수열에 대해 각 점에서 Cauchy 판정을 사용하면 다음 정리를 얻는다. 증명은 연습문제로 남긴다.

정리 6.2.3 (함수급수에 관한 Cauchy판정) $\{f_n\}$을 $D \subseteq \mathbb{C}$에서 정의된 함수열이라 하자. $\sum_{n=1}^{\infty} f_n$이 D에서 균등수렴하기 위한 필요충분조건은 자연수 $N \in \mathbb{N}$이 존재하여 $m > n \geqq N$이면 모든 $z \in D$에 대해

$$\left| \sum_{j=n+1}^{m} f_j(z) \right| < \epsilon$$

정리 6.2.4 (Weierstrass의 M-판정) $\{f_n\}$을 $D \subseteq \mathbb{C}$에서 정의된 함수열이라 하자. $\forall n \in \mathbb{N}$과 $z \in D$에 대해 $0 < M_n < \infty$이 존재하여

$$|f_n(z)| \leqq M_n$$

이라 하자. 만약 $\sum_{n=1}^{\infty} M_n$이 수렴하면 $\sum_{n=1}^{\infty} f_n$은 D에서 균등수렴한다.

증명 $m > n$이라 하자. 그러면 모든 $z \in D$에 대해

$$\left| \sum_{j=n+1}^{m} f_j(z) \right| \leqq \sum_{j=n+1}^{m} |f_j(z)| \leqq \sum_{j=n+1}^{m} M_j$$

이다. $\sum_{n=1}^{\infty} M_n$이 수렴하므로 정리 6.1.2 (Cauchy 판정)에 의해서, 임의의 $\epsilon > 0$에 대해서 $N \in \mathbb{N}$이 존재하여 $n > m \geqq N$이면 $\sum_{j=n+1}^{m} M_j < \epsilon$. 따라서 모든 $z \in D$에 대해 $n > m \geqq N$이면 $\left| \sum_{j=n+1}^{m} f_j(z) \right| < \epsilon$. 정리 6.2.3에 의해서 $\sum_{n=1}^{\infty} f_n$은 D에서 균등수렴한다. ■

[예 6.2.3] $|z| < 1$에서 무한급수 $\sum_{n=1}^{\infty} z^n$의 수렴성을 조사하자.

$\sum_{n=1}^{\infty} z^n = \dfrac{1}{1-z}$이므로 $\left|\sum z^n - s_n\right| = \left|s_n - \dfrac{1}{1-z}\right| = \left|\dfrac{z^{n+1}}{1-z}\right|$. z가 1에 한없이 가까워지면 이 값은 ∞로 발산한다. $\sum_{n=1}^{\infty} z^n$은 $|z| < 1$에서 절대수렴 하지만 균등수렴하지 않는다. 그러나 $|z| \leqq r < 1$인 경우 $|z^n| \leqq r^n$이고 $\sum_{n=1}^{\infty} r^n = 1/(1-r)$로 수렴하므로 정리 6.2.4에 의해서 $\sum_{n=1}^{\infty} z^n$은 $|z| \leqq r$에서 균등수렴한다.

해석함수들의 함수열이 균등수렴하면 그것의 극한함수도 해석적이겠는가? 다음 두 정리에서 이것을 알아보자.

정리 6.2.5 $\{f_n\}$을 정의역 D에서 f로 균등수렴하는 해석함수들의 함수열이라 하자. 그러면 f도 해석적이다.

증명 해석함수는 연속함수이기도 하므로 정리 6.2.1에 의해서 f는 연속함수이다. 보조정리 5.3.3과 Morera의 정리(따름정리 5.6.3)에 의해서 D 안에 있는 삼각형 닫힌곡선 T 위에서 f의 선적분이 0이 됨을 보이면 충분하다. 각각의 $n\in\mathbb{N}$에 대해 f_n은 해석함수이므로 $\int_T f_n dz = 0$. 정리 6.2.2에 의해서

$$0=\int_T f(z)dz=\lim_n\int_T f_n(z)dz.$$

따라서 Morera의 정리에 의해 f는 D에서 해석적이다. ■

Cauchy의 적분공식을 사용하면 균등수렴 하는 해석함수들의 모든 차수의 도함수도 균등수렴한다는 것을 알 수 있다.

정리 6.2.6 모든 $n\in\mathbb{N}$에 대해 $f_n(z)$가 닫힌 원판 $\overline{B}(z_0;R)=\{z:|z-z_0|\le R\}$에서 해석적이고 $f(z)$로 균등수렴한다고 하자. 그러면 모든 $0<r<R$과 $k\ge 1$에 대해 k번째도 함수들의 함수열 $\{f_n^{(k)}\}$는 $\overline{B}(z_0;r)$에서 $f^{(k)}$로 균등수렴한다.

증명 $\epsilon>0$이 주어졌다 하자. $r<s<R$라 하고 $\eta=\dfrac{(s-r)^{k+1}}{k!s}\cdot\epsilon$라 하자. $\{f_n\}$이 균등수렴하므로 자연수 $N\in\mathbb{N}$이 존재하여 $n\ge N$이면 모든 $z\in B(z_0;R)$에 대해서 $|f(z)-f_n(z)|<\eta$이다. k번째 도함수에 관한 Cauchy의 적분공식을 $\overline{B}(z_0;s)$에서 함수 $f-f_n$에 적용하면 $\gamma:|z-z_0|=s$는 z_0를 중심으로 하고 반경이 s인 원의 둘레일 때 모든 $z\in\overline{B}(z_0;r)$에 대해서

$$f^{(k)}(z)-f_n^{(k)}(z)=\frac{k!}{2\pi i}\int_\gamma\frac{f(\zeta)-f_n(\zeta)}{(\zeta-z)^{k+1}}d\zeta.$$

$\zeta\in T(\gamma)$이면 $|\zeta-z|\ge s-r$이므로

$$\left|\frac{f(\zeta)-f_n(\zeta)}{(\zeta-z)^{k+1}}\right| \leq \frac{\eta}{(s-r)^{k+1}}. \tag{6.4}$$

부등식 (6.4)를 사용하여 계산하면, $n \geqq N$일 때

$$|f^{(k)}(z)-f_n^{(k)}(z)| \leq \frac{k!}{2\pi}\int_\gamma \left|\frac{f(\zeta)-f_n(\zeta)}{(\zeta-z)^{k+1}}\right| \cdot |d\zeta| < \frac{k!}{2\pi}\frac{\eta}{(s-r)^{k+1}}2\pi s$$
$$=\epsilon.$$

따라서 $f_m^{(k)}(z)$는 $f^{(k)}(z)$로 $\overline{B}(z_0;r)$에서 균등수렴한다. ■

연습문제 [6.2]

1. 모든 $n \in \mathbb{N}$에 대해서 $f_n(z)=e^z+\frac{1}{n}$이라 하자. 그러면 $\{f_n\}$은 $\mathbb{C}$에서 e^z로 균등수렴한다.

2. 다음 주어진 급수는 정의역 D에서 균등수렴한다.

   (a) $D=\{z:|z|\leq 1\}$, $\sum_{n=1}^{\infty}\frac{1}{n^2}z^n$

   (b) $D=\{z:|z|\geq 2\}$, $\sum_{n=1}^{\infty}\frac{1}{(z^2-1)^n}$

   (c) $D=\{z:|z|\leq r,\ 0<r<1\}$, $\sum_{n=1}^{\infty}\frac{z^n}{z^{2n}+1}$

6.3 멱급수(power series)

정의 6.3.1 무한급수 $\sum_{n=0}^{\infty}a_n(z-z_0)^n$를 **멱급수**(冪級數, power series)라 부른다. 여기서 $a_n \in \mathbb{C}$를 **계수**(係數, coefficient)라 부르고 $z_0 \in \mathbb{C}$를 멱급수의 **중심**(中心, center)이라 한다. $w=z-z_0$라 놓으면 언제나 멱급수의 중심이 0이라 가정할 수 있다.

임의의 $n \in \mathbb{N}$에 대해서 $f_n(z) = a_n(z-z_0)^n$이라 놓으면 멱급수 $\sum_{n=0}^{\infty} a_n(z-z_0)^n$은 해석함수인 다항식 $f_n(z)$들의 함수급수 $\sum_{n=1}^{\infty} f_n(z)$와 같다. 따라서 멱급수의 수렴은 함수급수의 수렴결과를 사용한다.

> **정리 6.3.1** $\sum_{n=0}^{\infty} a_n z^n$을 멱급수라 하자. 그러면 R, $0 \leq R \leq \infty$이 존재하여 $|z| < R$이면 $\sum_{n=0}^{\infty} a_n z^n$는 절대수렴하고, $|z| > R$이면 $\sum_{n=0}^{\infty} a_n z^n$는 발산한다. $0 < r < R$이면 $\sum_{n=0}^{\infty} a_n z^n$는 $|z| \leq r$에서 균등수렴한다. 이때 R을 멱급수 $\sum_{n=0}^{\infty} a_n z^n$의 **수렴반경(radius of convergence)**이라고 한다. $|z| = R$인 z에 대해서는 판정 불능이다.

증명 $\frac{1}{R} = \overline{\lim_{n\to\infty}} \sqrt[n]{|a_n|}$이라고 놓는다 $R=0$이고 $z \neq 0$라 하자. 상극한의 정의에 의해서 $\{a_n\}$의 부분수열 $\{a_{n_j}\}$가 존재하여 $|a_{n_j}|^{1/n_j} \geq \frac{1}{|z|}$. 그러면 $\lim_{n\to\infty} |a_n z^n| \neq 0$이므로 멱급수 $\sum_{n=0}^{\infty} a_n z^n$는 수렴하지 않는다. 이 경우 $z=0$일 때만 수렴한다. $\frac{1}{R} < \infty$라 하자.

$|z| < R$인 z의 경우, $\frac{1}{R} < \frac{1}{|z|}$이므로 $\frac{1}{R} < \frac{1}{s} < \frac{1}{|z|}$인 양수 $s > 0$가 존재한다. 상극한의 정의에 의해서 $n_0 \in \mathbb{N}$이 존재하여 $n \geq n_0$이면 $\sqrt[n]{|a_n|} \leq \frac{1}{s}$. 그러면 $|a_n z^n| \leq \left|\frac{z}{s}\right|^n$이다. $\left|\frac{z}{s}\right| < 1$이므로 $\sum_{n=0}^{\infty} a_n z^n$는 절대수렴한다.

$|z| > R$이라 하자. $\frac{1}{|z|} < \frac{1}{R}$이므로, 상극한의 정의에 의해서 무수히 많은 $n \in \mathbb{N}$에 대해 $\frac{1}{|z|} < |a_n|^{\frac{1}{n}}$이다. 이 경우 $|a_n z^n| > 1$이고, $\lim_{n\to\infty} |a_n z^n| \neq 0$이므로 $\sum_{n=0}^{\infty} a_n z^n$는 수렴하지 않는다.

$0 < r < R$이라 하고 $s > 0$를 $\frac{1}{R} < \frac{1}{s} < \frac{1}{r}$인 양수라 하자. $1/R$이 상극한이므로 $n_0 \in \mathbb{N}$이 존재하여 $n \geq n_0$이면 $\sqrt[n]{|a_n|} \leq \frac{1}{s}$. 그러면, $|z| \leq r$이면 $|a_n z^n| \leq \left|\frac{z}{s}\right|^n \leq \left(\frac{r}{s}\right)^n$. 그런데 $\frac{r}{s} < 1$이므로 Weierstrass의 M 판정법에 의해서 $\sum_{n=0}^{\infty} a_n z^n$은 $|z| \leq r$에서 균등수렴한다. ■

[예 6.3.1] (i) $\sum_{n=0}^{\infty} z^n$인 경우, $\forall n \in \mathbb{N}$, $a_n = 1$ $R^{-1} = \overline{\lim_{n\to\infty}} \sqrt[n]{|a_n|} = 1$. 정리 6.3.1에 의해서

$|z| < 1$이면, $\sum_{n=0}^{\infty} z^n = 1 + z + z^2 + \cdots = \frac{1}{1-z}$로 수렴하고

$|z| > 1$이면, $\sum_{n=0}^{\infty} z^n$는 발산한다. $z = \pm 1$일 때, $\sum_{n=0}^{\infty} z^n$는 발산한다.

(ii) $\sum_{n=1}^{\infty} \frac{z^n}{n^2}$, $a_n = \frac{1}{n^2}$ $\forall n = 1, 2, \cdots$인 경우, $|a_n|^{\frac{1}{n}} = \left(\frac{1}{n^2}\right)^{\frac{1}{n}} = n^{-\frac{2}{n}}$이다. L'Hospital의 법칙을 써서 계산하면 $\lim_{n\to\infty} n^{\frac{2}{n}} = \lim_{n\to\infty} e^{\frac{2}{n}\log n} = 1$이므로, 수렴반경 $R = 1$. $\sum_{n=1}^{\infty} \frac{z^n}{n^2}$는 $|z| < 1$이면 수렴하고 $|z| > 1$이면 발산한다. 그러나 (i)과는 다르게 $|z| = 1$인 경우에도 $\sum_{n=1}^{\infty} \frac{z^n}{n^2}$는 수렴한다.

(iii) $\sum_{n=1}^{\infty} n^n z^n$, $\frac{1}{R} = \overline{\lim}(n^n)^{1/n} = \infty$. 따라서 $R = 0$. 이 경우 급수는 $z = 0$에서만 수렴한다.

(iv) $\sum_{n=0}^{\infty} \frac{z^n}{n!}$, $\frac{1}{R} = \overline{\lim}(1/n!)^{1/n} = 0$. 따라서 $R = \infty$. 이 경우 급수는 모든 $z \in \mathbb{C}$에 대해서 수렴한다.

보조정리 6.3.2 $\sum_{n=0}^{\infty} a_n z^n$를 무한급수라 하자. $\beta > 0$와 $M > 0$이 존재하여 $\forall n \in \mathbb{N}$에 대해 $|a_n| \beta^n \leq M$이면 무한급수 $\sum_{n=0}^{\infty} a_n z^n$는 $B(0; \beta)$에서 수렴한다.

증명 $|z| = r < \beta$라 하자. $|a_n z^n| \leq (M/\beta^n) r^n = M(r/\beta)^n$이고 $r/\beta < 1$이므로 정리 6.2.4에 의해서 $\sum_{n=0}^{\infty} a_n z^n$는 $\overline{B}(0; r)$에서 균등수렴한다. $r > 0$은 β보다 작은 임의의 양수이므로 $\sum_{n=0}^{\infty} a_n z^n$는 $B(0; \beta)$에서 수렴한다. ■

정리 6.3.3 $\sum_{n=0}^{\infty} a_n(z-z_0)^n$를 수렴반경이 R인 멱급수라 하자. 유한개를 제외한 n에 대해서 $a_n \neq 0$이면

$$\liminf_{n\to\infty} \frac{|a_n|}{|a_{n+1}|} \leqq R \leqq \limsup_{n\to\infty} \frac{|a_n|}{|a_{n+1}|} \tag{6.5}$$

특히 식 (6.5)의 모든 등식이 성립하면 $\frac{1}{R} = \lim_{n\to\infty} \frac{|a_{n+1}|}{|a_n|}$.

증명 $S = \liminf_{n\to\infty} \frac{|a_n|}{|a_{n+1}|}$, $T = \limsup_{n\to\infty} \frac{|a_n|}{|a_{n+1}|}$라 놓자. $\beta < S$라 하자. 그러면 S의 정의에 의해 $N \in \mathrm{N}$이 존재하여 $n \geqq N$이면, $a_n \neq 0$이고 $\frac{|a_n|}{|a_{n+1}|} > \beta$이다. 즉, $|a_n| > \beta|a_{n+1}|$. $A = |a_N| \cdot \beta^N$이라 놓자. 귀납적으로 $|a_{N+k}|\beta^{N+k} \leqq A$, $k \in \mathrm{N}$이다. 따라서 수열 $\{|a_n|\beta^n\}$은 유계인 수열이다. 그러면 보조정리 6.3.2에 의해 $\sum_{n=0}^{\infty} a_n(z-z_0)^n$는 $B(z_0;\beta)$에서 수렴한다. 따라서 $\beta \leqq R$. β는 임의이므로 $S \leqq R$.

다음에 $T < \tau < \infty$라 하자. T의 정의에 의해서 $N_0 \in \mathrm{N}$가 존재하여 $n \geqq N_0$이면 $a_n \neq 0$이고 $|a_n / a_{n+1}| < \tau$, 즉 $|a_n| < \tau|a_{n+1}|$. $B = |a_{N_0}|\tau^{N_0}$라 놓자. 귀납적으로

$$|a_{N_0+k}|\tau^{N_0+k} \geqq B, \ k \in \mathrm{N}$$

그런데 $B \neq 0$이므로 $\lim_{n\to\infty} |a_n|\tau^n \neq 0$. $\sum_{n=0}^{\infty} a_n(z-z_0)^n$는 $B(z_0;\tau)$에서 수렴하지 않는다. 따라서 $\tau \geqq R$이고 τ는 임의이므로 $R \leqq T$. ■

[예 6.3.2] (i) $\sum_{n=1}^{\infty} \frac{n!z^n}{n^n}$의 수렴반경을 구해보자. $a_n = \frac{n!}{n^n}$이므로

$$\frac{1}{R} = \lim_{n\to\infty} |a_{n+1}/a_n| = \lim_{n\to\infty} \left(\frac{n}{n+1}\right)^n = \frac{1}{e}.$$

$R = e$이므로, $\sum_{n=1}^{\infty} \frac{n!z^n}{n^n}$는 $|z| < e$이면 수렴하고 $|z| > e$이면 발산한다.

(ii) $\sum_{n=1}^{\infty} \frac{\log n^n z^n}{n!}$의 수렴반경을 구해보자. $a_n = \frac{\log n^n}{n!}$이므로

$$\frac{1}{R}=\lim_{n\to\infty}|a_{n+1}/a_n|=\lim_{n\to\infty}\frac{(n+1)\log(n+1)}{(n+1)!}\cdot\frac{n!}{n\log n}=\lim_{n\to\infty}\frac{\log(n+1)}{n\log n}=0.$$

따라서 $\sum_{n=1}^{\infty}\frac{\log n^n z^n}{n!}$는 모든 $|z|<\infty$에 대해 수렴한다.

6.2절에서 얻은 결과를 멱급수에 적용하여 보자.

정리 6.3.4 멱급수 $\sum_{n=0}^{\infty}a_n(z-z_0)^n$이 $D\subseteq\mathbb{C}$ 위에서 균등수렴하기 위한 필요충분조건은 임의의 $\epsilon>0$에 대해 $N\in\mathbb{N}$이 존재하여 $l>k\geq N$이면 모든 $z\in D$에 대해서

$$\left|\sum_{n=k}^{l}a_n(z-z_0)^n\right|<\epsilon.$$

정리 6.2.5와 정리 6.3.1에 의해서 다음 정리가 성립한다.

정리 6.3.5 멱급수 $\sum_{n=0}^{\infty}a_n(z-z_0)^n$의 수렴반경을 R이라 하자. 멱급수 $f(z)=\sum_{n=0}^{\infty}a_n(z-z_0)^n$는 $B(z_0;\ R)$에서 해석적이다. f의 도함수는

$$f'(z)=\sum_{n=1}^{\infty}na_n(z-z_0)^{n-1}$$

이고 수렴반경은 R과 같다.

증명 $z_0=0$이라고 가정해도 일반성을 잃지 않는다. $|w|<r<R$이라 하자. 정리 6.3.1과 정리 6.2.5에 의해서 $f(z)$는 $|z|\leq r$에서 균등수렴하고 $|z|<r$에서 해석적이므로 f는 w에서 해석적이다. w는 임의이므로 f는 $B(0:\ R)$에서 해석적이다. $s_n=\sum_{k=0}^{n}a_kz^k$, $t_n=\sum_{k=1}^{n}ka_kz^{k-1}$을 각각 무한급수 $\sum_{k=0}^{\infty}a_nz^k$와 $\sum_{k=1}^{\infty}ka_kz^{k-1}$의 n번째 부분합이라 하자. 정리 6.2.6에 의해서 s_n의 도함수 $s_n'=t_n$은 $0<r<R$이면 $\overline{B(0;r)}$에서 f'으로 균등수렴한다. $|z|<R$이라 하자. $|z|<r<R$인 r이 언제나 존재하므로 $f'(z)=\sum_{k=1}^{\infty}ka_kz^{k-1}$

는 수렴한다. 따라서 $\sum_{k=1}^{\infty} ka_k z^{k-1}$의 수렴반경을 R'이라 하면 $R \leqq R'$.
또한 $\sum_{k=1}^{\infty} |a_k||z|^k \leqq |z| \sum_{k=1}^{\infty} k|a_k||z|^{k-1}$이므로 $R' \leqq R$. 따라서 $R' = R$이다. ■

실제로 $\sum_{k=1}^{\infty} ka_k z^{k-1}$는 $|z| < R$에서 절대수렴 한다.

$|z| = r < R$이라 하자. $0 < r < s < R$이라 하면 $k|a_k| r^{k-1} = \frac{1}{r}\left(|a_k s^k|\right)\left(k(r/s)^k\right)$이고 $\sum |a_k| s^k < \infty$. $\lim_{k \to \infty} k(r/s)^k = 0$이므로 $n \in \mathbb{N}$이 존재하여 $k \geqq n$이면 $k(r/s)^k \leqq 1$이다. 그러면

$$\sum_{k=1}^{\infty} k|a_k| r^{k-1} \leqq \frac{1}{r}\sum_{k=1}^{n}\left(|a_k| s^k\right)\left(k(r/s)^k\right) + \frac{1}{r}\sum_{k=n}^{\infty} |a_k|\, s^k < \infty$$

따름정리 6.3.6 (i) $f(z) = \sum_{n=0}^{\infty} a_n (z-z_0)^n$의 수렴반경을 R이면 임의의 $k \in \mathbb{N}$에 대해서 k차 도함수 $f^{(k)}(z)$가 $B(z_0 : R)$에서 존재하고

$$f^{(k)}(z) = \sum_{n=1}^{\infty} k(k-1)\cdots(k-n+1) a_k (z-z_0)^{n-k}$$

이며 $f^{(k)}(z)$의 수렴반경은 R과 동일하다.

(ii) 각 항을 적분하여 얻은 무한급수 $\sum_{k=0}^{\infty} \frac{a_k}{k+1}(z-z_0)^{k+1}$는 $B(z_0 : R)$에서 정의된 $f(z)$의 원시함수이다.

증명 (i) 정리 6.3.5를 k번 연속적으로 사용하면 결과를 얻는다.

(ii) R'을 무한급수 $\sum_{k=0}^{\infty} \frac{a_k}{k+1}(z-z_0)^{k+1}$의 수렴반경이라 하자. 그러면 각 항을 미분하여 얻은 무한급수 $\sum_{n=0}^{\infty} a_n (z-z_0)^n$의 수렴반경은 R'과 같다. 즉, $R' = R$이고

$$\frac{d}{dz}\left(\sum_{k=0}^{\infty} \frac{a_k}{k+1}(z-z_0)^{k+1}\right) = f(z).$$ ■

[예 6.3.3] $f(z)=z-\frac{z^2}{2}+\frac{z^3}{3}-\frac{z^4}{4}+\cdots=\sum_{k=1}^{\infty}(-1)^{k-1}\frac{z^k}{k}$는 수렴반경이 1인 무한급수이다. 그러면 $f'(z)=1-z+z^2-z^3+\cdots=\sum_{k=1}^{\infty}(-1)^k z^k$는 수렴반경이 1인 기하급수이고 $f'(z)=\frac{1}{1+z}$, $|z|<1$. $g(z)=f(z-1)$는 $B(1;1)$에서 해석적이며 $g'(z)=\frac{1}{z}$이다. 따라서 $g(z)=\sum_{k=1}^{\infty}(-1)^{k-1}\frac{(z-1)^k}{k}$는 $B(1;1)$에서 정의된 대수 함수(logarithm function)이다.

연습문제 [6.3]

1. $\sum_{n=1}^{\infty}\frac{z^n}{n}$는 $\{z:|z|\leq 1\}\setminus\{1\}$에서 수렴한다.

2. 다음 급수의 수렴반경을 구하여라.

   (a) $\sum_{n=0}^{\infty}(-1)^n\frac{z^n}{(2n)!}$ (b) $\sum_{n=0}^{\infty}n!z^n$ (c) $\sum_{n=0}^{\infty}\left(\frac{4n^2}{2n+1}-\frac{6n^2}{3n+4}\right)^n z^n$

   (d) $\sum_{n=0}^{\infty}\frac{(n!)^2}{(2n)!}z^n$ (e) $\sum_{n=0}^{\infty}(2-(-1)^n)^n z^n$ (f) $\sum_{n=1}^{\infty}z^{n!}$

   (g) $\sum_{n=1}^{\infty}\left(1-\frac{1}{n}\right)^{n^2}z^n$ (h) $\sum_{n=0}^{\infty}\frac{n(n-1)z^n}{(3+4i)^n}$ (i) $\sum_{n=1}^{\infty}\left(\frac{n}{n+1}\right)^{n^2}z^n$

   (j) $\sum_{n=1}^{\infty}\frac{\log n^n z^n}{n!}$

3. $|z|<1$이면 $\sum_{n=0}^{\infty}z^n=\frac{1}{1-z}$를 이용하여 $\sum_{n=0}^{\infty}(n+1)^2 z^n=\frac{1+z}{(1-z)^3}$인 것을 보여라. 이때 수렴반경은 1이다.

4. 무한급수 $\sum_{k=0}^{\infty}a_k z^k$의 수렴반경을 $\rho>0$라 하자. 그러면 $r<\rho$일 때 $|z|=r$에서 $f_n(z)=\frac{1}{z^n}\sum_{k=0}^{\infty}a_k z^k$의 평균값은 a_n이다. 즉, $a_n=\frac{1}{2\pi}\int_0^{2\pi}f_n(re^{i\theta})d\theta=\frac{1}{2\pi i}\int_{|z|=r}\frac{f_n(z)}{z}dz$.

5. $z_0\neq 0$라 하자. $\sum_{n=0}^{\infty}a_n z_0^n$이 수렴하면 $\forall z$, $|z|<|z_0|$에 대해, $\sum_{n=0}^{\infty}a_n z^n$는 절대수렴한다.

6. $\sum_{n=0}^{\infty} a_n z^n$이 $z_1 = 4 - i$에서 수렴하고 $z_2 = 3 + i$에서 발산할 수 있겠는가?

7. $|z| < R$일 때 $f(z) = \sum_{n=0}^{\infty} a_n z^n$라 하자. $f' = f$, $f(0) = 1$인 f는 유일하게 결정된다. 이 경우 a_n의 값을 구하여라.

8. $|z| < R$일 때 $f(z) = \sum_{n=0}^{\infty} a_n z^n$라 하자. $0 \leq r < R$이면

$$\frac{1}{2\pi} \int_0^{2\pi} |f(re^{i\theta})|^2 d\theta = \sum_{n=0}^{\infty} |a_n|^2 r^{2n}.$$

6.4 Taylor 급수

무한급수 $\sum_{n=0}^{\infty} a_n (z - z_0)^n$는 수렴 원 $B(z_0; R)$ 안에서 해석적임을 알았다. 역으로 원판 위에서 정의된 임의의 해석함수는 무한급수로 표현할 수 있다.

> **정리 6.4.1** $f(z)$가 $B(z_0; R)$에서 해석적이라 하자. 그러면 $z \in B(z_0; R)$에 대해서 $f(z)$는 수렴반경이 $R' \geq R$인 무한급수
>
> $$f(z) = \sum_{n=0}^{\infty} \frac{f^{(n)}(z_0)}{n!} (z - z_0)^n \tag{6.6}$$
>
> 로 표현할 수 있다.

증명 $z = z_0$이면 (6.6) 식의 우변은 $f(z_0)$이므로 등식이 성립한다. $z \neq z_0$라 하고 $|z - z_0| = r < R$, 그리고 $0 < r < r_1 < R$이라 하자. $\gamma : |z - z_0| = r_1$, $\zeta \in T(\gamma)$이라 하면 $|\zeta - z| \geq r_1 - r > 0$이므로, 식 $\frac{1}{1-\alpha} = 1 + \alpha + \alpha^2 + \cdots + \alpha^{n-1} + \frac{\alpha^n}{1-\alpha}$을 사용하면

$$\frac{1}{\zeta-z}=\frac{1}{\zeta-z_0-(z-z_0)}=\frac{1}{\zeta-z_0}\cdot\frac{1}{1-\left(\dfrac{z-z_0}{\zeta-z_0}\right)}$$
$$=\frac{1}{\zeta-z_0}\left(1+\frac{z-z_0}{\zeta-z_0}+\frac{(z-z_0)^2}{(\zeta-z_0)^2}+\cdots+\frac{(z-z_0)^{n-1}}{(\zeta-z_0)^{n-1}}+\frac{((z-z_0)/(\zeta-z_0))^n}{1-(z-z_0)/(\zeta-z_0)}\right) \tag{6.7}$$

Cauchy 적분공식에 의해서 $f(z)=\dfrac{1}{2\pi i}\displaystyle\int_\gamma\frac{f(\zeta)}{\zeta-z}d\zeta$이므로 (6.7)을 이 식에 대입하면

$$f(z)=\frac{1}{2\pi i}\left[\int_\gamma\frac{f(\zeta)}{\zeta-z_0}d\zeta+\left(\int_\gamma\frac{f(\zeta)}{(\zeta-z_0)^2}d\zeta\right)(z-z_0)+\cdots+\left(\int_\gamma\frac{f(\zeta)}{(\zeta-z_0)^n}d\zeta\right)(z-z_0)^{n-1}\right.$$
$$\left.+\int_\gamma\frac{f(\zeta)(z-z_0)^n}{(\zeta-z_0)^n(\zeta-z)}d\zeta\right]$$
$$=f(z_0)+f'(z_0)(z-z_0)+\frac{1}{2!}f''(z_0)(z-z_0)+\cdots+\frac{1}{(n-1)!}f^{(n-1)}(z_0)(z-z_0)^{n-1}+R_n$$

여기서 $R_n=\dfrac{1}{2\pi i}\displaystyle\int_\gamma\frac{f(\zeta)(z-z_0)^n}{(\zeta-z_0)^n(\zeta-z)}d\zeta$ 이다. 사실 $\displaystyle\lim_{n\to\infty}|R_n|=0$임을 보일 수 있다. f가 연속이므로 $K=\max\{\zeta\in T(\gamma):|f(\zeta)|\}<\infty$이라 놓으면

$$|R_n|\leq\frac{1}{2\pi}\cdot K\cdot\int_\gamma\frac{|z-z_0|^n}{|\zeta-z_0|^n|\zeta-z|}|d\zeta|$$
$$\leq\frac{K}{2\pi}\cdot\frac{r^n}{r_1^n}\cdot\frac{1}{r_1-r}\cdot2\pi r_1=K\cdot\left(\frac{r}{r_1}\right)^n\cdot\frac{1}{1-(r/r_1)}.$$

여기서 $\dfrac{r}{r_1}<1$이므로 $\displaystyle\lim_{n\to\infty}|R_n|=0$. 따라서 $f(z)=\displaystyle\sum_{n=0}^{\infty}\frac{f^{(n)}(z_0)}{n!}(z-z_0)^n$. ■

[예 6.4.1] $|z-2|<2$일 때 $\dfrac{1}{z^2}=\dfrac{1}{4}\displaystyle\sum_{n=0}^{\infty}(-1)^n(n+1)\left(\frac{z-2}{2}\right)^n$.

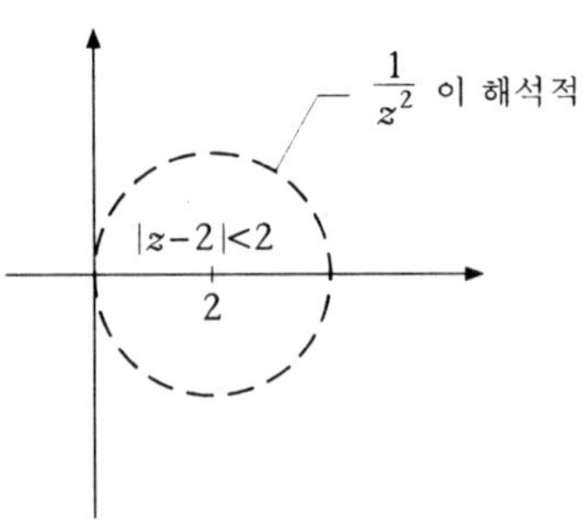

그림 6-1

$f(z)=z^{-2}$이고 $z_0=2$이므로 $f(2)=\frac{1}{4}$, $f'(z)=-2z^{-3}$ $f'(2)=-2\cdot\frac{1}{2^3}$, $f''(z)$ $=(-2)(-3)z^{-4}$이므로 $f''(2)=3!\frac{1}{2^4}$, $\cdots$, $f^{(n)}(z)=(-1)^n(n+1)!z^{-(n+2)}$, $f^{(n)}(2)$ $=(-1)^n(n+1)!2^{-(n+2)}$. 따라서

$$\frac{1}{z^2}=f(z)=\sum_{n=0}^{\infty}\frac{f^{(n)}(2)}{n!}(z-2)^n=\sum_{n=0}^{\infty}\frac{(-1)^n(n+1)!}{n!}\frac{(z-2)^2}{2^n}\frac{1}{2^2}$$

$$=\frac{1}{4}\sum_{n=0}^{\infty}(-1)^n(n+1)\left(\frac{z-2}{2}\right)^n \tag{6.8}$$

이고 $a_n=\frac{(-1)^n(n+1)}{2^n}$라 놓으면 $\lim_{n\to\infty}\left|\frac{a_{n+1}}{a_n}\right|=\frac{1}{2}=\frac{1}{R}$이므로 수렴반경 $R=2$.

$z=2$를 중심으로 하는 원판 중에서 $\frac{1}{z^2}$이 해석적이 되는 원판 중 최대 반경을 갖는 것은 반경이 2일 때인데 이것은 (6.8)의 수렴반경과 일치한다.

[예 6.4.2] $f(z)=\log z=\log|z|+i\,\mathrm{Arg}\,z$, $-\pi<\mathrm{Arg}\,z\leqq\pi$일 때 $z_0=-1+i$에서 Taylor 급수를 구하여 보자. z_0를 중심으로 반경을 될 수 있는 대로 크게 잡아 $f(z)$가 그 안에서 해석적이 되도록 한다. 그러면 f가 음의 실수축에서 해석적이지 않기 때문에 1이 구하려는 원판의 반경이 된다. 그러나 $f(z)$의 Taylor 급수의 수렴반경은 $\sqrt{2}$가 된다.

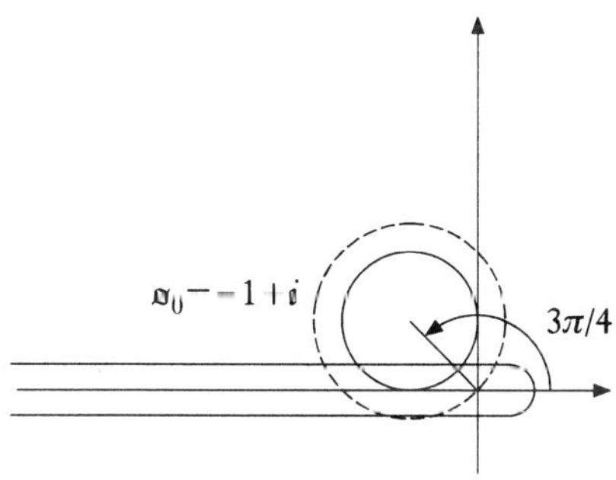

그림 6-2

$$f(-1+i)=\log|-1+i|+i\,\mathrm{Arg}(-1+i)=\frac{1}{2}\log 2+\frac{3}{4}\pi i,\ f'(z)=z^{-1},$$
$$f''(z)=(-1)z^{-2},\ \cdots,\ f^{(n)}(z)=(-1)^{n-1}(n-1)!z^{-n}$$

이므로

$$f^{(n)}(-1+i) = (-1)^{n-1}(n-1)!(-1+i)^{-n} = (-1)^{n-1}(n-1)!\left(\frac{1}{-1+i}\right)^n$$
$$= (-1)^{n-1}(n-1)!\left[-\left(\frac{1+i}{2}\right)\right]^n = -(n-1)!\left(\frac{1+i}{2}\right)^n.$$

Taylor 정리에 의해서 $|z-z_0|<1$에서

$$\log z = \frac{1}{2}\log 2 + \frac{3}{4}\pi i - \sum_{n=0}^{\infty}\left(\frac{1+i}{2}\right)^n \frac{(z-(-1+i))^n}{n}.$$

무한급수의 수렴반경을 구하기 위해 $a_n = \left(\frac{1+i}{2}\right)^n \cdot \frac{1}{n}$이라 놓으면

$$\frac{1}{R} = \lim_{n\to\infty}\left|\frac{a_{n+1}}{a_n}\right| = \lim_{n\to\infty}\frac{n}{n+1}\left|\frac{1+i}{2}\right| = \frac{1}{\sqrt{2}}$$

즉, $R=\sqrt{2}$. 따라서 급수는 $|z-z_0|<\sqrt{2}$ 범위 내에서 수렴한다.

정리 6.3.5와 6.4.1에 의하면 복소함수 $f(z)$가 z_0에서 해석적이기 위한 필요충분조건은 $f(z)$를 z_0 근방에서 무한급수로 표현할 수 있는 것이다.

정리 6.4.2 멱급수 $\sum_{n=0}^{\infty} a_n(z-z_0)^n$이 $B(z_0; R)$에서 $f(z)$로 수렴하면 이 급수는 $z=z_0$에서 $f(z)$의 Taylor 급수와 동일하다.

증명 정리 6.3.5에 의해서 멱급수 $f(z)=\sum_{n=0}^{\infty} a_n(z-z_0)^n$는 $B(z_0; R)$에서 해석적이므로, $f(z)$는 Taylor 급수로 전개할 수 있다. 그런데 정리 6.3.5와 6.3.6에 의해

$$f'(z) = \sum_{n=1}^{\infty} na_n(z-z_0)^{n-1},\ f''(z) = \sum_{n=2}^{\infty} n(n-1)a_n(z-z_0)^{n-2}$$

이다. 따라서 $f'(z_0)=a_1$, $f''(z_0)=\sum_{n=2}^{\infty} n(n-1)a_n(z-z_0)^{n-2}=2!a_2$. 일반적으로 $f^{(k)}(z)$ $=\sum_{n=k}^{\infty} n(n-1)\cdots(n-(k+1))\,a_n(z-z_0)^{n-k}$이므로 $f^{(k)}(z_0)=k(k-1)\cdots 2\cdot 1\cdot a_k$이고 $a_n=\frac{1}{n!}f^{(n)}(z_0)$. ■

Taylor 정리의 결과 해석함수의 특성을 좀 더 자세히 알 수 있는데 이것을 정리해 보면 다음과 같다.

정리 6.4.3 $D \subseteq \mathbb{C}$를 열린집합이라 하고 f는 D 위에서 정의된 해석함수라 하자. $f(a)=0$, $a \in D$이고 f가 항등적으로 0이 되는 a의 근방이 존재하지 않으면 자연수 $k \in \mathbb{N}$와 D 위에서 정의된 해석함수 g가 존재하여 $g(a) \neq 0$이고

$$f(z) = (z-a)^k g(z), \quad \forall z \in D. \tag{6.9}$$

증명 가정에 의해서 f는 상수함수가 아닌 해석함수이므로 정리 6.4.1에 의해 a의 열린 근방 $U = B(a; r) \subseteq D$가 존재하여 $\forall z \in U$,

$$f(z) = \sum_{n=1}^{\infty} a_n (z-a)^n, \quad a_n = \frac{f^{(n)}(a)}{n!}.$$

f가 U 위에서 항등적으로 0이 아니므로 a_n은 모두 0은 아니다.

$$k = \min\{n \geq 1 : a_n \neq 0\}$$

이라 놓자. 그러면 $f(z) = (z-a)^k \sum_{n=k}^{\infty} a_n (z-a)^{n-k}$이다.

$$g(z) = \sum_{n=k}^{\infty} a_n (z-a)^{n-k}$$

라 놓으면 $g(a) = a_k \neq 0$이고 g는 U에서 수렴하는 무한급수이므로 해석적이다. $z \in D \setminus U$에 대해서 $g(z) = (z-a)^{-k} f(z)$라 놓으면 g는 D 전체에서 해석적임을 알 수 있다. ■

정의 6.4.1 f를 해석함수라 하고 $f(a)=0$이라 하자. $f^{(k)}(a) = g(a) \neq 0$이고, $n < k$이면 $f^{(n)}(a) = 0$이면 a를 k차의 **영점**(zero point)이라고 한다.

정리 6.4.4 $D \subseteq \mathbb{C}$를 정의역이라 하자. f를 D 위에서 정의된 항등적으로 0이 아닌 해석함수라 하면 f의 영점집합 $N_f = \{z \in D : f(z) = 0\}$은 D에서 극한점을 갖지 않는다.

증명 U를 N_f의 내부라고 하자. f가 항등적으로 0이 아니므로 $U \neq D$이다. 만약 $F = D \setminus U$가 열린집합이 아니면 내점이 아닌 점 $b \in F$가 존재한다. 그러면 수열 $\{b_n\} \subseteq U$이 존재하여 $b = \lim_{n \to \infty} b_n$이다. f가 U에서 항등적으로 0이므로 임의의 $n, k \in \mathbb{N}$에 대해 $f^{(n)}(b_k) = 0$이고 $f^{(n)}$도 D 위에서 정의된 해석함수이므로 연속함수이다. 따라서 $f^{(n)}(b) = 0$. 그런데 f는 b에서 해석적이므로 b의 열린 근방 $B(b;r)$에서 Taylor 급수 전개를 할 수 있다. 이 급수의 모든 계수는 0이므로 f는 $B(b;r)$에서 0이다. 그러면 $b \in U$이다. 이것은 $b \in F$인 사실에 어긋난다. 따라서 F는 열린집합이다. D가 연결집합이고 $U \neq D$이므로 $U = \varnothing$.

만약 $a \in D$가 N_f의 극한점이면 N_f는 닫힌집합이므로 $a \in N_f$이다. 그런데 U는 공집합이므로 f는 a의 어떤 근방에서도 항등적으로 0이 아니다. 정리 6.4.3에 의해서 $g(a) \neq 0$이고 $\forall z \in D$, $f(z) = (z-a)^k g(z)$인 해석함수 g가 존재한다. g의 연속성에 의해서 열린집합 V가 존재하여 $z \in V$이면 $g(z) \neq 0$이다. (6.9) 식에 의해서 $z \in V \setminus \{a\}$이면 $f(z) \neq 0$.

즉, $N_f \cap V = \{a\}$이다. 이것은 a가 극한점이라는데 모순이다. ■

일반적으로 영점집합 N_f의 극한점은 D의 경계 ∂D에 있다. 예를 들어 $D = \mathbb{C} \setminus \{0\}$이라 하고 $f(z) = \sin(\pi/z)$이라 하자. f의 영점집합 $N_f = \{1/n\}_{n \in \mathbb{N}}$의 극한점은 0이다.

따름정리 6.4.5 (항등정리) $D \subseteq \mathbb{C}$를 정의역이라 하고 $M \subset D$을 적어도 한 개의 극한점을 갖는 D의 부분집합이라 하자. f, g를 D 위에서 정의된 해석함수이고 $f|_M = g|_M$이면 $f = g$이다.

증명 $h = f - g$라 놓고 정리 6.4.4를 적용한다. ■

항등정리는 해석함수 f가 정의역 D의 매우 작은 부분집합이라 할지라도 부분집합이 극한점만 가지고 있으면 이곳에서 정의된 값에 전적으로 의존한다는 사실을 말해준다. 예를 들면 D 안에 있는 직선 혹은 곡선에서 두 해석함수가 일치하면 항등정리에 의해서 전체에서도 일치한다고 볼 수 있다.

$e^{w+z} = e^w e^z$가 성립함을 알아보자. 만약 이 항등식이 실수일 때 성립하면 항등정리에 의해서 복소수인 경우에도 성립하는데 먼저 $w = u \in \mathbb{R}$이면 모든 실수 $z \in \mathbb{R}$에 대해 $e^{u+z} = e^u e^z$이 성립한다. 따라서 모든 복소수 $z \in \mathbb{C}$에 대해서 항등식이 성립하고 z를 고정시키면 모든 실수 $u \in \mathbb{R}$에 대해 항등식이 성립하므로 임의의 $w, z \in \mathbb{C}$에 대해 $e^{w+z} = e^w e^z$.

[예 6.4.3] f를 $|z|>1$에서 해석적인 함수라 하자. f가 실수축 위의 구간 $(1, \infty)$에서 실수값을 가지면 $(-\infty, -1)$ 위에서도 실수값을 갖는다. 먼저 $g(z)=\overline{f(\overline{z})}$라 놓자. $f=u(x, y)+iv(x, y)$라 하면 $g(z)=u(x, -y)-iv(x, -y)$이므로 g도 영역 $|z|>1$에서 해석적이다. 특히 집합 $(1, \infty)$에서 $f-g=0$이므로 항등정리에 의해서 $f-g\equiv 0$. 따라서 $f(z)=\overline{f(\overline{z})}$이고 $x\in(-\infty, -1)$이면 $f(x)=\overline{f(x)}$.

보조정리 6.4.6 $D\subseteq\mathbb{C}$를 정의역이라 하고 f를 D에서 정의된 상수가 아닌 해석함수라 하자. 그러면 각각의 $a\in D$에 대해서 열린집합 $U\subseteq D$와 자연수 $k\in\mathbb{N}$, 그리고 U에서 정의된 해석함수 h가 존재하여 $h'(a)\neq 0$이고, 모든 $z\in U$에 대해

$$f(z)-f(a)=h(z)^k. \tag{6.10}$$

증명 정리 6.4.3에 의해 $k\in\mathbb{N}$와 a의 열린근방 V 위에서 정의된 해석함수 g가 존재하여 $g(a)\neq 0$이고 $f(z)=(z-a)^k g(z)$, $\forall z\in D$. $W=B(g(a); |g(a)|)$, 즉 $g(a)$를 중심으로 하고 반경이 $|g(a)|$인 원판이라 하자. W 위에서 log 함수의 분지를 하나 선택한다. 그러면 g가 a에서 연속이므로 a의 열린 근방 $U\subset V$가 존재하여 $g(U)\subseteq W$.

$$h(z)=(z-a)\exp\left(\frac{\log g(z)}{k}\right)$$

라고 놓자. 그러면 h는 (6.10) 식을 만족하고 $h(a)=0$, 그리고

$$h'(a)=\exp\left(\frac{\log g(a)}{k}\right)\neq 0.$$ ■

$D\subseteq\mathbb{C}$를 정의역이라 하고 f를 D에서 정의된 해석함수라 하자. $a\in D$의 근방 $U\subset D$가 존재하여 $f|_U$가 1-1이면 f는 **국소적으로 1-1인 함수**라 부른다.

$a\in D$의 근방 $U\subseteq D$와 $f(a)$의 근방 $V\subseteq\mathbb{C}$, 그리고 V 위에서 정의된 해석함수 g가 존재하여 $f|_U : U\to V$는 1-1이고 위로의 함수이며, 모든 $z\in U$에 대해서 $g(f(z))=z$이면 f를 국소적 **쌍 해석함수**(雙解析函數, biholomorphic)라 부른다.

이와 관련하여 다음 정리가 성립한다.

정리 6.4.7 $D \subseteq \mathbb{C}$ 를 정의역이라 하고 f를 D에서 정의된 해석함수라 하자. 그러면 임의의 $a \in D$에 대해서 다음은 서로 동치이다.

(i) f는 국소적으로 $1-1$인 함수이다.

(ii) 모든 $a \in D$에 대해서 $f'(a) \neq 0$.

(iii) f는 국소적으로 쌍 해석함수(雙解析函數, biholomorphic)이다.

증명 (i) ⇒ (ii) $a \in D$라 하자. f는 $a \in D$에서 해석적이므로 보조정리 6.4.6에 의해서 $f(z)-f(a)=h(z)^k$로 표현할 수 있다. 여기서 h와 k는 위에서 언급한 것과 같다. f는 a에서 국소적으로 1-1이므로 $k=1$이다. 따라서

$$f'(a)=h'(a) \neq 0.$$

(ii) ⇒ (iii) $f=u+iv$라 하자. f가 해석함수이므로 Cauchy-Riemann 방정식을 사용하면 $f'=u_x+iv_x$이므로

$$J=\det\begin{pmatrix} u_x & u_y \\ v_x & v_y \end{pmatrix} = u_x^2+v_x^2=|f'|^2.$$

그런데 $f'(a) \neq 0$이므로 음함수 정리에 의해서 $a \in D$의 근방 U, $f(a)$의 근방 V 사이에 1-1이고 위로의 함수 $g: V \to U$가 존재하여 $g=(f|_U)^{-1}$이다. 여기서 $f|_U: U \to V$도 1-1이고 위로의 함수이다. $g=r+is$라 놓으면

$$\begin{pmatrix} r_x & s_x \\ r_y & s_y \end{pmatrix} = \begin{pmatrix} u_x & u_x \\ v_y & v_y \end{pmatrix}^{-1} = \frac{1}{J}\begin{pmatrix} v_y & -v_x \\ -u_y & u_x \end{pmatrix}$$

이다. r, s는 Cauchy-Riemann 방정식

$$r_x=(1/J)v_y=(1/J)u_x=s_y, \quad r_y=(1/J)(-u_y)=(1/J)v_x=-s_x$$

을 만족하므로 정리 3.3.2에 의해서 g도 해석적이다.

(iii) ⇒ (i)명백하다. ■

연습문제 [6.4]

1. 다음에 주어진 함수의 Maclaurin 급수를 구하고 수렴원판도 구하여라.

   (a) e^z (b) $\sin z$ (c) $\cos z$ (d) $\sinh z$ (e) $\cosh z$

   (f) $\tan z$ (g) $\mathrm{Log}(1+z)$ (h) $\dfrac{1}{1+z}$ (i) $\dfrac{z}{1-z}$

2. 주어진 점에서 Taylor 급수를 구하고 각 급수의 수렴반경을 구하여라.

   (a) e^{z-1}, $z=2$ (b) $z^{\frac{1}{3}}=r^{\frac{1}{3}}e^{\frac{i\theta}{3}}$, $-\pi<\theta<\pi$, $z=1+i$

   (c) $\sinh z$, $z=\pi i$ (d) $\dfrac{1}{z}$, $z=1$

   (e) $\dfrac{1-z}{z-3}$, $z=1$ (f) $\dfrac{1-z}{z-2}$, $z=1$

3. $f(z)$가 z_0를 중심으로 하는 원 C의 내부에서 해석적이라 하자. $\forall n\in \mathrm{N}\cup\{0\}$, $f^{(n)}(z_0)=0$이면 $f(z)$는 C 안의 모든 점 z에 대해 $f(z)=0$임을 보여라.

4. 원 $|z|=1$ 내부에 있는 모든 점 z에 대해 $|\mathrm{Log}(1+z)|\leqq -\mathrm{Log}(1-|z|)$ 임을 보여라.

5. Maclaurin 전개식을 이용하여 $\forall z\in\mathbb{C}$, $|e^z-1|\leqq e^{|z|}-1$ 임을 보여라.

6. $(\mathrm{Arctan}\, z)^2=\displaystyle\sum_{n=1}^{\infty}\frac{(-1)^{n-1}}{n}J_{2n-1}z^{2n}$임을 보여라. 여기서

$$J_{2n-1}=1+\frac{1}{3}+\frac{1}{5}+\cdots+\frac{1}{2n-1}$$

   이다.

7. $f(z)=\begin{cases}\dfrac{\sin z}{z}, & z\neq 0\\ 1, & z=0\end{cases}$라 하자.

   (a) $f(z)$는 $z=0$에서 해석적이다.

   (b) $f(z)$의 Maclaurin 급수를 구하여라.

   (c) γ를 0과 z를 잇는 직선이라 할 때 $g(z)=\displaystyle\int_\gamma f(\zeta)\,d\zeta$의 Maclaurin 급수를 구하여라.

8. $f(z)=\sum_{n=0}^{\infty} a_n z^n$를 정함수라 하자.

(a) $\overline{f(\overline{z})}$도 정함수이다. (b) $\overline{f(\overline{z})}=f(z)$인가?

9. $f(z)=\sum_{n=0}^{\infty} a_n z^n$, 여기서 $\{a_n\}$은 Fibonacci 수열이다. 즉, $a_0=a_1=1$이고 $n \geqq 2$이면 $a_n=a_{n-1}+a_{n-2}$이다.

(a) 적당한 $R>0$이 존재하여, $\forall z \in B(0;R)$, $f(z)=\dfrac{1}{1-z-z^2}$.

(b) (a)에서 급수전개식이 성립하도록 $R>0$을 구하여라.

10. $f:\mathbb{R}\to\mathbb{R}$을 다음과 같이 정의하자.

$$f(x)=\begin{cases} e^{-1/x^2}, & x\neq 0 \\ 0, & x=0 \end{cases}$$

(a) $n>0$이면 $f^{(n)}(0)=0$이다.

(b) f는 모든 실수에서 미분가능하지만 $x=0$에서 Taylor 급수 전개를 할 수 없다. 이유를 설명하여라.

(c) $g:\mathbb{C}\to\mathbb{C}$를

$$g(z)=\begin{cases} e^{-1/z^2}, & z\neq 0 \\ 0, & z=0 \end{cases}$$

라 하면 $g(z)$는 $z=0$에서 연속이 아니다.

11. $z=0$에서 해석적이고 모든 $n\in\mathrm{N}$에 대해서 다음 조건을 갖는 함수 f를 찾아라.

(a) $f\left(\dfrac{1}{2n}\right)=0$이고 $f\left(\dfrac{1}{2n-1}\right)=1$

(b) $f\left(\dfrac{1}{n}\right)=f\left(\dfrac{-1}{n}\right)=\dfrac{1}{n^2}$

(c) $f\left(\dfrac{1}{n}\right)=f\left(\dfrac{-1}{n}\right)=\dfrac{1}{n^3}$.

12. 단위원판 $\{z:|z|<1\}$ 위에서 정의되고 모든 $n\geqq 2$, $n\in\mathrm{N}$에 대해

$$f''(1/n)+f(1/n)=0$$

가 되는 모든 해석함수를 찾아라.

13. f를 $\{z:|z|>1\}$에서 정의된 해석함수라 하자. f가 실수축의 부분집합 $(1,\infty)$에서 실수값을 가지면 구간 $(-\infty,-1)$에서도 실수값을 가짐을 보여라.

6.5 Laurent 급수

$z_0 \in \mathbb{C}$라 하고 $0 \leqq r_1 < r_2 \leqq \infty$라 하자. 열린 부분집합

$$A(z_0; r_1, r_2) = \{z : r_1 < |z - z_0| < r_2\}$$

을 중심이 z_0이고 안쪽 반지름이 r_1이고, 바깥쪽 반지름이 r_2인 **원환**(圓環, annulus)이라고 부른다. 원판 $B(z_0; r)$에서 해석적인 함수를 무한급수로 나타낼 수 있듯이 원환 $A(z_0; r_1, r_2)$에서 해석적인 함수도 영역 $|z - z_0| > r_1$에서 해석적인 함수 f_1과 원판 $|z - z_0| < r_2$에서 해석적인 함수 f_2의 합으로 표현할 수 있다. 실제로 f_2는 $z - z_0$의 멱급수로, 반면에 f_1은 $(z - z_0)^{-1}$의 멱급수로 표현할 수 있다. 따라서

$$f(z) = \sum_{n=0}^{\infty} a_n (z - z_0)^n + \sum_{n=1}^{\infty} b_n (z - z_0)^{-n}$$

또는

$$f(z) = \sum_{n=-\infty}^{\infty} a_n (z - z_0)^n, \ a_{-n} = b_n, \ n = 1, 2, \cdots, \ z \in A(r_1, r_2; z_0).$$

이와 같은 f의 표현식을 f의 Laurent 급수라고 부른다.

정리 6.5.1 $f(z)$가 $A(z_0; r_1, r_2)$와 그 경계에서 해석적이라 하자. 그러면

$$f(z) = \sum_{n=0}^{\infty} a_n (z - z_0)^n + \sum_{n=1}^{\infty} b_n (z - z_0)^{-n} \tag{6.11}$$

여기서

$$a_n = \frac{1}{2\pi i} \int_{\Gamma_2} \frac{f(\zeta)}{(\zeta - z_0)^{n+1}} d\zeta, \ n = 0, 1, 2, \cdots \tag{6.12}$$

$$b_n = \frac{1}{2\pi i} \int_{\Gamma_1} \frac{f(\zeta)}{(\zeta - z_0)^{-n+1}} d\zeta, \ n = 1, 2, \cdots \tag{6.13}$$

$\Gamma_2 : |z-z_0| = r_2$, $\Gamma_1 : |z-z_0| = r_1$은 각각 원을 나타내는 반시계 방향의 단순 닫힌곡선이다. 또 계수 a_n과 b_n은 유일하다. (6.11)의 급수는 $A(z_0; r_1, r_2)$에서 절대수렴하고 $r_1 < s_1 < s_2 < r_2$이면 $A(z_0; s_1, s_2)$에서 균등수렴한다.

증명 $|z-z_0| = r$, $r_1 < r < r_2$이라 하자. 점 P, Q를 각각 곡선 Γ_2와 Γ_1 위의 점이라 하고 L은 P, Q를 잇는 직선으로 방향은 P에서 Q로 향하며 특히 점 z는 L 위에 없다고 하자. 가정에 의해서 f는 원환 $A(z_0; r_1, r_2)$를 품는 영역에서 해석적이므로 P, Q를 자르고 간격을 조금 벌린 단순연결영역에서 P를 시점으로 직선 L을 지나 Γ_1을 시계방향으로 한 바퀴 돈 다음 다시 L 근방에서 역방향으로 진행하고 Γ_2를 반시계 방향으로 돌아 P로 돌아오는 곡선은 닫힌곡선이다. f의 연속성과 Cauchy 정리에 의해서,

$$f(z) = \frac{1}{2\pi i}\int_{\Gamma_2} \frac{f(\zeta)}{\zeta - z}\, d\zeta - \frac{1}{2\pi i}\int_{\Gamma_1} \frac{f(\zeta)}{\zeta - z}\, d\zeta.$$

그런데 $\zeta \in T(\Gamma_2)$이므로 $\left|\frac{z-z_0}{\zeta-z_0}\right| < 1$. 따라서

$$\frac{1}{\zeta - z} = \frac{1}{(\zeta - z_0)-(z-z_0)} = \frac{1}{(\zeta-z_0)\left(1-\frac{z-z_0}{\zeta-z_0}\right)}$$
$$= \sum_{n=0}^{\infty} \frac{(z-z_0)^n}{(\zeta-z_0)^{n+1}} \qquad (6.14)$$

는 절대 수렴한다. $\frac{f(\zeta)}{\zeta - z} = \sum_{n=0}^{\infty} \frac{f(\zeta)(z-z_0)^n}{(\zeta-z_0)^{n+1}}$는 정리 6.2.4에 의해서 Γ_2 위에서 균등수렴 하므로 정리 6.2.2에 의해서

$$\frac{1}{2\pi i}\int_{\Gamma_2} \frac{f(\zeta)}{(\zeta - z)}\, d\zeta = \sum_{n=0}^{\infty} \frac{1}{2\pi i}\int_{\Gamma_2} \frac{f(\zeta)}{(\zeta-z_0)^{n+1}} \cdot (z-z_0)^n = \sum_{n=0}^{\infty} a_n (z-z_0)^n,$$

여기서

$$a_n = \frac{1}{2\pi i}\int_{\Gamma_2} \frac{f(\zeta)}{(\zeta-z_0)^{n+1}}\, d\zeta, \quad n = 0, 1, 2, \cdots.$$

같은 방법에 의해서 $\zeta \in T(\Gamma_1)$이면 $\left|\frac{\zeta-z_0}{z-z_0}\right| < 1$이므로

$$\frac{1}{\zeta - z} = -\sum_{k=0}^{\infty} \frac{(\zeta-z_0)^k}{(z-z_0)^{k+1}} \qquad (6.15)$$

는 절대수렴한다. $\frac{f(\zeta)}{\zeta-z} = -\sum_{j=0}^{\infty} \frac{f(\zeta)(\zeta-z_0)^k}{(z-z_0)^{k+1}}$ 도 Γ_1 위에서 균등수렴하므로 위와 같이 정리 6.2.2에 의해서

$$\frac{1}{2\pi i}\int_{\Gamma_1}\frac{f(\zeta)}{(\zeta-z)}d\zeta=\sum_{k=0}^{\infty}\frac{-1}{2\pi i}\int_{\Gamma_1}\frac{f(\zeta)}{(\zeta-z_0)^{-k}}\cdot(z-z_0)^{-k-1}=\sum_{n=1}^{\infty}b_n(z-z_0)^{-n}$$

여기서

$$b_n=\frac{1}{2\pi i}\int_{\Gamma_1}\frac{f(\zeta)}{(\zeta-z_0)^{-n+1}}d\zeta \quad n=1, 2, \cdots.$$

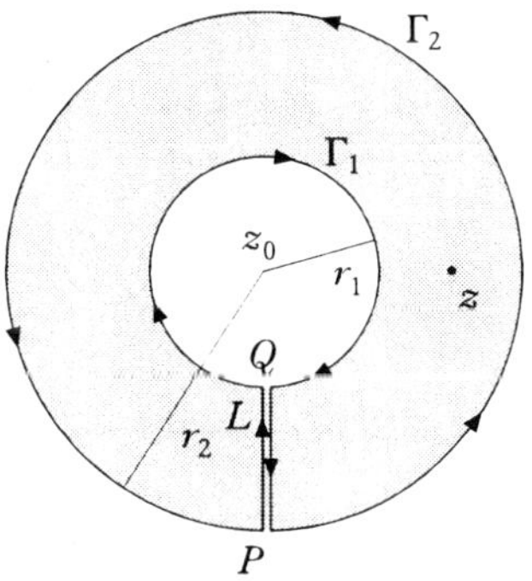

그림 6-3

식 (6.14)와 식 (6.15)가 $A(z_0; r_1, r_2)$에서 절대수렴하므로 $f(z)$도 $A(z_0; r_1, r_2)$에서 절대수렴하고, $r_1 < s_1 < s_2 < r_2$이면 $A(z_0; s_1, s_2)$에서 균등수렴하므로 $f(z)$도 $A(z_0; s_1, s_2)$에서 균등 수렴한다. 바깥 반지름과 안 반지름이 각각 s_2와 s_1인 원환이 z를 포함하면 (6.12)와 (6.13)의 값은 변함이 없다. 따라서 $f(z)$가 원환에서 절대수렴하고 균등수렴한다고 가정하면 a_n과 b_n은 (6.12), (6.13) 적분 식에 의해서 유일하게 얻는다. ■

무한급수 (6.11)을 $f(z)$의 원환 $A(z_0; r_1, r_2)$에서 Laurent 급수라고 부른다. 적분식 (6.12)와 (6.13)의 피적분함수는 $A(z_0; r_1, r_2)$에서 해석적이다. $r_1 < r < r_2$라 하고 Γ를 원 $|z-z_0| = r$이라 하면 $\Gamma, \Gamma_1, \Gamma_2$는 동심원들이므로 원환을 포함한 열린집합 안에서 homotopic 하다. 따라서 식 (6.11)은

$$f(z)=\sum_{n=-\infty}^{\infty} c_n(z-z_0)^n,$$

여기서

$$c_n = \frac{1}{2\pi i}\int_{\Gamma}\frac{f(\zeta)}{(\zeta - z_0)^n}\,d\zeta, \qquad n = 0, \pm 1, \pm 2, \cdots,$$

로 쓸 수 있다.

원환 위에서 정의된 해석함수 Laurent 급수를 계산하는데 (6.11)을 사용하여 구하면 되지만 실제로 적분 값을 구하는 일은 어려울 때가 있다. 그러나 $f(z)$가 초등함수인 경우에는 다음과 같은 방법을 통해서 구한다.

[예 6.5.1] $f(z) = \dfrac{1}{(z-1)(z-3)}$을 z의 멱으로 Laurent 급수 전개를 해보자.

$f(z)$는 원환 $A(0;1,3)$ 즉, $1<|z|<3$에서 해석적이다.

$$\frac{1}{(z-1)(z-3)} = \frac{-\frac{1}{2}}{z-1} + \frac{\frac{1}{2}}{z-3}$$

인데 $1<|z|<3$이면 $|1/z|<1$이고 $|z/3|<1$이므로

$$\frac{1}{z-1} = \frac{1}{z(1-1/z)} = \frac{1}{z}\left(1+\frac{1}{z}+\left(\frac{1}{z}\right)^2+\cdots\right)$$

$$\frac{1}{z-3} = -\frac{1}{3(1-z/3)} = -\frac{1}{3}\left(1+z/3+(z/3)^2+\cdots\right)$$

따라서 원환 $1<|z|<3$에서 $f(z)$의 로랑 급수전개식은

$$\frac{1}{(z-1)(z-3)} = -\frac{1}{2}\sum_{n=1}^{\infty}\frac{1}{z^n} - \frac{1}{2}\sum_{n=0}^{\infty}\frac{z^n}{3^{n+1}} \tag{6.16}$$

$|z|<1$인 원판에서는 $\dfrac{1}{(z-1)(z-3)}$는 해석적이므로

$$\begin{aligned}\frac{1}{(z-1)(z-3)} &= \frac{1}{2}\left(\frac{1}{1-z} - \frac{1}{3}\cdot\frac{1}{(1-z/3)}\right)\\ &= \frac{1}{2}\left[(1+z+z^2+\cdots) - \frac{1}{3}\left(1+\frac{z}{3}+\left(\frac{z}{3}\right)^2+\cdots\right)\right]\\ &= \frac{1}{2}\left(\frac{2}{3}+\frac{8}{9}z+\frac{26}{27}z^2+\cdots\right)\end{aligned}$$

$|z| > 3$인 영역에서는 $|1/z| < 1/3$, $|3/z| < 1$이므로

$$\frac{1}{z-1} = \frac{1}{z} \cdot \frac{1}{1-1/z} = \frac{1}{z}\left(1+\frac{1}{z}+\frac{1}{z^2}+\cdots\right)\text{이고}$$

$$\frac{1}{z-3} = \frac{1}{z} \cdot \frac{1}{1-3/z} = \frac{1}{z} \cdot (1+3/z+(3/z)^2+\cdots).$$

따라서

$$\frac{1}{(z-1)(z-3)} = \frac{1}{2}\left(-\frac{1}{z}-\frac{1}{z^2}-\cdots+1+\frac{3}{z}+\frac{9}{z^2}+\cdots\right) = \frac{1}{2}\left(1+\sum_{n=1}^{\infty}\frac{3^n-1}{z^n}\right).$$

원환 $1<|z|<3$인 경우 식 (6.16)을 검증하여 보자. $z \in A(0\,;1,3)$을 고정하고 $f(\zeta) = 1/(\zeta-1)(\zeta-3)$, $z_0 = 0$ 그리고 Γ는 원 $|z|=1$과 $|z|=3$ 사이에 있는 동심원인 단순 닫힌곡선이라 하자. $n \geqq 0$이라 하고 부분분수로 분해하여

$$\frac{1}{(\zeta-1)(\zeta-3)\zeta^{n+1}} = \frac{a}{\zeta-1} + \frac{b}{\zeta-3} + \frac{d_1}{\zeta} + \frac{d_2}{\zeta^2} + \cdots + \frac{d_{n+1}}{\zeta^{n+1}}. \tag{6.17}$$

Cauchy 적분정리에 의해서 $\int_\Gamma \frac{1}{\zeta-3}\,d\zeta = 0$이고 Cauchy의 적분공식(정리 5.6.2)에 의해서 $\int_\Gamma \frac{1}{\zeta^k}\,d\zeta = 0,\quad k = 2, 3, \cdots, n+1$. 따라서

$$c_n = \frac{1}{2\pi i}\int_\Gamma \frac{a}{\zeta-1}\,d\zeta + \frac{1}{2\pi i}\int_\Gamma \frac{d_1}{\zeta}\,d\zeta$$

이고, 정리 5.6.1에 의해서 $c_n = a + d_1$이다. 식 (6.17)에 $\zeta-1$을 곱하고 $\zeta \to 1$로 보내면 $a = -1/2$, 또 $\zeta-3$을 곱하고 $\zeta \to 3$으로 보내면 $b = \frac{1}{2 \cdot 3^{n+1}}$. 지금 (6.17)에 ζ를 곱하고 $\zeta \to \infty$로 보내면

$$0 = a + b + d_1$$

따라서

$$c_n = a + d_1 = -b = -\frac{1}{2 \cdot 3^{n+1}}.$$

$n<0$인 정수일 때

$$c_n = \frac{1}{2\pi i}\int_{\Gamma}\frac{d\zeta}{(\zeta-1)(\zeta-3)\zeta^{-n+1}} = \frac{1}{2\pi i}\int_{\Gamma}\frac{\zeta^{n-1}/(\zeta-3)}{\zeta-1}d\zeta.$$

그런데 $g(\zeta)=\dfrac{\zeta^{n-1}}{\zeta-3}$로 정의된 함수는 Γ의 내부와 위에서 해석적이므로 정리 5.6.1에 의해서 $c_n = g(1) = -\dfrac{1}{2},\ n<0.$

원환인 경우 c_n의 값은 예 6.5.1의 경우와 계산이 일치함을 알 수 있다.

[예 6.5.2] $f(z)=\dfrac{z^2+1}{z(z^2-3z+2)}$일 때 $A(-1;3,\infty)=\{z:|z+1|>3\}$에서 $z+1$의 멱으로 표현된 Laurent 급수전개식을 구하여 보자. $f(z)$를 부분분수식으로 분해하면

$$f(z)=\frac{1/2}{z}+\frac{-2}{z-1}+\frac{5/2}{z-2}$$

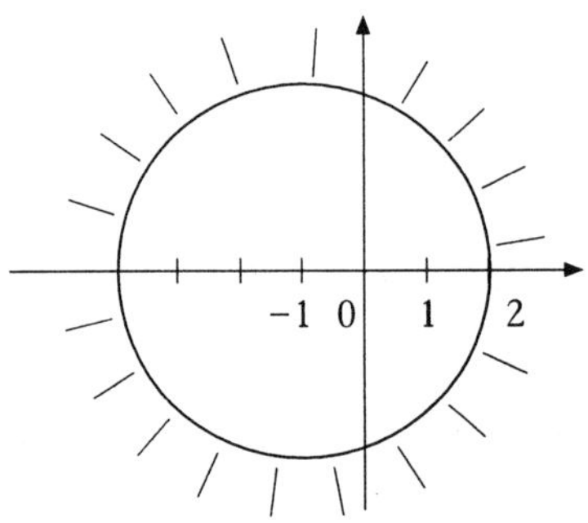

그림 6-4

각각 $\left|\dfrac{1}{z+1}\right|<\dfrac{1}{3},\ \left|\dfrac{2}{z+1}\right|<\dfrac{2}{3},\ \left|\dfrac{3}{z+1}\right|<1$이므로

$$\frac{1}{z}=\frac{1}{z+1-1}=\frac{1}{z+1}\cdot\frac{1}{1-\dfrac{1}{z+1}}=\left(\frac{1}{z+1}\right)\left(1+(\frac{1}{z+1})+(\frac{1}{z+1})^2+\cdots\right)$$
$$=\sum_{n=1}^{\infty}\left(\frac{1}{z+1}\right)^n.$$

$$\frac{1}{z-1}=\frac{1}{z+1-2}=\frac{1}{z+1}\cdot\frac{1}{1-\dfrac{2}{z+1}}=\frac{1}{z+1}\left(1+\frac{2}{z+1}+(\frac{2}{z+1})^2+\cdot\right)$$

$$=\sum_{n=1}^{\infty}\frac{2^{n-1}}{(z+1)^n},$$

$$\frac{1}{z-2}=\frac{1}{z+1-3}=\frac{1}{z+1}\cdot\frac{1}{1-\dfrac{3}{z+1}}=\sum_{n=1}^{\infty}\frac{3^{n-1}}{(z+1)^n}$$

따라서 $|z+1|>3$에서 Laurent 급수전개식은

$$f(z)=\frac{1}{2}\sum_{n=1}^{\infty}(\frac{1}{z+1})^n-2\sum_{n=1}^{\infty}\frac{2^{n-1}}{(z+1)^n}+\frac{5}{2}\sum_{n=1}^{\infty}\frac{3^{n-1}}{(z+1)^n}$$

$$=\sum_{n-1}^{\infty}(\frac{1}{2}-2^n+\frac{5}{2}\cdot 3^{n-1})\cdot(z+1)^{-n}.$$

[예 6.5.3] $f(z)=\sinh\left(z+\dfrac{1}{z}\right)$를 z의 멱으로 표현된 Laurent 급수전개식을 구하자. $A(0;0,\infty)=\{z:|z|>0\}$에서 Laurent 급수는 $\alpha_0+\sum_{n=1}^{\infty}\alpha^n\left(z^n+\dfrac{1}{z^n}\right)$ 꼴로 표현된다.

$$\alpha_n=\int_0^{2\pi}\cos n\theta\sinh(2\cos\theta)\,d\theta$$

임을 보이자.

$f(z)$는 $A(0;0,\infty)$에서 해석적이므로 Laurent 급수 전개식은

$$\sinh\left(z+\frac{1}{z}\right)=\sum_{n=-\infty}^{\infty}\alpha_n z^n,$$

여기서

$$\alpha_n=\frac{1}{2\pi i}\int_{\Gamma}\frac{\sinh(\zeta+1/\zeta)}{\zeta^{n+1}}d\zeta,\quad n=0,\pm1,\pm2,\cdots,$$

이고 Γ는 $|\zeta|=1$인 반시계 방향인 단순닫힌곡선이다. $\zeta=e^{i\theta}$이므로

$$\alpha_n=\frac{1}{2\pi i}\int_0^{2\pi}\frac{\sinh(e^{i\theta}+e^{-i\theta})}{e^{i(n+1)\theta}}ie^{i\theta}d\theta=\frac{1}{2\pi}\int_0^{2\pi}\sinh(2\cos\theta)[\cos n\theta-i\sin n\theta]\,d\theta$$

$$I = \int_0^{2\pi} \sin h(2\cos\theta) \cdot \sin n\theta\, d\theta$$

라 하자. $\theta = 2\pi - \lambda$라 놓으면

$$I = -\int_0^{2\pi} \sin h(2\cos\lambda)\sin n\lambda\, d\lambda = -I$$

이므로 $I = 0$이다. 따라서

$$\alpha_n = \int_0^{2\pi} \cos n\theta \sin h(2\cos\theta)d\theta$$

α_n에 대한 위의 표현식은 n 대신 $-n$을 대입해도 변하지 않으므로 모든 $n \in \mathrm{N}$에 대해서 $\alpha_n = \alpha_{-n}$. 그러므로

$$\sin h\left(z + \frac{1}{z}\right) = \sum_{n=-\infty}^{\infty} \alpha_n z^n = \alpha_0 + \sum_{n=1}^{\infty} \alpha_n \left(z^n + \frac{1}{z^n}\right)$$

연습문제 [6.5]

1. 다음 주어진 영역에서 각 함수의 Taylor 또는 Laurent 급수를 z의 거듭제곱으로 구하여라.

(a) $\dfrac{1}{z^2(z-1)(z+2)}$ ① $0<|z|<1$, ② $1<|z|<2$, ③ $|z|>2$

(b) $\dfrac{1}{(z^2+1)(z+2)}$ ① $|z|<1$, ② $1<|z|<2$, ③ $|z|>2$

(c) $\dfrac{z^2-1}{(z+2)(z+3)}$ ① $|z|<2$, ② $2<|z|<3$, ③ $|z|>3$

(d) $\dfrac{1}{(z-\lambda)^k}$ ① $|z|<|\lambda|$, $k \in \mathrm{N}$, ② $|z|>|\lambda|$, $k \in \mathrm{N}$

2. (a) $\dfrac{1}{z^3-z^4}$의 Laurent 급수를 z의 거듭제곱으로 구하여라.

(b) $\dfrac{1}{1-z}$의 Laurent 급수를 $(z-i)$의 거듭제곱으로 구하여라.

(c) $\dfrac{1-z}{z-2}$의 Laurent 급수를 $(z-1)$의 거듭제곱으로 구하여라.

(d) $\dfrac{1}{z^4(1-z)^2}$의 Laurent 급수를 z의 거듭제곱으로 구하여라.

(e) a, b를 $1<a<b$인 실수라 하자. $\mathrm{Log}\left(\dfrac{z-a}{z-b}\right)$의 Laurent 급수를 z의 거듭제곱으로 구하여라.

(f) $|z-1|>2$이면 $\dfrac{1-z}{z-3}=-\sum_{n=0}^{\infty}\dfrac{2^n}{(z-1)^n}$이 성립한다.

3. $z=0$에서 $\dfrac{1}{1-\cos z}$의 Laurent 급수를 구하여라.

4. $f(z)=\exp\left[\dfrac{u}{2}\left(z-\dfrac{1}{z}\right)\right]$, $|z|>0$라 하자. z의 거듭제곱으로 표현된 f의 Laurent 급수는

$$\sum_{n=-\infty}^{\infty} J_n(u)z^n,$$

여기서 $J_n(u)=(-1)^n J_{-n}(u)=\dfrac{1}{2\pi}\displaystyle\int_0^{2\pi}\cos(n\theta-u\sin\theta)\,d\theta$이고 $J_n(u)$를 제 1종의 Bessel 함수라고 부른다.

5. $f(z)=\sin\left[\dfrac{u}{2}\left(z-\dfrac{1}{z}\right)\right]$, $|z|>0$라 하자. z의 거듭제곱으로 표현된 f의 Laurent 급수는

$$\alpha_0+\sum_{n=1}^{\infty}\alpha_n\left(z^n+\frac{1}{z^n}\right),$$

여기서 $\alpha_n=\displaystyle\int_0^{2\pi}\cos n\theta\sin(2u\cos\theta)\,d\theta$이다.

6. $\cosh(z+1/z)=\sum_{n=-\infty}^{+\infty}a_n z^n$로 전개하면 $a_n=\dfrac{1}{2\pi}\displaystyle\int_0^{2\pi}\cos n\theta\cosh(2\cos\theta)\,d\theta$이다.

7. $z=0$에서 $f(z)=\dfrac{1}{e^z-1}$의 Laurent 급수 전개식은

$$\sum_{n=0}^{\infty}\frac{B_n}{n!}z^{n-1}$$

이다. B_n을 Bernoulli의 수(number)라 부른다.

(a) $B_0=1,\ B_1=-\dfrac{1}{2},\ B_2=\dfrac{1}{6},\ B_3=0,\ B_4=-\dfrac{1}{30},\ B_6=\dfrac{1}{42},\ B_8=-\dfrac{1}{30},\ B_{10}=\dfrac{5}{66}$가 됨을 보여라. 윗 식은

$$\frac{z}{e^z-1}+\frac{z}{2}=1+\sum_{n=2}^{\infty}\frac{B_n}{n!}z^n$$

으로 나타낼 수 있다. 이것을 사용하여

(b) $\dfrac{z}{2}\coth\dfrac{z}{2}=\dfrac{z}{e^z-1}+\dfrac{z}{2}$임을 보여라.

(c) (b)로부터 $B_3=B_5=B_7=\cdots=B_{2n+1}=0,\ k=1,2,3$이 된다. 이를 설명하여라.

(d) $z\coth z=\displaystyle\sum_{n=0}^{\infty}\frac{B_{2n}}{(2n)!}(2z)^{2n}$ 임을 보여라.

8. $\dfrac{1}{\cos z}=\displaystyle\sum_{n=0}^{\infty}(-1)^n\frac{E_{2n}}{(2n)!}z^{2n}$이다. 이때 E_{2n}을 Euler 수라 부른다.

$$E_0=1,\quad E_0+\binom{2n}{2}E_2+\cdots+\binom{2n}{2n}E_{2n}=0$$

가 됨을 보이고 $E_2,\ E_4,\ E_6,\ E_8$의 값을 구하여라.

7

유수정리와 응용

7.1 고립 특이점(isolated singularities)

이미 5.3절에서 다음과 같은 사실을 배웠다. "D를 열린집합이라 하고 f는 D 위에서 정의된 연속인 함수라 하자. $a \in D$이고 f가 $D \setminus \{a\}$에서 해석적이면 f는 D 전체에서 해석적이다." 이것은 사실 다음과 같은 일반적인 정리 7.1.1의 특별한 경우이다. $A \subseteq D$를 부분집합이라 하자. $a \in A$의 근방 $V \subseteq U$가 존재하여 $V \cap A = \varnothing$이면 a는 D에서 A의 **고립점**(isolated point)이라고 부른다. A의 모든 점이 고립점이면 A는 D에서 **이산**(discrete)적이라고 부른다. f가 a에서 해석적이지 않으면 a를 **특이점**(singular point)이라 한다.

> **정의 7.1.1** $A \subset D$를 닫힌 집합이라 하고 f는 $D \setminus A$에서 해석적인 함수라 하자. 만약 해석적인 함수 $F : D \to \mathbb{C}$가 존재하여 $f = F|_{D \setminus A}$이면 f는 A 위로 **해석적으로 확장가능**(holomorphically extendable over A)하다고 한다.

> **정리 7.1.1** (Riemann) $D \subseteq \mathbb{C}$를 열린집합이라 하고 $A \subset D$는 이산적이고 닫혀있다 하자.
> $f : D \setminus A \to \mathbb{C}$가 해석함수일 때 다음은 서로 동치이다.

(i) f는 A 위로 해석적으로 확장가능하다.
(ii) f는 A 위로 연속적으로 확장가능하다.
(iii) 각각의 $a \in A$에 대해 a의 근방 $U \subset D$가 존재하여 $U \setminus \{a\}$에서 f는 유계이다.
(iv) $\forall a \in A$, $\lim_{z \to a}(z-a)f(z) = 0$.

증명 (i) ⇒ (ii) ⇒ (iii) 명백하다.

(iii) ⇒ (iv) $M = \sup\{|f(z)| : z \in U \setminus \{a\}\}$라 하자. 그러면 $\forall z \in U$에 대해

$$|(z-a)f(z)| = |z-a| \cdot |f(z)| \leq |z-a| \cdot M$$

따라서 $\lim_{z \to a}(z-a)f(z) = 0$.

(iv) ⇒ (i) A의 각 점은 고립점이므로 $A = \{a\}$라 보아도 일반성을 잃지 않는다.

$$h(z) = \begin{cases} (z-a)^2 f(z), & z \in D \setminus \{a\} \\ 0, & z = a \end{cases}$$

라고 정의하자. h는 $z=a$에서 미분가능하다. 실제로 계산해보면

$$h'(a) = \lim_{z \to a}\frac{h(z)-h(a)}{z-a} = \lim_{z \to a}\frac{(z-a)^2 f(z) - 0}{z-a} = \lim_{z \to a}(z-a)f(z) = 0.$$

따라서 h는 D에서 해석적이고 $h(a) = h'(a) = 0$. 이것은 h가 $z=a$에서 적어도 2차 이상의 영점을 가짐을 의미한다. 정리 6.4.3에 의해서 해석함수 $F : D \to \mathbb{C}$가 존재하여 $h(z) = (z-a)^2 F(z)$이다. $z \in D \setminus \{a\}$이면 $h(z) = (z-a)^2 f(z)$이므로 $z \in D \setminus \{a\}$인 경우 $F(z) = f(z)$. ■

[예 7.1.1] $f(z) = \dfrac{\sin z}{z}$, $z \in \mathbb{C} \setminus \{0\}$라 하면

$$\lim_{z \to 0} z f(z) = \lim_{z \to 0} z \frac{\sin z}{z} = \lim_{z \to 0} \sin z = 0.$$

정리 7.1.1에 의해서 f는 $\{0\}$ 위로 해석적으로 확장할 수 있다. 이 경우

$$\lim_{z \to 0} f(z) = \lim_{z \to 0}\frac{\sin z}{z} = 1$$

이므로 f의 확장 F는 다음과 같이 정의하면 된다.

$$F(z)=\begin{cases}\dfrac{\sin z}{z}, & z\neq 0\\ 1, & z=0.\end{cases}$$

정의 7.1.2 $r>0$이 존재하여 f가 $B(a;r)\setminus\{a\}$에서 해석적이고 a에서 해석적이 아니면 a를 f의 **고립특이점**(isolated singularity)이라고 부른다.

0, ±1, 0는 $\dfrac{\sin z}{z}$, $\dfrac{1}{1-z^2}$ 그리고 $e^{1/z}$의 고립특이점이다. 그러나 각각의 고립점은 서로 다른 특성을 갖고 있다. $\dfrac{\sin z}{z}$는 0에서 해석적이 되도록 확장할 수 있다. 그러나 $\lim\limits_{z\to 1}(z-1)\dfrac{1}{1-z^2}=-\dfrac{1}{2}$, $\lim\limits_{z\to -1}(z+1)\dfrac{1}{1-z^2}=\dfrac{1}{2}$이므로 $\dfrac{1}{1-z^2}$은 정리 7.1.1에 의해서 해석적으로 확장할 수 없다. $e^{1/z}$인 경우, $z_n=1/n$, $w_n=\dfrac{1}{2n\pi i}$이라 놓으면

$$\lim_{n\to\infty} z_n e^{1/z_n}=\lim_{n\to\infty}\frac{e^n}{n}=\infty,\quad \lim_{n\to\infty} w_n e^{1/w_n}=\lim_{n\to\infty}\frac{1}{2n\pi i}\cdot 1=0$$

이므로 $\lim\limits_{z\to 0} ze^{1/z}$는 존재하지 않는다. 따라서 $e^{1/z}$은 $\{0\}$ 위로 해석적으로 확장할 수 없다.

정의 7.1.3 D를 열린집합이라 하고 $a\in D$, $f: D\setminus\{a\}\to\mathbb{C}$는 해석함수라 하고 a를 고립특이점이라 하자.

(i) f를 $\{a\}$ 위로 해석적으로 확장할 수 있으면 a를 **제거 가능 특이점**(removable singularity)이라고 부른다.

(ii) $n\in\mathbb{N}$이 존재하여 a를 제외한 a의 근방에서 $(z-a)^n f(z)$가 유계이면 a를 f의 **극**(pole)이라 부른다. 자연수

$$m=\min\{n\in\mathbb{N} : (z-a)^n f(z)\text{는 유계}\}\geq 1 \tag{7.1}$$

을 f의 극 a의 **차수**(order of pole a of f)라고 한다. 이 경우 a를 **m차의 극**이라 부르고 특히 $m=1$이면 **단순극**이라고 부른다.

(iii) 특이점 a가 제거 가능도 극도 아니면 **진성 특이점**(essential singularity)이라고 한다.

앞의 보기에서 0, ±1, 0은 각각 $\frac{\sin z}{z}$, $\frac{1}{1-z^2}$ 그리고 $e^{1/z}$의 제거 가능, 극 그리고 진성 특이점이다.

다음 정리는 특이점을 구분하는데 매우 편리한 정리이다.

정리 7.1.2 $D \subseteq \mathbb{C}$를 열린집합, $a \in D$를 해석함수 f의 고립특이점이라 하자. $\sum_{n=-\infty}^{\infty} a_n(z-a)^n$를 점 a에서 f의 Laurent 전개식이라 할 때 다음이 성립한다.

(i) a가 제거 가능 특이점이기 위한 필요충분조건은 모든 $n<0$에 대해 $a_n=0$.

(ii) a가 m차의 극, $m \in \mathbb{N}$이기 위한 필요충분조건은

$$n>m\text{이면 } a_{-n}=0\text{이고 } a_{-m}\neq 0.$$

(iii) a가 진성특이점이기 위한 필요충분조건은 무수히 많은 $n \in \mathbb{N}$에 대해

$$a_{-n}\neq 0$$

증명 (i) ($\Rightarrow$) a를 제거 가능 특이점이라 하자. 정리 7.1.1에 의해서 a를 중심으로 하는 열린 원판 $B(a:r)$ 위에서 해석함수 F가 존재하여 $\forall z \in B(a;r)$, $f(z)=F(z)$.

$\sum_{n=0}^{\infty} b_n(z-a)^n$을 $F(z)$의 Taylor 전개식이라 하면 Laurent 급수의 계수의 유일성에 의해서 $n \geqq 0$이면 $a_n=b_n$이고 $n<0$이면 $a_n=0$.

($\Leftarrow$) $f(z)$의 Laurent 급수 $\sum_{n=0}^{\infty} a_n(z-a)^n$는 멱급수로서 원환 $A(a;0,r)$에서 수렴한다. 따라서 해석적이고 $A(a;0,r)$에서 f와 일치한다. 그러면 f는 a를 뺀 a의 근방 $B(a;r)\setminus\{a\}$에서 유계이다. 정리 7.1.1에 의해서 a는 제거 가능 특이점이다.

(ii) ($\Rightarrow$) a를 m차의 극이라 하자. $(z-a)^m f(z)$는 a를 제외한 a의 근방에서 유계이므로 정리 7.1.1에 의해서 $z\neq a$이면 $g=(z-a)^m f$인 해석함수 g가 $B(a;r)$ 위에 존재한다.

$g(z)=\sum_{n=0}^{\infty} b_n(z-a)^n$이라 놓으면

$$f(z)=\frac{b_0}{(z-a)^m}+\frac{b_1}{(z-a)^{m-1}}+\cdots+\frac{b_{m-1}}{z-a}+\sum_{k=0}^{\infty} b_{m+k}(z-a)^k,\ z\neq a. \tag{7.2}$$

Laurent 급수의 계수의 유일성에 의해서 $a_n=b_{n+m}$이고 특히 $n>m$이면 $a_{-n}=0$. a가 m차의 극이므로 $a_{-m}=b_0\neq 0$이다.

($\Leftarrow$) $f(z)$의 Laurent 급수를 $\sum_{n=-m}^{\infty} a_n(z-a)^n$, $a_{-m} \neq 0$라 하자. 그러면

$$(z-a)^m f(z) = \sum_{n=-m}^{-1} a_n(z-a)^{n+m} + (z-a)^m \sum_{n=0}^{\infty} a_n(z-a)^n \tag{7.3}$$

는 $m-1$차의 다항식과 $A(a;0,r)$에서 수렴하는 무한급수의 합으로 표현된다. 그러나 (7.3)의 무한급수 부분은 $z=a$일 때도 수렴하므로 (7.3)의 우변을 $g(z)$라 놓으면 $g(z)$는 $B(a;r)$에서 해석적이고 $\forall z \in B(a;r) \setminus \{a\}$에 대해서 $f(z) = \dfrac{g(z)}{(z-a)^m}$이며, $g(a) = a_{-m} \neq 0$. g는 해석적이므로 a의 근방에서 유계이고 $(z-a)^m f(z)$도 a를 뺀 a의 근방에서 유계이다.

또한 $(z-a)^{m-1} f(z) = \dfrac{g(z)}{z-a}$이므로 이 식은 a의 어떤 근방에서도 유계가 아니다. 이것은 a가 m차의 극임을 말해준다.

(iii) 진성특이점의 정의와 (i), (ii)에 의해서 명백하다. ■

(7.2)에서 음의 거듭제곱의 합,

$$f(z) = \frac{b_0}{(z-a)^m} + \frac{b_1}{(z-a)^{m-1}} + \cdots + \frac{b_{m-1}}{z-a}$$

을 극점 a에서 $f(z)$의 **주부**(主部, principal part)라고 부른다.

> **정리 7.1.3** $D \subseteq \mathbb{C}$를 열린집합이라 하자. $a \in D$가 해석함수 f의 극점이 되기 위한 필요충분조건은 $\lim_{z\to a} f(z) = \infty$.

증명 정리 7.1.2에 의해서 a가 f의 m차의 극이 되기 위한 필요충분조건은 a의 열린근방과 그 위에 정의된 해석함수 g가 존재하여 $f(z) = \dfrac{g(z)}{(z-a)^m}$, $z \neq a$이고 $g(a) \neq 0$이다. 따라서 $\lim_{z\to a} f(z) = \infty$. 역으로 $\lim_{z\to a} f(z) = \infty$이면 $r > 0$이 존재하여 $B(a;r) \setminus \{a\}$에서 $f(z) \neq 0$이다. $\lim_{z\to a} \dfrac{1}{f(z)} = 0$이므로

$$h(z) = \begin{cases} 1/f(z), & z \in B(a;r) \setminus \{a\} \\ 0 \quad, & z = a \end{cases}$$

로 정의하면 정리 7.1.1에 의해서 h는 $B(a;r)$에서 $1/f$의 해석적 확장함수이다. $z=a$는 h의 영점이므로 정리 6.4.3에 의해 $B(a;r)$ 상에 해석함수 g와 $m \in \mathbb{N}$이 존재하여 $g(a) \neq 0$,

$$h(z)=(z-a)^m g(z).$$

그런데 $z=a$는 h의 유일한 영점이므로 g는 $B(a;r)$에서 영점이 없다. 따라서 $1/g(z)$는 $1/g(a)\neq 0$이고 $B(a;r)$에서 해석적이다. $z\neq a$이면

$$f(z)=\frac{1}{h(z)}=(z-a)^{-m}\frac{1}{g(z)}$$

이므로 정리 7.1.2(ii)에 의해서 a는 f의 m차의 극이다. ■

[예 7.1.2] (i) $f(z)=\dfrac{1}{\sin(1/z)}$라고 하자. 그러면 $z=1/k\pi,\ k\in\mathbb{Z}$는 고립특이점이다. 그러나 $z=0$의 임의의 열린 근방은 무수히 많은 f의 특이점 $1/k\pi$를 포함하고 있으므로 특이점이기는 하지만 고립특이점은 아니다.

(ii) $\dfrac{\sinh z}{z^6}=\dfrac{1}{z^5}+\dfrac{1}{3!}\dfrac{1}{z^3}+\dfrac{1}{5!}\dfrac{1}{z}+\dfrac{1}{7!}z+\cdots$이므로 $z=0$은 5차의 극이다.

(iii) $f(z)=e^{\frac{1}{z^2}}=1+\dfrac{1}{z^2}+\left(\dfrac{1}{z^2}\right)^2+\left(\dfrac{1}{z^2}\right)^3+\cdots=1+\dfrac{1}{z^2}+\dfrac{1}{z^4}+\dfrac{1}{z^6}+\cdots$이므로 $z=0$은 진성특이점이다.

정리 7.1.4 (Casorati-Weierstrass) $D\subseteq\mathbb{C}$를 열린집합이라 하고 f는 $D\setminus\{a\}$에서 정의된 해석함수라 하자. a가 f의 진성특이점이면 a의 어떠한 근방 $U\subseteq D$에 대해서도 $f(U\setminus\{a\})$는 $\mathbb{C}$의 조밀부분집합이다.

증명 $f(U\setminus\{a\})$가 $\mathbb{C}$에서 조밀하지 않다고 가정하자. 그러면 $c\in\mathbb{C}$와 c의 근방 $B(c;r)$이 존재하여 $B(c;r)\cap f(U\setminus\{a\})=\varnothing$. 즉, 임의의 $z\in U\setminus\{a\}$에 대해서 $|f(z)-c|\geq r>0$. 따라서 $g(z)=\dfrac{1}{f(z)-c}$라 놓으면 g는 $U\setminus\{a\}$에서 해석적이고 $|g|$는 $\dfrac{1}{r}$에 의해서 위로 유계이므로 $z=a$는 g의 제거 가능 특이점이다. 따라서 $\lim_{z\to a}g(z)$가 존재한다. 만약 $\lim_{z\to a}g(z)=0$이면 정리 7.1.3에 의해서 a는 $f(z)=c+1/g(z)$의 극점이고, $\lim_{z\to a}g(z)\neq 0$이면 정리 7.1.1에 의해서 a는 f의 제거 가능 특이점이므로 어느 경우에도 a가 f의 진성특이점이라는 사실에 모순이다. ■

∞가 고립특이점인 경우를 생각할 수 있다. 만약 어떤 $R>0$이 존재하여 $|z|>R$에서 해석적이면 ∞를 f의 **고립특이점**이라고 한다. 따라서 ∞가 f의 고립특이점이 되기 위

한 필요충분조건은 $g(w)=f\left(\frac{1}{w}\right)$라고 정의한 함수가 $w=0$에서 고립특이점을 갖는 것이다. ∞에서 f의 고립특이점의 분류는 $w=0$에서 g의 고립특이점의 분류에 따른다.

$|z|>R$에서 $f(z)$의 Laurent 급수 전개식은

$$f(z)=\sum_{k=-\infty}^{\infty} a_k z_k$$

라 하자. 모든 $k>0$에 대해 $a_k=0$이면 ∞를 **제거 가능 특이점**이라 부른다. 이 경우 f는 ∞에서 해석적이다. 무한히 많은 $k>0$에 대해 $a_k \neq 0$이면 ∞를 f의 **진성특이점**이라고 부른다. 어떤 $N \geq 1$이 존재하여 모든 $k>N$에 대해 $a_k=0$이지만 $a_N \neq 0$이면 ∞를 차수가 N인 f의 **극**이라고 부른다. 이 경우 f의 Laurent 급수는 $|z|>R$에서

$$f(z)=a_N z^N + a_{N-1} z^{N-1} + \cdots + a_1 z + a_0 + \frac{a_{-1}}{z} + \frac{a_{-2}}{z^2} + \cdots + .$$

∞에서 f의 **주요부**는

$$p(z)=a_n z^N + a_{N-1} z^{N-1} + \cdots + a_1 z + a_0$$

이다. 그러면 $f(z)-p(z)$는 ∞에서 해석적이고 또한 ∞에서 함수 값도 0이다.

Casorati-Weierstrass 정리를 써서 다음을 증명해보자.

정리 7.1.5 f를 정함수라 하자. 즉, $\mathbb{C}$ 전체에서 해석적이라 하자. 그러면, ∞가 f의 극, 또는 $\lim_{z\to\infty}|f(z)|=\infty$이기 위한 필요충분조건은 f가 상수가 아닌 다항식인 것이다. 또 ∞가 제거 가능 특이점이 되기 위한 필요충분조건은 f가 상수함수이다.

증명 f가 정함수이므로 $f(z)$의 멱급수 전개식은 $f(z)=\sum_{n=0}^{\infty} a_n z^n$은 모든 $z\in\mathbb{C}$에 대해서 성립한다. $z\in\mathbb{C}\setminus\{0\}$인 경우,

$$F(z)=f(1/z)=\sum_{n=0}^{\infty} a_n z^{-n}$$

이다. 이것은 Laurent 급수전개식의 유일성에 의해서 0에서 F의 Laurent 급수표현식

이다. 그러면

$$F(1/z) = f(z) = \sum_{n=0}^{\infty} a_n z^n$$

은 $|z| > R$에서 Laurent 급수전개식이다. 따라서 ∞가 f의 극이 되기 위한 필요충분조건은 $f(z) = \sum_{n=0}^{N} a_n z^n$. 즉, f가 다항식이 되는 것이고 ∞가 f의 제거 가능 특이점이 되기 위한 필요충분조건은 $f(z) = a_0$이다. ■

정리 7.1.6 f, g를 정함수라 하자. $h = f \circ g$가 상수가 아닌 다항식이면 f와 g도 다항식이다.

증명 ∞가 g의 제거 가능 특이점이면 정리 7.1.5에 의해서 g는 상수함수이므로 h도 상수함수이다. 이 경우는 제외한다. 다음 ∞가 g의 진성특이점이면 Casorati-Weierstrass 정리에 의해서 유계가 아닌 수열 $\{z_n\}$이 존재하여 $\lim_{n \to \infty} g(z_n) = 0$.

그러면 $\lim_{n \to \infty} h(z_n) = f(0)$. 이것은 h가 다항식이라는 사실에 어긋나므로 ∞는 g의 극이어야 한다. 따라서 정리 7.1.5로부터 g는 다항식임을 알 수 있다.

$\{\zeta_n\}$을 유계가 아닌 수열이라 하자. g가 다항식이므로 g는 위로의 함수이고 또 유계인 집합을 유계인 집합으로 보내는 함수이므로 $\forall n \in \mathbb{N}$, $w_n \in \mathbb{C}$가 존재하여 $g(w_n) = \zeta_n$이고 수열 $\{w_n\}$은 유계가 아니다. 그런데 ∞가 다항식 h의 극이므로 $\infty = \lim_{n \to \infty} h(w_n) = \lim_{n \to \infty} f(\zeta_n)$. 이것은 임의의 유계가 아닌 수열 $\{\zeta_n\}$에 대해 모두 성립하므로 ∞는 f의 극이다. 따라서 f도 다항식이다. ■

연습문제 [7.1]

1. 다음 함수의 고립특이점을 찾고 그 종류를 분류하여라. 극인 경우에는 극의 차수와 각 극에서 주요부를 구하여라.

(a) $z^{-2}(z - \sin z)$ (b) $\sin \frac{1}{z}$ (c) $\exp\left(\frac{1}{z^2+1}\right)$ (d) $\tan z$ (e) $\frac{\sin z}{z^2 + z}$

(f) $\mathrm{Log}(1 - 1/z)$ (g) $\frac{ze^z}{z^2 - 1}$ (h) $\frac{\mathrm{Log}\, z}{(z-1)^3}$ (i) $\frac{e^z - 1}{z}$ (j) $ze^{\frac{1}{z}}$

※ 다음을 증명하여라.

2. $z=a$가 f의 제거 가능 특이점이면 $1/f$에 대해서는 제거 가능 특이점이든지 극이다.

3. $z=a$가 해석함수 f의 k차 영점이면 f'에 대해서는 $k-1$차 영점이다.

4. $z=a$가 f와 g의 각각 m차와 n차의 극이면 $z=a$는 $f+g$의 제거 가능 특이점이든지 극이다.

5. f가 $z=a$에서 해석적이고 a는 f의 k차의 영점이면 이 점은 $\dfrac{f'}{f}$의 단순 극이다.

6. $z=a$를 f의 고립특이점이라 하자. 만약 $(z-a)^N f(z)$가 a 근방에서 유계이면 a는 제거 가능 특이점이든지 차수가 기껏해야 N인 극이다.

7. $z=a$가 f의 제거 가능 특이점이 아니면 a는 $e^{f(z)}$의 진성특이점이다.

8. $z=a$가 f의 고립특이점이고 $\mathrm{Re}f$ 또는 $\mathrm{Im}f$가 위 또는 아래로 유계이면 a는 제거 가능 특이점이다.

9. f를 다항식이 아닌 정함수라 하자. ∞는 f의 어떤 종류의 특이점인가?

10. f를 상수함수가 아닌 정함수라 하자. ∞는 $e^{f(z)}$의 진성특이점이다.

7.2 유수(留數, residue)

f를 $D\setminus\{a\}$에서 정의된 해석함수라 하고 a를 f의 고립특이점이라 하자. $\sum_{-\infty}^{\infty} c_n(z-a)^n$을 $B(a;r)\setminus\{a\}$에서 f의 Laurent 급수라 하자. Γ를 $\Gamma(t)=a+\epsilon e^{it}$, $0\leqq t\leqq 2\pi$이고 $0<\epsilon<r$라 하면 정리 6.5.1에 의해서

$$c_{-1}=\frac{1}{2\pi i}\int_{\Gamma} f(z)dz \tag{7.4}$$

이다.

Γ 위에서 f의 적분을 계산하면 Laurent 급수의 계수 중에서 c_{-1}만 남는다. 이와 같은 이유로 c_{-1}을 $z=a$에서 f의 **유수**(residue)라고 부른다. 유수는 남아 있는 수(數)라는 뜻이다. 그리고 이 값을

$$Res\,[f, a] = c_{-1}$$

로 써서 나타낸다.

> **정리 7.2.1** (유수정리, Residue Theorem) $D \subseteq \mathbb{C}$를 유계인 열린집합이고 단순연결이라 하자. D의 경계 ∂D는 구분적 평활곡선이라 하자. f가 $D \cup \partial D$를 포함하는 영역에서 유한개의 고립특이점 $z_1, z_2, \cdots, z_n \in D$을 제외하고 해석적이면
>
> $$\int_\Gamma f(z)\,dz = 2\pi i \sum_{j=1}^{n} \text{Res}\,[f(z), z_j].$$
>
> 여기서 Γ는 ∂D를 나타내는 반시계방향의 닫힌곡선이고, 모든 $n(\Gamma, z_j) = 1$이다.

증명 z_j들은 고립특이점이므로 각각의 $j=1, \cdots, n$에 대해 z_j를 중심으로 하는 원 γ_j가 D 안에 존재한다. 특히 유한개의 원들이므로 $k, j = 1, \cdots, n$에 대해 $k \neq j$이면 모든 γ_k는 γ_j의 외부에 위치한다고 가정하자. 정리 5.5.4에 의해서

$$\int_\Gamma f(z)dz = \sum_{j=1}^{n} \int_{\gamma_j} f(z)dz$$

이다. (7.2) 식으로부터 $\int_{\gamma_j} f(z)\,dz = 2\pi i\,\text{Res}\,[f, z_j]$이므로

$$\int_\Gamma f(z)\,dz = 2\pi i \sum_{j=1}^{n} \text{Res}\,[f(z), z_j].$$ ■

[예 7.2.1] (i) $\int_{|z|=1} \frac{\sinh z}{z^6}\,dz$의 값을 구하여 보자. 여기서 적분은 원 $|z|=1$ 위에서 반시계방향이다. 먼저 Cauchy의 적분공식을 쓰면

$$\int_{|z|=1} \frac{\sinh z}{z^6}\,dz = \frac{2\pi i}{5!}\,\frac{d^5}{dz^5}(\sinh z)(0) = \frac{2\pi i}{5!}\cos h(0) = \frac{\pi i}{60}.$$

다음에 유수정리를 사용하여 계산하면

$$\sinh z = z + \frac{z^3}{3!} + \frac{z^5}{5!} + \frac{z^7}{7!} + \cdots \text{ 이므로 } \frac{\sinh z}{z^6} = \frac{1}{z^5} + \frac{1}{3!z^2} + \frac{1}{5!z} + \frac{1}{7!}z + \cdots$$

따라서 $c_{-1} = 1/5!$이고

$$\int_{|z|=1} \frac{\sinh z}{z^6} dz = 2\pi i \operatorname{Res}[\sinh z, 0] = \frac{1}{5!} \cdot 2\pi i = \frac{\pi i}{60}.$$

(ii) $\displaystyle\int_\gamma \frac{(1-z^4)e^{2z}}{z^5} dz$, $\gamma : |z| = 1$을 구하여 보자.

$$e^{2z} = 1 + 2z + \frac{(2z)^2}{2!} + \frac{(2z)^3}{3!} + \cdot + \frac{(2z)^7}{7!} + \cdots$$

이므루

$$z^4 e^{2z} = z^4 + 2z^5 + \frac{2^2 \cdot z^6}{2!} + \cdots.$$

따라서

$$(1-z^4)e^{2z} = 1 + 2z + \frac{(2z)^2}{2!} + \frac{(2z)^3}{3!} + \left(\frac{2^4}{4!} - 1\right)z^4 + \left(\frac{2^5}{5!} - 2\right)z^5 + \cdots$$

이고

$$\frac{(1-z^4)e^{2z}}{z^5} = \frac{1}{z^5} + \frac{2}{z^4} + \frac{2}{2!}\frac{1}{z^3} + \frac{2^3}{3!}\frac{1}{z^2} + \left(\frac{2^4}{4!} - 1\right)\frac{1}{z} + \cdots$$

이므로

$$\int_\gamma \frac{(1-z^4)e^{2z}}{z^5} dz = 2\pi i \operatorname{Res}[f(z), 0] = 2\pi i\left[\frac{16}{24} - 1\right] = \frac{-16}{24}\pi i = -\frac{2}{3}\pi i.$$

정리 7.2.2 (유수정리, 일반형) $D \subseteq \mathbb{C}$를 열린집합이라 하고 $\Delta \subset D$를 이산 부분집합이라 하자. f를 $D \setminus \Delta$에서 정의된 해석함수라 하면 Δ를 지나지 않고 D에서 영 homotopic 한 임의의 닫힌 구뷴적 평활곡선 Γ에 대해서 $n(\Gamma, a)$는 a에 대한 Γ의 지표이면

$$\int_\Gamma f(z)dz = 2\pi i \sum_{a \in \Delta} n(\Gamma, a) \operatorname{Res}[f, a] \tag{7.5}$$

(Δ는 이산집합이므로 유한개의 $a \in \Delta$를 제외하고 $n(\Gamma, a) = 0$이다. 따라서 식 (7.5)의 우변의 합은 유한 합이다.)

증명 $\Delta = \{a_1, a_2, \cdots, a_n\}$이라 가정해도 일반성을 잃지 않는다. f_i를 점 a_i에서 f의 Laurent 급수 $\sum_{n=-\infty}^{\infty} c_n^i (z-a_i)^n$의 지수가 음의 정수인 부분이라 하자. 즉,

$$f_i = \sum_{n=-1}^{-\infty} c_n^i (z-a_i)^n = \frac{c_{-1}^i}{z-a_i} + \sum_{n=-2}^{-\infty} c_n^i (z-a_i)^n$$

그러면 f_i는 $\mathbb{C} \setminus \{a_i\}$에서 해석적이다.

$$g_i = \sum_{n=-2}^{-\infty} c_n^i (z-a_i)^n$$

이라 하자. $z \neq a_i$이면 g_i는 z의 열린 근방에서 균등수렴하고 절대수렴하므로 역도함수를 갖는다. 특히 g_i는 $\mathbb{C} \setminus \{a_i\}$에서 역도함수를 갖는다. 따라서

$$\int_\Gamma g_i(z)\,dz = 0$$

이고

$$\int_\Gamma f_i dz = c_{-1}^i \int_\Gamma \frac{1}{z-a_i} dz = 2\pi i\, Res[f, a_i]\, n(\Gamma, a_i)$$

$h = f - f_1 - f_2 - \cdots - f_n$이라 놓자. h는 우선 $D \setminus \Delta$에서 해석적이고 $z = a_i$에서는 $f - f_i$, $f_1, \cdots, f_{i-1}, f_{i=1}, \cdots f_n$ 모두 해석적이므로 h는 D에서 해석적이다. Γ는 D에서 영 homotopic 하므로

$$\int_\Gamma h dz = \int_\Gamma f - f_1 - \cdots - f_n dz = 0.$$

따라서

$$\int_\Gamma f(z) dz = \sum_{i=1}^{n} \int_\Gamma f_i(z) dz = 2\pi i \sum_{i=1}^{n} n(\Gamma, a_i)\, Res[f, a_i].$$ ■

일반적인 유수정리를 이용하여 적분을 계산하는 예를 보기 전에 Laurent 급수로 전개하지 않고도 유수를 계산할 수 있는 정리를 알아보자.

정리 7.2.3 $f : U \subseteq \mathbb{C} \setminus \{z_0\} \to \mathbb{C}$ 는 해석적이고 z_0에서 m차의 극을 갖는다 하자. 그러면

$$\operatorname{Res}[f(z), z_0] = \frac{1}{(m-1)!} \lim_{z \to z_0} \frac{d^{m-1}}{dz^{m-1}} (z-z_0)^m f(z)$$

(증명) $z = z_0$에서 m차의 극을 가지므로

$$f(z) = \frac{b_m}{(z-z_0)^m} + \cdots + \frac{b_1}{z-z_0} + \sum_{n=0}^{\infty} a_n (z-z_0)^n \quad (z \neq z_0)$$

로 쓸 수 있다. 양변에 $(z-z_0)^m$을 곱하면

$$(z-z_0)^m f(z) = b_m + b_{m-1}(z-z_0) + \cdots + b_1 (z-z_0)^{m-1} + \sum_{n=0}^{\infty} a_n (z-z_0)^{n+m}$$

이고 이것을 $m-1$번 미분하면

$$\frac{d^{n-1}}{dz^{m-1}} (z-z_0)^m f(z) = (m-1)!\, b_1 + \sum_{n=0}^{\infty} (n+m) \cdots (n+m-(m-1))\, a_n (z-z_0)^{n+1}$$

따라서

$$\operatorname{Res}[f(z), z_0] = b_1 = \frac{1}{(m-1)!} \lim_{z \to z_0} \frac{d^{m-1}}{dz^{m-1}} (z-z_0)^m f(z). \qquad \blacksquare$$

[예 7.2.2] $f(z) = \dfrac{e^z}{z^2 (z-\pi i)^4}$의 유수를 구하여 보자.

$z=0$, $z=\pi i$는 각각 f의 2차와 4차의 극이다. 정리 7.2.3에 의해서

$$\begin{aligned}\operatorname{Res}[f(z), 0] &= \frac{1}{1!} \lim_{z \to 0} \frac{d}{dz} \left[z^2 \cdot \frac{e^z}{z^2 (z-\pi i)^4} \right] = \lim_{z \to 0} \frac{d}{dz} \left(\frac{e^z}{(z-\pi i)^4} \right) \\ &= \lim_{z \to 0} \left[\frac{e^z (z - \pi i - 4)}{(z-\pi i)^5} \right] = \frac{\pi - 4i}{\pi^5},\end{aligned}$$

$$\begin{aligned}\operatorname{Res}[f(z), \pi i] &= \frac{1}{3!} \lim_{z \to \pi i} \frac{d^3}{dz^3} (z-\pi i)^4 \frac{e^z}{z^2 (z-\pi i)^4} = \frac{1}{3!} \lim_{z \to \pi i} \frac{d^3}{dz^3} \left(\frac{e^z}{z^2} \right) \\ &= \frac{1}{3!} \lim_{z \to \pi i} \left[\frac{e^z (z^3 - 6z^2 + 18z - 24)}{z^5} \right] = \frac{1}{6\pi^5} (\pi^3 + 6\pi^2 i - 18\pi - 24i)\end{aligned}$$

[예 7.2.3] γ를 그림 7-1과 같다 하고

$$f(z) = \frac{z}{(z+3i)^3(z+2)^2}$$

이라 할 때 $\int_\gamma f(z)dz$를 구하여 보자. $-3i$는 f의 3차, 그리고 -2는 f의 2차의 극이다.

$$\text{Res}\,[f(z),\ -2] = \frac{1}{1!}\lim_{z\to -2}\frac{d}{dz}\left(\frac{z}{(z+3i)^3}\right) = \lim_{z\to -2}\frac{-2z+3i}{(z+3i)^4} = \frac{4+3i}{(-2+3i)^4},$$

$$\begin{aligned}\text{Res}\,[f(z),\ -3i] &= \frac{1}{2!}\lim_{z\to -3i}\frac{d^2}{dz^2}\left(\frac{z}{(z+2)^2}\right)\\ &= \frac{1}{2!}\lim_{z\to -3i}\frac{d}{dz}\left(\frac{2-z}{(z+2)^3}\right)\\ &= \frac{1}{2!}\lim_{z\to -3i}\frac{2z-8}{(z+2)^4} = \frac{1}{2!}\,\frac{-8-6i}{(2-3i)^4}\end{aligned}$$

이므로 $$\begin{aligned}\int_\gamma f(z)dz &= n(\gamma,\ -3i)\frac{-4-3i}{(2-3i)^4} + n(\gamma,\ -2)\frac{4+3i}{(-2+3i)^4}\\ &= \frac{-20-15i}{(-2+3i)^4}.\end{aligned}$$

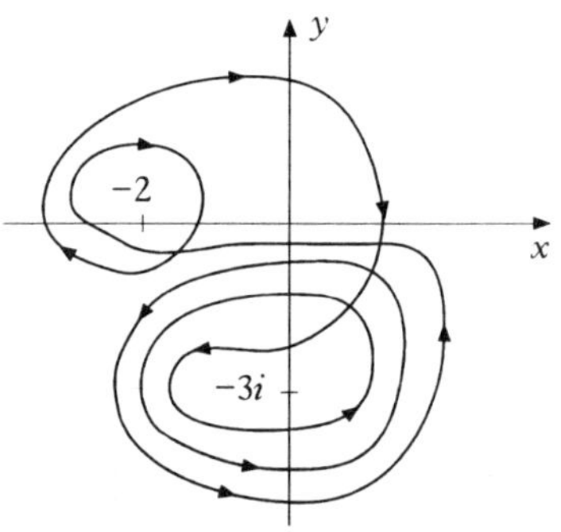

그림 7–1

정리 7.2.4 $p(z)$와 $g(z)$는 $z=z_0$에서 해석적이고 $p(z_0)\neq 0$이라 하자. $f(z)=\dfrac{p(z)}{g(z)}$일 때 z_0가 $f(z)$의 m차의 극이기 위한 필요충분조건은 $z=z_0$가 $g(z)$의 m차의 영점인 것이다. 특히 $z=z_0$가 $g(z)$의 단순영점이면 $z=z_0$는 $f(z)$의 단순 극이고

$$\text{Res}\,[f(z),\ z_0] = \frac{p(z_0)}{g'(z_0)}.$$

증명 (⇐) $g(z)=(z-z_0)^m\lambda(z)$라 하자. 여기서 $\lambda(z)$는 $z=z_0$ 근방에서 해석적이고 $\lambda(z_0)\neq 0$이다. 따라서

$$f(z)=\frac{p(z)}{g(z)}=\frac{1}{(z-z_0)^m}\cdot\frac{p(z)}{\lambda(z)}$$

그런데 $\lambda(z_0)\neq 0$이므로 $\dfrac{p(z)}{\lambda(z)}$는 $z=z_0$의 근방에서 해석적이다.

$$\frac{p(z)}{\lambda(z)}=\sum_{n=0}^{\infty}a_n(z-z_0)^n$$

를 Taylor 급수라 하면

$$\begin{aligned}f(z)&=\frac{1}{(z-z_0)^m}\sum_{n=0}^{\infty}a_n(z-z_0)^n\\&=\frac{a_0}{(z-z_0)^m}+\frac{a_1}{(z-z_0)^{m-1}}+\cdots+\frac{a_{n-1}}{z-z_0}+\sum_{n=m}^{\infty}a_n(z-z_0)^{n-m}\end{aligned}$$

이고 $0\neq\dfrac{p(z_0)}{\lambda(z_0)}=a_0$이므로 $z=z_0$는 $f(z)$의 m차의 극이다.

(⇒) $z=z_0$가 $f(z)$의 m차의 극이라 하자. 그러면

$$f(z)=\frac{b_m}{(z-z_0)^m}+\frac{b_{m-1}}{(z-z_0)^{m-1}}+\cdots+\frac{b_1}{(z-z_0)}+\sum_{n=0}^{\infty}a_n(z-z_0)^n\ (b_m\neq 0).$$

따라서

$$(z-z_0)^m f(z)=b_m+b_{m+1}(z-z_0)+\cdots+b_1(z-z_0)^{n-1}+\sum_{n=0}^{\infty}a_n(z-z_0)^{n+m}\ (z\neq z_0).$$

$$\lambda(z)=b_m+b_{m-1}(z-z_0)+\cdots+\sum_{n=0}^{\infty}a_n(z-z_0)^{n+m}$$

라 놓으면 $\lambda(z)$는 $z=z_0$에서 해석적이고 $\lambda(z)$와 $(z-z_0)^m f(z)$는 $z=z_0$ 근방에서 z_0를 제외한 곳에서 일치한다. $z\neq z_0$이면 $\lambda(z)=(z-z_0)^m\cdot\dfrac{p(z)}{g(z)}$이므로

$$\frac{\lambda(z)}{(z-z_0)^m}=\frac{p(z)}{g(z)},\quad \text{또는}\quad g(z)=(z-z_0)^m\frac{p(z)}{\lambda(z)}$$

그런데 $\lambda(z_0)=b_m\neq 0$, $p(z_0)\neq 0$이므로 $\dfrac{p(z)}{\lambda(z)}$는 $z=z_0$에서 영점을 갖지 않는 해석함수이다. 따라서 $z=z_0$는 g의 m차의 영점이다.

만약 $z=z_0$가 $g(z)$의 단순 영점이면 해석함수 $\lambda(z)$가 존재하여 $\lambda(z_0)\neq 0$이고

$$g(z)=(z-z_0)\cdot\lambda(z).$$

그런데 $g(z_0)=0$이고 $\lambda(z_0)=\lim_{z\to z_0}\lambda(z)=\lim_{z\to z_0}\dfrac{g(z)-g(z_0)}{z-z_0}=g'(z_0)$이므로

$$\begin{aligned}\text{Res}\,[f(z),\ z_0] &= \lim_{z\to z_0}(z-z_0)\cdot f(z)\\ &= \lim_{z\to z_0}(z-z_0)\cdot\frac{p(z)}{(z-z_0)\lambda(z)}=\lim_{z\to z_0}\frac{p(z)}{\lambda(z)}\\ &= \frac{p(z_0)}{\lambda(z_0)}=\frac{p(z_0)}{g'(z_0)}.\end{aligned}$$

■

[예 7.2.4] 단순극인 경우 정리 7.2.4를 사용하여 유수를 구하여보자.

(i) $f(z)=\tanh z=\dfrac{\sinh z}{\cosh z}$라 하면 $\cosh z=0$인 점이 단순 극이므로 $z_n=(n+1/2)\pi i$, $n=0,\ \pm1,\ \pm2,\ \cdots$가 $\tanh z$의 단순 극이다. 따라서 모든 z_n에서 유수는 똑같이

$$\text{Res}\,[f(z),\ z_n]=\frac{\sinh z_n}{(\cosh z)'(z_n)}=\frac{\sinh z_n}{\sinh z_n}=1.$$

(ii) $\displaystyle\int_{|z|=1}\frac{e^{2z}}{\cosh\pi z}dz$를 구하여보자.

$\pi z=(n+1/2)\pi i$이면 $\cosh\pi z=0$이므로 $z=(n+1/2)i$, $n=0,\ \pm1,\ \pm2,\ \cdots$이 피적분함수의 단순극점이다. $z=\pm\dfrac{1}{2}i$만 $|z|=1$의 내부에 있으므로 적분을 구하기 위해서 두 점만 필요하다.

$$\text{Res}\left[f(z),\ \frac{1}{2}i\right]=\frac{e^{2\cdot\frac{i}{2}}}{\pi\sinh\left(\pi\cdot\dfrac{i}{2}\right)}=\frac{e^i}{\pi i},\ \text{Res}\left[f(z),\ -\frac{1}{2}i\right]=-\frac{e^{-i}}{\pi i}.$$

따라서

$$\int_{|z|=1}\frac{e^{2z}}{\cosh\pi z}dz=2\pi i\left[\frac{e^i}{\pi i}-\frac{e^{-i}}{\pi i}\right]=4i\,\frac{e^i-e^{-i}}{2i}=4i\sin(1)=(4\sin 1)i.$$

연습문제 [7.2]

1. 다음 주어진 함수의 극과 극의 차수, 그리고 각 극에서 함수의 유수를 구하여라.

(a) $\coth z$ (b) $\tan z$ (c) $\cot z$ (d) $\dfrac{z-1}{\sin z}$ (e) $\dfrac{e^{az}}{\cosh z}$

(f) $\dfrac{1}{\sinh z}$ (g) $\dfrac{e^{iz}}{z^4+2z^2+1}$ (h) $\dfrac{z^2-4}{z^5-z^3}$ (i) $\dfrac{z^2+4z+1}{z^4-3z^2-4}$

2. 다음을 구하여라.

(a) $\text{Res}\,[e^{\frac{1}{z}},\ 0]$ (b) $\text{Res}\left[\dfrac{1}{z^2+4},\ 2i\right]$ (c) $\text{Res}\left[\dfrac{\sin z}{z^2},\ 0\right]$

(d) $\text{Res}\left[\exp\left(1+\dfrac{1}{z}\right),\ 0\right]$ (e) $\text{Res}\left[\dfrac{\csc z}{z^2},\ 0\right]$ (f) $\text{Res}\left[\dfrac{z}{\text{Log} z},\ 1\right]$

(g) $\text{Res}\left[\dfrac{z^n+1}{z^n-1},\ \exp\left(\dfrac{2\pi ki}{n}\right)\right]$ (h) $\text{Res}\left[\dfrac{\exp(4z)-1}{\sin^2 z},\ 0\right]$ (i) $\text{Res}\left[z^4\sin\dfrac{1}{z},\ 0\right]$

3. 유수정리를 사용하여 다음 적분 값을 구하여라. 곡선의 방향은 반시계 방향이며 회전수는 모두 1이다.

(a) $\displaystyle\int_\gamma \frac{dz}{z^4+4},\ \gamma : |z+1-i|=1$ (b) $\displaystyle\int_\gamma \frac{dz}{z(z^2-2z+2)},\ \gamma : |z-i|=2$

(c) $\displaystyle\int_\gamma \frac{\exp(z)}{z^3+z}dz,\ \gamma : |z|=2$ (d) $\displaystyle\int_\gamma \frac{\sin z}{4z^2-\pi^2},\ \gamma : |z|=2$

(e) $\displaystyle\int_\gamma \frac{e^{iz}}{z^4+2z^2+1}dz,\ \gamma : |z|=2$ (f) $\displaystyle\int_\gamma \frac{e^{z^2}}{z^4}dz,\ \gamma ; |z|=1$

(g) $\displaystyle\int_\gamma \frac{e^{iz}-5z}{z+2i}dz,\ \gamma : (i)\ |z+1|=3,\ (ii)\left|z-\frac{1}{2}i\right|=1$

(h) $\displaystyle\int_\gamma \frac{dz}{\sinh z},\ \gamma : (i)\ |z|=2,\ (ii)\ |z-1|=3.$

4. γ를 꼭짓점이 $\pm\frac{1}{2}\pm(1+i)R$인 평행사변형의 변이고, 양향이며 회전수가 1인 닫힌 곡선이라 하자.

(a) 유수정리를 사용하여 다음을 밝혀라.

$$\int_\gamma \frac{e^{\pi i\left(z-\frac{1}{2}\right)^2}}{1-e^{-2\pi iz}}dz = \frac{1+i}{\sqrt{2}} \tag{7.6}$$

(b) 평행사변형의 각 변을 매개변수로 나타내어 $R \to \infty$이면 (7.6)이

$$(1+i)\int_{-\infty}^{\infty} e^{-2\pi t^2}\,dt$$

로 수렴함을 보여라.

(c) (a),(b)를 사용하여 $\int_{-\infty}^{\infty} e^{-s^2}\,ds = \sqrt{\pi}$인 것을 보여라.

7.3 유수정리의 실 적분계산 응용

어떤 종류의 실함수는 일반적인 적분방식으로는 정적분이 거의 불가능하다. 이런 종류의 적분을 유수정리를 사용하여 구할 수 있다. 먼저 실적분을 복소선적분의 문제로 치환한 후에 유수정리를 사용하여 적분 값을 계산한다.

(A) $I = \int_0^{2\pi} F(\sin\theta,\ \cos\theta)\,d\theta$ 경우,

여기서 F는 $\sin\theta$와 $\cos\theta$의 유리함수(즉, 다항식의 분수함수)이며 적분구간에서 유한한 값을 갖는다. 이 경우 $z = e^{i\theta}$라고 놓는다. 그러면

$$z = \cos\theta + i\sin\theta,\ \bar{z} = \cos\theta - i\sin\theta = e^{-i\theta} = \frac{1}{z}$$

이므로

$$\sin\theta = \frac{z-1/z}{2i},\ \cos\theta = \frac{z+1/z}{2}\ \text{그리고}\ d\theta = -iz^{-1}dz. \tag{7.7}$$

이것을 (A) 식에 대입하면

$$I = \int_\gamma f(z)\,dz$$

가 되는데 여기서 $f(z)$는 z를 변수로 하는 유리함수이고 $\gamma : |z| = 1$인 반시계 방향의 원주곡선이다. z_j가 원 $|z| = 1$ 내부에 있는 $f(z)$의 극이면, 유수정리를 사

용하여

$$I = \int_\gamma f(z)\,dz = 2\pi \sum_{j=1}^{n} \text{Res}\,[f,\, z_j] \tag{7.8}$$

[예 7.3.1] $I = \int_0^{2\pi} \frac{d\theta}{1 + a\cos\theta}$, $a^2 < 1$을 구하여보자.

식 (7.7)을 사용하여 위의 적분을 아래와 같이 바꿀 수 있다.

$$I = \int_\gamma \frac{2dz}{ai\left(z^2 + \frac{2z}{a} + 1\right)} = \int_\gamma \frac{2dz}{ai(z - z_1)(z - z_2)}$$

여기서 γ는 단위원 $|z| = 1$이고 z_1, z_2는 방정식 $z^2 + \frac{2z}{a} + 1 = 0$의 근이다. 즉,

$$z_1 = \frac{-1 + \sqrt{1 - a^2}}{a}, \qquad z_2 = \frac{-1 - \sqrt{1 - a^2}}{a}$$

$a^2 < 1$이므로 $|z_2| > 1$. 따라서 z_2는 단위원 외부에 있다. $z_1 z_2 = 1$이므로 z_1은 단위원 $|z| = 1$의 내부에 있다. $f(z) = \frac{2}{ai(z^2 + 2z/a + 1)}$라 하면

$$\text{Res}\,[f,\, z_1] = \lim_{z \to z_1} (z - z_1) f(z) = \frac{2}{ai(z_1 - z_2)} = \frac{1}{i\sqrt{1 - a^2}}$$

따라서 $I = 2\pi i\, \text{Res}\,[f,\, z_1] = \frac{2\pi}{\sqrt{1 - a^2}}$.

[예 7.3.2] $I = \int_0^{2\pi} \frac{\cos 3\theta}{5 - 4\cos\theta}\, d\theta = \frac{\pi}{12}$

$z = e^{i\theta}$라 놓고 $\cos 3\theta = (e^{3\theta i} + e^{-3\theta i})/2$와 식 (7.7)을 사용하여 적분을 복소적분으로 치환하면

$$I = \int_\gamma \frac{(z^3 + z^{-3})/2}{5 - 4(z + z^{-1})/2} \frac{-i}{z}\, dz = -\frac{1}{2i} \int_\gamma \frac{z^6 + 1}{z^3(2z - 1)(z - 2)}\, dz$$

여기서 γ는 단위원 $|z| = 1$이고 방향은 양향(반시계방향)이다. $f(z)$를 피적분 함수로 놓으면 $z = 0$은 f의 3차의 극, $z = \frac{1}{2}$, $z = 2$는 단순 극이 된다. $z = 2$는 단위원의 외부

에 있으므로 $z=0,\ \frac{1}{2}$에서 유수를 구하면,

$$\operatorname{Res}[f,\ 0]=\frac{1}{2!}\lim_{z\to 0}\frac{d^2}{dz^2}\left(z^3\frac{z^6+1}{z^3(2z-1)(z-2)}\right)=\frac{21}{8}.$$

$$\operatorname{Res}[f,\ \frac{1}{2}]=\lim_{z\to 1/2}\left(z-\frac{1}{2}\right)\frac{z^6+1}{z^3(2z-1)(z-2)}=-\frac{65}{24}.$$

따라서 $I=-\frac{1}{2i}(2\pi i)\left(\frac{21}{8}-\frac{65}{24}\right)=\frac{\pi}{12}.$

[예 7.3.3] $I=\int_0^{2\pi}\frac{1}{a+b\sin\theta}\,d\theta=\frac{2\pi}{\sqrt{a^2-b^2}}$, 여기서 a, b는 $a>|b|$인 실수.

$\gamma: |z|=1$이라 하고 식 (7.7)을 사용하여 적분 식을 치환하면

$$I=\int_\gamma\frac{1}{a+b(z-z^{-1})/2i}\cdot\frac{1}{iz}\,dz=\int_\gamma\frac{2}{bz^2+2aiz-b}\,dz=\int_\gamma\frac{2}{b(z-z_1)(z-z_2)}\,dz$$

여기서 $z_1=\frac{-ai+\sqrt{a^2-b^2}\,i}{b},\ z_2=\frac{-ai-\sqrt{a^2-b^2}\,i}{b}.$

$z_1z_2=-1$이고 $|z_2|=\frac{a+\sqrt{a^2-b^2}}{|b|}>1$이므로 z_1만 γ의 내부에 있다. z_1은 단순 극이므로 정리에 의해서 피적분함수를 f라 하면

$$\operatorname{Res}[f,\ z_1]=\frac{2}{b}\frac{1}{2z_1-(z_1+z_2)}=\frac{2}{b}\frac{1}{z_1-z_2}=\frac{2}{b}\cdot\frac{b}{2\sqrt{a^2-b^2}\,i}.$$

따라서

$$I=\int_\gamma\frac{2dz}{b(z-z_1)(z-z_2)}=2\pi i\operatorname{Res}[f,\ z_1]=\frac{2\pi}{\sqrt{a^2-b^2}}.$$

(B) 무한구간에서 적분

$\int_{-\infty}^{\infty}\frac{1}{1+x^6}\,dx$와 같이 무한구간 위에서 적분을 구하는 방법을 알아보자. 이 경우 피적분함수는 적당한 조건을 만족하는 함수이다. $D\subseteq\mathbb{C}$를 열린집합이라 하고 f는 $D\setminus P$에서 정의된 해석함수이고 P는 닫힌 이산집합으로 모든 점이 f의 극점이면 f를 **유리형함수**(meromorphic functions)라고 부른다. $P(z)$와 $Q(z)$가 다항식일 때

분수함수 $f(z)=\dfrac{P(z)}{Q(z)}$은 유리형함수이다. 이 경우 $f(z)$를 **유리함수**라고 부른다. $g(z)=\dfrac{1}{\sin z}$는 복소평면 $\mathbb{C}$에서 유리형함수이다.

정리 7.3.1 $f(z)$를 상반평면 $\{z\in\mathbb{C} : Im z>0\}$에서 정의된 유리형함수로서 실수축 위에서 해석적이라 하자. $p>1$이고 K는 상수이며 $|z|$가 충분히 크고 $|f(z)|\leq K/|z|^p$이면

$$\int_{-\infty}^{\infty} f(x)dx = 2\pi i\sum_{j=1}^{n}\mathrm{Res}\,[f,\, z_j]$$

여기서 z_j는 상반평면위에 있는 f의 극이다.

증명 상반평면 위에 있고 방향이 양향인 원 $|z|=R$의 일부인 반원을 γ_R이라 놓자. R을 충분히 크게 하면 $f(z)$의 모든 극은 원의 내부에 놓이게 할 수 있다. 그러면 유수 정리에 의해서

$$\int_{-R}^{R} f(x)dx+\int_{\gamma_R} f(z)\,dz = 2\pi i\sum_{j=1}^{n}\mathrm{Res}\,[f,\, z_j] \tag{7.9}$$

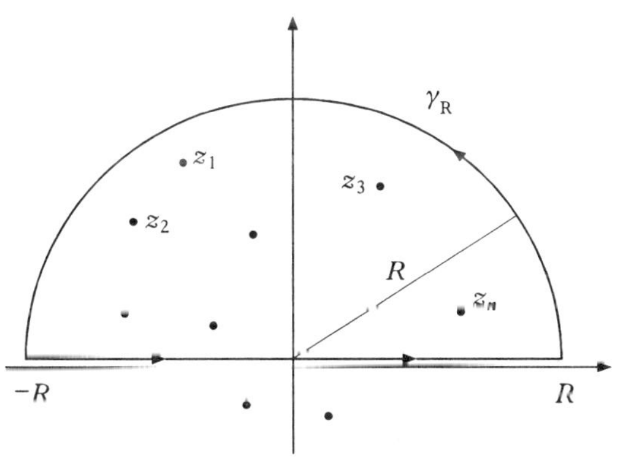

그림 7-2

$|z|=R$이라 하자 즉 z는 원 γ_R 위에 있다고 하자. R을 충분히 크게 하면 γ_R 위에 있는 모든 점에 대해서 부등식 $|f(z)|\leq KR^{-p}$가 성립한다. 그러면

$$\left|\int_{\gamma_R} f(z)\,dz\right| \leq \int_{\gamma_R}|f(z)|dz \leq \frac{K}{R^p}\int_{\gamma_R}|dz| = \frac{\pi K}{R^{p-1}}.$$

$p>1$이므로 $\lim_{R\to\infty}\int_{\gamma_R} f(z)dz=0$이고 식 (7.9)로부터

$$\lim_{R\to\infty}\int_{-R}^{R} f(x)\,dx=2\pi i\,\mathrm{Res}\,[f,\ z_j]$$ ■

$\int_{-\infty}^{\infty} f(x)dx = \lim_{\substack{a\to-\infty \\ b\to\infty}}\int_a^b f(x)dx$를 의미한다. 그러나 $|z|$가 충분히 크면

$$|f(z)|\leqq K\,|\,z\,|^{-p}$$

이고 $p>1$이므로 이상적분 $\int_{-\infty}^{\infty} f(x)dx$가 존재하고 $\int_{-\infty}^{\infty} f(x)dx=\lim_{R\to\infty}\int_{-R}^{R} f(x)dx$.

> **정리 7.3.2** $p(z)$와 $q(z)$를 서로 소인 다항식이라 하고 $f(z)=\dfrac{p(z)}{q(z)}$라 하자. 만약 $q(z)$가 실수인 영점을 갖지 않고 z_j는 상 반평면 위에 있는 $f(z)$의 극점들이며 $\deg q(z)\geqq \deg p(z)+2$이면
>
> $$\int_{-\infty}^{\infty} f(x)dx = 2\pi i\sum_{j=1}^{n}\mathrm{Res}\,[f,\ z_j] \tag{7.10}$$

증명 $p(z)=\sum_{j=0}^{n} a_j z^j$, $a_n\neq 0$이고 $q(z)=\sum_{j=0}^{m} b_j z^j$, $b_m\neq 0$이라 놓자. 그러면

$$\frac{p(z)}{q(z)}=\frac{a_0+a_1z+\cdots+a_nz^n}{b_0+b_1z+\cdots+b_nz^n+\cdots+b_mz^m}.$$

$|z|$를 충분히 크게 하면

$$|a_0+a_1z+\cdots+a_nz^n|\leqq 2|a_nz^n|,$$
$$|b_0+b_1z+b_2z^2+\cdots+b_mz^m|\geqq |b_mz^m|/2$$

이므로

$$\left|\frac{p(z)}{q(z)}\right|\leqq\frac{2|a_nz^n|}{|b_mz^m|/2}=\frac{4|a_n|}{|b_m|}\cdot|z|^{n-m}$$

$K=\dfrac{4|a_n|}{|b_m|}$라 놓으면 $|f(z)|=\left|\dfrac{p(z)}{q(z)}\right|\leqq K|z|^{n-m}$, $m-n\geqq 2$.

정리 7.3.1에 의해서 (7.10) 식이 성립한다. ■

[예 7.3.4] (i) $\int_{-\infty}^{\infty} \frac{x^2}{(x^2+1)(x^2+4)} dx = \frac{\pi}{3}$.

피적분함수를 $f(z)$라 하면 상반평면 위에 있는 $f(z)$의 극은 $z=i$와 $z=2i$이다. $f(z)$는 정리 7.3.2의 조건을 모두 충족한다. 모든 극은 단순극이므로

$$\text{Res}[f, i] = \lim_{z\to i}(z-i)f(z) = \lim_{z\to i} \frac{z^2}{(z+i)(z^2+4)} = -\frac{1}{6i},$$

$$\text{Res}[f, 2i] = \lim_{z\to 2i}(z-2i)f(z) = \lim_{z\to 2i} \frac{z^2}{(z^2+1)(z+2i)} = \frac{1}{3i}.$$

따라서

$$\int_{-\infty}^{\infty} \frac{x^2}{(x^2+1)(x^2+4)} dx = 2\pi i(\text{Res}[f, i] + \text{Res}[f, 2i]) = \frac{\pi}{3}.$$

(ii) $\int_{-\infty}^{\infty} \frac{1}{1+x^6} dx = \frac{2\pi}{3}$.

$1+z^6=0$의 영점은 $z^6=-1=e^{\pi i}$로부터 $z=e^{(\pi i+2k\pi i)/6}$, $k=0, 1, \cdots, 5$이고 이중 상반평면 위에 있는 영점은 $z_0=e^{\pi i/6}$, $z_1=e^{\pi i/2}$, $z_2=e^{5\pi i/6}$이다. 이들은 모두 단순극이다. $f(z)=\frac{1}{1+z^6}$라 놓자. 정리 7.2.4를 사용하여 유수를 계산하면

$$\text{Res}[f, z_0] = \frac{1}{6z_0^5} = \frac{1}{6e^{5\pi i/6}} = \frac{1}{6}e^{-5\pi i/6} = \frac{1}{6}\left(-\frac{\sqrt{3}}{2} - \frac{1}{2}i\right),$$

$$\text{Res}[f, z_1] = \frac{1}{6z_1^5} = \frac{1}{6}e^{-5\pi i/2} = -\frac{1}{6}i,$$

$$\text{Res}[f, z_2] = \frac{1}{6z_2^5} = \frac{1}{6e^{25\pi i/6}} = \frac{1}{6}e^{-\pi i/6} = \frac{1}{6}\left(\frac{\sqrt{3}}{2} - \frac{1}{2}i\right).$$

따라서

$$\int_{-\infty}^{\infty} \frac{1}{1+x^6} dx = 2\pi i \cdot \frac{1}{6}\left(-\frac{\sqrt{3}}{2} - \frac{1}{2}i - i + \frac{\sqrt{3}}{2} - \frac{1}{2}i\right) = \frac{2\pi}{3}.$$

(C) $\int_{-\infty}^{\infty} f(x)\cos x\, dx$ 또는 $\int_{-\infty}^{\infty} f(x)\sin x\, dx$인 경우

$p(x)$, $q(x)$가 $\deg q(x) > \deg p(x)$인 다항식이라 하자. $f(x) = \dfrac{p(x)}{q(x)}$인 경우, (B)와 유사한 방법으로 (C)형의 이상적분을 구할 수 있다.

보조정리 7.3.3 (Jordan's lemma) Γ_R을 상반평면 위에 있는 반원 $z = \mathrm{Re}^{i\theta}$, $0 \leqq \theta \leqq \pi$이라 하자. 그러면

$$\int_{\Gamma_R} |e^{iz}||dz| < \pi \tag{7.11}$$

증명 $z = \mathrm{Re}^{i\theta}$이므로 $|e^{iz}| = |e^{iR(\cos\theta + i\sin\theta)}| = e^{-R\sin\theta}$, $|dz| = |i\mathrm{Re}^{i\theta}|d\theta = Rd\theta$이다. 따라서 (7.11)은 부등식

$$\int_0^{\pi} e^{-R\sin\theta} d\theta < \frac{\pi}{R} \tag{7.12}$$

이 성립하는 것을 보이는 것과 같다. $\sin\theta$는 구간 $[0, \pi/2]$에서 아래로 오목하므로 구간에서 곡선 $\sin\theta$의 끝점을 연결하는 직선의 위쪽에 있다. 따라서

$$\sin\theta \geqq 2\theta/\pi, \quad 0 \leqq \theta \leqq \frac{\pi}{2}$$

그러면

$$\begin{aligned}\int_0^{\pi} e^{-R\sin\theta} d\theta &= 2\int_0^{\pi/2} e^{-R\sin\theta}\, d\theta \leqq 2\int_0^{\pi/2} e^{-\frac{2R\theta}{\pi}} d\theta \\ &= \frac{\pi}{R}\int_0^{R} e^{-t} dt < \frac{\pi}{R}\int_0^{\infty} e^{-t} dt = \frac{\pi}{R}.\end{aligned}$$

■

정리 7.3.4 $p(x)$, $q(x)$가 $\deg q(x) > \deg p(x)$인 서로소인 다항식이고 $q(z)$에는 실수인 영점이 없다고 하자. $f(x) = \dfrac{p(x)}{q(x)}$이며 $m > 0$이며 z_j는 상반평면 위에 있는 $f(z)e^{imz}$의 극점이면

$$\int_{-\infty}^{\infty} f(x)e^{imx} dx = 2\pi i \sum_{j=1}^{n} \mathrm{Res}\,[f(z)e^{imz},\ z_j] \tag{7.13}$$

증명 γ_R을 곡선 $z = \mathrm{R}e^{i\theta}$, $0 \leqq \theta \leqq \pi$라 놓자. R을 충분히 크게 하여 $f(z)$의 모든 극점은 원의 내부에 있도록 하며(그림 7-2 참조) 더욱이 $p(z) = \sum_{k=0}^{n} a_k z^k$를 n차의 다항식, $q(z) = \sum_{k=0}^{m} b_k z^k$를 m차의 다항식이라 할 때 $|z| \geqq R$이면 정리 3.2의 증명과 같이

$$|p(z)| \leqq 2|a_n z^n|, \ |q(z)| \geqq |b_m z^m|/2$$

이 성립하도록 R을 선택한다.

$$K = \frac{4|a_n|}{|b_m|}\text{라 놓으면 } |f(z)| = \left|\frac{p(z)}{q(z)}\right| \leqq K|z|^{n-m}, \ m-n \geqq 1.$$

그러면 유수정리 7.2.1에 의해서

$$\int_{-R}^{R} f(x)e^{imx}\,dx + \int_{\gamma_R} f(z)e^{imz}\,dz = 2\pi i \sum_{j=1}^{n} Res[f(z)e^{imz}, z_j].$$

그런데 보조정리 7.3.3을 사용하여 계산하면

$$\begin{aligned}\left|\int_{\gamma_R} f(z)e^{imz}\,dz\right| &\leqq \int_{\gamma_R} |f(z)e^{imz}|\,|dz| \leqq \frac{K}{R}\int_{\gamma_R} |e^{imz}||dz| \\ &< \frac{K\pi}{mR}.\end{aligned}$$

따라서 $\lim_{R\to\infty}\int_{\gamma_R} f(z)e^{imz}dz = 0$이고 $R\to\infty$이면 (7.13) 식을 얻는다. ■

정리 7.3.4에서, 상반평면 위에 있는 $f(z)e^{imz}$의 극은 $q(z)$의 극중 상반평면 위에 있는 것들과 일치한다. $f(x)e^{imx} = f(x)(\cos mx + i\sin mx)$이므로 (7.13) 식을 통해서

$$\int_{-\infty}^{\infty} f(x)\cos x\,dx \text{와 } \int_{-\infty}^{\infty} f(x)\sin x\,dx$$

을 동시에 얻을 수 있다.

[예 7.3.5] (i) $\displaystyle\int_0^{\infty} \frac{x\sin x}{(x^2+1)(x^2+4)}dx = \frac{\pi}{6e^2}(e-1)$임을 보이자.

$f(z) = \dfrac{z}{(z^2+1)(z^2+4)}$라 하면 $z = \pm i$, $\pm 2i$가 극점이고 이 중에 $z_1 = i$와 $z = 2i$가 상반평면 위에 있다. f는 정리 7.3.4의 조건을 만족하므로 유수를 구하면

$$\text{Res}\,[f(z)e^{iz},\ i] = \lim_{z\to i}(z-i)f(z)e^{iz} = \lim_{z\to i}\frac{ze^{iz}}{(z+i)(z^2+4)} = \frac{1}{6e},$$

$$\text{Res}\,[f(z)e^{iz},\ 2i] = \lim_{z\to 2i}(z-2i)f(z)e^{iz} = \lim_{z\to 2i}\frac{ze^{iz}}{(z+2i)(z^2+1)} = -\frac{1}{6e^2}.$$

따라서

$$\int_{-\infty}^{\infty}\frac{xe^{ix}}{(x^2+1)(x^2+4)}dx = \int_{-\infty}^{\infty}\frac{x\cos x + ix\sin x}{(x^2+1)(x^2+4)}dx = \frac{i\pi}{3e^2}(e-1)$$

실수부분과 허수부분을 비교하면

$$\int_{-\infty}^{\infty}\frac{x\cos x}{(x^2+1)(x^2+4)}dx = 0,\quad \int_{-\infty}^{\infty}\frac{x\sin x}{(x^2+1)(x^2+4)}dx = \frac{\pi}{3e^2}(e-1)$$

그런데 $\dfrac{x\sin x}{(x^2+1)(x^2+4)}$는 우 함수(even function)이므로

$$\int_{0}^{\infty}\frac{x\sin x}{(x^2+1)(x^2+4)}dx = \frac{\pi}{6e^2}(e-1).$$

(ii) $I = \displaystyle\int_{-\infty}^{\infty}\frac{\sin^2 x}{1+x^2}dx = \frac{\pi}{2}\left[1-\frac{1}{e^2}\right].$

$\sin^2 x = \dfrac{1-\cos 2x}{2}$이므로 $I = \dfrac{1}{2}\displaystyle\int_{-\infty}^{\infty}\frac{1}{1+x^2}dx - \frac{1}{2}\int_{-\infty}^{\infty}\frac{\cos 2x}{1+x^2}dx$로 쓸 수 있다. 첫 번째 적분은 역도함수가 $\text{Arctan}\,x$이므로 $\dfrac{\pi}{2}$이고 두 번째 적분은 정리 7.3.4를 사용하여 구할 수 있다. $1+z^2=0$에서 $z=i$가 상반평면위에 있는 유일한 단순극이므로 $f(z)=1/(1+z^2)$이라 놓고 유수를 계산하면

$$\text{Res}\,[f(z)e^{2iz},\ i] = \lim_{z\to i}(z-i)\frac{e^{2iz}}{1+z^2} = \lim_{z\to i}\frac{e^{2iz}}{z+i} = \frac{e^{-2}}{2i}.$$

따라서

$$I = \frac{\pi}{2} - \frac{1}{2}\cdot 2\pi i\cdot \text{Res}\,[f(z)e^{2iz},\ i] = \frac{\pi}{2}\left[1-\frac{1}{e^2}\right].$$

이 절의 나머지부분에서는 Cauchy의 주치(主値, principal value)에 대해서 소개하려 한다. 만약 $\int_a^b |f(x)|\,dx < \infty$ 이면 $\int_a^b f(x)dx$는 **절대수렴**(absolutely convergent)한다고 한다. 이 정의는 이상적분인 경우에도 사용한다. $\int_a^b |f(x)|\,dx = \infty$ 이면 적분은 **절대 발산**(absolutely divergent) 한다. 적분이 절대수렴하면 적분값은 유일한 방법에 의해서 정할 수 있지만 절대 수렴하지 않는 경우, 적분 값을 구할 수 있는 적당한 방법이 없을 수도 있다.

$\int_{-1}^{+1} \frac{1}{x}\,dx$는 $\int_{-1}^{+1} \frac{1}{|x|}\,dx = \infty$ 이므로 절대 발산한다. $x=0$이 특이점이므로 이 적분값을 구하기 위해서 구간을 $[-1.-\epsilon]$과 $[\epsilon.1]$으로 나눈 후 적분하여 더하고 $\epsilon \to 0$으로 보낸다. 이와 같이 얻은 적분을 적분의 **주치**(principal value)라고 부른다. 즉,

$$PV\int_{-1}^{1} \frac{1}{x}\,dx := \lim_{\epsilon \to 0}\left(\int_{-1}^{-\epsilon} \frac{1}{x}\,dx + \int_{\epsilon}^{1} \frac{1}{x}\,dx\right) = 0$$

그러나 오른쪽 구간을 $[\epsilon/n, 1]$로 바꾸고 계산하면

$$\lim_{\epsilon \to 0}\left(\int_{-1}^{-\epsilon} \frac{1}{x}\,dx + \int_{\epsilon/n}^{1} \frac{1}{x}\,dx\right) = \ln n$$

이 되어 n값에 따라 얼마든지 커질 수 있다.

정의 7.3.1 $\lim_{x \to c} |f(x)| = \infty$ 라 하자. 다음 각각의 극한이 존재한다면 **이상적분**(異常, improper integral)은

$$\int_a^b f(x)\,dx := \lim_{\substack{\epsilon \to +0 \\ \eta \to +0}} \left[\int_a^{c-\epsilon} f(x)\,dx + \int_{c+\eta} f(x)\,dx\right] \tag{7.14}$$

로 정의한다. 그러나 (7.14) 식의 어느 극한도 ϵ과 η를 각각 0으로 보낼 때 존재하지 않지만

$$\lim_{\epsilon \to +0}\left[\int_a^{c-\epsilon} f(x)\,dx + \int_{c+\epsilon}^{b} f(x)dx\right]$$

이 존재하는 경우도 있다. 이것을 $\int_a^b f(x)\,dx$의 Cauchy의 **주치**(principal value)라 부르고 $PV\int_a^b f(x)\,dx$로 써서 나타낸다. 즉,

$$PV\int_a^b f(x)\,dx = \lim_{\epsilon\to+0}\left[\int_a^{c-\epsilon} f(x)\,dx + \int_{c+\epsilon}^b f(x)\,dx\right] \tag{7.15}$$

모든 $x\in\mathbb{R}$에 대해서 $f(x)$가 유한일 때, 다음 극한이 존재하면

$$PV\int_{-\infty}^{\infty} f(x)\,dx = \lim_{R\to\infty}\int_{-R}^{R} f(x)\,dx$$

로 정의하고 $\int_{-\infty}^{\infty} f(x)\,dx$의 **주치**라고 한다.

식 (7.14)로 정의된 극한이 존재하면 식 (7.15)로 정의된 극한도 존재한다. 그러나 위에 소개된 예에서 보듯 역은 성립하지 않는다.

일반적으로 $f(x)$가 유한개의 점 $a_1, a_2, \cdots, a_n$에서 $\lim_{x\to a_j}|f(x)| = \infty$이면

$$PV\int_{-\infty}^{\infty} f(x)\,dx = \lim_{\substack{R\to\infty \\ \max r_j\to+0}}\left[\int_{-R}^{a_1-r_1} + \int_{a_1+r_1}^{a_2-r_2} + \int_{a_2+r_2}^{a_3-r_3} + \cdots + \int_{a_n+r_n}^{R}\right] f(x)\,dx.$$

연습문제 [7.3]

1. 다음 적분값이 성립함을 보여라.

(a) $\displaystyle\int_0^{\frac{\pi}{2}} \frac{dx}{a+\sin^2 x} = \frac{\pi}{2\sqrt{a+a^2}}$

(b) $\displaystyle\int_0^{2\pi} \frac{1}{a^2\cos^2\theta + b^2\sin^2\theta}\,d\theta = \frac{2\pi}{ab},\quad a, b>0$

(c) $\displaystyle\int_0^{\pi} \frac{\sin^2\theta}{a+b\cos\theta} = \frac{\pi}{b^2}\left(a-\sqrt{a^2-b^2}\right),\quad a>|b|>0$

(d) $\displaystyle\int_0^{2\pi} \frac{\cos 2\theta}{1-2a\cos\theta+a^2}\,d\theta = \frac{2\pi a^2}{1-a^2},\quad -1<a<1$

(e) $\displaystyle\int_0^{2\pi} \frac{d\theta}{(5-3\sin\theta)^2} = \frac{5}{32}\pi$

(f) $\int_0^{2\pi} \frac{d\theta}{(1+a\cos\theta)^2} = \frac{2\pi}{(1-a^2)^{3/2}}$, $-1<a<1$

(g) $\int_{-\infty}^{\infty} \frac{x^2-x+2}{x^4+6x^2+13}dx = \frac{5\pi}{12}$ (h) $\int_0^{\infty} \frac{x^2}{x^4+6x^2+13}dx = \frac{\pi}{4}\sqrt{\frac{1}{2}(\sqrt{13}-3)}$

(i) $\int_{-\infty}^{\infty} \frac{x^4}{1+x^8}dx = \frac{\pi}{2}\sqrt{1-\frac{\sqrt{2}}{2}}$ (j) $\int_0^{\infty} \frac{1}{x^4+x^2+1}dx = \frac{\sqrt{3}}{3}\pi$

(k) $\int_{-\infty}^{\infty} \frac{dx}{(1+x^2)^{n+1}} = \frac{1\cdot 3\cdot 5\cdots(2n-1)\pi}{2\cdot 4\cdot 6\cdots(2n)}$, $n=1, 2, \cdots$

(l) $\int_0^{\infty} \frac{x\sin x}{x^2+4}dx = \frac{\pi}{2}e^{-2}$

(m) $\int_0^{\infty} \frac{\cos ax}{(x^2+b^2)^2}dx = \frac{\pi}{4b^3}(1+ab)e^{-ab}$, $a \geqq 0,\ b \geqq 0$

(n) $\int_{-\infty}^{\infty} \frac{\cos 2x}{x^2+2x+2}dx = \frac{\pi\cos 2}{e^2}$ (o) $\int_{-\infty}^{\infty} \frac{x\sin\pi x}{x^2+2x+5}dx = -\pi e^{-2\pi}$

(p) $\int_{-\infty}^{\infty} \frac{x\sin x}{x^4+4}dx = \frac{\pi\sin 1}{2e}$ (q) $\int_{-\infty}^{\infty} \frac{\cos x}{(x+a)^2+b^2}dx = \frac{\pi}{b}e^{-b}\cos a$, $b>0$

7.4 극이 실수축 위에 있는 함수의 실적분

이 절에서는 정리 7.3.1을 확장한 경우, 즉 함수 $f(z)$가 유리형이고 실수축 위에 단순극을 갖는 함수일 때 실적분을 구하는 문제를 다룬다. 이것을 톱니모양의 등심원상에서 **치차적분**(齒車積分, indented integral)이라고 한다. 먼저 특이점 $z=a$가 실수선상에 있고 그 점이 단순극인 경우를 생각해보자. 닫힌곡선 Γ를 반경이 R인 반원 Γ_R과 닫힌구간 $[-R,\ a-r]$, 반경

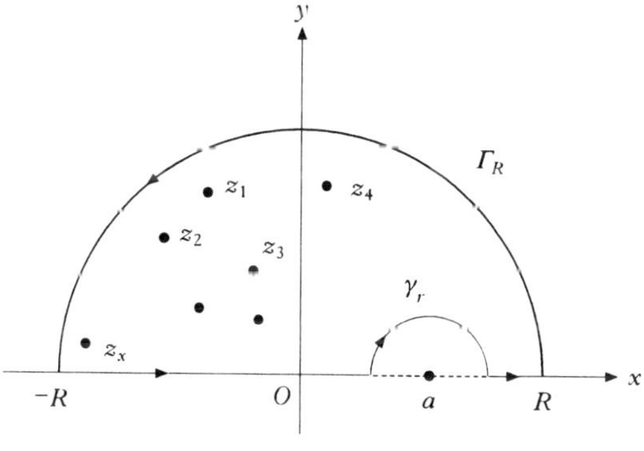

그림 7-3

이 r인 반원 γ_r 그리고 닫힌구간 $[a+r, R]$로 된 그림과 같이 반시계방향을 가진 구분적 평활곡선이라 하자. R은 충분히 크게 하고 r은 충분히 작게 하여 상반평면위에 있는 $f(z)$의 극이 모두 Γ 내부에 존재하게 한다. 그러면 유수정리에 의해서

$$\int_{\Gamma} f(z)\,dz = \left(\int_{\Gamma_R} + \int_{-R}^{a-r} + \int_{\gamma_r} + \int_{a+r}^{R}\right) f(z)dz = 2\pi i \sum_{j=1}^{n} \mathrm{Res}\,[f, z_j]$$

$\int_{\gamma_r} f(z)\,dz$를 구하기 위하여 다음 정리가 필요하다.

> **보조정리 7.4.1** (Fractional Residue theorem) $S_r : z(\theta) = a + re^{i\theta}$, $\theta_1 \leqq \theta \leqq \theta_2$라 하자. 만약, $f(z)$가 $z=a$에서 단순극을 가지면
>
> $$\lim_{r\to 0}\int_{S_r} f(z)dz = i(\theta_2 - \theta_1) \cdot \mathrm{Res}\,[f(z), a].$$

증명 $z=a$가 $f(z)$의 단순극이므로, a에서 해석적인 함수 $g(z)$가 존재하여

$$f(z) = \frac{b_1}{z-a} + g(z), \quad b_1 = \mathrm{Res}\,[f, a].$$

그런데

$$\int_{S_r} \frac{b_1}{z-a}\,dz = b_1 \int_{\theta_1}^{\theta_2} \frac{ire^{i\theta}}{re^{i\theta}}\,d\theta = b_1 i(\theta_2 - \theta_1)$$

이고 $g(z)$는 $z=a$ 근방 U에서 해석적이므로 $S_r \subset U$이 되도록 r을 선택하면 $|g(z)| \leq K$, $(\forall z \in T(S_r))$, 즉 유계이다. S_r의 길이는 길어야 $2\pi r$이므로 $r \to 0$이면

$$\left|\int_{S_r} g(z)\,dz\right| \leq \int_{S_r} |g(z)||dz| \leq 2\pi r K \to 0.$$

따라서

$$\lim_{r\to 0}\int_{S_r} f(z)dz = i(\theta_2 - \theta_1) \cdot Res\,[f(z), a]. \qquad \blacksquare$$

정리 7.4.2 $p(x)$, $q(x)$가 $\deg q(x) > \deg p(x)$인 서로소인 다항식이고 $f(z)=\dfrac{p(z)}{q(z)}$는 실수선상에서 단순극만 갖는다고 하자. z_j, $j=i, \cdots, n$을 상반평면 위에 있는 $f(z)$의 극이라 하고 a_k, $k=1, \cdots, p$을 실수선상에 있는 $f(z)$의 단순극이라 가정하자. $m>0$이면

$$PV\int_{-\infty}^{\infty} f(x)e^{imx}dx = 2\pi i\sum_{j=1}^{n}\text{Res}\,[f(z)e^{imz},\ z_j]+\pi i\sum_{k=1}^{p}\text{Res}\,[f(z)e^{imz},\ a_k] \tag{7.16}$$

증명 증명을 간단하게 하기 위해 $f(z)$가 단 한 개의 단순극을 갖는다 하고, 닫힌 단순곡선을 그림 7-3과 같다 하자. 그러면

$$\begin{aligned}\int_{\Gamma} f(z)e^{imz}dz &= \left(\int_{\Gamma_R}+\int_{-R}^{a-r}+\int_{\gamma_r}+\int_{a+r}^{R}\right)f(z)e^{imz}dz\\ &= 2\pi i\sum_{j=1}^{n}\text{Res}\,[f(z)e^{imz},\ z_j]\end{aligned} \tag{7.17}$$

정리 7.3.4의 증명에서 보듯

$$\lim_{R\to\infty}\int_{\Gamma_R} f(z)e^{imz}dz=0. \tag{7.18}$$

또한 실수부분과 허수부분을 나누어 적분하면 정의에 의해서,

$$PV\int_{-\infty}^{\infty} f(x)e^{imx}dx = \lim_{\substack{R\to\infty\\ r\to+0}}\left[\int_{-R}^{a-r} f(x)e^{imx}dx+\int_{a+r}^{R} f(x)e^{imx}dx\right]. \tag{7.19}$$

보조정리 7.4.1에 의해

$$\lim_{r\to 0}\int_{\gamma_r} f(z)e^{imz}dz = i(0-\pi)\,\text{Res}\,[f(z)e^{imz},\ a]. \tag{7.20}$$

따라서 식 (7.17), (7.18), (7.19), (7.20)으로부터 구하려는 식이 성립한다. ■

[예 7.4.1] $\displaystyle\int_0^{\infty}\frac{\sin x}{x}dx=\frac{\pi}{2}.$

$\dfrac{\sin x}{x}$는 우함수이므로 $\displaystyle\int_0^{\infty}\frac{\sin x}{x}dx=\frac{1}{2}\int_{-\infty}^{\infty}\frac{\sin x}{x}dx$이다. $f(x)=\dfrac{1}{x}$라 놓으면

정리 7.4.2의 조건을 만족하므로 실수선상에 있는 단순극 0에서 유수를 구하면 된다. 정리 7.2.4를 사용하여

$$\text{Res}\,[e^{iz}/z,\,0] = \left.\frac{e^{iz}}{1}\right|_{z=0} = 1$$

따라서 식 (7.16)으로부터

$$\int_{-\infty}^{\infty} \frac{e^{ix}}{x}\,dx = PV\int_{-\infty}^{\infty} \frac{e^{ix}}{x}\,dx = \int_{-\infty}^{\infty} \frac{\cos x + i\sin x}{x}\,dx = \pi i,$$

여기서 이상적분 $\int_{-\infty}^{\infty} \frac{e^{ix}}{x}\,dx$는 Dirichlet 판정에 의해서 존재하므로 적분의 주치와 일치한다. 실수와 허수부분을 비교하면

$$\int_{-\infty}^{\infty} \frac{\sin x}{x}\,dx = \pi, \quad \int_{-\infty}^{\infty} \frac{\cos x}{x}\,dx = 0.$$

[예 7.4.2] $\int_{0}^{\infty} \frac{\sin mx}{x(x^2+b^2)^2}\,dx = \frac{\pi}{2b^4}\left[1 - \frac{e^{-mb}}{2}(mb+2)\right]$, $b>0$, $m>0$을 보이자.

$f(z) = \frac{e^{imz}}{z(z^2+b^2)^2}$이라 놓자. 그러면 $f(z)$의 극은 $z=0$, $z=\pm bi$이다. 이중에 상반평면 위에 있는 극은 $z=bi$ 하나이고 $z=0$은 실수축 위에 있다. 정리 7.2.3과 정리 7.2.4의 결과를 사용하여 유수를 각각 계산해보면

$$\text{Res}\,[f(z),\,0] = \left.\frac{e^{imz}}{(z^2+b^2)^2 + 4z^2(z^2+b^2)}\right|_{z=0} = \frac{1}{b^4+0} = \frac{1}{b^4},$$

$$\begin{aligned}\text{Res}\,[f(z),\,bi] &= \lim_{z\to bi}\frac{d}{dz}(z-bi)^2\frac{e^{imz}}{z(z-bi)^2(z+bi)^2} = \lim_{z\to bi}\frac{d}{dz}\left[\frac{e^{imz}}{z(z+bi)^2}\right] \\ &= \lim_{z\to bi}\frac{ime^{imz}z(z+bi)^2 - e^{imz}((z+bi)^2 + 2z(z+bi))}{z^2(z+bi)^4} \\ &= \frac{ime^{-mb}(bi(-4b^2) - e^{-mb}(-4b^2-4b^2))}{-b^2\cdot(16b^4)} = \frac{-e^{-mb}(mb+2)}{4b^4}.\end{aligned}$$

그러면 식 (7.16)으로부터

$$PV\int_{-\infty}^{\infty} \frac{e^{imx}}{x(x^2+b^2)^2}dx = 2\pi i\left[\frac{-e^{-mb}}{4b^4}(mb+2)\right] + \pi i \cdot \frac{1}{b^4}$$

$$= \frac{i\pi}{b^4}\left[1-\frac{e^{-mb}}{2}(mb+2)\right]. \tag{7.21}$$

그런데 $x>0$이면

$\left|\frac{\sin mx}{x(x^2+b^2)^2}\right| \leq \frac{1}{x^5}$이고 $\lim_{x\to 0}\frac{\sin mx}{x(x^2+b^2)^2} = \frac{m}{b^4}$이므로 $\int_0^{\infty}\frac{\sin mx}{x(x^2+b^2)^2}dx$가 존재한다. 또 (7.21)의 피적분함수는 우함수이므로

$$\int_0^{\infty}\frac{\sin mx}{x(x^2+b^2)^2}dx = \frac{\pi}{2b^4}\left[1-\frac{e^{-mb}}{2}(mb+2)\right].$$

연습문제 [7.4]

1. 다음 적분값이 성립하는 것을 보여라.

(a) $PV\int_0^{\infty}\frac{\sin^2 kx}{x^2}dx = \frac{k\pi}{2},\ k>0$

(b) $PV\int_{-\infty}^{\infty}\frac{dx}{x(x-1)(x-2)} = 0$

(c) $PV\int_{-\infty}^{\infty}\frac{x}{x^3+1}dx = \frac{\pi}{\sqrt{3}}$

(d) $PV\int_{-\infty}^{\infty}\frac{x^2}{x^4-1}dx = \frac{\pi}{2}$

(e) $PV\int_{-\infty}^{\infty}\frac{\sin x}{x(\pi^2-x^2)}dx = \frac{2}{\pi}$

(f) $PV\int_{-\infty}^{\infty}\frac{\sin x}{x(x^2+1)}dx = \pi(1-e^{-1})$

(g) $PV\int_0^{\infty}\frac{x^4}{x^6-1}dx = \frac{\pi\sqrt{3}}{6}$

(h) $PV\int_{-\infty}^{\infty}\frac{\sin^3 x}{x^3}dx = \frac{3}{4}\pi$

7.5 피적분함수가 분지점(branch point)을 갖고 있는 경우

α가 정수가 아닐 때 x^α 또는 $\log x$를 포함하는 함수의 실적분을 구분적 평활곡선 위에서 복소적분을 통해 구할 수 있다. $z^\alpha = e^{\alpha \log z}$이고, $\log z$는 다가함수(multiple valued)이고 주치가 아니므로 z^α는 우리가 알고 있는 실수의 지수함수와는 아주 다른 함수이다. 정의역으로 $\mathbb{C}$에서 양의 실수축을 제외한 $D = \mathbb{C} \setminus \{t \in \mathbb{R} : t \geqq 0\}$를 택한다. $\log z$의 분지를

$$\log z = \log|z| + i\arg z,\ 0 \leqq \arg z < 2\pi \tag{7.22}$$

로 정하면 D에서 $e^{\alpha(\log|z| + i\arg z)}$, $0 \leqq \arg z < 2\pi$는 z^α의 분지이다. $\log z$의 주치는 $\operatorname{Log} z = \log|z| + i\operatorname{Arg} z$, $-\pi < \operatorname{Arg} z \leqq \pi$이므로 z^α의 분지는 D에서 $e^{\alpha(\operatorname{Log}(-z) + i\pi)}$.

보조정리 7.5.1 I를 양의 실수선상에 있는 유계인 닫힌구간이라 하고 $\epsilon > 0$이라 하자. 그러면 모든 $\alpha \in \mathbb{C}$에 대해서

$$\lim_{\epsilon \to 0}(x + i\epsilon)^\alpha = x^\alpha,\quad \lim_{\epsilon \to 0}(x - i\epsilon)^\alpha = x^\alpha e^{2\pi i\alpha} \tag{7.23}$$

이고 $x \in I$에 대해서 균등수렴한다.

증명 $\log(x + i\epsilon) = \log|x + i\epsilon| + i\operatorname{Tan}^{-1}\left(\dfrac{\epsilon}{x}\right)$,

$$\log(x - i\epsilon) = \log|x - i\epsilon| + i\operatorname{Tan}^{-1}\left(\frac{-\epsilon}{x}\right) = \log|x - i\epsilon| + i\left[2\pi - \operatorname{Tan}^{-1}\left(\frac{\epsilon}{x}\right)\right]$$

이므로 $\lim_{\epsilon \to 0}\log(x + i\epsilon) = \log x$, $\lim_{\epsilon \to 0}\log(x - i\epsilon) = \log x + 2\pi i$. 이것을 z^α의 정의에 대입하면 (7.23) 식이 성립한다. 또 I는 compact 집합이고 모든 관련된 함수는 연속이므로 (7.23)은 균등수렴한다. ■

정리 7.5.2 $f(z)$는 유리형함수라 하자. f의 극이 $\mathbb{C} \setminus \{t \in \mathbb{R} : t \geqq 0\}$에 유한개 있으며 $\alpha \in \mathbb{C} \setminus \mathbb{N}$이라 하자.

$$\lim_{z \to 0} z^\alpha f(z) = 0 \text{이며 } \lim_{z \to \infty} z^\alpha f(z) = 0$$

이고, z_j, $j=1, 2, \cdots, m$은 f의 극이면

$$\int_0^\infty x^{\alpha-1} f(x)dx = \frac{2\pi i}{1-e^{2\pi i\alpha}} \sum_{j=1}^{m} \text{Res}\,[z^{\alpha-1}f(z),\, z_j].$$

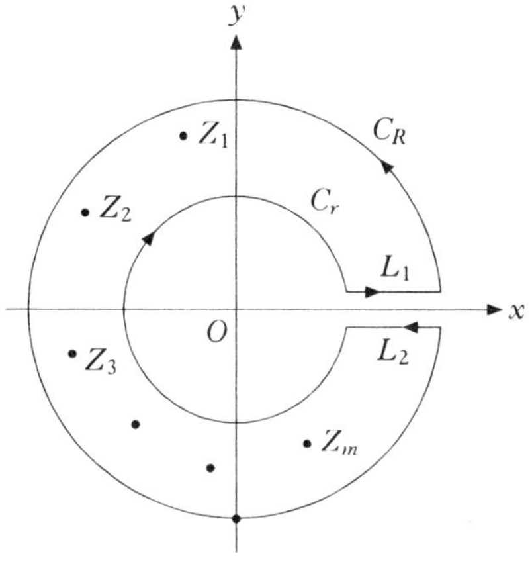

그림 7-4

증명 닫힌 평활곡선 Γ를 그림 7-4와 같이 $\Gamma = C_R + L_2 + C_r + L_1$라 하고 그림과 같은 방향이라 하자. C_R, C_r은 각각 반경이 R, r인 원의 일부로 R은 충분히 크게 r은 충분히 작게 잡고 직선 L_1과 L_2는 될 수 있는 대로 x축에 가까이 오도록 선택하여 모든 극점들이 Γ의 내부에 오도록 한다. $\mathbb{C} \setminus \{t \in \mathbb{R} : t \geq 0\}$에서 $z^{\alpha-1}f(z)$의 극점은 $f(z)$의 극점과 동일하므로 유수정리에 의해서

$$\int_\Gamma z^{\alpha-1}f(z)dz = 2\pi i \sum_{j=1}^{m} \text{Res}\,[z^{\alpha-1}f(z),\, z_j]$$

C_R, C_r, L_1, L_2에서 각각 적분을 계산하면 $z \in T(C_s)$, 즉 $|z| = s$, $s = R, r$이면

$$\begin{aligned}\left|\int_{C_s} z^{\alpha-1}f(z)dz\right| &\leq \int_{C_s} |z^\alpha f(z)|\,|z|^{-1}\,|dz| \\ &\leq \max\{|z^\alpha f(z)| : z \in T(C_s)\} \int_{C_s} s^{-1}\,|dz| \\ &\leq \max\{|z^\alpha f(z)| : z \in T(C_s)\} \cdot 2\pi,\end{aligned}$$

이다. 가정에 의해서 $R \to \infty$ 그리고 $r \to 0$이면

$$\lim_{R\to\infty} \int_{C_R} z^{\alpha-1}f(z)dz = \lim_{r\to 0} \int_{C_r} z^{\alpha-1}f(z)dz = 0. \tag{7.24}$$

직선 L_1과 L_2는 양의 실수축에서 각각 균등하게 $\epsilon>0$만큼 떨어져 있다고 하자. 그러면 $L_1:\ L_1(x)=x+i\epsilon,\ r\leqq x\leqq R$이므로

$$\int_{L_1} z^{\alpha-1}f(z)dz=\int_r^R (x+i\epsilon)^{\alpha-1}f(x+i\epsilon)dx$$

이다. 보조정리 7.5.1에 의해서

$$\lim_{\epsilon\to 0}\int_{L_1} z^{\alpha-1}f(z)dz=\int_r^R x^{\alpha-1}f(x)dx. \tag{7.25}$$

마찬가지로

$$\lim_{\epsilon\to 0}\int_{L_2} z^{\alpha-1}f(z)dz=-e^{2\pi i\alpha}\int_r^R x^{\alpha-1}f(x)dx. \tag{7.26}$$

따라서

$$\begin{aligned}(1-e^{2\pi i\alpha})\int_0^\infty x^{\alpha-1}f(x)dx &= (1-e^{2\pi i\alpha})\lim_{\substack{r\to 0\\ R\to\infty}}\int_r^R x^{\alpha-1}f(x)dx\\ &= 2\pi i\sum_{j=1}^m \operatorname{Res}[z^{\alpha-1}f(z),\ z_j].\end{aligned}$$

■

따름정리 7.5.3 $f(z)=\dfrac{p(z)}{q(z)}$를 음이 아닌 실수축 위에서 극을 갖지 않는 유리함수이고 $\deg q(z)>\deg p(z)$라 하자. 그러면 $0<\operatorname{Re}\alpha<1$인 $\alpha\in\mathbb{C}$에 대해

$$\int_0^\infty x^{\alpha-1}f(x)dx=-\frac{\pi e^{-\alpha\pi i}}{\sin\pi\alpha}\sum_{j=1}^m \operatorname{Res}[z^{\alpha-1}f(z),\ z_j]. \tag{7.27}$$

증명 $|z^\alpha f(z)|\leq e^{2\pi|\operatorname{Im}\alpha|}|z|^{\operatorname{Re}\alpha}|f(z)|$이고 $0<\operatorname{Re}\alpha<1$이므로 $\lim\limits_{z\to\infty}|z^\alpha f(z)|=0$. $q(0)\neq 0$이므로 $\lim\limits_{z\to 0}|f(z)|=\dfrac{p(0)}{g(0)}$. 따라서 $\lim\limits_{z\to 0}|z^\alpha f(z)|=0$.
관계식 $2\pi i(1-e^{2\alpha\pi i})^{-1}=-\dfrac{\pi e^{-\alpha\pi i}}{\sin\alpha\pi}$을 쓰면 (7.27) 식을 얻는다. ■

[예 7.5.1] $\displaystyle\int_0^\infty \frac{x^{\alpha-1}}{x+1}dx=\frac{\pi}{\sin\alpha\pi},\ 0<\alpha<1$

$f(z)=\dfrac{1}{z+1}$라 놓자. $z=-1$은 음의 실수축 위에 있는 단순극이므로

$$\operatorname{Res}\left[\frac{z^{\alpha-1}}{z+1}, -1\right] = \lim_{z\to -1}(z+1)\frac{z^{\alpha-1}}{1+z} = e^{(\alpha-1)\log(-1)} = e^{(\alpha-1)\pi i}.$$

따라서 식 (7.27)에 의해서

$$\int_0^\infty \frac{x^{\alpha-1}}{x+1}dx = -\frac{\pi e^{-\alpha\pi i}}{\sin\alpha\pi}\cdot e^{(\alpha-1)\pi i} = \frac{\pi}{\sin\alpha\pi}.$$

[예 7.5.2] $\displaystyle\int_0^\infty \frac{x^\alpha}{(1+x^2)^2}dx = \frac{\pi(1-\alpha)}{4\cos(\alpha\pi/2)}$, 여기서 $-1<\alpha<3$이고 $\alpha\notin\mathbb{Z}$.

$f(z) = \dfrac{z}{(1+z^2)^2}$라 하고, $F(z) = \dfrac{z^\alpha}{(1+z^2)^2} = z^{\alpha-1}\cdot f(z)$라 놓자. 그런데 $-1<\alpha<3$이므로

$$\lim_{z\to\infty}|z^\alpha f(z)| = 0\text{이고 } \lim_{z\to 0}|z^\alpha f(z)| = 0.$$

$f(z)$는 $z=\pm i$에서 극을 갖는다. 그러면 정리 7.5.2에 의해서

$$\int_0^\infty \frac{x^\alpha}{(1+x^2)^2}dx = -\frac{\pi e^{-\alpha\pi i}}{\sin\alpha\pi}\{\operatorname{Res}[F, i] + \operatorname{Res}[F, -i]\}.$$

여기서

$$\begin{aligned}\operatorname{Res}[F, i] &= \lim_{z\to i}\frac{d}{dz}[(z-i)^2F(z)] = \lim_{z\to i}\frac{d}{dz}\left(\frac{z^\alpha}{(z+i)^2}\right)\\ &= \lim_{z\to i}\frac{\alpha z^{\alpha-1}(z+i)^2 - 2(z+i)z^\alpha}{(z+i)^4}\\ &= \frac{\alpha i^{\alpha-1}(-4) - 4i\cdot i^\alpha}{16} = \frac{i(1-\alpha)e^{\alpha\pi i/2}}{4},\\ \operatorname{Res}[F, -i] &= \lim_{z\to -i}\frac{d}{dz}\left(\frac{z^\alpha}{(z-i)^2}\right) = \frac{i(1-\alpha)e^{3\alpha\pi i/2}}{4}.\end{aligned}$$

따라서

$$\begin{aligned}\int_0^\infty \frac{x^\alpha}{(1+x^2)^2}dx &= -\frac{\pi(1-\alpha)i}{4\sin\alpha\pi}\cdot\frac{e^{3\alpha\pi i/2} - e^{\alpha\pi i/2}}{e^{\alpha\pi i}}\\ &= -\frac{\pi(1-\alpha)i}{4}\cdot\frac{2i\sin(\alpha\pi/2)}{\sin\alpha\pi} = \frac{\pi(1-\alpha)}{4\cos(\alpha\pi/2)}.\end{aligned}$$

[예 7.5.3] $\displaystyle\int_0^1 \frac{x^{1-p}(1-x)^p}{(1+x)^3}dx = \frac{\pi p(1-p)}{2^{3-p}\cdot\sin p\pi}$, $-1<p<2$을 보이자.

$y=\dfrac{1-x}{x}$라 놓자. 그러면 $\dfrac{dy}{dx}=-\dfrac{1}{x^2}$, $x=\dfrac{1}{1+y}$이므로 정적분은 다음과 같다.

$$\int_0^1 \frac{x^{1-p}(1-x)^p}{(1+x)^3}dx = \int_\infty^0 \frac{1}{1+y}\frac{(1+y)^3}{(2+y)^3}\frac{-1}{(1+y)^2}y^p\,dy = \int_0^\infty \frac{y^p}{(2+y)^3}dy$$

$\alpha=p+1$이라고 하면 $0<\alpha<3$이므로

$$\lim_{z\to\infty}\frac{z^\alpha}{(2+z)^3}=0\text{이고 }\lim_{z\to 0}\frac{z^\alpha}{(2+z)^3}=0.$$

$z=-2$는 피적분 함수의 3차의 극이므로

$$\begin{aligned}\operatorname{Res}[z^p/(2+z)^3,-2] &= \lim_{z\to-2}\frac{1}{2!}\frac{d^2}{dz^2}\left[(2+z)^3\frac{z^p}{(2+z)^3}\right]=\frac{1}{2!}p(p-1)(-2)^{p-2}\\ &=-\frac{1}{2}p(1-p)2^{p-2}e^{(p-2)\pi i}.\end{aligned}$$

정리 7.5.2를 사용하면

$$\begin{aligned}\int_0^1 \frac{x^{1-p}(1-x)^p}{(1+x)^3}dx &= \int_0^\infty \frac{y^p}{(2+y)^3}dy = -\frac{\pi e^{-(p+1)\pi i}}{\sin(p+1)\pi}\cdot\frac{1}{2}p(p-1)2^{p-2}e^{(p-2)\pi i}\\ &=\frac{\pi p(1-p)}{2^{3-p}\cdot\sin p\pi}.\end{aligned}$$

[예 7.5.4] $\displaystyle\int_0^\infty \frac{\log x}{x^2-1}=\frac{\pi^2}{4}.$

Γ_R을 반원 $|z|=R$, C_ϵ과 γ_δ는 각각 반원 $|z+1|=\epsilon$, 그리고 $|z|=\delta$라 하고 방향은 그림 7-5와 같다고 하자. $f(z)=\dfrac{\log z}{z^2-1}$라 하면 $z=0$, $z=-1$는 $f(z)$의 특이점이고 $z=1$은 $\log z$와 $z-1$의 단순영점이므로 서로 상쇄되어 $f(z)$는 $z=1$에서 해석적으로 보아도 적분값은 변화가 없다. $\log z$의 분지로는

$$\log z=\log|z|+i\arg z,\quad -\frac{\pi}{2}<\arg z<\frac{3\pi}{2}$$

을 택한다. Γ를 그림 7-5와 같이 여섯 개의 평활곡선의 합으로 된 단순 닫힌곡선이라 하자.

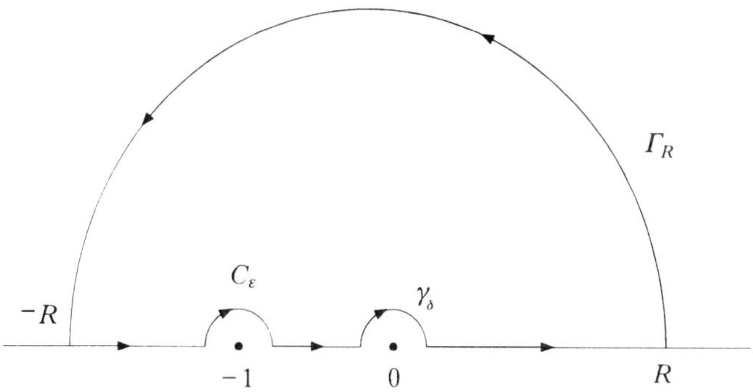

그림 7-5

$f(z)$는 Γ와 그 내부에서 해석적이므로 Cauchy의 정리에 의해서

$$\int_\Gamma f(z)dz = 0. \tag{7.28}$$

Γ_R과 γ_δ 위에서 R과 δ를 각각 충분히 크게 그리고 작게 하여 적분값을 어림 잡아보면

$$\begin{aligned}\left|\int_{\Gamma_R}\frac{\log z}{z^2-1}dz\right| &\leq \int_{\Gamma_R}\frac{|\log R + i\arg z|}{R^2-1}|dz| \leq \frac{\sqrt{\log^2 R+\pi^2}}{R^2-1}\cdot\pi R\\ &\leq \frac{2\log R}{R^2/2}\cdot\pi R = 4\pi\frac{\log R}{R},\end{aligned}$$

$$\begin{aligned}\left|\int_{\gamma_\delta}\frac{\log z}{z^2-1}dz\right| &\leq \int_{\gamma_\delta}\frac{|\log\delta + i\arg z|}{1-\delta^2}|dz| \leq \frac{\sqrt{\log^2\delta+\pi^2}}{1-\delta^2}\cdot\pi\delta\\ &\leq \frac{2|\log\delta|}{1/2}\pi\delta = 4|\log\delta|\cdot\delta.\end{aligned}$$

따라서

$$\lim_{R\to\infty}\int_{\Gamma_R} f(z)dz = 0 \text{이고 } \lim_{\delta\to 0}\int_{\gamma_\delta} f(z)dz = 0. \tag{7.29}$$

단순극 $z=-1$에서 정리 7.2.4를 써서 유수를 계산하면

$$\text{Res}\,[f,-1] = \left.\frac{\log z}{2z}\right|_{z=-1} = -\frac{1}{2}\log(-1) = -\frac{\pi}{2}i.$$

C_ϵ 위에서 적분은 보조정리 7.4.1을 사용한다. C_ϵ에서 적분의 방향은 음향이고 각의 변화는 $-\pi$이므로

$$\int_{C_\epsilon} f(z)dz = i(-\pi)\,\text{Res}\,[f(z), -1] = i(-\pi)(-\frac{\pi}{2}i) = -\frac{\pi^2}{2}. \tag{7.30}$$

$R\to\infty$, $\delta\to 0$으로 보내면 (7.28),(7.29) 그리고 (7.30)으로부터

$$\int_0^\infty \frac{\log x}{x^2-1}dx + \int_{-\infty}^{-1-\epsilon} \frac{\log|x|+\pi i}{x^2-1}dx + \int_{-1+\epsilon}^{0} \frac{\log|x|+\pi i}{x^2-1}dx + \int_{C_\epsilon} \frac{\log z}{z^2-1}dz = 0. \tag{7.31}$$

위 식에서 실수부분을 택하고 $\epsilon\to 0$으로 보내면

$$\int_{-\infty}^{0} \frac{\log|x|}{x^2-1}dx = \lim_{\epsilon\to 0}\left(\int_{-\infty}^{-1-\epsilon} \frac{\log|x|}{x^2-1}dx + \int_{-1+\epsilon}^{0} \frac{\log|x|}{x^2-1}dx\right).$$

$$\int_0^\infty \frac{\log x}{x^2-1}dx + \int_{-\infty}^{0} \frac{\log|x|}{x^2-1}dx - \frac{\pi^2}{2} = 0. \tag{7.32}$$

두 번째 적분 값은 첫 번째 적분 값과 같으므로 $\displaystyle\int_0^\infty \frac{\log x}{x^2-1}dx = \frac{\pi^2}{4}$.

연습문제 [7.5]

1. $f(z)$가 유리형함수이고 양의 실수축 위에서는 단순극만 갖는다 하자. z_j, $j=1, 2, \cdots, m$는 $\mathbb{C}\setminus\{t\in\mathbb{R} : t\geq 0\}$에 있는 $f(z)$의 극이며 a_k, $k=1,\cdots,s$는 양의 실수축 위에 있는 $f(z)$의 단순극이고, $f_0(z) = e^{(\alpha-1)\text{Log}\,z}f(z)$라 할 때 $\alpha\in\mathbb{C}\setminus\mathbb{Z}$라 하고 $\lim_{z\to 0} z^\alpha f(z)=0$이고 $\lim_{z\to\infty} z^\alpha f(z)=0$이면,

$$PV\int_0^\infty x^{\alpha-1}f(x)dx = -\frac{\pi e^{-\alpha\pi i}}{\sin\alpha\pi}\sum_{j=1}^{m}\text{Res}\,[z^{\alpha-1}f(z), z_j] - \pi\cot\alpha\pi\sum_{k=1}^{s}\text{Res}\,[f_0, a_k] \tag{7.33}$$

임을 증명하여라.

2. 다음 적분값이 성립하는 것을 보여라.

(a) $\int_0^\infty \frac{x^\alpha}{1+x^4}\,dx = \frac{\pi}{4}\csc\frac{\pi}{4}(\alpha+1),\ -1<\alpha<3$

(b) $\int_0^\infty \frac{x^{\frac{1}{3}}}{1+x^2}\,dx = \frac{\pi}{\sqrt{3}}$ (c) $\int_0^\infty \frac{\log(1+x^2)}{x^{1+\alpha}} = \frac{\pi}{\alpha\sin(\pi\alpha/2)},\ 0<\alpha<1$

(d) $\int_0^\infty \frac{x^\alpha}{(x+a)(x+b)}\,dx = \frac{\pi(a^2-b^2)}{(a-b)\sin\alpha\pi},\ -1<\alpha<1,\ a>0,\ b>0,\ a\neq b$

(e) $\int_0^\infty \frac{(\log x)^2}{(1+x^2)^2}\,dx = \frac{\pi^3}{16}$

(f) $PV\int_0^\infty \frac{x^{\alpha-1}}{1-x}dx = \pi\cot\alpha\pi,\ 0<\alpha<1$이고 $PV\int_0^\infty \frac{x^{a-1}}{x^b-1}dx = -\frac{\pi}{b}\cot\left(\frac{\pi a}{b}\right),\ 0<a<b.$

(g) $\int_{-\infty}^\infty \frac{e^{mx}}{1+e^x}\,dx = \frac{\pi}{\sin m\pi},\ 0<m<1$

(h) $\int_0^\infty \cos(x^2)\,dx = \int_0^\infty \sin(x^2)\,dx = \frac{\sqrt{2\pi}}{4}$

(i) $\int_0^\infty \frac{\cos x}{\sqrt{x}}\,dx = \int_0^\infty \frac{\sin x}{\sqrt{x}}\,dx = \sqrt{\pi/2}$

(j) $\int_0^\infty \frac{(\log x)^n}{1+x^2}\,dx = 0,\ n=2k+1,\ k=0,1,2,\cdots$

따라서 $\int_0^\infty \frac{(\log x)^2}{1+x^2}\,dx = \frac{\pi^3}{8},\ \int_0^\infty \frac{(\log x)^4}{1+x^2}\,dx = \frac{5}{32}\pi^5$

7.6 유수정리와 급수의 합

정리 7.6.1 C_N을 꼭짓점이 $(N+1/2)(\pm1+i)$, $(N+1/2)(\pm1-i)$인 정사각형의 둘레라고 하자. 그러면 양수 K가 존재하여 모든 $N\in\mathbb{N}$에 대해 C_N 위에서

$$|\cot\pi z| < K.$$

증명 $z=x+iy\in C_N$이라 하자. y의 크기에 따라 다음 3가지 경우로 나눈다.

첫째, $y>\frac{1}{2}$인 경우,

$$\begin{aligned} |\cot\pi z| &= \left|\frac{\cos\pi z}{\sin\pi z}\right| = \left|\frac{e^{i\pi z}+e^{-i\pi z}}{e^{i\pi z}-e^{-i\pi z}}\right| = \left|\frac{e^{i\pi(x+iy)}+e^{-i\pi(x+iy)}}{e^{i\pi(x+iy)}-e^{-i\pi(x+iy)}}\right| \\ &\le \left|\frac{e^{\pi y}+e^{-\pi y}}{e^{\pi y}-e^{-\pi y}}\right| = \left|\frac{1+e^{-2\pi y}}{1-e^{-2\pi y}}\right| \le \frac{1+e^{-\pi}}{1-e^{-\pi}} := K_1 \end{aligned} \tag{7.34}$$

둘째, $y < -\frac{1}{2}$인 경우, (7.34)의 첫 번째 부등식과 $e^{-\pi y} > e^{\pi y}$로부터

$$|\cot\pi z| \le \frac{e^{-\pi y}+e^{\pi y}}{e^{-\pi y}-e^{\pi y}} = \frac{1+e^{2\pi y}}{1-e^{2\pi y}} \le \frac{1+e^{-\pi}}{1-e^{-\pi}} = K_1.$$

셋째, $-\frac{1}{2} \le y \le \frac{1}{2}$인 경우, $z = N+\frac{1}{2}+iy$라 하면,

$$\begin{aligned} |\cot\pi z| &= \left|\cot\pi\left(N+\frac{1}{2}+iy\right)\right| = \left|\cot\left(\frac{1}{2}\pi+\pi iy\right)\right| = \left|\frac{-\sin(i\pi y)}{\cos(i\pi y)}\right| \\ &= |\tanh\pi y| \le \tanh\frac{\pi}{2} := K_2. \end{aligned}$$

$z = \left(-N-\frac{1}{2}\right)+iy$인 경우도 같은 방법으로 계산하면 $|\cot\pi z| \le K_2$.
따라서 $K = \max\{K_1, K_2\}$라 놓으면 N에 관계없이 C_N에서 $|\cot\pi z| \le K$. ■

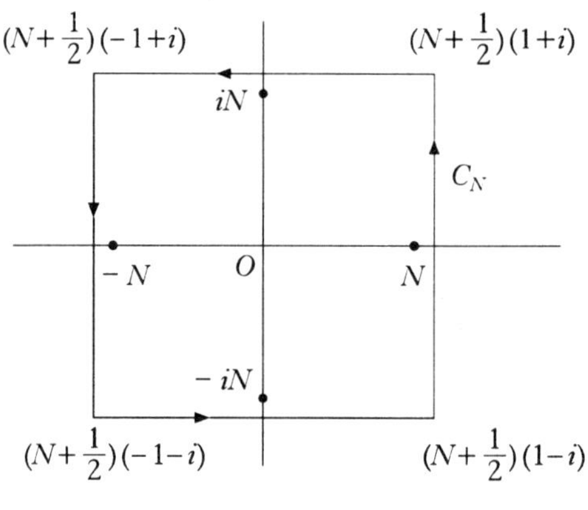

그림 7-6

정리 7.6.2 $k>1$, M은 C_N과 무관하다고 하자. $f(z)$에 대해 C_N 위에서 부등식

$$|f(z)| \leq \frac{M}{|z|^k}$$

이 성립하고 $f(z)$의 모든 극이 정수가 아니면 z_n을 $f(z)$의 극이라 할 때

$$\sum_{-\infty}^{\infty} f(n) = -\sum \operatorname{Res}\,[\pi \cot \pi z \cdot f(z),\ z_n]. \tag{7.35}$$

증명 먼저 $f(z)$의 극이 모두 유한개라 하자. N을 충분히 크게 하면 C_N은 $f(z)$의 모든 극을 포함한다.

$$g(z) = \pi \cot \pi z \cdot f(z) = \pi \cdot \frac{\cos \pi z}{\sin \pi z} f(z)$$

라 놓으면, $\sin n\pi = 0$이므로 모든 정수 $n \in \mathbb{Z}$은 $g(z)$의 단순극이다. 정리 7.2.4에 의해서

$$\operatorname{Res}\,[g(z),\ n] = \left.\frac{\pi \cos \pi z f(z)}{\pi \cos \pi z}\right|_{z=n} = f(n).$$

유수정리에 의해서

$$\frac{1}{2\pi i}\int_{C_N} \pi \cot \pi z f(z) dz = \sum_{-N}^{N} f(n) + \sum \operatorname{Res}\,[\pi \cot \pi z f(z),\ z_n].$$

그런데

$$\left|\int_{C_N} \pi \cot \pi z f(z)\, dz\right| \leq \int_{C_N} \pi |\cot \pi z||f(z)||dz| \leq \pi K \int_{C_N} \frac{M}{|z|^k} |dz|$$
$$\leq \frac{\pi KM}{N^k}\, l(C_N) = \frac{\pi KM}{N^k}(8N+4)$$

이고 $k>1$이므로 $\lim_{N\to\infty}\int_{C_N} \pi \cot \pi z f(z) dz = 0$. 따라서

$$\sum_{n=-\infty}^{\infty} f(n) = -\sum \operatorname{Res}\,[\pi \cot \pi z f(z),\ z_n].$$ ■

[예 7.6.1] (i) $\displaystyle\sum_{n=-\infty}^{\infty} \frac{1}{n^2+a^2} = \frac{\pi}{a}\coth \pi a,\ a>0.$

$f(z) = \dfrac{1}{z^2+a^2}$라 놓자. 그러면 $|f(z)| \leq \dfrac{1}{|z^2|}$이고 $z=\pm ai$는 $f(z)$의 단순극이다.

정리 7.2.4에 의해서 계산하면

$$\operatorname{Res}\left[\pi\cot\pi z \cdot \frac{1}{z^2+a^2},\ ai\right] = \frac{\pi\cot\pi ai}{2ai} = -\frac{\pi}{2a}\coth\pi a,$$

$$\operatorname{Res}\left[\pi\cot\pi z \cdot \frac{1}{z^2+a^2},\ -ai\right] = \frac{\pi\cot\pi(-ai)}{-2ai} = -\frac{\pi}{2a}\coth\pi a.$$

따라서 정리 7.6.2에 의해서

$$\sum_{n=-\infty}^{\infty}\frac{1}{n^2+a^2} = \frac{\pi}{a}\coth\pi a. \tag{7.36}$$

$$\frac{1}{(-n)^2+a^2} = \frac{1}{n^2+a^2}$$

이므로 (7.36) 식으로부터

$$\sum_{n=1}^{\infty}\frac{1}{n^2+a^2} = \frac{\pi}{2a}\coth\pi a - \frac{1}{2a^2},\quad a>0. \tag{7.37}$$

(ii) $\displaystyle\sum_{n=0}^{\infty}\frac{1}{(2n+1)^2} = \frac{\pi^2}{8}$을 보이자.

$f(z) = \dfrac{1}{(2z+1)^2}$는 $z = -\dfrac{1}{2}$에서 2차의 극을 가지므로

$$\operatorname{Res}\left[\pi\cot\pi z/(2z+1)^2,\ -1/2\right] = \lim_{z\to-1/2}\frac{d}{dz}(z+1/2)^2\frac{\pi\cot\pi z}{(2z+1)^2}$$

$$= \lim_{z\to-1/2}\frac{\pi}{4}\frac{d}{dz}\cot\pi z = \lim_{z\to-1/2}\frac{\pi}{4}(-\pi\csc^2\pi z) = -\frac{\pi^2}{4}.$$

정리 7.6.2에 의해서 $\displaystyle\sum_{-\infty}^{\infty}\frac{1}{(2n+1)^2} = \frac{\pi^2}{4}$이고 n이 양의 정수일 때

$$(2(-n)+1)^2 = (2n-1)^2 = (2(n-1)+1)^2$$

이므로 $\displaystyle\sum_{n=0}^{\infty}\frac{1}{(2n+1)^2} = \sum_{n=-\infty}^{-1}\frac{1}{(2n+1)^2}$이다. 따라서

$$\sum_{n=0}^{\infty}\frac{1}{(2n+1)^2} = \frac{\pi^2}{8}.$$

정리 7.6.3 $f(z)$가 정리 7.6.2와 같은 조건을 만족한다고 하자. 그러면 z_n을 $f(z)$의 극이라 할 때

$$\sum_{-\infty}^{\infty}(-1)^n f(n) = -\sum \text{Res}\,[\pi\csc\pi z f(z),\ z_n]$$

증명 $\csc\pi z = \dfrac{1}{\sin\pi z}$이므로 $z = 0, \pm 1, \pm 2, \cdots$는 $\pi\csc\pi z f(z)$의 단순극이다. 정리 7.2.4를 사용하여 계산하면

$$\text{Res}\,[\pi\csc\pi z f(z),\ n] = \left.\frac{\pi f(z)}{\pi\cos\pi z}\right|_{z=n} = (-1)^n f(n).$$

유수정리에 의해서

$$\int_{C_N}\pi\csc\pi z f(z)\,dz = 2\pi i\left[\sum_{n=-N}^{N}(-1)^n f(n) + \sum \text{Res}\,[\pi\csc\pi z f(z),\ z_n]\right]$$

정리 7.6.1과 같은 방법으로 C_N에서 $\csc\pi z$가 유계임을 알 수 있다. 그러면

$$\lim_{N\to\infty}\int_{C_N}\pi\csc\pi z f(z)\,dz = 0.$$

따라서 $\displaystyle\sum_{-\infty}^{\infty}(-1)^n f(n) = -\sum \text{Res}\,[\pi\csc\pi z f(z),\ z_n].$ ■

[예 7.6.2] $\displaystyle\sum_{n=-\infty}^{\infty}\frac{(-1)^n}{(n+a)^2} = \frac{\pi^2\cos\pi a}{\sin^2\pi a}$, $a \neq 0, \pm 1, \pm 2, \cdots$인 실수이다.

$f(z) = \dfrac{1}{(z+a)^2}$이라 놓으면 $z = -a$는 $f(z)$의 2차의 극이다.

$$\begin{aligned}\text{Res}\left[\frac{\pi\csc\pi z}{(z+a)^2},\ -a\right] &= \lim_{z\to -a}\frac{d}{dz}\left((z+a)^2\frac{\pi\csc\pi z}{(z+a)^2}\right)\\ &= -\pi^2\csc\pi a\cot\pi a = \frac{-\pi^2\cos\pi a}{\sin^2\pi a}.\end{aligned}$$

정리 7.6.3에 의해서

$$\sum_{n=-\infty}^{\infty}\frac{(-1)^n}{(n+a)^2} = \frac{\pi^2\cos\pi a}{\sin^2\pi a}.$$

연습문제 [7.6]

1. 다음 합이 성립하는 것을 보여라.

(a) $\sum_{n=1}^{\infty} \frac{1}{(2n-1)^2} = \frac{\pi^2}{8}$ (b) $\sum_{n=1}^{\infty} \frac{1}{n^4} = \frac{\pi^6}{90}$

(c) $\sum_{n=1}^{\infty} \frac{1}{n^6} = \frac{\pi^4}{945}$ (d) $\sum_{n=1}^{\infty} \frac{(-1)^{n+1}}{n^4} = \frac{7}{720}\pi^4$

(e) $\sum_{n=1}^{\infty} \frac{1}{(n^2+1)^2} = \frac{\pi}{4}\coth\pi + \frac{\pi^2}{4}\operatorname{csch}^2\pi - \frac{1}{2}$ (f) $\sum_{n=1}^{\infty} \frac{(-1)^{n+1}}{(2n-1)^3} = \frac{\pi^3}{32}$

(g) $\sum_{n=1}^{\infty} \frac{1}{n^4+a^4} = \frac{\sqrt{2}\,\pi}{4a^3}\left[\frac{\sinh(\sqrt{2}\,\pi a)+\sin(\sqrt{2}\,\pi a)}{\cosh(\sqrt{2}\,\pi a)-\cos(\sqrt{2}\,\pi a)}\right] - \frac{1}{2a^4}$

(h) $\sum_{n=1}^{\infty} \frac{n^2}{n^4+a^4} = \frac{\sqrt{2}\,\pi}{8a}\left[\frac{\sinh(\sqrt{2}\,a\pi)-\sin(\sqrt{2}\,a\pi)}{\cosh^2(\sqrt{2}\,\pi a/2)+\cos^2(\sqrt{2}\,a\pi/2)}\right]$

7.7 편각의 원리(the argument principle)와 그 결과

열린집합 D에서 함수 $f(z)$가 극점을 제외하고 모든 점에서 해석적이면 유리형함수(meromorphic function)라 한다.

정리 7.7.1 (편각의 원리) f를 열린집합 D에서 유한개의 극과 영점을 가진 유리형함수라 하자. $a_1, \cdots, a_s$를 중복도가 각각 $n_1, n_2, \cdots, n_s$인 f의 영점, $b_1, \cdots, b_t$는 중복도가 각각 $m_1, m_2, \cdots, m_t$인 f의 극점이며, γ는 이들 영점이나 극을 지나지 않는 영 homotopic인 닫힌곡선이면

$$\frac{1}{2\pi i}\int_{\gamma} \frac{f'}{f}\,dz = \sum_{k=1}^{s} n(\gamma, a_k)\,n_k - \sum_{k=1}^{t} n(\gamma, b_k)\,m_k. \tag{7.38}$$

증명 f'/f는 고립특이점 $a_1, \cdots, a_s, b_1, \cdots, b_t$를 제외한 나머지 점에서 해석적이다. $z_0 \in \{a_1, \cdots, a_s, b_1, \cdots, b_m\}$이면 z_0에서 해석적인 함수 g가 존재하여 $g(z_0) \neq 0$이고

$$f(z) = (z - z_0)^j g(z)$$

여기서

$$j = \begin{cases} n_k, & z_0 = a_k \\ -m_k, & z_0 = b_k. \end{cases}$$

그러면

$$\frac{f'}{f} = \frac{j}{z - z_0} + \frac{g'}{g} \tag{7.39}$$

z_0를 제외한 a_k, b_j의 나머지 점들은 g'/g의 고립특이점이므로 (7.39)를 반복적으로 사용하여 다음과 같은 관계식을 얻는다.

$$\frac{f'}{f} = \sum_{k=1}^{s} \frac{n_k}{z - a_k} - \sum_{k=1}^{t} \frac{m_k}{z - b_k} + \frac{h'}{h}$$

라 쓸 수 있다. 여기서 h'/h 는 D의 모든 점에서 해석적이다. Cauchy 정리에 의해서 식 (7.38)이 성립한다. ■

γ를 단순닫힌곡선이라 하고 영점과 극점의 중복 횟수도 포함하여 영점의 개수를 N이라 하자. 극점의 개수를 P라 하면 식 (7.38)을 다음과 같이 표현할 수 있다.

$$\frac{1}{2\pi i} \int_{\gamma} \frac{f'}{f} dz = N - P. \tag{7.40}$$

이것을 편각의 원리라고 부르는 이유는 다음과 같이 설명할 수 있다.

$f(z)$를 정의역 D에서 해석적이라 하고 D 안에 있는 임의의 곡선 γ에 대해서, $z \in T(\gamma)$이면 $f(z) \neq 0$라 하자. $\frac{d}{dz} \log f(z) = \frac{f'}{f}$이므로

$$\frac{1}{2\pi i} \int_{\gamma} \frac{f'}{f} dz = \frac{1}{2\pi i} \int_{\gamma} d \log f(z)$$

라고 쓸 수 있다. 이것을 γ 위에서 $f(z)$의 **대수적분**(logarithmic integral)이라고 부른다. 그런데 $\log f(z) = \log|f(z)| + i\operatorname{Arg} f(z)$이므로

$$\begin{aligned} \frac{1}{2\pi i} \int_{\gamma} \frac{d}{dz} \log f(z) dz &= \frac{1}{2\pi i} \int_{\gamma} \frac{d}{dz} \log|f(z)| dz + \frac{1}{2\pi} \int_{\gamma} \frac{d}{dz} \operatorname{Arg}(z) \\ &= \frac{1}{2\pi i} [\log f(\gamma(b)) - \log f(\gamma(a))] + \frac{1}{2\pi} [\operatorname{Arg} f(\gamma(b)) - \operatorname{Arg} f(\gamma(a))]. \end{aligned}$$

γ가 닫힌곡선이면 $\gamma(a)=\gamma(b)$이다. 따라서 (7.40)의 적분값은 점 z가 γ를 따라 곡선을 일주했을 때 $\frac{1}{2\pi}[\text{Arg}(f(\gamma(b)))-\text{Arg}(f(\gamma(a))]$이며 편각의 차는 2π 곱하기 정수이므로 적분값은 항상 정수이다.

정리 7.7.2 (Rouché의 정리) D를 정의역이라 하고 ∂D는 닫힌 구분적평활곡선이며 f와 g는 $D\cup\partial D$를 포함하는 열린집합에서 해석적이라 하자. 임의의 $z\in\partial D$에 대해서

$$|f(z)+g(z)|<|f(z)|+|g(z)| \tag{7.41}$$

이면 f와 g는 D에서 동일한 수의 영점을 갖는다.

증명 (7.41) 식에 의해서 ∂D 위에서 $f, g\neq 0$이다. $h(z)=\dfrac{f(z)}{g(z)}$라고 정의하자. h는 D에서 유리형함수이고 $z\in\partial D$이면 $|h(z)+1|<|h(z)|+1$이므로, 이 경우 $h(z)\in\mathbb{R}$이면 $h(z)<0$. 따라서 임의의 $t\geq 0$와 $z\in\partial D$에 대해 $h(z)\neq t$. $\forall t\geq 0$에 대해 N_t를 $f(z)-tg(z)$의 영점의 개수, 즉 $h(z)-t$의 영점의 개수이고 P를 $g(z)$의 영점의 개수, 즉 $h(z)$의 극점의 개수라 하면 편각의 원리에 의해서

$$I(t):=\frac{1}{2\pi i}\int_{\partial D}\frac{h'(z)}{h(z)-t}\,dz=N_t-P\in\mathbb{Z}$$

는 잘 정의된 식이다. $h(\partial D)$, $h'(\partial D)$ 모두 compact 집합이므로 ∂D 위에서 $h'(z)$는 유계이고 $I(t)$는 $[0,\infty)$에서 연속이다. 또 $\lim_{t\to\infty}I(t)=0$이므로 $[0,\infty)$에서 $I(t)\equiv 0$. 따라서

$$0=I(0)=\frac{1}{2\pi i}\int_{\partial D}\frac{h'}{h}\,dz=N-P\Rightarrow N=P. \qquad \blacksquare$$

[예 7.7.1] $p(z)=z^6+9z^4+z^3+2z+4$라고 할 때 단위원 $|z|=1$ 안에 있는 $p(z)$의 영점의 개수를 구하여보자. $f(z)=-9z^4$라 하면 $|z|=1$위에서

$$|p(z)+f(z)|=|z^6+z^3+2z+4|\leq 8<9\leq|-9z^4|+|p(z)|$$

Rouché의 정리에 의해서 $p(z)$는 $|z|<1$인 근이 $f(z)$와 같이 4개 있다.

[예 7.7.2] $|z|<1$에서 $e^z=1+2z$의 해의 개수를 구하려 한다. 먼저 $z=0$은 해가 됨을 쉽게 알 수 있다. $f(z)=e^z-2z-1$, $g(z)=2z$라 놓자. 그러면

$$|f(z)+g(z)|=|e^z-1|=\left|z+\frac{z^2}{2!}+\frac{z^3}{3!}+\cdots\right|$$

$|z|=1$이면 우변의 값은 $e-1$보다 작고, $e-1\approx 1.7<2$. 그런데 $|g(z)|=|2z|=2$이므로 (7.41) 식이 성립한다. 따라서 Rouché의 정리에 의해서 $f(z)$와 $g(z)$는 $|z|<1$에서 동일한 수의 해를 갖고 있으며 이 경우 $z=0$가 유일한 해이다.

[예 7.7.3] 다항식 $2z^5+6z-1$은 열린구간 $(0,1)$에 한 개의 실근과 원환 $1<|z|<2$에서 4개의 근을 갖고 있음을 보이자.

$$f(z)=2z^5+6z-1,\ \ g(z)=-2z^5$$

이라 놓으면 $|z|=2$일 때 $|f(z)+g(z)|=|6z-1|\leqq 13$, $|g(z)|=|2z^5|=64$이므로 (7.41) 식이 성립한다. 따라서 $f(z)$와 $g(z)$는 $|z|<2$ 안에 5개의 근을 갖고 있다. $|z|<1$인 경우 근의 개수를 구하기 위해 $h(z)=-6z$라 놓으면 $|z|=1$일 때

$$|f(z)+h(z)|=|2z^5-1|\leqq 3,\ \ |h(z)|=|-6z|=6$$

이므로 $f(z)$와 $h(z)$는 $|z|<1$에서는 한 개의 근을 가지고 있다. $f(x)=2x^5+6x-1$을 실함수라 할 때 $f(1)=7$, $f(0)=-1$이므로 중간치 정리에 의해서 구간 $(0,1)$ 사이에 실근이 존재한다.

Rouché의 정리를 써서 수렴하는 해석함수열의 영점을 조사할 수 있다.

정의 7.7.1 D에서 정의된 함수열 $\{f_n\}$이 모든 compact 부분집합 $K\subset D$에서 함수 f로 균등수렴하면 이 함수열은 f로 D에서 **정규수렴**(normally converge)한다고 한다.

정리 7.7.3 (Hurwitz) 해석함수열 $\{f_n\}$이 정의역 D에서 f로 정규수렴하고 $z=z_0$는 f의 m차의 영점이라 하자. 그러면 $r>0$이 존재하여 n이 충분히 크면 f_n의 영점도 중복을 포함하여 원판 $|z-z_0|<r$ 안에 m개 존재한다. $n\to\infty$이면 이 영점들은 z_0로 수렴한다.

증명 $r>0$을 충분히 작게 선택하여 원판 $B(z_0;r)$이 D에 포함되고 $z\in B(z_0;r)$이며 $f(z)\neq 0$라고 하자. 그러면 $\delta>0$가 존재하여 원 $|z-z_0|=r$ 위에서 $|f(z)|\geqq\delta$가 된다.

그런데 $\{f_n\}$은 compact 집합 $\overline{B}(z_0;r)$에서 균등수렴 하므로 $N \in \mathbb{N}$이 존재하여 $n \geq N$이면 $|z-z_0|=r$인 z에 대해 $|f_n(z)-f(z)| \leq \delta/2$. 그러면 $|z-z_0|=r$일 때 $|f_n(z)-f(z)|<|f(z)|+|f_n(z)|$이 성립하는 것은 명백하다. Rouché의 정리에 의해 $B(z_0;r)$ 안에서 f와 f_n은 동일한 수의 근을 갖는다. 유사한 증명이 r보다 작은 모든 양수에 대해서도 성립하므로 f_n의 영점들은 z_0로 수렴한다. ■

따름정리 7.7.4 해석함수열 $\{f_n\}$이 정의역 D에서 f로 정규수렴하고 $\forall n \in \mathbb{N}$과 $\forall z \in D$에 대해서 $f_n(z) \neq 0$이면 $f \equiv 0$이든지 혹은 D에서 $f(z) \neq 0$이다.

$f_n(z) = \dfrac{1}{n}$, $n \in \mathbb{N}$이 $f \equiv 0$로 정규수렴하지만 f_n 자신은 영점을 갖지 않는 경우이다. 또 $f_n(z) = \dfrac{z}{n}$, $n \in \mathbb{N}$도 상수함수인 $f \equiv 0$로 정규수렴하고 모든 $n \in \mathbb{N}$에 대해 $z=0$이 영점이 된다. 그러나 이 경우에는 f_n들이 모두 1-1인 해석함수이다. 이 결과를 다음과 같이 일반화 할 수 있다.

따름정리 7.7.5 해석함수열 $\{f_n\}$이 정의역 D에서 f로 정규수렴하고 모든 $n \in \mathbb{N}$에 대해 f_n이 1-1 함수이면 f는 상수함수이든지 1-1 함수이다.

편각의 원리는 위에 소개한 정리 외에도 해석함수의 많은 특성을 증명하는데 응용된다. 이 절의 나머지 부분에서는 해석함수의 열린사상정리, 최대값 원리, 그리고 Schwarz의 보조정리에 대해서 알아보자.

다음 정리는 해석함수의 국소적 특성을 보여주고 있다.

정리 7.7.6 $D \subset \mathbb{C}$를 정의역이라 하고, f는 D 위에서 정의된 상수가 아닌 해석함수이고 z_0가 $f(z)-w_0$의 m차의 영점이라 하자. 그러면 z_0의 근방 $V \subset D$와 w_0의 근방 W가 존재하여 $W \subseteq f(V)$이고 임의의 $w \in W$, $w \neq w_0$에 대해서 $f(z)-w$의 서로 다른 m개의 영점들이 V 안에 존재한다.

증명 상수가 아닌 해석함수의 영점들은 고립점이므로 $\delta>0$가 존재하여 $\overline{B}(z_0;\delta)\subseteq D$이고 함수 $f-w_0$, $(w_0=f(z_0))$와 f'이 $\overline{B}(z_0;\delta)\setminus\{z_0\}$에서 모두 영점을 갖지 않는다. $V=B(z_0;\delta)$라 놓고 $\gamma:|z-z_0|=\delta$라 놓으면

$$N(w)=\frac{1}{2\pi i}\int_{\gamma}\frac{f'(z)}{f(z)-w}\,dz$$

는 $B(z_0;\delta)$에서 $f(z)-w$의 영점의 개수이다. $\overline{B}(z_0;\delta)\setminus\{z_0\}$에서 $f(z)-w_0$는 z_0이외에는 영점이 없으므로 $N(w_0)=m$. $n(f\circ\gamma,w)$을 회전수라 하자. 그러면

$$N(w)=\frac{1}{2\pi i}\int_{\gamma}\frac{f'(z)}{f(z)-w}\,dz=\frac{1}{2\pi i}\int_{f\circ\gamma}\frac{d\zeta}{\zeta-w}=n(f\circ\gamma,w),$$

이므로 $N(w)$는 $\mathbb{C}\setminus T(f\circ\gamma)$의 연결성분 집합에서 상수가 된다. W를 w_0를 포함하는 연결성분 집합이라 하면 W의 모든 점에서 $N(w)=m$. 또한 $B(z_0;\delta)\setminus\{z_0\}$에서 $f'(z)\neq 0$이므로 $W\setminus\{w_0\}$의 각점 w는 m개의 서로 다른 역상(preimage)을 V 안에 가지고 있다. 즉, $f(z)-w$의 서로 다른 m개의 영점들이 V 안에 존재한다. ■

따름정리 7.7.7 (열린사상정리) f를 정의역 D에서 정의된 상수가 아닌 해석함수라 하고 $U\subset D$를 열린집합이라 하자. 그러면 $f(U)$도 열린집합이다.

증명 $z_0\in U$이고 $w_0=f(z_0)$라 하자. 특히 열린 원판 $B(z_0;r)\subset U$가 존재하므로 $U=B(z_0;r)$이라 가정해도 된다. 그러면 정리 7.7.6에 의해서 z_0의 근방 V와 w_0의 근방 W가 존재하여 $V\subseteq B(z_0;r)$이고 $W\subseteq f(V)\subseteq f(U)$. 이것은 $f(U)$가 열린집합임을 의미한다. ■

정리 7.7.8 (최대값 원리, Maximum Modulus Principle) $D\subset\mathbb{C}$를 정의역이라 하고 $z_0\in D$라 하자. 임의의 $z\in D$에 대해

$$|f(z)|\leq|f(z_0)|$$

이면 f는 상수함수이다.

증명 f가 상수함수가 아니라고 하자. $\forall z\in D$, $|f(z)|\leq|f(z_0)|$이므로 $f(D)\subset\overline{B}(0;|f(z_0)|)$. $V\subseteq D$를 z_0의 열린근방이라 하면 열린사상정리에 의해서 $f(V)$는 w_0의 열린근방이고 $f(V)\subseteq\overline{B}(0:|f(z_0)|)$이다. 그런데 $f(V)$에는 크기가 $|f(z_0)|$ 보다 큰 복소수가 있으므로 모순이다. ■

따름정리 7.7.9 D를 유계인 정의역이라 하고 f를 D에서 해석적이고 $\overline{D}$에서 연속인 함수라 하자. 그러면 $|f|$의 최대값은 ∂D에서 얻는다.

[증명] $|f|$는 컴팩트집합 $\overline{D}$에서 연속이므로 어떤 점 $z_0 \in \overline{D}$에서 최대값을 얻는다. $z_0 \in D$인 경우 정리 7.7.8에 의해서 f는 상수함수이고 연속이므로 ∂D에서도 동일한 상수 값이 된다. ■

마지막으로 최대값 원리를 써서 Schwarz의 보조정리를 증명하자.

정리 7.7.10 (Schwarz의 보조정리) $f(z)$를 단위원 $|z|<1$에서 해석적인 함수라 하자. 모든 $|z|<1$에 대해서 $|f(z)| \leq 1$이고 $f(0)=0$이면

$$|f(z)| \leq |z|. \tag{7.42}$$

이고 $|f'(0)| \leq 1$. 만약 어떤 점 $z_0 \neq 0$에 대해 (7.42)의 등식이 성립하거나 $|f'(0)|=1$이면 $|c|=1$인 복소수가 존재하여 $f(z)=cz$.

[증명]

$$g(z) = \begin{cases} \dfrac{f(z)}{z}, & |z|<1 \quad z \neq 0 \\ f'(0), & z=0 \end{cases}$$

이라 놓으면

$$f'(0) = \lim_{z \to 0} \frac{f(z)-f(0)}{z} = \lim_{z \to 0} \frac{f(z)}{z}$$

이므로 g는 $|z|<1$에서 연속이고 $z=0$을 제외한 단위원 위에서 해석적이다 그러면 정리 7.1.1에 의해서 g는 단위원 위에서 해석적이다. $0<r<1$이라 하자. $|z|=r$인 점에 대해서 $|g(z)|=|f(z)|/r \leq 1/r$. 최대값 원리에 의해서 모든 $|z| \leq r$에 대해서도 $|g(z)| \leq 1/r$. 만약 $r \to 1$로 보내면 모든 $|z|<1$에 대해 $|g(z)| \leq 1$. 그러면 $|f(z)| \leq |z|$이고 $|f'(0)|=|g(0)| \leq 1$. $z_0 \neq 0$이고 $|f(z_0)|=|z_0|$이면 $|g(z_0)|=1$이고, $|f'(0)|=1$이면 $|g(0)|=1$이므로, 어느 경우이든지 최대값 원리에 의해 $g(z)$는 상수함수이다. $g(z)=c$라 놓으면 $f(z)=cz$이고 $|c|=1$. ■

임의의 원판에서도 Schwarz 보조정리의 어림값과 유사한 식을 얻을 수 있다. 즉, $f(z)$를 $|z-z_0|<R$에서 해석적이고 $|f(z)|\leqq M$, $f(z_0)=0$라 하자. $|z-z_o|<R$이면

$$|f(z)|\leqq \frac{M}{R}|z-z_0|$$

이고, $f(z)=c(z-z_0)$인 경우에는 등식이 성립한다.

연습문제 [7.7]

※ 다음을 증명하여라.

1. $z^5+15z+1=0$의 근중 4개는 원환 $A(0;\frac{3}{2},2)$ 안에 있다.

2. $z^5+4z-15=0$의 모든 근은 원환 $A(0;1,2)$ 안에 있다.

3. $z^6-5z^4+10=0$의 근은 원환 $A(0;1,2)$ 안에 4개, 원환 $A(0;2,3)$ 안에 2개 있다.

4. $3z^3-2iz^2+iz-7=0$의 근은 모두 원환 $A(0;1,2)$ 안에 있다.

5. Rouché의 정리를 사용하여 대수학의 기본정리를 증명하여라.

6. $3z^{100}-e^z=0$의 근은 단위원 $|z|=1$ 안에 100개 있으며 모두 단순 근이다.

7. $2z^5+4z^2+1=0$의 근은 단위원 $|z|=1$ 안에 2개 있고, 또 한 개의 실근을 갖고 있다.

8. λ를 $1<\lambda<\infty$라 하자. $\lambda-z-e^{-z}$는 반평면 $\{z: \mathrm{Re}z>0\}$에서 단 한 개의 해를 갖고 이 해는 실수이다. $\lambda\to 1$이면 해는 어떻게 될 것인가?

9. $\mathcal{F}=\{f: B(0;1)\to\mathbb{C} \mid f$는 해석적이고 1-1이며 $f(0)=0,\ f'(0)=1\}$라 하자. $\{f_n\}\subseteq\mathcal{F}$이고 $\{f_n\}$이 f로 정규수렴하면 $f\in\mathcal{F}$이다.

10. D를 정의역이라 하자. $\{f_n\}$이 D에서 정의된 해석함수열이고 f로 정규수렴 한다고 하자. 각각의 $w\in\mathbb{C}$에 대해 $f_n^{-1}(w)$의 개수가 많아야 m개이면 f는 상수함수이든지 $f^{-1}(w)$의 개수가 많아야 m개이든지 둘 중 하나이다.

11. f를 단위원판 $B(0;1)$에서 정의된 해석함수라 하자. 어떤 원환 $A(0;r,1)$에서 f가 1-1이면 f는 단위원판 $B(0;1)$에서도 1-1이다.

12. $f: B(0;1) \to B(0;1)$를 해석함수라 하자. f가 1-1이고 위로의 함수이면 $\forall z \in B(0;1)$, $|f'(z)| \leqq (1-|z|^2)^{-1}$이다.

13. $f: B(0;1) \to B(0;1)$를 해석함수라 하자. $M>0$이 존재하여 $\forall z \in B(0;1)$, $|f(z)| \leqq \dfrac{M}{1-|z|}$이면, $|f'(z)| \leqq \dfrac{4M}{(1-|z|)^2}$이다.

14. $f(z) = cz^2$, $|c|=1$인 경우 위의 부등식에서 등호가 성립한다. $f: B(0;1) \to B(0;1)$를 해석함수라 하고 $f(0)=0$라 하자. 그러면 $\forall z \in B(0;1)$,

$$|f(z)+f(-z)| \leqq 2|z|^2.$$

15. f를 D에서 해석적이고 $z=0$은 n차의 영점, 그리고 $\forall z$, $|z|<1$에 대해 $|f(z)| \leqq 1$이라 하자. 그러면

(a) $|f(z)| \leqq |z|^n$, $\forall z$, $|z|<1$

(b) $|f^{(n)}(0)| \leqq n!$.

특히 $z_0 \neq 0$가 있어 $|f(z_0)| = |z_0|^n$, 또는 $|f^{(n)}(0)| = n!$이면 $|c|=1$인 c가 존재하여

$$f(z) = cz^n.$$

16. f를 해석함수라 하자. $|z|<1$이면 $|f(z)| \leqq 1$이고 z_0가 f의 m차의 영점이면,

$$|z_0|^m \geqq |f(0)|.$$

17. $f(z)$가 $|z|<1$에서 해석적이고 모든 z도 $B(0;1)$에 대해 $|f(z^2)| \geq |f(z)|$이 성립하면 f는 상수함수임을 보여라. 또 $|z| \to \infty$일 때 $\dfrac{f(z)}{z} \to 0$이면 f는 역시 상수함수임을 보여라.

8

등각사상

8.1 등각사상의 정의(definition of conformal mapping)

U는 $\mathbb{C}$의 열린 부분집합이고 $f : U \to \mathbb{C}$를 실 미분가능하며 $f = u + iv$라 하자.

$$\det J_f(z) = \begin{vmatrix} \dfrac{\partial u}{\partial x}, & \dfrac{\partial u}{\partial y} \\ \dfrac{\partial v}{\partial x}, & \dfrac{\partial v}{\partial y} \end{vmatrix}(z) > 0$$

이면 f는 $z \in U$에서 방향 보존적(方向保存的, orientation preserving)이라 부른다.

또 $\lambda(z) \in \mathbb{R}^+$와 직교행렬$(O^T = O^{-1})\,O(z)$가 존재하여

$$J_f(z) = \begin{pmatrix} \dfrac{\partial u}{\partial x}, & \dfrac{\partial u}{\partial y} \\ \dfrac{\partial v}{\partial x}, & \dfrac{\partial v}{\partial y} \end{pmatrix}(z) = \lambda(z)O(z)$$

이면 f는 $z \subset U$에서 각 보존적(角保存的, angle preserving)이라 부른다.

> **정리 8.1.1** U는 $\mathbb{C}$의 열린 부분집합이고 $f : U \to \mathbb{C}$를 실 미분가능하고 실수와 허수부분이 연속인 편도함수를 갖는 함수라 하자. (이것을 f는 연속적으로 실 미분가능하다고 말한다.) 그러면 다음은 서로 동치이다.
>
> (i) f는 U의 임의의 점 z에서 방향 보존적이며 각 보존적이다.
>
> (ii) f는 U에서 해석적이고 $\forall z \in U$에 대해 $f'(z) \neq 0$.

증명 (i) $\Rightarrow$ (ii) $J_f(z)$가 각 보존적이며 방향 보존적이므로

$$J_f(z)=\begin{pmatrix}\dfrac{\partial u}{\partial x}, & \dfrac{\partial u}{\partial y}\\[2mm] \dfrac{\partial v}{\partial x}, & \dfrac{\partial v}{\partial y}\end{pmatrix}(z)=\lambda(z)O(z)=\lambda(z)\begin{pmatrix}a(z), b(z)\\ -b(z), a(z)\end{pmatrix}=\begin{pmatrix}\lambda a, \lambda b\\ -\lambda b, \lambda a\end{pmatrix}(z).$$

여기서 $O(z)$는 직교행렬이므로 $a^2+b^2=1$이다. 좌측과 우측의 행렬을 비교하면 $u_x=v_y$이고 $-v_x=u_y$이므로 f에 관한 Cauchy-Riemann 방정식이 성립한다. 따라서 f는 U에서 해석적이다. 더욱이

$$f'(z)=\frac{\partial u}{\partial x}(z)+i\frac{\partial v}{\partial x}(z)=u_x+iv_x$$

이므로

$$|f'(z)|^2=u_x^2+v_x^2=\det J_f(z)>0. \tag{8.1}$$

(ii) $\Rightarrow$ (i) f가 해석적이면 Cauchy-Riemann 방정식이 성립하므로

$$J_f(z)=\begin{pmatrix}u_x & -v_x\\ v_x & u_x\end{pmatrix}(z)=\sqrt{u_x^2+v_x^2}\cdot\begin{pmatrix}u_x/\sqrt{u_x^2+v_x^2}, & -v_x/\sqrt{u_x^2+v_x^2}\\ v_x/\sqrt{u_x^2+v_x^2}, & u_x/\sqrt{u_x^2+v_x^2}\end{pmatrix}.$$

여기서 $\lambda(z)=\sqrt{u_x^2+v_x^2}$이고 우변의 행렬은 직교행렬이다. 따라서 f는 각 보존적이고 가정과 식 (8.1)에 의해서 f는 각 점에서 방향 보존적이다. ■

정의 8.1.1 $U, V\subseteq\mathbb{C}$를 열린집합이라 하자. 사상(寫像, mapping) $f: U\to V$가

(i) 1-1이고 위로의 함수이며 연속적으로 실 미분 가능하고,

(ii) f는 모든 $z\in U$에서 방향 보존적이고 각 보존적이면,

f를 **등각사상**(conformal mapping)이라고 한다.

f가 1-1이고 위로의 함수이며 해석적이며 $f'\neq 0$이면 **쌍 해석적**(biholomorphic)이라 부른다. 이것은 이미 6장에서 소개하였다.

따름정리 8.1.2 f가 등각사상이 되기 위한 필요충분조건은 쌍 해석적인 것이다.

증명 (⇒) 정리 8.1.1에 의해서 분명하다.

(⇐) f가 쌍 해석적이면 f는 해석적이고 $f'(z) \neq 0$이므로 f는 등각적이다. ■

$D \subseteq \mathbb{C}$를 정의역이라 하자. $\gamma : [a, b] \to \mathbb{C}$를 평활곡선이라 하고 $t_0 \in (a, b)$에 대해 $\gamma'(t_0) \neq 0$라 하자. 그러면 점 $z_0 = \gamma(t_0)$에서 γ의 접선을 정의할 수 있다. 이 접선은 z_0를 지나고 방향벡터가 $\gamma'(t_0)$인 직선이다. 지금 γ_1, γ_2가 $z_0 = \gamma_1(t_1) = \gamma_2(t_2)$에서 만나는 평활곡선이라 하자. $\gamma'(t_1) \neq 0$이고 $\gamma'(t_2) \neq 0$이면 곡선 γ_1과 γ_2는 z_0에서 만나는 각을 접선이 교차하여 생기는 각

$$\arg(\gamma_2'(t_2)) - \arg(\gamma_1'(t_1))$$

으로 정의한다.

$f : D \to \mathbb{C}$가 등각사상이라 하자. $f'(z_0) \neq 0$인 $z_0 = \gamma_1(t_1) = \gamma_2(t_2)$에서 평활곡선 γ_1과 γ_2가 교차하고 $\gamma_1'(t_1) \neq 0$, $\gamma_2'(t_2) \neq 0$라 하자. 그러면 $f \circ \gamma_1$과 $f \circ \gamma_2$는 $f(z_0) = f(\gamma_1(t_1)) = f(\gamma_2(t_2))$에서 서로 교차하는 평활곡선이다. 이때 교차 각을 계산해보면

$$\arg((f \circ \gamma_j)'(t_j)) = \arg f'(z_0) + \arg(\gamma_j'(t_j)), \quad j = 1, 2$$

이므로

$$\arg((f \circ \gamma_2)'(t_2)) - \arg((f \circ \gamma_1)'(t_1)) = \arg(\gamma_2'(t_2)) - \arg(\gamma_1'(t_1)).$$

따라서 등각사상은 교차하는 두 개의 평활곡선의 교각을 곡선의 f에 의한 상(像)에서도 그대로 유지함을 알 수 있다.

[예 8.1.1] $w = z^2$는 상반평면 $\{z = re^{i\theta} : r > 0, 0 < \theta < \pi\}$를 $D_0 = \mathbb{C} \setminus \{x \in \mathbb{R} : x \geq 0\}$로 1-1이고 위로 보내는 등각사상이다

$$w = u + iv = z^2 = (x + y)^2 = x^2 - y^2 + 2xyi$$

이므로 $u = x^2 - y^2$, $v = 2xy$. 또한 $\dfrac{dw}{dz} = 2z$이므로 $w = z^2$은 $z \neq 0$인 점에서 등각적(conformal)이다. $w = \rho e^{i\phi}$, $z = re^{i\theta}$라 하자. 그러면

$$w^2 = \rho e^{i\phi} = r^2 e^{2i\theta}.$$

따라서 $\rho = r^2$, $\phi = 2\theta$. 이것으로부터 $w = z^2$는 $\{z = re^{i\theta} : r > 0,\ 0 < \theta < \pi\}$를 D_0로 1-1이고 위로 보내는 등각사상이다.

z-평면의 직선 $x = c$는 w-평면의 포물선

$$u = c^2 - y^2,\ v = 2cy,\ -\infty < y < \infty \tag{8.2}$$

으로 사상된다. (8.2)에서 y를 소거하면 $v^2 = -4c^2(u - c^2)$. 마찬가지로 직선 $y = d$는 포물선

$$u = x^2 - d^2,\ v = 2dx,\ -\infty < x < \infty \tag{8.3}$$

으로 사상된다. (8.3)에서 x를 소거하면 $v^2 = 4d^2(u + d^2)$.

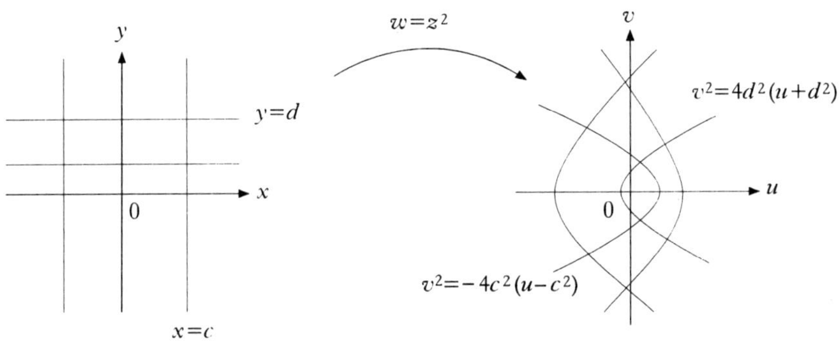

그림 8-1

[예 8.1.2] $w = e^z$는 임의의 $z \in \mathbb{C}$에서 도함수가 0이 아니다.

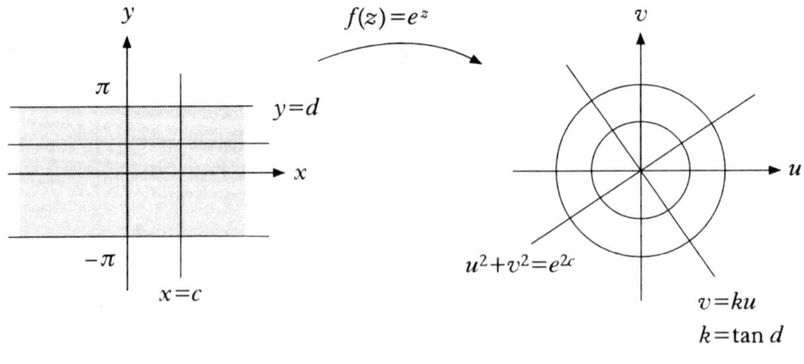

그림 8-2

$w=f(z)$의 상(像)은 구멍 뚫린 평면인 $\mathbb{C}\setminus\{0\}$이다. 그러나 이 함수는 1-1이 아니기 때문에 $\mathbb{C}$에서 $\mathbb{C}\setminus\{0\}$위로 가는 등각사상이 아니다. 그러나 $\{z:|\mathrm{Im}\,z|<\pi\}$로 f를 제한하면 $f(z)=w=e^z$는 $\{z:|\mathrm{Im}z|<\pi\}$에서 $\mathbb{C}\setminus\{0\}$ 위로 가는 등각사상이다. $z=x+iy$라 놓으면

$$w=u+iv=e^{x+iy}=e^x\cdot(\cos y+i\sin y)$$

로부터

$$u=e^x\cos y,\quad v=e^x\sin y$$

$x=c$를 대입하면 $u^2+v^2=e^{2c}(\cos^2 y+\sin^2 y)=e^{2c}$이므로, 이것은 직선 $x=c$를 반경이 e^c인 원으로 시상하고 $y=d$를 대입하면

$$\frac{v}{u}=\frac{e^x\sin d}{e^x\cos d}=\tan d$$

이므로 직선 $y=d$를 $v=ku,\ k=\tan d$인 직선 위로 사상한다.

[예 8.1.3] 대수함수의 주치 $\mathrm{Log}\,z=\log|z|+i\,\mathrm{Arg}\,z$는 갈라진 평면 $\mathbb{C}\setminus(-\infty,0]$를 수평 띠 $\{z:|\mathrm{Im}z|<\pi\}$로 보내는 등각사상이다. 직선 $\{z:\ \mathrm{Arg}\,z=\theta_0\}$는 $\mathrm{Log}\,z$에 의해서 수평선 $\{w:\mathrm{Im}\,w=\theta_0\}$로 사상된다. z가 0에서 직선을 따라 ∞로 움직이면 w는 수평선 전체를 왼쪽에서 오른쪽으로 움직인다. $\{z:|z|=r,\ -\pi<\arg z<\pi\}$은 한 점 $z=-r$을 뺀 원이고 이것은 수직선 $x=\log r,\ -\pi<y<\pi$ 위로 사상된다.

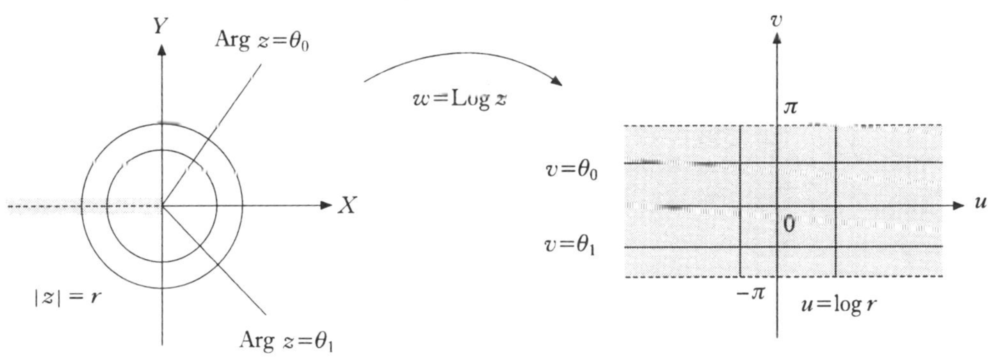

그림 8-3

[예 8.1.4] θ_0, $0 < \theta_0 \leqq \pi$를 하나 고정한다. 만약 $0 < a < \pi/\theta_0$이면 $w = z^a$는 부채꼴 $\{z : |\arg z| < \theta_0\}$를 부채꼴 $\{z : |\arg z| < a\theta_0\}$로 1-1이고 위로 보내는 등각사상이다. $w = z^a = e^{a\,\mathrm{Log}\,z}$, $-\pi < -\theta_0 < \arg z < \theta_0 < \pi$이므로 $\dfrac{dw}{dz} = az^{a-1}$은 $z \neq 0$이면 0이 아니다.

연습문제 [8.1]

1. 다음에 주어진 함수가 등각 적이 되는 점을 구하여라.

   (a) e^z (b) $\sin z$ (c) z^2+z (d) $z+\dfrac{1}{z}$ (e) $e^{z+1/z}$ (f) $\dfrac{z+1}{z-1}$

2. 다음에 주어진 함수를 $u+iv$로 나타낼 때 u와 v의 등고선을 그리고 f가 등각적인 점과 그렇지 않은 점을 구하여라.

   (a) $\dfrac{1}{z}$ (b) $\dfrac{1}{z^2}$ (c) z^6 (d) $\mathrm{Log}\,z$ (e) e^z

3. $f(z)=z+\dfrac{1}{z}$라고 하자. 다음을 증명하여라.

   (a) 임의의 $w\in\mathbb{C}$에 대해 $f^{-1}(w)$는 원소가 많아야 2개이다.
   (b) f는 원 $|z|=r>1$을 타원으로 사상한다. $|z|=\dfrac{1}{r}$도 같은 타원으로 사상한다.
   (c) $D=\{z : |z|>1\}$에서 f는 1-1이다.
   (d) $f(D\cap\{\arg z=\beta\})$가 나타내는 영역을 그려라.

4. $0<\alpha<\pi$라 하고 $f(z)=z+e^{i\alpha}/z$라 하자. 다음을 보여라.
   (a) f가 등각적인 점과 그렇지 않은 점을 구하여라.
   (b) $f(\{z : |z|=1\})$, $f((-\infty, -1])$ 그리고 $f([1, \infty))$를 구하여라.
   (c) f는 $\{z : |z|>1\}$을 갈라진 평면 위로 등각적으로 사상한다.
   (d) $f(\{z : |z|>1$이고 $\arg z=\theta\})$를 대충 그려 보아라.

5. $f(z)=z^{\frac{1}{2}}$를 평방근 함수 $\sqrt{z}$의 주분지라 하자. 직선 $x=a>0$와 $y=b>0$는 f에 의해서 서로 직교하는 곡선으로 사상된다.

6. $f(z)=\sin z$는 선분 $-\frac{\pi}{2}<x<\frac{\pi}{2}$, $y=0$와 수직선 $x=a$, $|a|<\frac{\pi}{2}$를 직교하는 직선으로 사상한다.

7. D를 정의역이라 하자. $f: D\to\mathbb{C}$를 연속적으로 미분 가능한 함수이고 모든 $z\in D$에 대해 $J_f(z)\neq 0$라 하자. f가 직교하는 곡선을 직교하는 곡선으로 사상하면 f 또는 $\bar{f}$는 해석적이다. 이 경우 $f'(z)\neq 0$ 또는 $(\bar{f})'(z)\neq 0$이다.

8. $G\subseteq\mathbb{C}$를 정의역이라 하자. $f: G\to G$가 쌍해석적이면 f를 **자기동형**(Automorphism)이라고 부른다. G위에서 정의된 모든 자기동형의 집합을 $\Gamma(G)$라고 나타내자. 그러면 함수의 합성을 연산으로 정하면 $\Gamma(G)$는 항등사상 $I(z)=z$, $\forall z\in G$를 항등원으로 하는 군(群, Group)이 된다. $\Gamma(G)$를 G위에서 정의된 자기동형들의 **자기동형군**이라고 한다. $\Gamma(\mathbb{C})=\{z\mapsto az+b,\ a\neq 0,\ a,\ b\in\mathbb{C}\}$. 즉, $\Gamma(\mathbb{C})$는 모든 affine 선형사상들의 모임이다.

8.2 1차 분수변환(linear fractional transformation)

$a, b, c, d\in\mathbb{C}$ 라 하자.

$$w=\frac{az+b}{cz+d},\quad ad-bc\neq 0 \tag{8.4}$$

를 **1차 분수변환** 혹은 쌍일차변환, Möbius 변환(möbius transformation)이라고 부른다. $D=ad-bc=\begin{vmatrix} a & b\\ c & d\end{vmatrix}$를 변환의 행렬식이라고 한다. $D=0$이면 $\frac{a}{c}=\frac{b}{d}$이므로 $w=$상수이다. 즉 w에 의해서 평면 위의 모든 점들은 한 점으로 사상된다. 조건 $D\neq 0$을 더하면 이 경우를 피할 수 있다. $D=0$인 경우는 1차 분수변환의 경우에서 제외한다. 변환 (8.4)의 역변환은 다음과 같이 구할 수 있다. z를 w를 사용하여 나타내면

$$z=\frac{dw-b}{-cw+a}$$

이고 여기서 역변환의 행렬식은 $da-(-b)(-c)=ad-bc \neq 0$이다.

$w=\dfrac{az+b}{cz+d}$, $ad-bc \neq 0$이고 $z=\dfrac{\alpha z'+\beta}{\gamma z'+\delta}$, $\alpha\delta-\beta\gamma \neq 0$라 하고 직접 대입하면

$$w=\frac{Az'+B}{Cz'+D},$$

여기서 $A=a\alpha+b\gamma$, $B=a\beta+b\delta$, $C=c\alpha+d\gamma$ 그리고 $D=c\beta+d\delta$이며

$$AD-BC=\begin{vmatrix} a\alpha+b\gamma, & a\beta+b\delta \\ c\alpha+d\gamma, & c\beta+d\delta \end{vmatrix}=\begin{vmatrix} a & b \\ c & d \end{vmatrix}\cdot\begin{vmatrix} \alpha & \beta \\ \gamma & \delta \end{vmatrix}\neq 0.$$

따라서 1차 분수변환들의 합성함수 또한 1차 분수변환이다. (8.4) 식에서 $c=0$이면 1차 분수변환은 $Az+B$ 꼴이 되고 $a=0$이면 $1/(Cz+D)$ 꼴이 된다. 먼저 3가지 특별한 경우의 변환에 대해 알아보자.

(A) **이동**(移動, translation) 일반적인 꼴은

$$w=z+b. \tag{8.5}$$

모든 점에 대해서 $\dfrac{dw}{dz}=1$이므로 w는 등각사상이다. 이것은 모든 z를 b 만큼 평행이동하는 변환이다. 1차 분수변환에서 $a=1$, $c=0$, $d=1$이고 $ad-bc=1$인 경우이다.

(B) **회전과 확대**(rotation and magnification) $a\in\mathbb{C}$, $a\neq 0$라 하자.

$$w=az \tag{8.6}$$

가 회전과 확대를 나타내는 일반적인 식이다. $a=re^{i\theta}$라 하면

$$w=r|z|e^{i(\theta+\arg z)}$$

이므로 w는 z와 비교하여 크기는 $r|z|$, 편각은 $\theta+\arg z$만큼 변화하였다. 따라서 (8.6) 식은 크기는 r배로 늘어나고 또는 줄어들고 방향은 θ 만큼 회전시킨 변환이다. 이것은 $b=c=0$, $d=1$인 경우이므로 $D=a\neq 0$.

(C) **반전(反轉, reciprocal transformation)**

$$w = \frac{1}{z} \tag{8.7}$$

는 반전을 나타내는 식이다. (8.7)을 극좌표로 나타내면

$$\rho e^{i\varphi} = \frac{1}{r} e^{-i\theta}$$

이므로 $\rho = 1/r$, $\phi = -\theta$. 이것은 변환 $z' = 1/r \cdot e^{i\theta}$과 $w = \bar{z}'$의 합성변환이다. 첫 번째 변환은 $zz' = 1$. 즉, z와 z의 상 z'은 원 $|z| = 1$에 대해서 서로 역관계에 있다. 두 번째 변환은 실수축에 대해서 대칭인 변환이다.

정리 8.2.1 변환 $w = \dfrac{1}{z}$는 원 또는 직선을 원 또는 직선으로 사상한다.

증명 z-평면에서 원의 방정식은

$$az\bar{z} + b\bar{z} + \bar{b}z + c = 0, \ b \in \mathbb{C}, \ a, \ c \in \mathbb{R}. \tag{8.8}$$

특히 $c = 0$이면 (8.8) 식은 원점을 지나는 원의 방정식이고 $a = 0$이면 직선의 방정식을 나타낸다. $z = 1/w$를 (8.8) 식에 대입하면

$$cw\bar{w} + \bar{b}\bar{w} + bw + a = 0 \tag{8.9}$$

이 식에서 $c \neq 0$이면 (8.9) 식은 원의 방정식이고 $c = 0$이면 (8.9) 식은 직선의 방정식이다. $a = 0$, $c \neq 0$이면 (8.8)은 0을 지나지 않는 직선이고 이것은 $w = 1/z$에 의해서 원점을 지나는 원으로 사상하며 $a = c = 0$이면 원점을 지나는 직선을 원점을 지나는 직선으로 사상한다. ■

직교하는 곡선족 $x = c_1$, $y = c_2$은 $w = \dfrac{1}{z}$에 의해서 원점을 지나는 직교하는 원들의 곡선족으로 사상된다. $w = u + iv = \dfrac{1}{x + iy}$라 놓으면 $u = \dfrac{x}{x^2 + y^2}$, $v = \dfrac{y}{x^2 + y^2}$이므로 $u^2 + v^2 = \dfrac{1}{x^2 + y^2}$. 따라서

$$x = \frac{u}{u^2 + v^2}, \quad y = -\frac{v}{u^2 + v^2}.$$

$x = c_1$, $y = c_2$라 하면 $c_1 = \dfrac{u}{u^2+v^2}$, $c_2 = -\dfrac{v}{u^2+v^2}$이고 $c_1 \neq 0$, $c_2 \neq 0$이면 이것은 각각 원의 방정식

$$\left(u - \frac{1}{2c_1}\right)^2 + v^2 = \left(\frac{1}{2c_1}\right)^2, \quad u^2 + \left(v + \frac{1}{2c_2}\right)^2 = \left(\frac{1}{2c_2}\right)^2$$

이다.

무한대의 점 ∞

변환 $\zeta = \dfrac{1}{z}$는 $\mathbb{C} \setminus \{0\}$를 $\mathbb{C} \setminus \{0\}$로 1-1이고 위로 사상한다. $z = 0$와 $\zeta = 0$는 각각 상(像, image)도 역상(逆像, inverse image)도 가지고 있지 않다. 그러나 변환의 정의역과 치역에 0과 ∞를 더해 $z = 0$에 대해서는 $\zeta = \infty$를, $z = \infty$에 대해서는 $\zeta = 0$를 대응시키면 변환 $\zeta = \dfrac{1}{z}$은 확장된 복소평면 $\mathbb{C}^* = \mathbb{C} \cup \{\infty\}$위에 정의된 1-1이고 위로의 사상임을 알 수 있다. 변환 $\zeta = \dfrac{1}{z}$는 $\mathbb{C} \setminus \{0\}$에서 $\mathbb{C} \setminus \{0\}$로 가는 연속함수이므로 확장된 복소평면 $\mathbb{C}^*$의 점 ∞의 열린근방을 잘 정의하여 변환이 $z = 0$에서도 연속이 되도록 할 수 있다. $\zeta = \infty$의 열린근방을

$$U = \{ z \in \mathbb{C} : |z| > M, \ M > 0 \} \cup \{\infty\}$$

로 정의한다. 그러면 $f(z) = 1/z$에 의한 U의 역상은 $f^{-1}(U) = \{z \in \mathbb{C} : |z| < 1/M\}$이므로 f는 $z = 0$에서 연속이다. $\zeta = 0$의 근방을 $V = \{\eta \in \mathbb{C} : |\zeta| < 1/M\}$라 하면 $f^{-1}(V) = U$이므로 f는 $z = \infty$에서도 연속이다.

$\zeta = az + b$, $a \neq 0$라 하면 이 변환은 $z = \infty$를 $\zeta = \infty$로 보내는 1-1이고 위로의 변환이며 역변환은 $z = \dfrac{\zeta - b}{a}$이다. 이와 같이 1-1이고 위로의 사상이며 연속이고 역사상도 연속인 함수를 **위상동형**(位相同形, homeomorphism)이라고 부른다.

> **정리 8.2.2** 변환 $\zeta = \dfrac{1}{z}$와 $\zeta = az + b$, $a \neq 0$는 $\mathbb{C}^*$에서 $\mathbb{C}^*$로 가는 위상동형이다.

1차 분수변환 $w = \dfrac{az+b}{cz+d}$, $ad - bc \neq 0$은 다음과 같이 표현할 수 있다.

$$w=\frac{\frac{a}{c}z+\frac{b}{c}}{z+\frac{d}{c}}=\frac{a}{c}+\frac{\frac{b}{c}-\frac{ad}{c^2}}{z+\frac{d}{c}}=\frac{a}{c}+\frac{bc-ad}{c^2(z+\frac{d}{c})}.$$

따라서 $z'=z+\frac{d}{c}$, $z''=1/z'$ 그리고 $z'''=\frac{bc-ad}{c^2}z''$이라 놓으면

$$w=\frac{a}{c}+z'''=\frac{a}{c}+\frac{bc-ad}{c^2}z''=\frac{a}{c}+\frac{bc-ad}{c^2}\frac{1}{z'}=\frac{a}{c}+\frac{bc-ad}{c^2(z+\frac{d}{c})}$$

이므로 1차 분수변환은 위의 세 변환 평행이동, 회전 및 확대, 반전 그리고 마지막으로 평행이동의 합성변환이다. 따라서 다음 정리가 성립한다.

정리 8.2.3 1차 분수변환

$$w=\frac{az+b}{cz+d},\quad ad-bc\neq 0$$

은 $\mathbb{C}^*$에서 $\mathbb{C}^*$로 가는 위상동형이다. w는 쌍 해석적이고 $z=d/c$이면 $\frac{dw}{dz}=\infty$이고 $z\neq -d/c$이면 $\frac{dw}{dz}=\frac{ad-bc}{(cz+d)^2}\neq 0$이므로 w는 등각사상이다.

L이 주어진 직선이라 하자. 그러면 임의의 $M>0$에 대해 $|z|>M$인 z가 직선 L 위에 있으므로 $z=\infty$는 L의 극한점이다. $z=\infty$가 L에 속한다고 간주하고, $\mathbb{C}^*$에서는 직선도 원의 일종이라고 여기는 것은 자연스런 일이다. 1차 분수변환은 선형변환과 반전의 합성변환이므로 원을 원으로 1-1이고 위로 사상한다.

복비(複比, cross ratio)

정의 8.2.1 $z_2, z_3, z_4\in\mathbb{C}^*$를 서로 다른 점이라 하자. z_2, z_3, z_4 어느 것도 ∞와 같지 않으면

$$Sz = \frac{z - z_3}{z - z_4} \cdot \left(\frac{z_2 - z_4}{z_2 - z_3} \right) \tag{8.10}$$

는 z_2, z_3, z_4를 각각 1, 0, ∞로 보내는 1차 분수변환이다. 이때 Sz_1을 z_1, z_2, z_3, z_4의 **복비**(cross ratio)라 부르고 (z_1, z_2, z_3, z_4)라 써서 나타낸다. 특히 $z_2 = \infty$, $z_3 = \infty$ 그리고 $z_4 = \infty$이면 각각

$$Sz = \frac{z - z_3}{z - z_4}, \quad Sz = \frac{z_2 - z_4}{z - z_4} \quad \text{그리고} \quad Sz = \frac{z - z_3}{z_2 - z_3}.$$

만약 T가 또 다른 1차 분수변환으로 S와 같은 성질을 갖고 있다 하자. 그러면 세 점 1, 0, ∞은 ST^{-1}의 고정점이다. 셋 이상의 고정점이 있는 1차 분수변환은 항등변환 하나밖에 없으므로 $ST^{-1} = I$. 즉 $S = T$.

[예 8.2.1] z_1, z_2, z_3을 각각 w_1, w_2, w_3로 보내는 1차 분수변환을 구해보자. z_1, z_2, z_3는 식 (8.10)에 의해서 각각 1, 0, ∞로 사상된다. 또한 w_1, w_2, w_3는

$$Tz = \frac{z - w_3}{z - w_4} \cdot \left(\frac{w_2 - w_4}{w_2 - w_3} \right)$$

에 의해서 1, 0, ∞로 사상된다. 따라서 구하려는 1차 분수변환은 $T^{-1}S$ 이다.

정리 8.2.4 T가 임의의 1차 분수변환이라 하면

$$(Tz_1, Tz_2, Tz_3, Tz_4) = (z_1, z_2, z_3, z_4).$$

즉, 복비는 1차 분수변환에 대해서 불변이다.

증명 $Sz = (z, z_2, z_3, z_4)$라 하자. $S \cdot T^{-1}$는 Tz_2, Tz_3, Tz_4를 각각 $Sz_2 = 1$, $Sz_3 = 0$, $Sz_4 = \infty$로 보내는 1차 변환이다. 따라서 $ST^{-1}(w) = (w, Tz_2, Tz_3, Tz_4)$이고 복비의 정의에 의해서

$$(Tz_1, Tz_2, Tz_3, Tz_4) = (ST^{-1})(Tz_1) = Sz_1 = (z_1, z_2, z_3, z_4).$$ ■

정리 8.2.5 복비 $(z_1, z_2, z_3, z_4) \in \mathbb{R}$ 이기 위한 필요충분조건은 z_1, z_2, z_3, z_4이 직선 위에 있거나 혹은 원 위에 있는 것이다.

증명 $(\Leftarrow)$ $(z_1, z_2, z_3, z_4) = \dfrac{z_1 - z_3}{z_1 - z_4} \dfrac{z_2 - z_4}{z_2 - z_3}$ 이므로

$$\arg(z_1, z_2, z_3, z_4) = \arg\left(\frac{z_1 - z_3}{z_1 - z_4}\right) - \arg\left(\frac{z_2 - z_3}{z_2 - z_4}\right)$$

z_1, z_2, z_3, z_4가 모두 일직선 위에 있는 경우, 위치에 따라 $\arg(z_1, z_2, z_3, z_4) = 0$, $\pm 2\pi$, $\pm\pi$이고 모두 원 위에 있는 경우에는 $\theta_1 = \arg\left(\dfrac{z_1 - z_3}{z_1 - z_4}\right)$, $\theta_2 = \arg\left(\dfrac{z_2 - z_3}{z_2 - z_4}\right)$이라 하면 z_1, z_2, z_3, z_4의 위치에 따라 $\theta_1 - \theta_2 = 0, \pi, -\pi$.

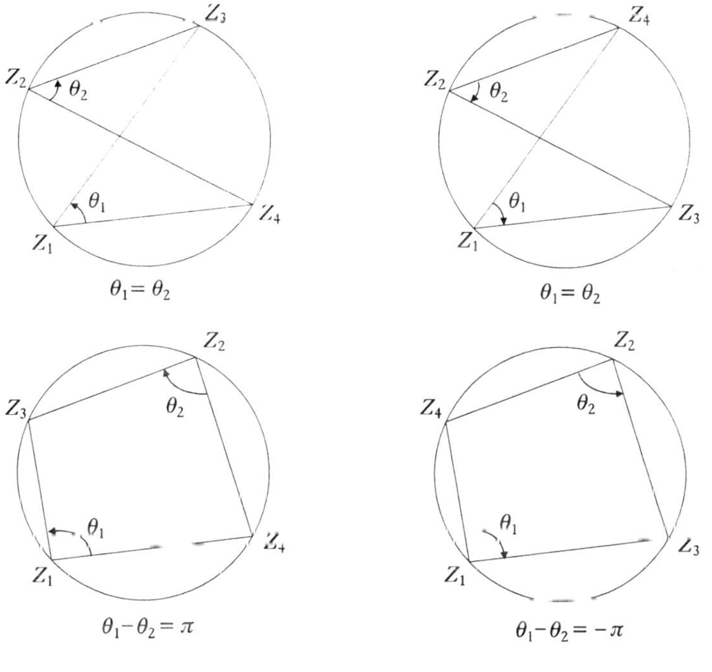

그림 8-4

따라서 $(z_1, z_2, z_3, z_4) \in \mathbb{R}$.

$(\Rightarrow)$ $Tz = (z, z_2, z_3, z_4) = \dfrac{az+b}{cz+d}$라 하자. $(ad - bc \neq 0)$ $i = 1, 2, 3, 4$이면 $Tz_i \in \mathbb{R} \cup \{\infty\}$이고 $T^{-1}(\mathbb{R}) = \{z \in \mathbb{C} \mid (z, z_2, z_3, z_4) \in \mathbb{R}\}$이므로 T^{-1}에 의한 $\mathbb{R} \cup \{\infty\}$의 역상이 원이라는 것을 보이면 된다. $x \in \mathbb{R}$이라 하고 $z = T^{-1}x$라 하면

$Tz = x = \overline{Tz}$이므로

$$\frac{az+b}{cz+d} = \frac{\bar{a}\,\bar{z}+\bar{b}}{\bar{c}\,\bar{z}+\bar{d}} \Leftrightarrow (a\bar{c}-c\bar{a})|z|^2+(a\bar{d}-c\bar{b})z+(b\bar{c}-d\bar{a})\bar{z}+b\bar{d}-\bar{b}d=0 \quad (8.11)$$

$a\bar{c}-c\bar{a}=0$인 경우 $\lambda = a\bar{d}-c\bar{b}$이라 놓으면 (8.11) 식은

$$\lambda z - \bar{\lambda}\,\bar{z} + b\bar{d} - d\bar{b} = 0 \quad (8.12)$$

이것은 $\mathrm{Im}\,(\lambda z + b\bar{d}) = 0$를 의미하므로 직선의 방정식이다.(1.5절 참조)
$a\bar{c}-c\bar{a} \neq 0$인 경우에는 (8.11)을 $a\bar{c}-c\bar{a}$ 로 나누어 정리하면

$$|z|^2 + \frac{a\bar{d}-c\bar{b}}{a\bar{c}-c\bar{a}}z + \frac{b\bar{c}-d\bar{a}}{a\bar{c}-c\bar{a}}\bar{z} + \frac{b\bar{d}-d\bar{b}}{a\bar{c}-c\bar{a}} = 0$$

$$\Leftrightarrow \left| z + \frac{\bar{a}d-\bar{c}b}{\bar{a}c-a\bar{c}} \right| = \left| \frac{ad-cb}{\bar{a}c-a\bar{c}} \right| > 0 \quad (8.13)$$

이것은 원의 방정식이다. ■

정리 8.2.1을 복비를 사용하여 다음과 같이 증명할 수 있다.

정리 8.2.6 임의의 1차 분수변환은 원을 원으로 사상한다.

증명 Γ를 $\mathbb{C}^*$에 있는 임의의 원이라 하고 S를 임의의 1차 분수변환이라 하자. 또 z_2, z_3, z_4를 Γ 위의 점이라 하고 $w_j = Sz_j$라 하자. 점 w_2, w_3, w_4가 만드는 원을 Γ'이라 하고 $z \neq z_j$, $j=2, 3, 4$를 Γ 위의 임의의 점이라 하자. 정리 8.2.5에 의해서 z, z_2, z_3, z_4가 Γ 위의 점이기 위한 필요충분조건은 (z, z_2, z_3, z_4)이 실수인 것이다. 그런데 정리 8.2.4에 의해서

$$(z, z_2, z_3, z_4) = (Sz, Sz_2, Sz_3, Sz_4) = (Sz, w_2, w_3, w_4)$$

이고 실수이므로 정리 8.2.5에 의해서 점 Sz는 원 Γ' 위에 있다. 따라서 $S(\Gamma) \subset \Gamma'$. S^{-1}도 1차 분수변환이므로 같은 방법으로 $S^{-1}(\Gamma') \subset \Gamma$. 즉, $\Gamma' \subset S(\Gamma)$. 따라서 $\Gamma' = S(\Gamma)$. ■

대칭(對稱, symmetry)

복소수 z와 $\bar{z}$는 실수축 $\mathbb{R}$에 대해서 대칭이다. 만약 a, b, c, d가 모두 실수이고 $S=\dfrac{az+b}{cz+d}$이면, S는 실수축을 실수축으로 사상한다.

$$S(\bar{z})=\frac{a\bar{z}+b}{c\bar{z}+d}=\overline{\frac{az+b}{cz+d}}=\overline{S(z)}$$

이므로 $S(\bar{z})$는 $S(z)$와 실수축에 대해서 대칭이다. 이것을 직선의 일반 꼴인 원에 대해서 대칭인 경우로 대칭의 의미를 확장할 수 있다.

T를 1차 분수변환이라 하자. 원 C를 $T(\mathbb{R})$이라 할 때, Tz와 $T(\bar{z})$를 원 C에 대해서 대칭(symmetric with respect to C)이라 부른다. z_1, z_2, z_3를 원 C 위에 있는 점이라 하자. 그러면 $T^{-1}z_j$, $j=1, 2, 3$은 실수이므로 정리 8.2.4에 의해

$$\begin{aligned}(T\bar{z}, z_1, z_2, z_3) &= (\bar{z}, T^{-1}z_1, T^{-1}z_2, T^{-1}z_3)=\overline{(z, T^{-1}z_1, T^{-1}z_2, T^{-1}z_3)}\\ &= \overline{(Tz, z_1, z_2, z_3)}.\end{aligned}$$

S를 $\mathbb{R}$을 원 C로 보내는 또 다른 1차 분수변환이라 하고 $Sw=Tz$라 하자. 그러면 $S^{-1}T$는 $\mathbb{R}$을 $\mathbb{R}$로 보내는 1차 분수변환이므로 임의의 $z\in\mathbb{C}$에 대해

$$S^{-1}T\bar{z}=\overline{S^{-1}Tz}=\overline{S^{-1}Sw}=\bar{w}.$$

따라서 $S\bar{w}=T\bar{z}$. 그러므로 원 C에 대한 대칭을 다음과 같이 정의할 수 있다.

> 정의 8.2.2 z와 z^* 사이에 관계식 $(z^*, z_1, z_2, z_3)=\overline{(z, z_1, z_2, z_3)}$이 성립하면 z와 z^*는 z_1, z_2, z_3를 지나는 원 C에 대해서 대칭(symmetric with respect to C)이라고 한다.

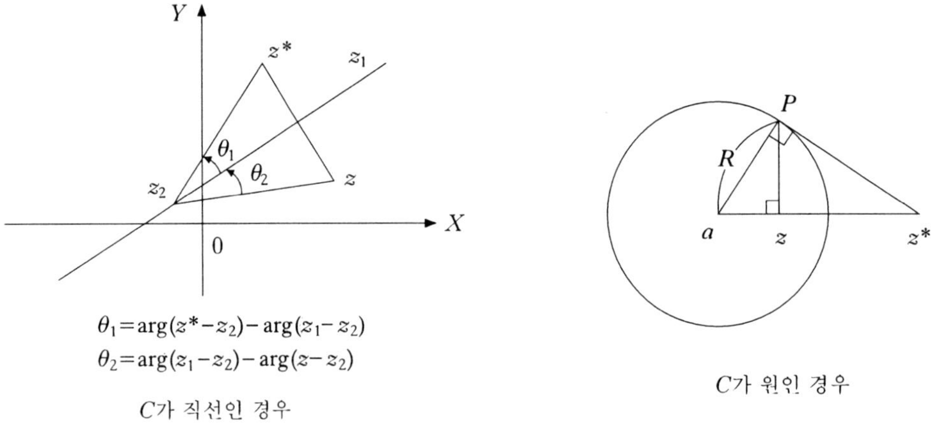

그림 8-5

대칭의 기하학적인 의미를 먼저 살펴보자. 먼저 C를 직선이라 하자. $z_3 = \infty$라 하면 대칭의 정의에 의해서

$$\frac{z^* - z_2}{z_1 - z_2} = \frac{\overline{z} - \overline{z_2}}{\overline{z_1} - \overline{z_2}} \tag{8.14}$$

이므로 $|z^* - z_2| = |z - z_2|$. 이것은 z와 z^*가 z_2로부터 같은 거리에 있음을 의미한다. 그런데 z_2는 C 위의 임의의 점이므로 z와 z^*는 C 위의 점에서 항상 같은 거리에 있다. $z \neq z^*$이면 z와 z^*에서 C까지 거리는 같으므로 z와 z^*를 잇는 선분은 직선과 서로 직교하고 직선에 의해서 나눠지는 서로 다른 반평면 위에 있다.(그림 8-5 참조)

C를 원 $|z - a| = R$이라 하자. $(z_j - a)(\overline{z_j} - \overline{a}) = R^2$, $j = 1, 2, 3$이므로

$$\begin{aligned}
(z^*, z_1, z_2, z_3) &= \overline{(z, z_1, z_2, z_3)} \\
&= \overline{(z - a, z_1 - a, z_2 - a, z_3 - a)} \\
&= (\overline{z} - \overline{a}, \overline{z_1} - \overline{a}, \overline{z_2} - \overline{a}, \overline{z_3} - \overline{a}) \\
&= (\overline{z} - \overline{a}, \frac{R^2}{z_1 - a}, \frac{R^2}{z_2 - a}, \frac{R^2}{z_3 - a}) \\
&= (R^2 / (\overline{z} - \overline{a}), z_1 - a, z_2 - a, z_3 - a) \\
&= (R^2 / (\overline{z} - \overline{a}) + a, z_1, z_2, z_3)
\end{aligned}$$

여기서 5번째 등식은 변환 $Tz = \dfrac{R^2}{z}$를 적용했다. 복비(cross ratio)는 1-1이고 위로의 변환이므로

$$z^* = \frac{R^2}{\overline{z} - \overline{a}} + a \quad \text{또는} \quad (z^* - a)(\overline{z} - \overline{a}) = R^2 \tag{8.15}$$

(8.15) 식으로부터 $\dfrac{z^* - a}{z - a} = \dfrac{R^2}{|z - a|^2} > 0$이므로 z와 z^*는 a부터 시작하는 반직선 위에 있음을 의미한다. $|z^* - a||\overline{z} - \overline{a}| = R^2$으로부터 주어진 z와 원 $|z - a| = R$에 대해 대칭인 점을 작도할 수 있다. 먼저 a에서 z 방향으로 직선을 연결한다. 이 선분과 직교하는 선분을 긋고 이것이 원과 만나는 점을 P라 하면 P에서 접선이 a와 z를 연결하는 선분과 만나는 점이 z^*이다. 특히 a와 원 C에 대해 대칭인 점은 ∞이다.

[예 8.2.2] C를 $|z-2| = 1$인 원이라 하자. (1) 허수축, (2) 직선 $y = x$, 그리고 (3) 원 $|z| = 1$이 C에 대해서 대칭이 되는 도형을 각각 구해보자.
(8.15) 식에 의해서 z, z^*가 원 C에 대해서 대칭이면

$$z^* := w = 2 + \frac{1}{\overline{z} - 2} \iff \overline{z} = \frac{2w - 3}{w - 2}. \tag{8.16}$$

(1) 허수축 위의 z는 $z = iy$로 표현되므로 $z + \overline{z} = 0$. 이것을 (8.16)에 대입하면

$$0 = \frac{2w-3}{w-2} + \frac{2\overline{w} - 3}{\overline{w} - 2} = \frac{(2\overline{w} - 3)(w-2) + (2w-3)(\overline{w} - 2)}{|w-2|^2}$$

이것을 정리하면,

$$4w\overline{w} - 7\overline{w} - 7w + 12 = 0 \iff |w - 7/4| = 1/4.$$

(2) 직선 $y = x$ 위에서는 $z = x + ix$이고 $\overline{z} = x - ix$이므로 $\mathrm{Re}\,\overline{z} = -\mathrm{Im}\,\overline{z}$ (8.16) 식으로부터

$$\frac{2w-3}{w-2} + \frac{2\overline{w} - 3}{\overline{w} - 2} = i\left(\frac{2w-3}{w-2} - \frac{2\overline{w} - 3}{\overline{w} - 2}\right)$$

이것을 정리하면,

$$4w\overline{w} - 7\overline{w} - 7w + 12 = i(\overline{w} - w) \iff \left|w - \frac{7+i}{4}\right| = \frac{\sqrt{2}}{4}.$$

(3) $|z| = 1$이므로

$$1 = |\bar{z}| = \left|\frac{2w-3}{w-2}\right| \Leftrightarrow \frac{(2w-3)(2\overline{w}-3)}{(w-2)(\overline{w}-2)} = 1$$

이고 이것을 정리하면 $3w\overline{w} - 4\overline{w} - 4w + 5 = 0 \Leftrightarrow \left|w - \frac{4}{3}\right| = \frac{1}{3}$.

> **정리 8.2.7** (대칭의 원리, Symmetry Principle) 만약 1차 분수변환 T가 원 C_1을 원 C_2로 사상하고 두 점 z, z^*이 C_1에 대해서 대칭이면 $T(z)$, $T(z^*)$는 C_2에 대해서 대칭이다.

증명 지금 z_1, z_2, z_3가 C_1의 점이라 하고 z와 z^*는 C에 대해서 대칭이라 하자. 그러면

$$(Tz^*,\ Tz_1\ Tz_2\ Tz_3) = (z^*, z_1, z_2, z_3) = \overline{(z, z_1, z_2, z_3)} = \overline{(Tz,\ Tz_1\ Tz_2\ Tz_3)} \qquad \blacksquare$$

원 위에서 방향(orientation of circle)

z_1, z_2, z_3가 원 C 위에 있다 하자. z_1과 z_3 사이에 z_2가 있다면 z_1을 출발하여 z_2를 지나 z_3로 오는 경우를 생각하자. z_2가 z_1의 오른쪽에 있는 경우에는 오른쪽으로 왼쪽에 있는 경우에는 왼쪽으로 돌아 z_3로 돌아온다. 순서쌍(z_1, z_2, z_3)은 원 C 위에서 순서대로 z_1에서 출발하여 z_2를 지나 z_3로 움직일 때 좌우 방향중 하나를 반드시 결정해 준다. 이것을 $z_1 < z_2 < z_3$라고 써서 나타내고 원 C에 대한 **방향**(orientation)이라 부른다. $z_2 < z_3 < z_1$나 $z_3 < z_1 < z_2$도 원 둘레에서 방향이므로 원 C 위에서 같은 방향이고 $z_3 < z_2 < z_1$과 $z_2 < z_1 < z_3$, $z_1 < z_3 < z_2$는 앞의 방향과는 반대방향이다.

$\mathbb{R}$에서 순서를 $1 < 0 < \infty$로 정하면 i는 $\mathbb{R}$의 오른쪽에 있고 $-i$는 왼쪽에 있다. $z = (z, 1, 0, \infty)$이므로 $\mathrm{Im}(-i) = \mathrm{Im}(-i, 1, 0, \infty) < 0$이고 $\mathrm{Im}(i) = \mathrm{Im}(i, 1, 0, \infty) > 0$이다. 이것과 유사하게 원에 대한 좌우를 일반화하여 보자.

원은 1차 분수변환에 의해서 실수축으로 가져올 수 있고 복비도 1차 분수변환 하에서 불변이므로 원 C가 실수축이라고 가정해도 된다. $Tz = (z, z_1, z_2, z_3)$, $z_1, z_2, z_3 \in \mathbb{R}$이라 하면

$$Tz = \frac{az+b}{cz+d} = \frac{az+b}{|cz+d|^2}(c\bar{z}+d)$$
$$= \frac{1}{|cz+d|^2}[ac|z|^2 + bd + bc\bar{z} + adz]$$

여기서 $a, b, c, d \in \mathbb{R}$. 그러면

$$\operatorname{Im}(z, z_1, z_2, z_3) = \operatorname{Im} Tz = \frac{ad-bc}{|cz+d|^2}\operatorname{Im} z.$$

따라서 원 C의 좌우 구분은 상반평면과 하반평면의 구분과 같은 원칙에 따라 정해지며, 여기에 $ad-bc$의 부호도 영향을 끼침을 알 수 있다.

사실 $\mathbb{C}^*$위에서 원의 내부와 외부를 구별하는 것은 무의미하다. 예를 들어 $\mathbb{C}^*$위의 원인 적도의 내부는 북반구인지 남반구인지 명확히 결정지을 수 없다. 그러나 원에 방향을 정의하면 방향에 따른 원의 오른쪽과 왼쪽을 구별할 수 있다.

정의 8.2.3 z_1, z_2, z_3가 원 C 위에 있다 하자. 주어진 방향 $z_1 < z_2 < z_3$에 대해서 원 C 위에 없는 점 z가 $\operatorname{Im}(z, z_1, z_2, z_3) > 0$이면 z는 **원의 오른쪽**에, $\operatorname{Im}(z, z_1, z_2, z_3) < 0$이면 **원의 왼쪽**에 있다고 한다.

정리 8.2.8 (방향의 원리) C_1, C_2를 $\mathbb{C}^* = \mathbb{C} \cup \{\infty\}$에 있는 원이라 하고 T는 $T(C_1) = C_2$ 인 1차 분수변환이라 하자. $z_1 < z_2 < z_3$가 C_1 위에서 방향이라고 하면 T는 C_1의 오른쪽(왼쪽)을 방향 $Tz_1 < Tz_2 < Tz_3$에 대해서 각각 C_2의 오른쪽(왼쪽)으로 사상한다.

증명 복비는 1차 분수변환에 의해서 불변이므로

$$\operatorname{Im}(z, z_1, z_2, z_3) = \operatorname{Im}(Tz, Tz_1, Tz_2, Tz_3).$$ ■

$\mathbb{R}$위에서 방향을 $1 < 0 < \infty$이라 하자. $(z, 1, 0, \infty) = z$이므로 $\operatorname{Im} z > 0$이면 상반평면은 방향 $1 < 0 < \infty$에 대해 $\mathbb{R}$의 오른쪽에 있고 $\operatorname{Im} z < 0$이면 $\mathbb{R}$의 왼쪽에 있다. 이것

은 기하학적 사실과 일치한다. 복소평면 $\mathbb{C}$에 있는 원 C에서 방향은 $z_1 < z_2 < z_3$이고 $S(z) = (z, z_1, z_2, z_3)$라 하자. 그러면

$$S(\infty) = (\infty, z_1, z_2, z_3) = \frac{z_1 - z_3}{z_1 - z_2} \Rightarrow \arg S(\infty) = \arg(z_3 - z_1) - \arg(z_2 - z_1)$$

이다. $z_1 < z_2 < z_3$의 방향이 반시계방향이면 $0 < \arg S(\infty) < \pi$이므로 $\text{Im}S(\infty) > 0$이 되어 ∞는 원의 오른쪽에 있다. 시계방향이면 $-\pi < \arg S(\infty) < 0$이므로 ∞는 원의 왼쪽에 있다. 따라서 원 C 위에서 $z_1 < z_2 < z_3$ 방향으로 진행할 때 왼쪽에 있는 연결성분은 하반평면 위로 사상되고 오른쪽에 있는 연결성분은 상반평면 위로 사상된다.

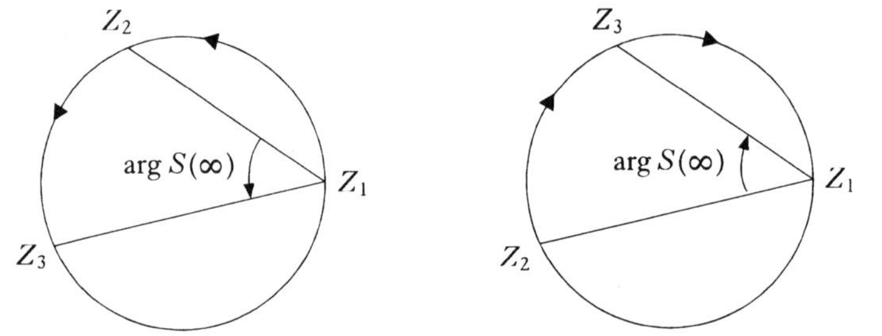

그림 8-6

연습문제 [8.2]

※ 다음을 증명하여라.

1. $f(z) = \dfrac{1}{z} = u + iv$라 하자. f는

   (a) 무한 띠 $0 < y < 1/2c$, $c > 0$를 $u^2 + (v+c)^2 > c^2$, $v < 0$로 사상한다.

   (b) 원 $|z - z_0| = |z_0| \neq 0$를 직선 $R(z_0 z) = 1/2$로 사상한다.

2. $f(z) = \dfrac{z}{z-1}$라 하자. f는

   (a) 반평면 $\{z \mid \text{Im}\, z \geqq 0\}$를 반평면 $\{w \mid \text{Im}\, w \leqq 0\}$으로 사상한다.

   (b) 반평면 $\{z \mid \text{Re}\, z \leqq 1/2\}$를 원판 $|w| \leqq 1$로 사상한다.

(c) 닫힌 원판 $|z| \leqq 1$을 반평면 $\{w \mid \mathrm{Re}\, w \leq 1/2\}$로 사상한다.

(d) 직선 $\mathrm{Re}\, z=1$을 직선 $\mathrm{Re}\, w=1$로 사상한다.

(e) 반평면 $\{z \mid \mathrm{Re}\, z \geq 0\}$를 영역 $\left|w-\frac{1}{2}\right| \geqq \frac{1}{2}$로 사상한다.

3. $f(z)=\dfrac{z-i}{z+i}$라 하자. f는

(a) 반평면 $\{z \mid \mathrm{Im}\, z>0\}$를 열린 원판 $|w|<1$으로 사상한다.

(b) 반평면 $\{z \mid \mathrm{Re}\, z>0\}$를 반평면 $\{w \mid \mathrm{Im}\, w<0\}$으로 사상한다.

(c) 열린 원판 $|z|<1$를 반평면 $\{w \mid \mathrm{Re}\, w<0\}$으로 사상한다.

(d) 직선 $\mathrm{Im}\, z=-1$은 직선 $\mathrm{Re}\, w=1$로 사상한다.

4. $w=\dfrac{2z+3}{z-4}$는 $|z-2i|=2$를 원 $\left|w-\left(-\dfrac{6+11i}{8}\right)\right|=\dfrac{11}{8}$로 사상한다.

5. $w=\dfrac{z-3}{z+4}$는 $|z-i|=1$을 원 $\left|w+\dfrac{12-7i}{16}\right|=\dfrac{\sqrt{101}}{16}$로 사상한다.

6. z-평면의 3점 z_1, z_2, z_3를 각각 w-평면의 3점 w_1, w_2, w_3, 구체적으로

(a) $z=0, i, -i$를 각각 $w=1, -1, 0$로, (b) $z=2, i, -2$를 각각 $w=1, i, -1$로,

(c) $z=1, i, 0$를 각각 $w=0, i, 1$로, (d) $z=0, \infty, 1$을 각각 $w=\infty, 0, i$로

보내는 1차 분수변환을 구하여라.

7. 원 둘레 위에 있는 4점을 회전방향대로 z_1, z_2, z_3, z_4라 하면 복비 $(z_1, z_2, z_3, z_4)>1$이다.

8. 복비 $(z_1, z_2, z_3, z_4)=\lambda$라 하자. σ를 $\{1, 2, 3, 4\}$의 순열이라 하자. 복비 $(z_{\sigma(1)}, z_{\sigma(2)}, z_{\sigma(3)}, z_{\sigma(4)})$는 $\lambda, \dfrac{1}{\lambda}, 1-\lambda, \dfrac{1}{1-\lambda}, \dfrac{\lambda}{1-\lambda}, \dfrac{1-\lambda}{\lambda}$중 하나로 표현할 수 있다.

9. 복비를 사용하여 Ptolemy 정리를 증명하여라. 즉, z_1, z_2, z_3, z_4가 동일한 원 주위에 있기 위한 필요충분조건은

$$|(z_1-z_2)(z_3-z_4)|+|(z_2-z_3)(z_1-z_4)|=|(z_3-z_1)(z_4-z_2)|.$$

10. z_1, z_2가 주어진 원 C에 대해 서로 대칭이고 z_3, z_4는 C 위에 있는 점이라 하자. $\lambda=(z_1, z_2, z_3, z_4)$라 하면 $|\lambda|=1$이다.

11. 직선 $y=-x$가 원 $|z-(1+i)|=1$에 대해 대칭인 곡선은 $|z-3/4(1+i)|=\sqrt{1/8}$ 이다.

12. 다음에 주어진 곡선이 단위원 $|z|=1$에 대해서 대칭인 곡선을 구하여라.

    (a) $|z|=1/2$, (b) $|z-1|=1$ (c) $\mathrm{Im}\, z=2$

    (d) $|z-(3+4i)|=5$, (e) 쌍곡선 $x^2-y^2=1$

    (f) 모두 0이 아닌 z_1, z_2, z_3가 꼭짓점인 삼각형의 둘레

13. 1차 분수변환은 동심원을 동심원으로 사상하는가? 동심원들의 반지름의 비는 1차 분수변환 하에 불변인가?

14. 원 $|z|=1$과 $\left|z-\frac{1}{4}\right|=\frac{1}{4}$를 동심원 $|z|=1$과 $|z|=r<1$로 사상하는 1차 분수변환을 구하여라.

8.3 등각사상의 예

이 절에서는 8.2절에서 배운 복비, 대칭의 원리, 방향의 원리 등을 사용하여 반평면을 원의 내부로 보낸다거나 원의 내부를 원의 내부로, 원호(circular arc)를 원의 내부로 보내는 등각사상을 구해본다.

[예 8.3.1] 1차 분수변환 $Tz=\dfrac{z-1}{z+1}$은 우 반평면 $G=\{z\in\mathbb{C} : \mathrm{Re}\, z>0\}$을 단위원 $D=\{z\in\mathbb{C} : |z|<1\}$ 위로 사상한다.

먼저 허수축은 $\mathbb{C}^*$에서는 원이므로 허수축 위에서 방향을 $-i<0<i$라 하면

$$Sz=(z,-i,0,i)=\frac{2z}{z-i}=\frac{2}{|z-i|^2}(|z|^2+iz)$$

이고

$$\mathrm{Im}(z,-i,0,i)>0 \Leftrightarrow \mathrm{Im}(iz)=\mathrm{Re}\, z>0$$

이므로 G는 방향 $-i<0<i$에 대해서 오른쪽에 있다(이것은 기하학적인 사실과 일치한다). S는 방향의 원리에 의해 G를 실수축 위에서 방향 $1<0<\infty$에 대해 오른쪽,

즉 상 반평면 위로 사상한다. 단위원 $|z|=1$ 위에서 방향을 $-i < -1 < i$로 하면 D는 이 방향에 대해 오른쪽에 있다. 복비

$$Rz = (z, -i, -1, i) = \frac{2i}{i-1} \cdot \frac{z+1}{z-i}$$

는 D를 방향의 원리에 의해서 상반평면위로 사상한다. 따라서

$$R^{-1}z = \frac{(1+i)z-2i}{(1-i)z+2i} \text{이고} \quad Tz = R^{-1} \circ S(z) = \frac{z-1}{z+1}.$$

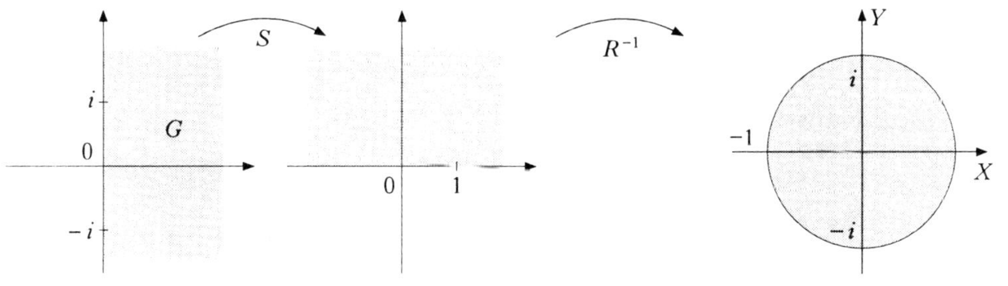

그림 8-7

[예 8.3.2] $|a|<1$이고 $f(a)=0$, $D=\{z\in\mathbb{C} : |z|<1\}$이라 하자. $f(D)=D$인 1차 분수변환은

$$f(z) = e^{i\varphi}\frac{z-a}{\bar{a}z-1} := f_a(z). \tag{8.17}$$

$a=0$이면 Schwarz의 보조정리에 의해서 $f(z)=e^{i\varphi}z$이다. $a\neq 0$라 하고 f를 구하려는 변환이라 하자. (8.15) 식에 의해서 원 $|z|=1$에 대한 a의 대칭점은 $1/\bar{a}$이고 0의 대칭점은 ∞이다. $f(a)=0$이므로 대칭의 원리에 의해서 $f(1/\bar{a})=\infty$. 따라서

$$f(z) = \alpha\frac{z-a}{(z-1/\bar{a})} = \frac{\alpha\bar{a}(z-a)}{\bar{a}z-1} \tag{8.18}$$

로 쓸 수 있다. 그러면, $f(0)=\alpha|a|^2$이고 (8.15) 식으로부터 $f(\infty)=\dfrac{1}{\bar{\alpha}|a|^2}$. 한편 (8.18)로부터 $f(\infty)=\alpha$이므로 $1=|\alpha|^2|a|^2=|\alpha|^2|\bar{a}|^2=|\alpha\bar{a}|^2$. $\alpha\bar{a}=e^{i\varphi}$라 놓으면 $f(z)$는 (8.17)과 같다. $z=e^{i\theta}$이면 $|f(z)|=\dfrac{|e^{i\theta}-a|}{|1-\bar{a}e^{i\theta}|}=\dfrac{|e^{i\theta}||1-ae^{-i\theta}|}{|\overline{1-ae^{-i\theta}}|}=1$이므로 f는 원

$|z|=1$을 그 자신으로 사상한다. 연습문제 1.11에서, $|z|<1$이면, $|f(z)|<1$인 것을 보였다.

원판 $|z|<\rho$을 원판 $|w|<r$ 위로 사상하고 $|a|<\rho$인 점을 0으로 사상하는 1차 분수변환은 예 8.3.2에서 얻은 사상 f_a를 이용하여 구할 수 있다. 먼저 $|z|<\rho$를 단위원판 D로 보내는 사상은 $w_1=\dfrac{1}{\rho}z$이고 $w_2=rz$는 D를 $|w|<r$로 보내는 사상이므로 구하려는 사상은 $w_2 \circ f_{a/\rho} \circ w_1$이다. 따라서

$$w_2 \circ f_{a/\rho} \circ w_1(z) = re^{i\varphi}\frac{z/\rho - a/\rho}{(\bar{a}/\rho)(z/\rho)-1} = \rho re^{i\varphi}\frac{z-a}{\bar{a}z-\rho^2}. \tag{8.19}$$

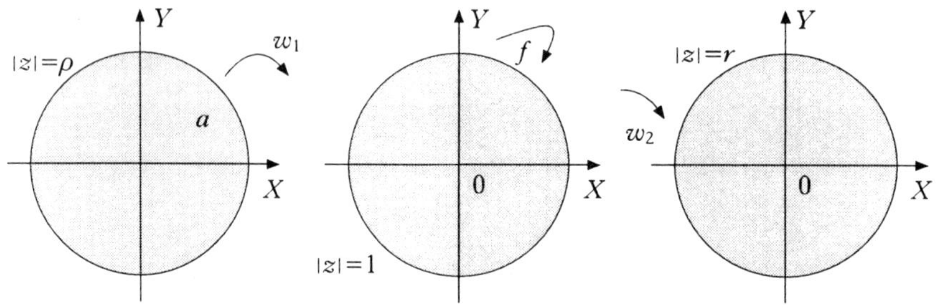

그림 8-8

부채꼴(sector)은 β를 적당히 택하면 z^β에 의해서 반평면위로 사상할 수 있다. 부채꼴의 꼭짓점이 원점에 있는 경우 회전 $z \mapsto e^{i\theta}z$에 의해서 $S=\{z : 0<\arg z<\alpha\}$인 꼴의 부채꼴로 사상할 수 있고 이것은 다시 z^β, $\beta=\pi/\alpha$에 의해서 S를 상반평면위로 사상한다.

[예 8.3.3] 부채꼴 $S=\{z\in\mathbb{C} : -\pi<\arg z<\pi/2\}$를 단위원판 D 위로 사상하는 등각사상을 구해보자.

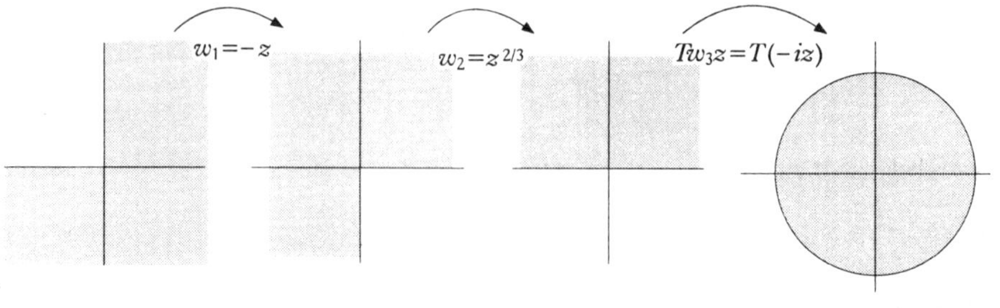

그림 8-9

회전 $w_1 = e^{\pi i} z = -z$는 주어진 부채꼴을 부채꼴 $\{z \in \mathbb{C} : 0 < \arg z < 3\pi/2\}$로 보내는 등각사상이다. $w_2 = z^{2/3}$은 이것을 다시 $\operatorname{Im} z > 0$인 상반평면위로 보낸다.

$w_3 = e^{-\pi i/2} z = -iz$는 $\operatorname{Im} z > 0$를 $\operatorname{Re} z > 0$로 보낸다. 그러면 $Tz = \dfrac{z-1}{z+1}$는 $\operatorname{Re} z > 0$를 D로 보내는 등각사상이므로(예 8.3.1) 구하려는 등각사상은 정의역이 부채꼴 S이므로 $z^{2/3}$의 분지를 $-\dfrac{2\pi}{3} < \arg z^{2/3} < \dfrac{\pi}{3}$이 되도록 정하면

$$
\begin{aligned}
T \circ w_3 \circ w_2 \circ w_1(z) &= T \circ w_3 \circ w_2(-z) = T \circ w_3((-z)^{3/2}) \\
&= T(-i(e^{\pi i})^{2/3} z^{2/3}) = \frac{e^{2\pi i/3} z^{2/3} - i}{e^{2\pi i/3} z^{2/3} + i}.
\end{aligned}
$$

두 개의 원판이 만났을 때 공통부분을 **월형영역**(lunar domains)이라 한다. 이때 두 개의 원호가 만나는 점을 a, b라 하자. a와 b를 지나는 직선을 L이라 하고 방향을 $\infty < a < b$로 정하면 복비

$$T(z) = (z, \infty, a, b) = \frac{z-a}{z-b}$$

는 L을 실수축으로 사상한다. 방향의 원리에 의해서 a, b 사이의 L은 음의 실수축으로 사상된다. 원호의 교각 α는 등각사상 T에 의해서 불변이므로 두 개의 원호는 원점을 지나고 사이 각이 α인 직선으로 사상된다. 방향의 원리에 의해서 월형영역은 두 직선에 의해서 결정되는 부채꼴 위로 사상된다.

[예 8.3.4] 원판 $|z| < 1$와 원판 $|z-1| < 1$의 공통부분인 월형영역 C를 $|z| < 1$로 가져가는 등각사상을 구해보자.

두 원 $|z| = 1$과 $|z-1| = 1$이 만나는 점을 구해보자. 변 $\overline{01}$을 밑변으로 하는 정삼각형의 꼭짓점이므로 $a = \dfrac{1}{2} + \dfrac{\sqrt{3}}{2} i$, $b = \dfrac{1}{2} - \dfrac{\sqrt{3}}{2} i$이 만나는 점이다. $w_1 = \dfrac{z-a}{z-b}$라 하면 w_1은 a를 0으로, b를 ∞로 사상하고 a와 b를 잇는 직선위의 점 $z = \dfrac{1}{2}$은 -1로 사상한다. 따라서 w_1은 a와 b를 지나는 직선을 실수축으로 사상한다. 또 w_1은 1을 $(1-a)/(1-b) = -\dfrac{1}{2}(1+\sqrt{3} i)$로, 0을 $\dfrac{-a}{-b} = \dfrac{a}{b} = \dfrac{1}{2}(-1+\sqrt{3} i)$로 사상하므로 w_1에 의해서 $|z| = 1$은 직선 $y = \sqrt{3} x$으로, 원 $|z-1| = 1$은 $y = -\sqrt{3} x$으로 사상된다. $|z-1| = 1$에서 방향 $a < 0 < b$에 대한 왼쪽은 $|z-1| < 1$이고 $|z| = 1$에서는 방향 $a < 1 < b$에 오

른쪽이 $|z|<1$이다.(그림 8-10 참조) 방향의 원리에 의해서 w_1은 C를 부채꼴

$$\{x+iy\in\mathbb{C} : y>\sqrt{3}\,x,\ y<-\sqrt{3}\,x\} = \{z\in\mathbb{C} : 2\pi/3<\arg z<4\pi/3\} \quad (8.20)$$

로 1-1이고 위로 사상한다.

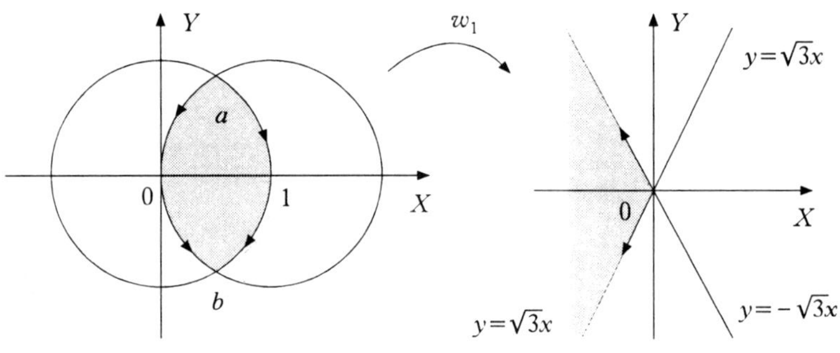

그림 8-10

부채꼴 (8.20)을 $w_2=e^{-\frac{2}{3}\pi i}z$에 의해서 $-2\pi/3$만큼 왼쪽으로 회전하면 이것은 부채꼴 $\{z\in\mathbb{C} : 0<\arg z<2\pi/3\}$이고, 이것을 다시 $w_3=z^{3/2}$에 의해서 상반평면위로 보낸다. 마지막으로 상반평면 $\operatorname{Im} z>0$를 1차 분수변환 w_4을 사용하여 단위원으로 사상하면 된다. 위에서 계산한대로 $w_4=\dfrac{-iz-1}{-iz+1}=\dfrac{iz+1}{iz-1}$. 따라서 구하려는 등각사상은

$$\begin{aligned} w_4\circ w_3\circ w_2\circ w_1(z) &= w_4\circ w_3\circ w_2\left(\frac{z-a}{z-b}\right) = w_4\circ w_3\left(e^{-2\pi i/3}\left(\frac{z-a}{z-b}\right)\right) \\ &= w_4\left(e^{-\pi i}\left(\frac{z-a}{z-b}\right)^{3/2}\right) = w_4\left(-\left(\frac{z-a}{z-b}\right)^{3/2}\right) \\ &= -\frac{1-i\left(\dfrac{z-a}{z-b}\right)^{3/2}}{1+i\left(\dfrac{z-a}{z-b}\right)^{3/2}} \end{aligned}$$

여기서 $a=\dfrac{1}{2}+\dfrac{\sqrt{3}}{2}i$, $b=\dfrac{1}{2}-\dfrac{\sqrt{3}}{2}i$ 이다.

임의의 띠(strip)는 회전 $z\mapsto e^{i\theta}z$에 의해서 **수평 띠**로 사상할 수 있다. e^z는 수평선을 원점을 지나는 직선으로 사상하므로 수평 띠를 부채꼴로 사상한다. 위에서 보인 예와 마찬가지 방법에 의해서 부채꼴을 단위원위로 사상할 수 있다.

[예 8.3.5] 수직 띠(vertical strip) $V=\{z\in\mathbb{C}:-1<\operatorname{Re}z<1\}$을 단위원판 D 위로 사상하는 등각사상을 구해보자. $z=x+iy\in V$라 하면 $-1<x<1,\ y\in\mathbb{R}$ 이다.

$$w_1=e^{\pi iz/2}$$

이라 놓으면

$$w_1=e^{\pi i(x+iy)/2}=e^{-\pi y/2}\cdot e^{\pi ix/2}$$

이므로 $-\dfrac{\pi}{2}<\arg w_1<\dfrac{\pi}{2}$이다. w_1은 $x=1$과 $x=-1$을 각각 $i\mathbb{R}^+$와 $-i\mathbb{R}^+$로 사상하고 V를 $\operatorname{Re}z>0$로 사상한다. 이것은 다시 예 8.3.1에서 구한 $Tz=\dfrac{z-1}{z+1}$에 의해서 D 위로 사상된다. 따라서 구하려는 등각사상은

$$T\circ w_1(z)=\frac{e^{\pi iz/2}-1}{e^{\pi iz/2}+1}.$$

[예 8.3.6] 원 $\left|z-\dfrac{i}{2}\right|=\dfrac{1}{2}$의 내부와 $\left|z-\dfrac{i}{4}\right|=\dfrac{1}{4}$의 외부로 된 월형영역 G를 $|z|<1$ 위로 사상하는 등각사상을 구해보자.

$Tz=\dfrac{1}{z}$라 하자. $Ti=-i,\ T\left(\dfrac{i-1}{2}\right)=-i-1,\ T(0)=\infty$ 그리고 $T\left(\dfrac{i}{2}\right)=-2i$, $T\left(\dfrac{i-1}{4}\right)=-2i-2$. 그런데 T는 원을 원 또는 직선으로 사상하므로, T는 $\left|z-\dfrac{i}{2}\right|=\dfrac{1}{2}$은 직선 $\operatorname{Im}z=-1$으로, 원 $\left|z-\dfrac{i}{4}\right|=\dfrac{1}{4}$은 직선 $\operatorname{Im}z=-2$으로 사상한다.

바깥 원에 방향을 $i<\dfrac{i-1}{2}<0$로 정하고 안쪽 원에는 $\dfrac{i}{2}<\dfrac{i-1}{4}<0$로 정하면 방향의 원리에 의해서 $Tz=\dfrac{1}{z}$는 주어진 월형영역 G를 수평 띠

$$T(G)-\{z\in\mathbb{C}:-2<\operatorname{Im}z<\ \ 1\}$$

로 사상한다. $w_1=e^{\pi z}$라 하면, $-2<y<-1$이므로 $-2\pi<\arg w_1<-\pi$이다. 따라서 w_1은 수평 띠 $T(G)$를 상반평면 $\operatorname{Im}z>0$로 보낸다. $w_2z=\dfrac{iz+1}{iz-1}$는 $\operatorname{Im}z>0$를 $|z|<1$으로 보내는 등각사상이므로, 구하려는 사상은

$$w=w_2\circ w_1\circ T(z)=w_2\circ w_1\left(\frac{1}{z}\right)=\frac{ie^{\pi/z}+1}{ie^{\pi/z}-1}=\frac{e^{\pi/z}-i}{e^{\pi/z}+i}.$$

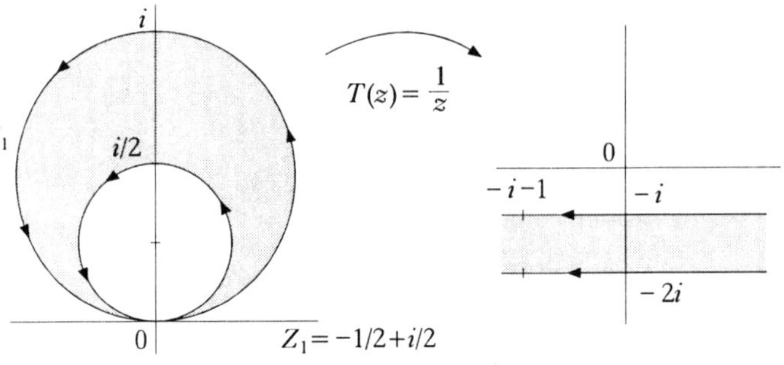

그림 8-11

연습문제 [8.3]

1. 반 원판 $\{z \mid |z|<2, \operatorname{Im} z>0\}$을 단위원판 $|z|<1$로 보내는 등각사상을 구하여라.

2. 원 $|z|=1$의 내부이며 원 $|z-1/2|=1/2$의 외부인 영역을 상반평면 $\operatorname{Re} z>0$로 보내는 등각사상을 구하여라.

3. 수평띠 $\{z \mid -1<\operatorname{Im} z<1\}$를 단위원판 $|z|<1$로 보내는 등각사상을 구하여라.

4. $\{z : |z|>1, \operatorname{Im} z>0\}$를 상반평면 $\operatorname{Im} z>0$으로 보내고 $-1 \to -1$, $i \to 0$, $1 \to 1$로 보내는 등각사상을 구하여라.

5. 부채꼴 $\{z : |\arg z|<\pi/3\}$를 열린 원판 $|z|<1$로 보내고 0을 -1로, ∞를 $+1$로 보내는 등각사상을 구하여라.

6. 갈라진 평면 $\mathbb{C} \setminus (-\infty, 0]$를 $|z|<1$로 보내고 0을 i로 보내는 등각사상 w가

$$\lim_{n\to\infty} w(-1+(1/n)i)=+1, \quad \lim_{n\to\infty} w(-1-(1/n)i)=-1$$

이 되도록 정하여라.

7. $\lambda>0$라 하자. $|z|<1$을 수직 띠 $\{w : -A<\operatorname{Re} w<A\}$으로 보내고 $f(0)=0$, $f'(0)>0$가 되도록 등각사상 f를 구하여라.

8. 띠 $\{z \mid \operatorname{Im} z < \operatorname{Re} z < \operatorname{Im} z + 2\}$를 상반평면 $\operatorname{Im} z > 0$으로 보내고 $f(0)=0$, $\operatorname{Re} z \to \infty$이면 $f(z) \to -1$, $\operatorname{Re} z \to -\infty$이면 $f(z) \to +1$이 되도록 등각사상 f를 구하여라.

9. 오른쪽 반 원판 $\{z \mid \operatorname{Re} z > 0,\ |z| < 1\}$을 상반평면 $\operatorname{Im} z > 0$으로 보내고 특히 i를 ∞로, $-i$를 0으로, 0을 -1로 보내는 등각사상 f를 구하여라.

10. 등각사상 $w = g(z)$는 $\{z \mid \operatorname{Re} z > 0,\ |z| < 1\}$를 단위원판 $|z| < 1$로 보내고, $\pm i$와 1는 g의 고정점이라 하자. 계산을 하지 말고 $g(\bar{z}) = \overline{g(z)}$임을 보여라, $g(0) = -1$이 되는 것을 대칭성을 사용하여 보여라. 또 $g(z)$를 구하고 $g(0) = -1$임을 확인하여라.

11. $b \in (-1, 1)$가 주어졌다 하자. 갈라진 원판 $\{z : |z| < 1\} \setminus [-1, b]$을 $|z| < 1$로 보내고 $b \to -1$, $+1 \to +1$ 보내는 등각사상을 구하여라.

12. 부채꼴 $\{z : |\arg z| < \alpha,\ |z| < 1\}$을 단위원판 $|z| < 1$로 보내고 $0 \to -1$, $+1 \to +1$, $e^{i\alpha} \to i$로 보내는 등각사상을 구하여라.

13. 월형영역 $\{z : |z - i| < \sqrt{2},\ |z + i| < \sqrt{2},\ \operatorname{Re} z < 0\}$를 반 단위원판 $\{z : |z| < 1,\ \operatorname{Im} z > 0\}$로 보내는 등각사상을 구하여라.

14. 영역 $\{z = x + iy \mid x^2 - y^2 > a,\ x > 0\}$, $a > 0$인 상수를 단위원판 $|z| < 1$으로 보내는 등각사상을 구하여라.

15. $D = \{z : |z| < 1\}$라 하자.

$$\Gamma(D) = \left\{ z \mapsto e^{i\theta} \frac{z - a}{1 - \bar{a} z} \ :\ a \in \mathbb{C},\ |a| < 1,\ \theta \in \mathbb{R},\ 0 \leq \theta < 2\pi \right\}.$$

16. $H = \{z \in \mathbb{C} : \operatorname{Im} z > 0\}$라 하자. 그러면

$$\Gamma(H) = \left\{ z \mapsto \frac{\alpha z + \beta}{\gamma z + \delta} \ :\ \alpha, \beta, \gamma, \delta \in \mathbb{R},\ \alpha\delta - \beta\gamma = 1 \right\}$$

Hint : $\Gamma(D) = \left\{ \dfrac{\alpha z + \beta}{\bar{\beta} z + \bar{\alpha}} \ :\ \alpha,\ \beta \in \mathbb{C},\ |\alpha|^2 - |\beta|^2 = 1 \right\}$임을 보여라.

17. $f \in \Gamma(D)$이고 $f(0) = 0$이면 f는 회전이다. 즉, $f(z) = az$, $|a| = 1$.

18. $f \in \Gamma(D)$이고 f에 서로 다른 2개의 고정점이 있으면 f는 항등함수임을 보여라.

8.4 정규수렴과 Montel의 정리

$U \subseteq \mathbb{C}$ 를 열린집합이라 하고 $C(U)$를 U 위에서 정의된 함수 값이 복소수인 모든 연속함수의 집합이라 하자. $\{f_n\} \subseteq C(U)$를 연속함수열이라 하고 f는 U에서 정의된 함수라 하자. 임의의 compact 부분집합 $K \subset U$ 위에서 $\{f_n\}$이 f로 균등수렴하면 $\{f_n\}$은 f로 **정규수렴** 또는 **compact 수렴**(compactly convergent)한다고 한다. 이것을 균등 norm을 써서 표현하면 "임의의 컴팩트 부분집합 $K \subset U$에 대해서 $\lim_{n \to \infty} \|f_n - f\|_K = 0$이다." 이것은 이미 제 7장에서 Hurwitz의 정리와 그것의 따름정리를 증명할 때 소개한 바 있다.

> **정리 8.4.1** (정규수렴의 특성) $U \subseteq \mathbb{C}$ 를 열린집합이라 하고 $\{f_n\}$을 해석함수들의 함수열이라 하자. 만약 $\{f_n\}$이 f로 정규수렴하면 다음이 성립한다.
>
> (i) f는 해석함수이다.
>
> (ii) $\{f_n'\}$은 f'으로 정규수렴한다.
>
> (iii) (따름정리 7.7.4) $\{f_n\}$이 U에서 f로 정규수렴하고 모든 $n \in \mathbb{N}$과 $\forall z \in U$에 대해서 $f_n(z) \neq 0$이면 $f \equiv 0$이든지 또는 U에서 $f(z) \neq 0$이다.

증명 (i) $z \in U$라 하면 $B(z;\delta) \subset \overline{B}(z;\delta) \subset U$인 z의 열린근방이 존재한다. $\{f_n\}$은 정규수렴하므로 $\overline{B}(z;\delta)$에서 균등수렴한다. 정리 6.2.5에 의해서 f는 z에서 해석적이다.

(ii) $B(z;\delta) \subset \overline{B}(z;\delta) \subset U$이라 하자. 정리 6.2.6에 의해서 $\{f_n'\}$은 $\overline{B}(z;\delta)$에서 f'으로 균등수렴한다. $K \subset U$를 임의의 컴팩트 부분집합이라 하자. 그러면 K는 유한개의 원판 $B(z_j;\delta_j)$들의 합으로 덮을 수 있다. 따라서 K 위에서도 $\{f_n'\}$은 f'으로 균등수렴한다.

(iii) f가 항등적으로 0이 아니라고 하자. $z_0 \in U$, $f(z_0)=0$라 하면 항등정리에 의해서 영점은 고립점이므로 $\exists\, r>0$, 모든 $r' \leq r$과 $0 \leq \varphi \leq 2\pi$에 대해 $f(z_0 + r'e^{i\varphi}) \neq 0$. f는 경계 $\partial B(z_0;r)$에서 연속이므로 최소값을 갖는다. $\forall \varphi \in [0, 2\pi]$, $|f(z_0 + re^{i\varphi})| \geq c > 0$라 하자. 그런데 $\{f_n\}$은 $\overline{B}(z_0;r)$ 위에서 f로 균등수렴하므로 $n_0 \in \mathbb{N}$이 존재하여 $n \geq n_0$이면 $|f_n(z_0 + re^{i\varphi})| \geq c/2$. 또 $\{f_n(z_0)\}$는 $f(z_0)=0$로 수렴하므로 $1/|f_n(z_0)| \to \infty$. 한편 f_n은 $B(z_0;r)$에서 영점을 갖지 않으므로 $1/f_n$은 해석적이다. 최대값 원리에 의해

$$\max\{1/|f_n(z)| : |z - z_0| = r\} \to \infty.$$

이것은 $|1/f(z_0 + re^{i\phi})| \leq 2/c$에 모순이다. 따라서 f는 U에서 영점이 없다. ■

정의 8.4.1 $\{f_n\}$을 복소함수열이라 하자. $A \subseteq \mathbb{C}$ 일 때 양수 $M > 0$이 존재하여 모든 $n \in \mathbb{N}$에 대해

$$\|f_n\|_A = \sup\{|f_n(z)| : z \in A\} \leq M$$

이면 $\{f_n\}$을 A 위에서 **균등유계**(uniformly bounded)라고 부른다. $\mathcal{F}$가 복소함수들의 모임이고 임의의 $f \in \mathcal{F}$에 대해 $\|f\|_A \leq M$이면 함수의 집합 $\mathcal{F}$를 균등유계라고 부른다. 또 임의의 컴팩트 부분집합 $K \subseteq U$에 대해 $\sup\{\|f\|_K : f \in \mathcal{F}\} < \infty$이면 $\mathcal{F}$를 **국소적 유계**(locally bounded)라 부른다.

정리 8.4.2 (정규수렴의 판정) $f, f_n : U \to \mathbb{C}$을 해석함수라 하자. $\{f_n\}$이 f로 정규수렴하기 위한 필요충분조건은

(i) $\{f_n\}$은 f로 점마다 수렴한다. 즉, $\forall z \in U$, $\lim\limits_{n\to\infty} f_n(z) = f(z)$,
(ii) $\{f_n\}$은 U의 임의의 컴팩트 부분집합 K 위에서 균등 유계이다.

증명 ($\Rightarrow$) $\{f_n\}$은 f로 컴팩트집합 $\{z\}$ 위에서 균등수렴하므로 점마다 수렴한다. $K \subset U$를 컴팩트 부분집합이라 하고 $M_K = \|f\|_K$라 하자. 그러면 $n_0 \in \mathbb{N}$이 존재하여 $n \geq n_0$이면

$$\|f_n\|_K \leq \|f\|_K + \|f - f_n\|_K \leq M_K + 1$$

$M = \max\{M_K + 1, \|f_1\|_K, \|f_2\|_K, \cdots, \|f_{n_0-1}\|_K\}$이라 놓으면 $\forall n \in \mathbb{N}$, $\|f_n\|_K \leq M$.

($\Leftarrow$) $K \subset U$를 임의의 컴팩트 부분집합이라 하자. $K_{m,n} = \|f_m - f_n\|_K$라 놓는다. 그러면 *claim*: "임의의 $\epsilon > 0$에 대해서 $N \in \mathbb{N}$이 존재하여 $m, n \geq N$이면 $K_{m,n} < \epsilon$."

만약 위의 주장이 성립하지 않는다면 어떤 $\epsilon_0 > 0$이 존재하여 임의의 $j \in \mathbb{N}$에 대해 $n_j, m_j \geq j$인 $m_j, n_j \in \mathbb{N}$가 존재하여

$$\|f_{m_j} - f_{n_j}\|_K \geq \epsilon_0.$$

그런데 K는 컴팩트집합이고 $f_{m_j} - f_{n_j}$는 연속함수이므로 $z_j \in K$이 존재하여

$$|f_{m_j}(z_j) - f_{n_j}(z_j)| = \|f_{m_j} - f_{n_j}\|_K.$$

$\{z_j\} \subset K$이므로 $z_j \to z_0 \in K$라고 가정해도 일반성을 잃지 않는다. 그러면

$$\epsilon_0 \leq |f_{m_j}(z_j) - f_{n_j}(z_j)| = \left| \int_{z_0}^{z_j} f_{m_j}' - f_{n_j}' dz + f_{m_j}(z_0) - f_{n_j}(z_0) \right|$$
$$\leq |z_j - z_0| \cdot (\|f_{m_j}' - f_{n_j}'\|_K + |f_{m_j}(z_0) - f_{n_j}(z_0)|). \tag{8.21}$$

정리 8.4.1과 필요조건 증명에 의하면 $\{f_n'\}$도 K 위에서 균등유계이므로 $j \to \infty$이면 (8.21)의 우변은 0으로 수렴한다. 이것은 모순이다.

K 위에서 $\{f_n\}$의 균등수렴을 *claim*을 사용하여 증명해보자. $\epsilon > 0$이 주어졌다 하자. $\{f_n\}$은 f로 점마다 수렴하므로 $n \geq N$이면 임의의 $z \in K$에 대해서

$$|f_n(z) - f(z)| = \lim_{m \to \infty} |f_m(z) - f_n(z)| \leq \lim_{m \to \infty} \|f_m - f_n\|_K \leq \epsilon$$

따라서 $\|f - f_n\|_K \leq \epsilon$이므로 $\{f_n\}$은 f로 K 위에서 균등수렴한다. ■

$\{f_n'\}$이 컴팩트 부분집합 K 위에서 균등유계인 것을 정리를 사용하지 않고 직접 보일 수 있다. $K_r \subset U$를 a를 중심으로 하고 반경이 r인 닫힌 원판이라 하면 $R > r$이고 $K_R \subset U$가 존재한다. $\forall z \in K_r$에 대해

$$|f_n'(z)| = \frac{1}{2\pi} \left| \int_{\partial K_r} \frac{f_n(\zeta)}{(\zeta - z)^2} d\zeta \right| \leq \frac{R}{(R-r)^2} \|f_n\|_{K_R}. \tag{8.22}$$

컴팩트집합 K는 K_r 들의 유한 합으로 덮을 수 있으므로 (8.22)로부터 $\{f_n'\}$도 K 위에서 균등 유계이다.

정리 8.4.3 (Montel) $U \subseteq \mathbb{C}$를 열린집합이라 하자. $\{f_n\}$을 U의 모든 컴팩트집합 위에서 균등 유계인 해석함수들의 함수열이라 하면 부분열 $\{f_{n_j}\}$이 존재하여 U 위에서 정규 수렴한다.

증명 $z = a + ib$, a, b가 유리수인 점들은 복소평면 $\mathbb{C}$에서 조밀하므로 유리점들의 집합과 U의 교집합은 가산집합이다. 이것을 번호매김(enumeration)하여 $\{z_j\}$라 하면 복소수열 $\{z_j\} \subset U$는 U에서 조밀(dense)하다.

각각의 점 z_j을 컴팩트집합으로 간주하면 $\{f_n(z_1)\}$은 유계이므로 $M_1 > 0$이 존재하여 $|f_n(z_1)| \leq M_1$. Bolzano-Weierstrass의 정리에 의해서 수렴하는 부분수열 $\{f_{1j}(z_1)\}$이 존재한다. 다음 $\{f_{1j}(z_2)\}_{j=1}^{\infty}$가 유계이므로 수렴하는 부분수열 $\{f_{2j}(z_2)\}_{j=1}^{\infty}$이 존재한다. 귀납적으로

(i) $\{f_{nj}\}_{j=1}^{\infty}$는 $\{f_{n-1,j}\}_{j=1}^{\infty}$의 부분열이다.

(ii) $\{f_{nj}(z_n)\}_{j=1}^{\infty}$는 수렴하는 수열이다.

그러면 (i), (ii)로부터 $\{f_{nj}(z_k)\}_{j=1}^{\infty}$, $1 \leq k \leq n$도 수렴하는 수열이다. 대각선 $\{f_{nn}\}$을 선택하면 이것은 $\{f_n\}$의 부분열이고 임의의 $j \in \mathbb{N}$에 대해서 $\{f_{nn}(z_j)\}_{j=1}^{\infty}$는 수렴한다. 정리 8.4.2에 의해서 $\{f_{nn}\}$이 점마다 수렴하는 것을 보이면 증명이 끝난다. $g_n = f_{nn}$이라 놓고 $z_0 \in U$라 하자. $K \subset U$를 z_0를 중심으로 하는 닫힌 원판이라 하자. 그러면 $\{g_n'\}$는 K 위에서 균등유계이다. 즉, $M > 0$이 존재하여 $\forall n \in \mathbb{N}$에 대해 $\|g_n'\|_K \leq M$. 그러면 $\forall z \in K$와 $\forall n \in \mathbb{N}$에 대해서

$$|g_n(z) - g_n(z_0)| \leq M \cdot |z - z_0|$$

$\epsilon > 0$을 임의라고 하자. $\{z_j\} \subset U$은 조밀하므로 $|z_0 - z_j| < \dfrac{\epsilon}{3M}$인 z_j를 선택할 수 있다. $\{g_n(z_j)\}$이 수렴하므로 $N \in \mathbb{N}$이 존재하여 $m, n \geq N$이면

$$|g_m(z_j) - g_n(z_j)| < \frac{\epsilon}{3}$$

따라서 $m, n \geq N$이면

$$\begin{aligned} |g_m(z_0) - g_n(z_0)| &\leq |g_m(z_0) - g_m(z_j)| + |g_m(z_j) - g_n(z_j)| + |g_n(z_j) - g_n(z_0)| \\ &\leq M|z_0 - z_j| + \frac{\epsilon}{3} + M|z_0 - z_j| \\ &< \frac{\epsilon}{3} + \frac{\epsilon}{3} + \frac{\epsilon}{3} = \epsilon. \end{aligned}$$

■

[예 8.4.1] (1) $f_n(z) = z^n$이라 하고 $U = \{z : |z| < 1\}$라 하자. $\{f_n\}$이 U의 임의의 컴팩트 부분집합 위에서 균등유계이므로 Montel의 정리에 의해서 정규 수렴하는 부분열이 존재한다. 이 경우 모든 부분열은 0으로 수렴한다. 그러나 U를 확장하여 크기가 1이 넘는 수를 포함하면 어떠한 부분열도 정규수렴하지 않는다.

(2) $g_n(z) = \dfrac{z}{n}$이라고 하자. g_n은 유계가 아니지만 $\{g_n\}$은 컴팩트집합 위에서 균등유계이므로 정리 8.4.2에 의해서 0으로 정규수렴한다.

정의 8.4.2 $U \subseteq \mathbb{C}$를 열린집합이라 하고 $\mathcal{F} \subseteq C(U)$라 하자. $z_0 \in U$라 하자. 임의의 $\epsilon > 0$에 대해서 $\delta > 0$가 존재하여 $\forall f \in \mathcal{F}$에 대해

$$|z-z_0|<\delta \Rightarrow |f(z)-f(z_0)|<\epsilon$$

이면 $\mathscr{F}$를 점 z_0에서 **동등연속**(equicontinuous)이라 한다. 임의의 $\epsilon>0$에 대해서 $\delta>0$가 존재하여 모든 $z_1, z_2 \in U$와 $\forall f \in \mathscr{F}$에 대해

$$|z_1-z_2|<\delta \Rightarrow |f(z_1)-f(z_2)|<\epsilon$$

이면 $\mathscr{F}$를 집합 U에서 동등연속(equicontinous)이라고 한다.

따라서 $f \in \mathscr{F}$이면 f는 U에서 균등연속이다. 해석함수의 집합 $\mathscr{F} \subset C(U)$가 균등 유계이면 부등식 (8.22)에 의해서 $\mathscr{F}$는 동등연속이다. 실제로 닫힌 원판 K 안에 있는 2점 z_1과 z_2를 잇는 직선 위에서 복소적분하면

$$|f(z_1)-f(z_2)| \leq \left| \int_{z_1}^{z_2} f'(z)\,dz \right| \leq \|f'\|_K \cdot |z_1-z_2|.$$

정의 8.4.3 $\mathscr{F} \subset C(U)$라 하자. 임의의 $\{f_n\} \subseteq \mathscr{F}$에는 항상 $f \in C(U)$로 정규수렴하는 부분함수열 $\{f_{n_j}\}$가 존재하면 $\mathscr{F}$를 **정규족**(正規族, normal family)이라고 부른다.

정규족 $\mathscr{F}$는 $C(U)$의 컴팩트집합이 될 필요는 없다. 조건에서 극한함수 f가 $\mathscr{F}$에 있는 것을 요구하지 않기 때문이다. 예를 들면 $U=\{z: |z|<1\}$, $f_n(z)=z^n$, 그리고 $\mathscr{F}=\{f_n\}$이라 하면 $\mathscr{F}$는 정규족이 되지만 영 함수 $0 \notin \mathscr{F}$이다.

Montel의 정리를 정규족을 사용하여 다시 표현하면,

정리 8.4.3' (Montel) $\mathscr{F} \subset C(U)$가 해석함수들의 집합이라 하자. $\mathscr{F}$가 정규족이 되기 위한 필요충분조건은 $\mathscr{F}$가 임의의 컴팩트 부분집합 K 위에서 균등유계가 되는 것이다.

[예 8.4.2] $U\subseteq\mathbb{C}$를 열린집합이라 하고 임의의 $n\in\mathbb{N}$에 대해 $f_n(z)=\sin(n(z+\bar{z}))$라 정의하면 모든 $z\in U$와 $n\in\mathbb{N}$에 대해 $|f_n(z)|\leq 1$이지만 $\{f_n\}\subset C(U)$는 수렴하는 부분열을 갖고 있지 않다. f_n 들은 해석함수가 아니다.

연습문제 [8.4]

※ 다음을 증명하여라.

1. $\mathcal{F}\subseteq C(U)$를 해석함수들의 집합이라 하자. $\mathcal{F}$가 국소적 유계이면 $\mathcal{F}$는 U의 모든 점에서 동등연속이다.

2. $\mathcal{F}\subseteq C(U)$를 동등연속이라 하자. $\{f_n\}\subseteq\mathcal{F}$이고 $\{f_n\}$이 f로 점마다 수렴하면 $f\in C(U)$이고 $\{f_n\}$은 f로 정규수렴한다.

3. $U\subseteq\mathbb{C}$를 열린집합이라 하자. 다음 성질을 갖는 컴팩트집합들의 집합열 $\{K_n\}$이 존재한다.

   (i) $U=\cup_{n=1}^{\infty}K_n$,

   (ii) $\forall n\in\mathbb{N}$에 대해 $K_n\subset\operatorname{Int}K_{n+1}$,

   (iii) $K\subset U$가 임의의 컴팩트 부분집합이면 $n_0\in\mathbb{N}$이 존재하여 $K\subset K_{n_0}$.

   (iv) $\mathbb{C}^*\setminus K_n$의 임의의 연결성분(component)은 $\mathbb{C}^*\setminus U$의 연결성분을 포함한다.

   위와 같은 컴팩트 집합열 $\{K_n\}$을 U의 **소모**(消耗)컴팩트 **집합열**(compact exhaustion)이라고 부른다. 각각의 $n\in\mathbb{N}$에 대해 $d_n(f,g)=\|f-g\|_{K_n}$으로 정의하면 $C(K_n)$에서 거리가 되는 것을 보여라. 임의의 $f,g\in C(U)$에 대해서

$$d(f,g)=\sum_{n=1}^{\infty}\left(\frac{1}{2}\right)^n\frac{d_n(f,g)}{1+d_n(f,g)}$$

   라 하면 d는 $C(U)$에서 정의된 거리함수인 것을 보여라. 거리 d가 정의된 집합 $C(U)$를 거리공간 $C(U,d)$라고 쓰자. $\{f_n\}\subseteq C(U,d)$이라 하자. $\lim_n d(f_n,f)=0\Leftrightarrow\{f_n\}$이 f로 정규수렴하는 것을 증명하여라.

4. $\mathcal{F}\subseteq C(U)$를 해석함수들의 집합이라 하자. $\mathcal{F}$가 컴팩트 부분집합이 되기 위한 필요충분조건은 $\mathcal{F}$가 닫혀 있고 국소적 유계인 것이다.

5. $\mathscr{F} \subseteq C(U)$를 해석함수들의 집합이라 하자. $\mathscr{F} \neq \varnothing$를 $C(U)$의 컴팩트 부분집합이라 하자. 그러면 주어진 $z_0 \in \Omega$에 대해, $g \in \mathscr{F}$가 존재하여 $\forall f \in \mathscr{F}$, $|g'(z_0)| \geq |f'(z_0)|$.

6. 정리 8.4.3′의 충분조건을 증명하여라. 즉 $\mathscr{F}$가 국소적 유계이면 $\mathscr{F}$는 정규족이다.

7. $\mathscr{F} \subseteq C(U)$는 해석함수들의 정규족이고 $V \subseteq \mathbb{C}$는 열린집합, 또 $\forall f \in \mathscr{F}$, $f(U) \subseteq V$라 하자. $g: V \to \mathbb{C}$가 해석적이면 $\{g \circ f : f \in \mathscr{F}\}$도 정규족이다.

8. D를 정의역이라 하고 $r > 0$이고 $a \in \mathbb{C}$는 고정된 수라 하자.
그러면 $\mathscr{F} = \{f: D \to \mathbb{C} \mid \forall z \in D, |f(z) - a| \geq r, f\text{는 해석적}\}$는 정규족이거나 또는 ∞로 수렴하는 정규족 $\{f_{nj}\}$가 존재한다.

9. U를 단위원판 $|z| < 1$이라 하자. $\mathscr{F} = \{f: U \to \mathbb{C} \mid \mathrm{Re} f > 0, |f(0)| \leq 1, f\text{는 해석적}\}$라 하면 $\overline{\mathscr{F}}$는 $C(U)$의 컴팩트 부분집합이다.

10. $\mathscr{F}$를 단위원판 $|z| < 1$ 위에서 정의된 해석함수들의 집합이라 하자. $\overline{\mathscr{F}}$가 컴팩트집합이 되기 위한 필요충분조건은 $\limsup_n (M_n)^{1/n} \leq 1$인 음이 아닌 수열 $\{M_n\}$이 존재하여 $\forall f \in \mathscr{F}$, $\forall n \in \mathbb{N}$, $|f^{(n)}(0)|/n! \leq M_n$.

11. (a) f는 U에서 해석적이고 $\overline{B}(a; R) \subseteq U$라 하자. 그러면,

$$|f(a)|^2 \leq \frac{1}{\pi R^2} \int_0^{2\pi} \int_0^R |f(a + re^{i\theta})|^2 \, r dr d\theta.$$

(b) $M > 0$라 하고 $\mathscr{F}$를 $\iint_U |f(x+iy)|^2 dx dy \leq M$인 해석함수들의 모임이라면 $\overline{\mathscr{F}}$는 $C(U)$의 컴팩트 부분집합이다.

12. $\{f_n\}$을 정의역 D 위에서 정의된 균등유계인 해석함수열이라 하자. $z_0 \in D$이고 모든 $m \geq 0$에 대해 $\lim_n f_n^{(m)}(z_0) = 0$이면 $\{f_n\}$은 D에서 0으로 정규수렴한다.

13. $\{f_n\}$을 D 위에서 정의된 해석함수열이라 하고 $z_0 \in D$라 하자. 임의의 $z \in D$에 대해 $Re\, f_n(z) \geq -1$이고 모든 $m \geq 0$에 대해 $\lim_n f_n^{(m)}(z_0) = 0$이면 $\{f_n\}$은 D에서 0으로 정규수렴한다.

14. D를 유계인 정의역이라 하고 $f: D \to D$를 해석함수라 하자. $f^{[n]} = f \circ f \circ \cdots \circ f$를 n번 반복하여 합성한 함수라 하자. $f(z_0) = z_0$이고 $|f'(z_0)| < 1$이면 $\{f^{[n]}\}$은 z_0로 정규수렴한다.

15. $\Omega \subseteq \mathbb{C}$를 정의역이라 하자. $\{f_n\}$을 Ω 위에서 정의된 균등유계인 해석함수열이라 하고 S가 극한점을 갖는 Ω의 부분집합이라 하자. $\{f_n\}$이 $S \subseteq \Omega$에서 점마다 수렴하면 $\{f_n\}$은 Ω에서 해석함수 f로 정규수렴한다.

8.5 Riemann 사상정리

D_1, D_2를 정의역이라 하자. 등각사상 $g; D_1 \to D_2$가 D_1과 D_2 사이에 존재하면 두 집합은 **등각적으로 동치**(conformally equivalent)라고 부른다. $\mathbb{C}$에서 열린집합 사이에 등각적 동치를 보이는 일은 쉽지 않은 일이다. 이 절에서는 어떠한 경우에 열린집합 U가 단위원판 $D = \{z : |z| < 1\}$와 등각적으로 동치인가를 논의할 것이다. 이를 위해 몇 가지 조건들을 필요로 하다. 먼저 Liouville의 정리에 의해서 $\mathbb{C}$와 D는 등각적으로 동치일 수 없다. 또 쌍 해석함수는 위상동형이기 때문에 U는 D와 위상적으로 동치이어야 한다. 예를 들면 원환 $\{z : 1 < |z| < 2\}$은 D와 등각적으로 동치가 아니다.

보조정리 8.5.1 $\Omega \neq \mathbb{C}$인 단순연결영역은 유계인 정의역과 등각적으로 동치이다.

증명 먼저 Ω^c가 내점을 갖는 경우, $b \in \mathbb{C} \setminus \Omega$를 내점이라 하자. 그러면 모든 $z \in \Omega$에 대해서 $|z-b| > \epsilon$인 $\epsilon > 0$이 존재한다. $\phi(z) = \dfrac{1}{z-b}$이라 놓으면 ϕ는 Ω를 원판 $B(0; 1/\epsilon)$ 안으로 사상한다. Ω^c가 내점을 갖고 있지 않는 경우, $a \notin \Omega$라 하자. Ω가 단순연결영역이고 $h(z) = z - a$는 Ω에서 0이 아니므로 $\dfrac{1}{z-a}$은 해석적이다. 따름정리 5.4.6에 의해서 $\dfrac{1}{z-a}$의 원시함수 F가 존재한다. $g(z) = e^{\frac{1}{2}F(z)}$라 놓으면 g는 해석적이고 $g^2 = h$이다. $g(z_1) = g(z_2) \Rightarrow g^2(z_1) = g^2(z_2)$이므로 $z_1 = z_2$, 따라서 g는 1-1인 함수이다. g 뿐만 아니라 $-g$도 등각사상이고 $g(\Omega) \cap -g(\Omega) = \varnothing$이다: $z_1, z_2 \in \Omega$이고 $g(z_1) = -g(z_2)$라 하자. 그러면

$$g^2(z_1) = (-g(z_2))^2 \Rightarrow z_1 = z_2 \Rightarrow g(z_1) = -g(z_1) \Rightarrow g(z_1) = 0$$

따라서 $z_1 = a \not\in \Omega$. 이것은 모순이다. $-g(\Omega)$는 열린집합이므로 $g(\Omega)^c$에도 내점이 있다. $b \in g(\Omega)^c$를 내점이라 하자. 그러면 $f(z) := (\phi \circ g)(z)$는 Ω를 유계인 정의역으로 사상하는 등각사상이다. ■

보조정리 8.5.2 $\Omega \neq \mathbb{C}$를 단순연결영역이라 하고 $z_0 \in \Omega$라 하자. 그러면 $f(z_0) = 0$이고 $f'(z_0) > 0$인 등각사상 $f : \Omega \to f(\Omega) \subseteq D$가 존재한다.

증명 $\mathcal{F} = \{f : \Omega \to \mathbb{C} \mid f(z_0) = 0,\ f'(z_0) = 1,\ f\text{는 등각사상}\}$이라 하고 $\mu_0 := \inf\{\|f\|_\Omega : f \in \mathcal{F}\}$라 하자. $f(z) = z - z_0 \in \mathcal{F}$이므로 $\mathcal{F} \neq \varnothing$이고 보조정리 8.5.1에 의해서 $\mu_0 < \infty$. $\{f_j\} \subset \mathcal{F}$이고 $\mu_0 = \lim_{j \to \infty} \|f_j\|_\Omega$라 하자. Montel의 정리에 의해서 $\{f_j\}$는 정규족이므로 부분열 $\{f_{j_k}\}$가 존재하여 Ω에서 해석함수 F로 정규수렴한다. $z \in \Omega$이고 $\epsilon > 0$이 주어졌다 하자. 그러면 $k \in \mathbb{N}$가 존재하여

$$\|f_{j_k}\| \leqq \mu_0 + \epsilon, \quad |f_{j_k}(z) - F(z)| < \epsilon$$

이다. 따라서 $|F(z)| \leqq \mu_0 + 2\epsilon$. 그런데 $z \in \Omega$과 $\epsilon > 0$은 임의이므로 $\|F\|_\Omega \leqq \mu_0$. 각각의 f_{j_k}가 1-1이므로 Hurwitz의 정리(정리 7.7.5)에 의해서 극한함수 F도 1-1이다. 또한 $F(z_0) = 0$이고 $F'(z_0) = 1$이므로 $F \in \mathcal{F}$. 그러면 μ_0의 정의에 의해서

$$\|F\|_\Omega = \mu_0 > 0.$$

따라서 $F(\Omega) \subseteq B(0;\mu_0)$. $F(\Omega) \neq B(0;\mu_0)$라고 가정하자. 그러면 $w \in B(0;\mu_0) \setminus F(\Omega)$가 존재하고 w는 $w = \mu_0 \alpha e^{i\sigma}$, $-1 < \alpha < 0$로 쓸 수 있다.

$$F_1(z) = \frac{e^{-i\sigma}}{\mu_0} F(z)$$

로 정의하면, 등각사상 F_1은 Ω를 $F_1(\Omega) \subset D$로 사상하고 $F_1'(z_0) = e^{-i\sigma}/\mu_0$, $F_1(z_0) = 0$. 더욱이 Ω에서 $F_1(z) \neq \alpha$. $Tz = \dfrac{z - \alpha}{1 - \alpha z}$를 예 8.3.2의 등각사상이라 하자. 그런데 $|F_1(z)| \leqq 1$, $-1 < \alpha < 0$이므로 $F_2 = T \circ F_1$는 Ω에서 D로 가는 등각사상이고 Ω에서 $F_2(z) \neq 0$이다. 즉,

$$F_2(z) = \frac{F_1(z) - \alpha}{1 - \alpha F_1(z)}.$$

그러면 따름정리 5.4.6에 의해서 해석함수 F_2'/F_2의 원시함수 $G(z)$가 존재하고 $F_3 = e^{\frac{1}{2}G(z)}$라 하면

$$F_2(z) = (F_3(z))^2.$$

특히 F_3를 $\sqrt{F_2}$의 주치를 택하면 F_3는 등각사상이다. $F_3(z_0) = \sqrt{-\alpha} = \beta$라 하자.

$$F_4(z) = \frac{F_3(z) - \beta}{1 - \beta F_3(z)}$$

라 하면 F_4는 Ω 위에서 정의된 등각사상이고 $F_4(z_0) = 0$, $F_4(\Omega) \subset D$이고

$$F_4'(z_0) = \frac{1+\beta^2}{2\beta} \frac{e^{-io}}{\mu_0}.$$

$\rho := \dfrac{1}{F_4'(z_0)}$라고 놓고 $F_0(z) := \rho F_4(z)$라 하자. 그러면 $F_0 \in \mathcal{F}$이므로 $\|F_0\|_\Omega \geq \mu_0$이고 다른 한편으로는 $\|F_0\|_\Omega \leq |\rho| < \mu_0$. 이것은 모순이다. 따라서 $F(\Omega) = B(0; \mu_0)$이다. $f(z) = \dfrac{F(z)}{\mu_0}$이 구하려는 사상이다. ■

> **정리 8.5.3** (Riemann의 사상정리, mapping theorem) $\Omega \neq \mathbb{C}$를 단순연결영역이라 하고 $z_0 \in \Omega$라 하자. 그러면 Ω에서 D 위로 $f(z_0) = 0$이고 $f'(z_0) > 0$인 등각사상 $f : \Omega \to D$가 유일하게 존재한다.

증명 먼저 유일성부터 증명해보자. g가 위의 조건들을 갖는 또 하나의 등각사상이면 $f \circ g^{-1} : D \to D$는 쌍 해석함수이고 $f \circ g^{-1}(0) = f(z_0) = 0$. 그러면 Schwarz의 보조정리에 의해서 $f \circ g^{-1}(z) = cz$, $|c| = 1$. 따라서 $f(z) = cg(z)$. 그런데 $f'(z_0) > 0$이고 $g'(z_0) > 0$이므로 $c > 0$. 그러면 $c = 1$이므로 $f(z) = g(z)$. 보조정리 8.5.1에 의해서 Ω에서 유계인 정의역 Ω_1 위로 가는 등각사상 $f_1 : \Omega \to \Omega_1$이 존재하고 $f_1(z_0) = z_1 \neq 0$이나. 보조정리 8.5.2에 의해서 Ω_1에서 D로 가고 $f_2(z_1) = 0$이고 $f_2'(z_1) > 0$인 등각사상 $f_2 : \Omega_1 \to D$가 존재한다. 마지막으로 $f_1'(z_0) = re^{i\theta}$라 할 때 $\alpha = e^{-i\theta}$라 놓고 $f_3(z) = \alpha z$라 하자. 그러면 $f = f_3 \circ f_2 \circ f_1$이 구하려는 등각사상이다. ■

정의역 Ω와 Ω' 사이에 위로의 등각사상이 존재하면 Ω와 Ω'는 등각적으로 동치라고 부른다. 특히 Ω에서 D로 가는 유일한 등각사상을 **Riemann 사상**이라고 부른다. D와 등각적 동치인 정의역 Ω에서 닫힌곡선은 Riemann 사상에 의해서 D의 닫힌곡선으로 사상되고 이것은 D에서 영 homotopic 하므로 이때 얻는 Homotopy와 역 Riemann 사상을 합성하면 Ω에서 닫힌곡선도 영 homotopic 하다. 따라서 D와 등각적 동치인 정의역은

단순연결영역임을 알 수 있다.

확장된 복소평면 $\mathbb{C}^*$에서 단순연결영역은 3가지 가능한 경우로 나눌 수 있다. 정의역이 $\mathbb{C}^*$가 아니면 1차 분수변환에 의해서 점들을 ∞의 여집합에 속하도록 하여 $\mathbb{C}$에서 단순연결영역의 경우로 환원된다.

따름정리 8.5.4 확장된 복소평면 $\mathbb{C}^*$에서 단순연결영역은 $\mathbb{C}^*$ 자신이든지 $\mathbb{C}$ 또는 단위원과 등각적 동치인 영역이다.

연습문제 [8.5]

1. f를 단순연결영역 Ω에서 $|z|<1$로 가는 Riemann 사상이라 하고, $\exists z_0 \in \Omega$, $f(z_0)=0$, $f'(z_0)>0$라 하자. 해석함수 $g:\Omega\to\mathbb{C}$가 $\forall z\in\Omega$, $|g(z)|\leq 1$이면 $|g'(z_0)|\leq f'(z_0)$ 임을 보여라. 여기서 등식은 g가 f의 상수배일 때만 생긴다.

2. f를 단순연결영역 Ω에서 $|z|<1$로 가는 Riemann 사상이고 $f(z_0)=0$, $f'(z_0)>0$이라 하자. $g:\Omega\to\mathbb{C}$가 해석함수이고 $\forall\, z\in D$, $|g(z)|\leq 1$이면 $\mathrm{Re}\,g'(z_0)\leq f'(z_0)$이다. 등식은 $g(z)=f(z)$일 때만 생긴다.

9

조화함수(harmonic functions)

9.1 조화함수의 기본성질

조화함수는 해석함수를 실수 x, y의 함수로 보았을 때 해석함수와 밀접한 관련이 있다. f가 해석적일 때 $f = u + iv$라 놓으면 u, v는 Cauchy-Riemann 방정식

$$\frac{\partial u}{\partial x} = \frac{\partial v}{\partial y}, \quad \frac{\partial u}{\partial y} = -\frac{\partial v}{\partial x}$$

를 만족한다. v의 2차 편도함수가 존재하고 연속이므로 $\frac{\partial^2 v}{\partial x \partial y} = \frac{\partial^2 v}{\partial y \partial x}$. 따라서

$$\Delta u = \frac{\partial^2 u}{\partial x^2} + \frac{\partial^2 u}{\partial y^2} = \frac{\partial^2 v}{\partial y \partial x} - \frac{\partial^2 v}{\partial x \partial y} = 0.$$

이것을 Laplace 방정식이라고 한다. 마찬가지로 $\Delta v = 0$. 즉, f의 실수부분 u가 Laplace 방정식의 해가 되고, 허수부분 v도 Laplace 방정식의 해가 된다

> **정의 9.1.1** $U \subseteq \mathbb{C}$를 열린집합이라 하고, $u : U \subseteq \mathbb{C} \to \mathbb{R}$는 실함수로서 다음 조건을 갖고 있으면 u를 **조화함수**(Harmonic Function)라고 부르다
>
> (i) u의 모든 2차 편도함수가 존재하고 또 그것이 연속이다.(이것을 C^2 함수라 한다.)
>
> (ii) $\Delta u = 0$.

앞에서 보듯 해석함수 $f=u+iv$의 실수부분과 허수부분인 u, v는 조화함수이다. 그러면 u가 조화함수이면 u는 해석함수 f의 실수부분일 것인가? 먼저 함수를 원판 위에 정의하였을 때 확인해보고 다음에는 단순연결영역에서 정의된 조화함수인 경우에 조사해보자. 두 증명은 모두 주어진 함수의 적분가능성에 의존한다.

정리 9.1.1 $u : B(z_0;\, r) \to \mathbb{R}$ 가 반경이 $r>0$이고 중심이 z_0인 열린 원판 위에서 정의된 조화함수이면 해석함수 f가 존재하여 $u = Re f$.

증명 $z_0 = x_0 + iy_0$라 하고 $f(z)$를 다음과 같이 정의한다.

$$f(x+iy) = u(x,\, y) - i\int_{x_0}^{x} \frac{\partial u}{\partial y}(t,\, y)\, dt + i\int_{y_0}^{y} \frac{\partial u}{\partial x}(x_0,\, t)\, dt$$

그러면 적분학의 기본정리에 의해서,

$$\frac{\partial f}{\partial x} = \frac{\partial u}{\partial x} - i\frac{\partial u}{\partial y}(x,\, y) = \frac{\partial u}{\partial x} - i\frac{\partial u}{\partial y}, \tag{9.1}$$

$$\begin{aligned}\frac{\partial f}{\partial y} &= \frac{\partial u}{\partial y} - i\int_{x_0}^{x} \frac{\partial^2 u}{\partial y^2}(t,\, y)\, dt + i\frac{\partial u}{\partial x}(x_0,\, y) \qquad \left(\frac{\partial^2 u}{\partial x^2} = -\frac{\partial^2 u}{\partial y^2}\right)\\ &= \frac{\partial u}{\partial y} + i\frac{\partial u}{\partial x}(t,\, y)\Big]_{x_0}^{x} + i\frac{\partial u}{\partial x}(x_0,\, y)\\ &= \frac{\partial u}{\partial y} + i\left[\frac{\partial u}{\partial x}(x,\, y) - \frac{\partial u}{\partial x}(x_0,\, y)\right] + i\frac{\partial u}{\partial x}(x_0,\, y)\\ &= \frac{\partial u}{\partial y} + i\frac{\partial u}{\partial x} = i\frac{\partial f}{\partial x}.\end{aligned} \tag{9.2}$$

$v = -\int_{x_0}^{x} \frac{\partial u}{\partial y}(t,\, y)\, dt + \int_{y_0}^{y} \frac{\partial u}{\partial x}(x_0,\, t)\, dt$라 하면 $f=u+iv$이고 (9.2) 식에서 $i\frac{\partial f}{\partial x} = \frac{\partial f}{\partial y} = u_y + iv_y$이고, 또 $i\frac{\partial f}{\partial x} = i(u_x + iv_x) = v_x - iu_x$이므로, f에 대한 코시-리만 방정식 $u_y = -v_x$, $u_x = v_y$이 성립한다. 따라서 f는 해석적이고 $u = \mathrm{Re} f$. ■

따름정리 9.1.2 $U \subseteq \mathbb{C}$ 를 열린집합이라 하자. $u : U \subseteq \mathbb{C} \to \mathbb{R}$ 가 조화함수이면 u의 모든 차수의 편도함수가 존재한다. (이것을 C^∞ 함수라 한다.)

증명 정리 9.1.1에 의해서 해석함수 f가 존재하여 $u = \mathrm{Re} f$. $f \in C^\infty$이므로 $u \in C^\infty$. ■

f, g가 해석함수라 하자. 만약 $\mathrm{Re}f = \mathrm{Re}g$이면 $h = f - g$는 해석적이고 순허수이다. h가 상수함수가 아니면 열린사상정리에 의해서 U가 열린집합일 때 $h(U) \subset \mathbb{C}$ 는 열린 집합이다. 이것은 불가능하므로 $h \equiv ki$, $k \in \mathbb{R}$. f와 g의 차이는 순허수인 상수 ki이므로 f가 해석함수이면 f의 특성은 $\mathrm{Re}f$에 의해서 결정된다.

u가 조화적이면 u는 해석함수 f의 실수부분인데 이것은 국소적 성질(local property)이지 대역적 성질(global property)은 아니다. 예를 들면 원환 $0 \le r \le |z| \le R$에서 $u(x, y) = \dfrac{1}{2}\ln(x^2 + y^2)$이라 하자. $f(z) = \ln z$이라 놓으면

$$\begin{aligned} f(z) &= \ln|z| + i\,\mathrm{Arg}\,z = \ln\sqrt{x^2+y^2} + i\,\mathrm{Arg}\,z \\ &= \frac{1}{2}\ln(x^2+y^2) + i\,\mathrm{Arg}\,z \end{aligned}$$

z가 음의 실수가 아니라 하자. $\ln z$의 분지절단을 음의 실수축을 뺀 영역으로 잡자. z를 중심으로 하고 원환에 포함되며 음의 실수축과 만나지 않는 원판을 $\ln z$의 정의역으로 하면 $\ln z$는 그곳에서 해석적이다.

$z < 0$인 경우, 분지절단을 0을 지나는 실수축이 아닌 다른 직선으로 잡자. 위와 같은 이유로 $\ln z$를 그곳에서 해석함수가 되도록 할 수 있다. 따라서 이 경우 조화적 성질은 국소적 성질이다. 원환 전체에서 $\ln z$를 해석적으로 확장할 수 없기 때문이다.

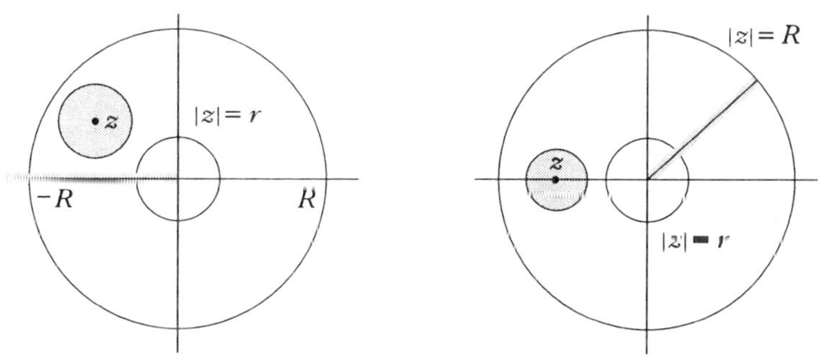

그림 9-1

> 정리 9.1.3 $D \subseteq \mathbb{C}$ 를 단순연결영역이라 하고 $u : D \to \mathbb{R}$ 을 조화함수라 하면 해석함수 $F: D \to \mathbb{C}$가 존재하여 $\mathrm{Re}F = u$.

증명 $H=\dfrac{\partial u}{\partial x}-i\dfrac{\partial u}{\partial y}$라 놓는다. u가 C^2 함수이므로 H의 실수부분과 허수부분은 C^1 함수이다. 더욱이 $\Delta u=0$이고 C^2 함수는 혼합된 편도함수를 교환할 수 있으므로

$$\frac{\partial}{\partial x}\left(\frac{\partial u}{\partial x}\right)=\frac{\partial}{\partial y}\left(-\frac{\partial u}{\partial y}\right),\quad \frac{\partial}{\partial y}\left(\frac{\partial u}{\partial x}\right)=-\frac{\partial}{\partial x}\left(-\frac{\partial u}{\partial y}\right).$$

H는 C^1 함수이고 실수와 허수부분이 Cauchy-Riemann 방정식의 해가 되므로 해석함수이다. 그런데 D가 단순연결영역이므로 따름정리 5.4.6에 의해서 해석함수 $F:D\to\mathbb{C}$가 존재하여 $F'=H$. 지금 $F=U+iV$라 하면 U, V도 Cauchy-Riemann 방정식의 해이므로 $\dfrac{\partial V}{\partial x}=-\dfrac{\partial U}{\partial y}$. 따라서

$$F'=\frac{\partial U}{\partial x}+i\frac{\partial V}{\partial x}=\frac{\partial U}{\partial x}-i\frac{\partial U}{\partial y}$$

$F'=H=\dfrac{\partial u}{\partial x}-i\dfrac{\partial u}{\partial y}$이므로 $\partial U/\partial x=\partial u/\partial x$, $\partial U/\partial y=\partial u/\partial y$. 따라서 $U=u+c$ 여기서 c는 상수이다. 그러면 $F-c=u+iV$이고 $u=Re(F-c)$. ■

> 정의 9.1.2 u가 조화적일 때 $u=\mathrm{Re}f$이고 f가 해석적인 경우, $v=Imf$를 u의 조화적 공액 함수(harmonic conjugate of f)라고 부른다.

[예 9.1.1] 조화적 공액함수를 다음과 같이 구한다.

(i) $u(x,y)=2xy$

$f=u+iv$라고 하면 $\dfrac{\partial v}{\partial x}=-\dfrac{\partial u}{\partial y}$, $\dfrac{\partial v}{\partial y}=\dfrac{\partial u}{\partial x}$이므로 $\dfrac{\partial v}{\partial x}=-\dfrac{\partial u}{\partial y}=-2x$.

따라서 $v=-x^2+h(y)$이고 $\dfrac{\partial v}{\partial y}=h'(y)$, $\dfrac{\partial u}{\partial x}=2y$이므로 $h'(y)=2y$.

그러면 $h(y)=y^2+C$. 따라서 $v=-x^2+y^2+C$는 u의 조화적 공액함수이다.

(ii) $u(x,y)=e^x\cos y$

$f=u+iv$라 하자. $\dfrac{\partial v}{\partial x}=-\dfrac{\partial u}{\partial y}=-[e^x(-\sin y)]=e^x\sin y$이므로

$v(x,y)=e^x\sin y+h(y)$. 그러면 $\dfrac{\partial v}{\partial y}=e^x\cos y+h'(y)$, $\dfrac{\partial u}{\partial x}=e^x\cos y$이므로 $h'(y)=0$.

따라서 $h(y)=C$이고 $v(x,y)=e^x\sin y+C$이 u의 조화적 공액함수이다.

(iii) $u(x, y)=\cosh x \cos y$

$f=u+iv$이라 하자. $\dfrac{\partial v}{\partial x}=-\dfrac{\partial u}{\partial y}=-\cosh x(-\sin y)=\cosh x \cdot \sin y$이므로

$v=\displaystyle\int^x \frac{\partial v}{\partial x}\,dx=\sinh x \cdot \sin y+h(y)$. $\dfrac{\partial v}{\partial y}=\sinh x \cdot \cos y+h'(y)$,

$\dfrac{\partial u}{\partial x}=\sinh x \cdot \cos y$이므로 $h(y)=C$. 따라서 $v(x, y)=\sinh x \cdot \cos y+C$는 u의 조화적 공액함수이다.

연습문제 [9.1]

1. 다음 함수가 조화적인지 조사하고 조화적이면 조화적 공액함수를 구하여라.

   (a) $u(x, y)=x^4-6x^2y^2+y^4$
   (b) $u(x, y)=[\cos(2xy)]e^{x^2-y^2}$
   (c) $u(x, y)=\dfrac{x^2}{x^2+y^2+1}$
   (d) $u(x, y)=\sin(x^2-y^2)\cosh(2xy)$
   (e) $u(x, y)=\operatorname{Arc}\tan x$

2. $u(z)=\begin{cases}\operatorname{Im}(1/z^2), & z\neq 0\\ 0, & z=0\end{cases}$ 라 하자. 다음을 보여라.

   (a) 임의의 $z\in\mathbb{C}$에서 x, y에 대한 모든 편도함수가 존재함을 보여라.
   (b) $\Delta u=\dfrac{\partial^2 u}{\partial x^2}+\dfrac{\partial^2 u}{\partial y^2}=0$이다.
   (c) u는 $\mathbb{C}$ 위에서 조화적이 아니다.
   (d) $\dfrac{\partial^2 u}{\partial x\partial y}$는 $(0, 0)$에서 존재하지 않는다

3. Laplace 방정식의 극형식을 사용하여 $\log|z|$가 $\mathbb{C}\setminus\{0\}$에서 조화적임을 보여라.

4. Laplace 방정식의 극형식을 사용하여 $u(re^{i\theta})=\theta\log r$이 조화적임을 보여라. Cauchy-Riemann 방정식의 극형식을 사용하여 u의 조화적 공액함수 v를 찾고 $u+iv$를 z의 함수꼴로 나타내어라.

5. $\operatorname{Arg}z$는 $\mathbb{C}\setminus\{0\}$에서 조화적임을 보여라. 이곳에서 $\operatorname{Arg}z$의 조화적 공액함수는 존재하지 않음을 보여라.

6. u를 정의역 D 위에서 정의된 조화함수라 하자. u^2도 조화적이면 u는 상수함수이다.

7. 단위원판 $|z|<1$ 위에서 정의된 $u(z) = \operatorname{Arg}\left(\dfrac{1+z}{1-z}\right)$는 조화적임을 보이고 u의 조화적 공액함수 v를 구하여라. u는 유계이지만 v는 유계가 아님을 보여라.

8. u, v가 서로 공액인 조화함수이면 곱 $u \cdot v$도 조화함수임을 보여라.

9. xu가 조화적이 되도록 조화함수 u를 구하여라.

10. $u(x, y) = u(z)$를 정의역 D에서 정의된 조화함수라 하자. $u \cdot u_1$이 조화적이 되도록 조화함수 u_1을 구하여라.

11. $D \subseteq \mathbb{C}$를 정의역이라 하고 $\mathcal{F} = \{f_\alpha\}$를 모든 $z \in D$에 대해서 $|f_\alpha(z)| \leq M < \infty$인 조화함수족이라 하자. 그러면 $\{f_{\alpha_j}\} \subseteq \mathcal{F}$가 존재하여 D 위에서 정규 수렴한다.

9.2 조화함수의 최대값 원리와 평균값 성질

조화함수는 국소적으로 해석함수의 실수부분이므로 해석함수가 지닌 특성과 일치하는 것이 있다. 조화함수의 최대값 원리와 평균치 성질(maximum principle & mean value property)에 대해서 논의해보자. 먼저 조화함수의 최대값 원리는 해석함수의 최대값 원리로부터 유추한다.

> **정리 9.2.1** (조화함수의 최대값 원리) $D \subseteq \mathbb{C}$를 정의역이라 하고 $u : D \to \mathbb{R}$를 조화함수라 하자. 만약 $z_0 \in D$가 존재하여 $u(z_0) = \max\{u(z) : z \in D\}$이면 u는 상수함수이다.

증명 $M = \{w \in D : u(w) = \max\{u(z) : z \in D\}\}$이라 하자. $z_0 \in M$이므로 $M \neq \varnothing$. u는 연속함수이므로 M은 닫힌집합이다. M이 열린집합임을 보이자. 그러면 D가 연결집합이므로 $M = D$이 된다. $w \in M$이라 하자. $w \in D$이고 D가 열려 있으므로 $r>0$이 존재

하여 $w \in B(w;r) \subset D$. u가 조화함수이므로 정리 9.1.1에 의해서 해석함수 F가 존재하여 $u = \mathrm{Re}\, F$. $H(z) = e^{F(z)}$로 정의하면 $H(z)$도 $B(z;r)$에서 해석적이다. $F(z) = u + iv$이라 놓으면

$$\begin{aligned} |H(w)| &= |e^{u(w)+iv(w)}| = e^{u(w)} = e^{\max\{u(z)\,:\, z \in B(w;r)\}} \\ &= \max\{e^{u(z)} : z \in B(w;r)\} \\ &= \max\{|e^{F(z)}| : z \in B(w;r)\} \\ &= \max\{|H(z)| : z \in B(w;r)\} \end{aligned}$$

이다. 따라서 해석함수 $H(z)$가 $B(w;r)$ 내부에서 최대값을 갖는다. 해석함수의 최대값 원리에 의해서 H는 $B(w;r)$에서 $H|_{B(w;r)} \equiv H(w)$인 상수함수이다. 따라서 $z \in B(w;r)$이면 $u(z) = \ln|H(w)| = u(w)$로 일정하므로 $B(w;r) \subseteq M$. 즉, M은 열린집합이다. ■

따름정리 9.2.2 (최소값 원리) $D \subseteq \mathbb{C}$를 정의역이라 하고 $u : D \to \mathbb{R}$를 조화함수라 하자. $z_0 \in D$에서 u가 최소값을 가지면 u는 상수함수이다.

증명 $-u$에 최대값 원리를 적용한다. ■

따름정리 9.2.3 $D \subseteq \mathbb{C}$를 단순연결영역이라 하자. f를 D 위에서 정의된 영점을 갖지 않는 해석함수라 하면 D 위에서 정의된 해석함수 g가 존재하여 $f = e^g$이다.

증명 $h = \log|f|$라 하자. 그러면 h는 국소적으로 해석적인 $\log f$의 분지의 실수부분이므로 조화함수이다. 정리 9.1.2에 의해서 D에서 해석적인 함수 g가 존재하여 $h = Re\, g$. 즉, D에서 $|fe^{-g}| = 1$. 해석함수에 대한 최대값 원리에 의해서 fe^{-g}는 상수 C이다. g에 적당한 상수를 더하여 $C = 1$이라 가정해도 되므로 $f = e^g$. ■

정리 9.2.4 (조화함수의 평균치 성질) $U \subseteq \mathbb{C}$는 열린집합이고 $h : U \subseteq \mathbb{C} \to \mathbb{R}$는 조화함수라 하자. $r > 0$이고 $\overline{B}(z_0;r) \subseteq U$라 하면,

$$h(z_0) = \frac{1}{2\pi}\int_0^{2\pi} h(z_0 + re^{i\theta})\, d\theta \tag{9.3}$$

증명 $s>r$이고 $B(z_0; s) \subseteq U$인 s가 존재한다. 정리 9.1.1에 의해서 $B(z_0; s)$에서 해석함수 F가 존재하여 $\operatorname{Re} F = h$이다. $F(z) = h + ik$라 하면 Cauchy 적분공식에 의해서

$$F(z_0) = \frac{1}{2\pi i} \int_{|z|=r} \frac{F(z)}{z - z_0} dz$$

$z - z_0 = re^{i\theta}$을 대입하면

$$F(z_0) = h(z_0) + ik(z_0) = \frac{1}{2\pi i} \int_0^{2\pi} \frac{h(z) + ik(z)}{r \cdot e^{i\theta}} ire^{i\theta} d\theta$$

$$= \frac{1}{2\pi} \int_0^{2\pi} h(z_0 + re^{i\theta}) + ik(z_0 + re^{i\theta}) d\theta$$

실수부분끼리 같으므로

$$h(z_0) = \frac{1}{2\pi} \int_0^{2\pi} h(z_0 + re^{i\theta}) d\theta$$ ■

마지막으로 조화함수에서 해석함수에 있는 성질과 유사한 항등원리를 소개하려 한다. 이것의 증명은 조화함수에 대응하는 해석함수의 결과를 이용한다.

정리 9.2.5 (항등원리) $D \subseteq \mathbb{C}$를 정의역이라 하자. h와 k가 D 위에서 정의된 조화함수이고 열린 부분집합 $\varnothing \neq U \subset D$에서 $h|_U = k|_U$라 하자. 그러면 D 위에서

$$h(z) = k(z).$$

증명 h와 k 대신 $h-k$와 0에 대해서 정리를 증명하면 되므로 $k=0$라고 가정해도 상관없다. $g = \frac{\partial h}{\partial x} - i\frac{\partial h}{\partial y}$라 놓으면 정리 9.1.2의 증명에서 보듯 g는 해석함수이다. $h|_U = 0$이므로 U 위에서 $g(z) = 0$. 그러면 해석함수의 항등정리에 의해서 g는 D 위에서 항등적으로 0이다. 따라서 D 위에서 $\frac{\partial h}{\partial x} = 0$이고 $\frac{\partial h}{\partial y} = 0$. 즉, h는 상수함수이다. 그런데 $h|_U = 0$이므로 $h \equiv 0$. ■

사실 해석함수의 항등정리 6.4.5에서는 두 개의 해석함수가 극한점이 있는 집합에서 일치하면 전체 정의역 D에서 일치하였으나 조화함수인 경우에는 조금 다르다. $h(z) = \operatorname{Re} z$와 $k(z) = 0$는 $\mathbb{C}$에서 조화적이고 허수축 위에서 일치하나 $\mathbb{C}$ 전체에서는 같지 않다.

연습문제 [9.2]

1. 조화함수에 관한 최대값 원리를 사용하여 해석함수에 관한 최대값 원리를 증명하여라.

2. u를 조화함수라 하자. 모든 $z\in\mathbb{C}$에 대해서 $u(z)\leq M<\infty$이면 u는 상수함수이다.

3. u를 상반평면 $\mathrm{Im}\,z>0$ 위에서 정의된 유계인 조화함수라 하자. 만약 u가 실수 $\mathbb{R}$ 위에서 연속이고, 모든 $x\in\mathbb{R}$에 대해 $u(x,0)=0$이면 $u\equiv 0$이다.

4. (a) u를 상반평면 $\mathrm{Im}\,z>0$ 위에서 정의된 유계인 조화함수라 하자. 구간 $(-\infty,0)$에서 경계 값이 1이고, 구간 $(0,1)$에서 경계 값이 2, $(1,\infty)$에서 0인 u를 구하여라.
   (b) u를 띠 $0<\mathrm{Im}\,z<\pi$ 위에서 정의된 유계인 조화함수라 하자. $\{z:\mathrm{Im}\,z=\pi\}$에서 경계 값이 1, $\{z:\mathrm{Re}\,z<0,\mathrm{Im}\,z=0\}$에서 경계 값이 2, 그리고 $\{z:\mathrm{Re}\,z>0,\mathrm{Im}\,z=0\}$에서 경계 값이 0이 되도록 u를 구하여라.

9.3 Poisson의 적분공식(integral formula)

단위원 $|z|=1$ 위에서 정의된 연속함수 $f(z)$를 단위원판 $|z|\leq 1$의 내부에서 조화적이 되도록 연속성을 유지하면서 확장할 수 있다. 그리고 확장된 함수는 유일하다. 왜냐하면 임의의 확장된 함수들의 차가 경계에서 0이면 최대값 원리에 의해서 원판 전체에서도 0이기 때문이다.

$f(z)$를 z를 매개변수로 하는 적분식으로 쓸 수 있으면 f는 적분표현식으로 쓸 수 있다고 말한다. 이미 적분표현식의 예를 알고 있는데 그것은 Cauchy의 적분공식

$$f(z)=\frac{1}{2\pi i}\int_{\Gamma}\frac{f(\zeta)}{\zeta-z}\,d\zeta$$

와 같은 것이다. 적분표현식은 경계치 문제를 푸는데 적용한다. $D=\{z\in\mathbb{C}:|z|<1\}$와 상반평면 $\{z\in\mathbb{C}:Im\,z>0\}$에서 Poisson의 적분공식에 대해서 알아보자.

정의 9.3.1 $P_r(\theta) = \dfrac{1-r^2}{1-2r\cos\theta + r^2} = \mathrm{Re}\left(\dfrac{1+z}{1-z}\right)$, $z = re^{i\theta}$를 r과 θ에 관한 Poisson의 핵(核, Poisson Kernel)이라고 부른다.

정리 9.3.1 $0 \leq r < 1$이라 하자. 그러면,

$$P_r(\theta) = \sum_{n=-\infty}^{\infty} r^{|n|} e^{\in\theta} \tag{9.4}$$

증명 $z = re^{i\theta}$, $0 \leq r < 1$이라 하자.

$$\begin{aligned}\frac{1+z}{1-z} &= (1+z)(1+z+z^2+\cdots) = 1+2\sum_{n=1}^{\infty} z^n \\ &= 1+2\sum_{n=1}^{\infty} r^n e^{in\theta} = 1+2\sum_{n=1}^{\infty}(r^n\cos n\theta + ir^n \sin n\theta)\end{aligned}$$

따라서

$$\begin{aligned}P_r(\theta) = \mathrm{Re}\left(\frac{1+z}{1-z}\right) &= 1+2\sum_{n=1}^{\infty} r^n \cos n\theta \qquad (9.5) \\ &= 1+\sum_{n=1}^{\infty} r^n (e^{in\theta} + e^{-in\theta}) \\ &= \sum_{n=-\infty}^{\infty} r^{|n|} e^{in\theta}\end{aligned}$$

■

정리 9.3.2 $P_r(\theta)$를 Poisson의 핵이라 하자. 그러면

(i) $\dfrac{1}{2\pi}\displaystyle\int_0^{2\pi} P_r(\theta)\,d\theta = 1$,

(ii) $P_r(\theta) > 0$ $(\forall\theta \in [0, 2\pi])$, $P_r(\theta) = P_r(-\theta)$이고 $P_r(\theta)$는 주기가 2π인 주기함수이다. 따라서 $\displaystyle\int_0^{2\pi} P_r(\theta)\,d\theta = \int_{-\pi}^{\pi} P_r(\theta)\,d\theta$.

(iii) $0 \leqq \zeta < \theta \leqq \pi$이면 $P_r(\theta) < P_r(\zeta)$, $-\pi \leqq \zeta < \theta \leqq 0$이면 $P_r(\zeta) < P_r(\theta)$.

(iv) 주어진 $\delta > 0$에 대해, $\delta \leqq |\theta| \leqq \pi$에서 $r \to 1^-$일 때 $P_r(\theta)$를 θ의 변수로 하고 첨수가 r인 함수들의 모임(family)이라고 간주하면 $P_r(\theta)$는 0으로 균등수렴한다.(그림 9-2 참조)

증명 (i) $0 \le \rho < 1$인 ρ을 고정하면 급수 (9.5)는 $r \le \rho$에 대해서 $|r^{|n|} e^{in\theta}| \le \rho^{|n|}$이므로 Weierstrass의 M-판정에 의해서 균등수렴한다. 따라서

$$\int_0^{2\pi} P_r(\theta)\, d\theta = \int_0^{2\pi} \sum_{n=-\infty}^{\infty} r^{|n|} e^{in\theta} d\theta = \sum_{n=-\infty}^{\infty} r^{|n|} \int_0^{2\pi} e^{in\theta} d\theta = 2\pi$$

이다. 즉,

$$\frac{1}{2\pi} \int_0^{2\pi} P_r(\theta)\, d\theta = 1.$$

(ii) $0 \le r < 1$이므로 $P_r(\theta) = \dfrac{1-r^2}{|1-re^{i\theta}|^2} > 0$. 나머지도 Poisson 핵의 정의에 의해서 성립함을 쉽게 알 수 있다.

(iii) $[0, \pi]$에서 $\cos\theta$는 감소하고, $[-\pi, 0]$에서는 증가하므로 $P_r(\theta) = \dfrac{1-r^2}{1-2r\cos\theta + r^2}$는 $[0, \pi]$에서 감소하고, $[-\pi, 0]$에서는 증가한다.

(iv) $\delta \le |\theta| \le \pi$에서 $\cos\theta \le \cos\delta$이고, $r > \cos\delta$이면 $1 - 2r\cos\theta + r^2 > (1-\cos\delta)^2$이므로 $p_r(\theta) < \dfrac{1-r^2}{(1-\cos\delta)^2}$이다. $P_r(\theta)$는 $r \to 1^-$일 때 0으로 균등수렴한다. ■

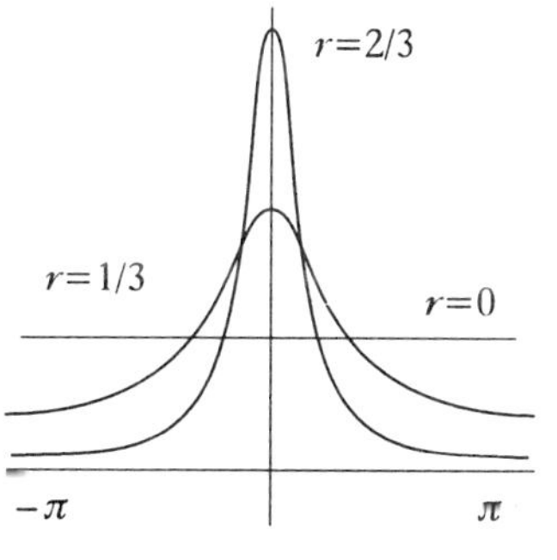

그림 9-2

정리 9.3.3 U는 $\overline{D} = \{z \in \mathbb{C} : |z| \le 1\}$를 포함하는 열린집합이고 $f : U \to \mathbb{R}$는 조화함수라 하자. $z = re^{it} \in D$이면

$$f(re^{it}) = \frac{1}{2\pi} \int_0^{2\pi} f(e^{i\theta}) \frac{1-r^2}{1-2r\cos(t-\theta)+r^2} d\theta. \tag{9.6a}$$

Poisson의 핵을 이용하여 표현하면

$$f(re^{it}) = \frac{1}{2\pi}\int_0^{2\pi} f(e^{i\theta})\,P_r(\theta-t)\,d\theta = \frac{1}{2\pi}\int_0^{2\pi} f(e^{i\theta})\,P_r(t-\theta)\,d\theta. \quad (9.6b)$$

이것을 Poisson의 적분공식(Integral Formula)이라고 부른다.

증명 f가 조화함수이므로 해석함수 F가 존재하여 $F(z)=f+ig$이고 $P_r(\theta-t)$는 실함수이므로 f가 복소함수이더라도 (9.6b)의 실수부분에 관한 식이 조화함수 f에 관한 식이다. 따라서 f를 해석함수라고 가정해도 상관없다. Cauchy의 적분공식에 의해서

$$f(z) = \frac{1}{2\pi i}\int_{|\zeta|=1} \frac{f(\zeta)}{\zeta-z}\,d\zeta$$

$z=re^{it}$, $0<r<1$라 하면 $\left|\frac{1}{\bar{z}}\right| = \frac{1}{r} > 1$이므로 $\frac{-f(\zeta)}{\zeta-1/\bar{z}}$는 $|\zeta|<1/r$에서 해석적이다. 그러면 Cauchy의 적분정리에 의해서

$$\frac{1}{2\pi i}\int_{|\zeta|=1} \frac{-f(\zeta)}{\zeta-1/\bar{z}}\,d\zeta = 0.$$

따라서 $\zeta=e^{i\theta}$, $z=re^{it}$, $\bar{z}=\overline{re^{it}}$를 적분식에 대입하여

$$\begin{aligned} f(z) &= \frac{1}{2\pi i}\int_{|\zeta|=1} \frac{f(\zeta)}{\zeta-z}\,d\zeta - \frac{1}{2\pi i}\int_{|\zeta|=1} \frac{f(\zeta)}{\zeta-1/\bar{z}}\,d\zeta \\ &= \frac{1}{2\pi i}\int_{|\zeta|=1} f(\zeta)\left(\frac{1}{\zeta-z} + \frac{\bar{z}}{1-\bar{z}\zeta}\right)d\zeta \\ &= \frac{1}{2\pi i}\int_0^{2\pi} f(e^{i\theta})\left(\frac{1}{-re^{it}+e^{i\theta}} + \frac{re^{-it}}{1-re^{-it}\cdot e^{i\theta}}\right) ie^{i\theta}\,d\theta \qquad (9.6c) \end{aligned}$$

그런데

$$\begin{aligned} P_r(t-\theta) &= \sum_{n=-\infty}^{\infty} r^{|n|} e^{in(t-\theta)} = \sum_{n=0}^{\infty} r^n e^{in(t-\theta)} + \sum_{n=1}^{\infty} r^n e^{in(\theta-t)} \\ &= \frac{1}{1-re^{i(t-\theta)}} + \frac{re^{i(\theta-t)}}{1-re^{i(\theta-t)}} \\ &= \frac{e^{i\theta}}{-re^{it}+e^{i\theta}} + \frac{re^{-it}e^{i\theta}}{1-re^{-it}e^{i\theta}} \end{aligned}$$

이므로 (9.6b) 식이 성립한다. ■

단위원 $|\zeta| \le 1$ 대신 $|z-w_0| \le R$에서 Poisson의 적분공식을 유도할 수 있다.

$z = w_0 + re^{it}$, $0 \leqq r < R$이라 하자. $z^* = R^2/(\bar{z} - \overline{w_0}) + w_0$는 원 $|\zeta - w_0| = R$에 대한 z의 대칭점이라 하면 $\frac{1}{2\pi i}\int_{|\zeta - w_0| = R} \frac{-f(\zeta)}{\zeta - z^*}d\zeta = 0$이다.

$$f(z) = \frac{1}{2\pi i}\int_{|\zeta - w_0| = R} \frac{f(\zeta)}{\zeta - z}d\zeta - \frac{1}{2\pi i}\int_{|\zeta - w_0| = R} \frac{f(\zeta)}{\zeta - z^*}d\zeta$$

를 계산하여 정리하면,

$$f(z) = \frac{1}{2\pi}\int_0^{2\pi} f(w_0 + Re^{i\theta})\left(\frac{R^2 - |z - w_0|^2}{|R - (\bar{z} - \overline{w_0})e^{i\theta}|^2}\right)d\theta. \tag{9.7a}$$

$|z - w_0|^2 = r^2$이고 $(\bar{z} - \overline{w_0})e^{i\theta} - re^{i(\theta - t)}$이므로

$$f(z) = \frac{1}{2\pi}\int_0^{2\pi} \frac{R^2 - r^2}{R^2 - 2Rr\cos(\theta - t) + r^2} f(w_0 + Re^{i\theta})d\theta$$

$$= \frac{1}{2\pi}\int_0^{2\pi} P_{r/R}(\theta - t) f(w_0 + Re^{i\theta})d\theta. \tag{9.7b}$$

여기서 $P_{r/R}(\theta - t) = \dfrac{R^2 - r^2}{R^2 - 2Rr\cos(\theta - t) + r^2}$는 Poisson의 핵이다.

다음 정리는 $D = \{z \in \mathbb{C} : |z| < 1\}$에서 Dirichlet 문제의 해에 관한 것인데 이것은 Poisson의 핵을 사용하면 풀 수 있다.

정리 9.3.4 (D에서 Dirichlet 문제) $D = \{z \in \mathbb{C} : |z| < 1\}$라 하고 $\partial D = \{z \in \mathbb{C} : |z| = 1\}$라 하자. $f : \partial D \to \mathbb{R}$를 연속이라 하면 다음 조건을 만족하는 연속함수 $u : \overline{D} \to \mathbb{R}$가 유일하게 존재한다.

(i) $\forall z \in \partial D$, $f(z) = u(z)$

(ii) u는 D에서 조화적이다.

증명 $u : \overline{D} \to \mathbb{R}$를

$$u(z) = \begin{cases} \dfrac{1}{2\pi} \displaystyle\int_0^{2\pi} P_r(\theta - t) f(e^{it})\,dt & z = re^{i\theta},\ 0 \le r < 1 \\ f(e^{i\theta}) & z = e^{i\theta} \end{cases} \tag{9.8}$$

라고 정의한다.

(i)은 u의 정의로부터 당연히 성립한다. 먼저 u는 D에서 조화적인 것을 보이고 다음에 $\overline{D}$에서 연속인 것을 보인다. $0 \le r < 1$이라 하자. 그러면

$$\begin{aligned} u(re^{i\theta}) &= \frac{1}{2\pi} \int_0^{2\pi} \mathrm{Re}\left[\frac{1+re^{i(\theta-t)}}{1-re^{i(\theta-t)}}\right] f(e^{it})\,dt \\ &= \mathrm{Re}\left\{\frac{1}{2\pi} \int_0^{2\pi} \left[\frac{1+re^{i(\theta-t)}}{1-re^{i(\theta-t)}}\right] f(e^{it})\,dt\right\} \\ &= \mathrm{Re}\left\{\frac{1}{2\pi} \int_0^{2\pi} \frac{e^{it}+re^{i\theta}}{e^{it}-re^{i\theta}} f(e^{it})\,dt\right\}. \end{aligned}$$

지금 $g(z) = \dfrac{1}{2\pi} \displaystyle\int_0^{2\pi} f(e^{it}) \cdot \left(\dfrac{e^{it}+z}{e^{it}-z}\right) dt$로 정의하면, $\mathrm{Re}\,g(z) = u(z)$이므로 $g(z)$가 해석함수인 것만 보이면 $u(z)$는 조화함수가 된다. 그런데 $\dfrac{e^{it}+z}{e^{it}-z}$는 D에서 해석적이고, f도 ∂D에서 연속이므로 $g(z)$는 미분가능하다. 따라서 g는 D에서 해석적이다.

u가 $\overline{D}$에서 연속인 것을 보이자. u는 D에서 조화적이므로 당연히 D에서는 연속이다. 따라서 u가 ∂D에서 연속임을 보이면 된다. ■

보조정리 9.3.5 주어진 $\alpha \in [-\pi, \pi]$와 $\epsilon > 0$에 대해서 $0 < \rho < 1$인 ρ와 $e^{i\alpha}$를 중심으로 하고 ∂D의 부분집합인 호 A가 존재하여 임의의 $\rho < r < 1$과 $e^{i\theta} \in A$에 대해

$$|u(re^{i\theta}) - f(e^{i\alpha})| < \epsilon.$$

증명 $\alpha \ne 0$인 경우는 모든 점을 $-\alpha$만큼 회전하면 되므로 $\alpha = 0$라고 가정하자. $e^{i\alpha} = 1$이고 f는 $z = 1$에서 연속이므로 주어진 $\epsilon > 0$에 대해 $\delta > 0$가 존재하여

$$|\theta| < \delta \Rightarrow |f(e^{i\theta}) - f(1)| < \frac{\epsilon}{3}. \tag{9.9}$$

$M = \max\{|f(e^{i\theta})| : 0 \le \theta \le 2\pi\}$이라 하고, $A = \{e^{i\theta} : |\theta| < \frac{\delta}{2}\}$를 호라 하자. 정리 9.3.2(iv)에 의해서 $0 < \rho < 1$가 존재하여, $|\theta| \ge \dfrac{\delta}{2}$이고 $\rho < r < 1$이면 $P_r(\theta) < \dfrac{\epsilon}{3M}$. 만약 $e^{i\theta} \in A$이고 $\rho < r < 1$이면

$$\begin{aligned} u(re^{i\theta}) - f(1) &= \frac{1}{2\pi}\int_0^{2\pi} P_r(\theta-t) f(e^{it})\,dt - f(1) \\ &= \frac{1}{2\pi}\int_0^{2\pi} P_r(\theta-t)[f(e^{it})-f(1)]\,dt \\ &= \frac{1}{2\pi}\left(\int_{|t|<\delta} + \int_{|t|\geq\delta}\right) P_r(\theta-t)[f(e^{it})-f(1)]\,dt \end{aligned}$$

3번째 등식의 첫 번째 적분은 (9.9)와 정리 9.3.2(i)에 의해서 $\frac{1}{3}\epsilon$ 보다 작고, 두 번째 적분은 $|t| \geq \delta$이고 $|\theta| \leq \frac{\delta}{2}$이면 $|t-\theta| \geq |t|-|\theta| \geq \frac{\delta}{2}$이므로 $P_r(\theta-t) \leq \frac{\epsilon}{3M}$. 그러면

$$|u(re^{i\theta}) - f(1)| < \frac{1}{3}\epsilon + 2M \cdot \frac{\epsilon}{3M} = \epsilon$$

따라서 u는 1에서 연속이다. ■

정리 9.3.4의 증명 계속 보조정리 9.3.5에 의해서 u는 $e^{i\alpha}$에서 연속이다. 그리고 α는 임의로 택했으므로 u는 ∂D에서도 연속이다. 만약 또 다른 v가 Dirichlet 문제의 해이면 ∂D에서 $u-v=0$이므로 조화함수의 항등정리에 의해서 $u \equiv v$. ■

따름정리 9.3.6 $z_0 \in \mathbb{C}$라 하고 f는 $|z-z_0| = R$ 위에서 연속인 함수라 하자. 그러면 유일한 연속함수 $w: \overline{B}(z_0; R) \to \mathbb{R}$이 존재하여 $B(z_0; R)$에서 조화적이고 $|z-z_0| = R$에서는 $w(z) = f(z)$이다.

증명 $h(e^{i\theta}) = f(z_0 + re^{i\theta})$라 하면 h는 단위원 $|z|=1$에서 연속이므로 정리 9.3.4에 의해 조화함수 $u: \overline{D} \to \mathbb{R}$가 존재하여 u는 D에서 조화적이고 $u|_{\partial D} = h|_{\partial D}$. 그러면 $w(z) = u\left(\frac{z-z_0}{R}\right)$가 구하려는 조화함수이다. ■

평균값 성질은 사실 조화함수의 특성을 결정한다. 정리 9.3.4의 중요성은 다음 정리의 증명에서 볼 수 있다.

정리 9.3.7 (평균값 성질의 역) $U \subseteq \mathbb{C}$를 열린집합이라 하자. $f: U \to \mathbb{R}$를 연속함수라 하고 국소적 평균값성질을 갖고 있다 하자. 즉, 주어진 $z \in U$에 대해서 $\rho > 0$가 존재하여

$$f(z)=\frac{1}{2\pi}\int_0^{2\pi} f(z+\mathrm{Re}^{i\theta})\,d\theta,\ \ (0\leqq R<\rho).$$

그러면 f는 U에서 조화적이다.

증명 f가 임의의 원판 $B(z_0;R)\subseteq\overline{B}(z_0;R)\subseteq U$에서 조화적임을 보이자. $u(z)$는 (9.8)에서 정의된 조화함수라 하고 $w(z)=u\left(\frac{z-z_0}{R}\right)$이라 하자. 즉, $w(z)$는 $|z-z_0|<R$이면

$$w(z)=\frac{1}{2\pi}\int_0^{2\pi} f(z_0+\mathrm{Re}^{i\theta})\left(\frac{R^2-|z-z_0|^2}{|R-(\bar{z}-\bar{z_0})e^{i\theta}|^2}\right)d\theta,$$

$|z-z_0|=R$이면 $w(z)=f(z)$. $F;\overline{B}(z_0;R)\to\mathbb{R}$를 다음과 같이 정의한다.

$$F(z)=\begin{cases} f(z)-w(z), & z\in B(z_0;R)\\ 0, & z\in\partial B(z_0;R)\end{cases}$$

그러면 $F(z)$는 $\overline{B}(z_0;R)$에서 연속이고 국소적 평균치 성질을 갖고 있다. $\overline{B}(z_0;R)$는 컴팩트 집합이므로 $F(z)$는 $\overline{B}(z_0;R)$의 어떤 점에서 최대값이 M이 된다.

$$A=\{z\in B(z_0;R):F(z)<M\}\text{이고 } B=\{z\in B(z_0;R):F(z)=M\}$$

이라 놓자. F가 연속이므로 A는 열린집합이다. 만약 $F(w)=M$이면 국소적 평균치 성질에 의해서 w의 근방의 임의의 조그만 원 위에서 모두 M과 같다. 이것은 B가 열린 집합임을 의미한다. $B(z_0;R)$가 연결집합이므로 $A=B(z_0;R)$ 또는 $B=B(z_0;R)$. 첫 번째 경우 $F(z)$는 최대값을 경계에서 얻어야 하므로 $M=0$이며 두 번째 경우 $B(z_0;R)$에서 $F(z)\equiv M$이므로 역시 $M=0$. 따라서 $F(z)\leqq 0$. 최소값에 대해서도 동일한 논의를 적용하면 $F(z)\geqq 0$. 따라서 $F(z)\equiv 0$. 즉, $B(z_0;R)$에서 $f(z)=w(z)$이다. 따라서 $f(z)$는 조화적이다. ■

$u(e^{it})$가 구분적 연속인 경우에도 $u(re^{i\theta})=\frac{1}{2\pi}\int_0^{2\pi}u(e^{it})\,P_r(\theta-t)\,dt$로 정의하면 불연속점이 유한개이므로 적분값에 영향을 주지 않는다. $u(re^{i\theta})$는 $|z|<1$에서 조화적이고 λ가 호 I_n들의 끝점이 아니면 $\lim_{z\to\lambda}u(z)=u(\lambda)$.

[예 9.3.1] 정전기학(electrostatics)에 의하면 긴 원통의 표면에 전하(charge)가 주어지면 내부의 정전기퍼텐셜(potential)은 Dirichlet의 경계치 문제의 해인 조화함수라는 것이 알려져 있다. 지금 원통을 길이로 둘로 자르고 2부분을 절연상태로 유지한다고 하자. 위쪽은 $+1$의 전하(charge)를 주고 아래쪽은 -1의 전하를 주었을 때 내부의 정전기퍼텐셜을 구해보자.

원통의 절단부분을 $x^2+y^2=1$이라 가정하고

$$u(e^{it}) = \begin{cases} +1 & 0 \le t \le \pi \\ -1 & \pi < t < 2\pi \end{cases}$$

이라 하자. Poisson의 적분공식을 이용하여 $|z|<1$에서 조화적이고 $t \ne 0, \pi$일 때 $u(e^{it})$와 경계에서 연속인 조화함수를 구하여보자. $z=re^{i\theta}$, $0 \le r < 1$이라 하면

$$u(re^{i\theta}) = \frac{1}{2\pi}\int_0^{\pi} \frac{1-r^2}{1-2r\cos(\theta-t)+r^2}\,dt - \frac{1}{2\pi}\int_{-\pi}^{0} \frac{1-r^2}{1-2r\cos(\theta-t)+r^2}\,dt.$$

$$\frac{1-r^2}{1-2r\cos(\theta-t)+r^2} = \mathrm{Re}\left(\frac{1+ze^{-it}}{1-ze^{-it}}\right),\quad z=e^{i\theta}\text{이고}$$

$$\frac{1+ze^{-it}}{1-ze^{-it}} = 1+\frac{2ze^{-it}}{1-ze^{-it}}$$

이므로

$$\begin{aligned}\int_0^{\pi} \frac{1+ze^{-it}}{1-ze^{it}}\,dt &= \int_0^{\pi} 1+\frac{2ze^{-it}}{1-ze^{-it}}\,dt = \pi+2z\int_0^{\pi} \overline{\frac{e^{it}}{1-\bar{z}e^{it}}}\,dt \\ &= \pi+2z\overline{\left(\frac{1}{i}\int_{\gamma}\frac{dw}{1-\bar{z}w}\right)} = \pi+2\overline{\left(\frac{1}{i}\int_{r}\frac{\bar{z}}{1-\bar{z}w}\,dw\right)},\end{aligned}$$

여기서 γ는 $0 \le t \le \pi$까지 반원 $\{e^{it} : 0 \le t \le \pi\}$이다. 그런데 $\dfrac{\bar{z}}{1-\bar{z}w}$를 w의 함수로 보면 $-\log(1-\bar{z}w)$의 도함수가 되고 이것은 γ를 포함하고 $1/\bar{z}$을 포함하지 않는 영역에서 해석적이므로

$$\begin{aligned}\int_{r}\frac{\bar{z}}{1-\bar{z}w}\,dw &= -\log(1-\bar{z}(-1))-(-\log(1-\bar{z})) \\ &= -[\log|1+\bar{z}|+i\,\mathrm{Arg}(1+\bar{z})]+[\log|1-\bar{z}|+i\,\mathrm{Arg}(1-\bar{z})]\end{aligned}$$

이고

$$\operatorname{Re}\int_0^{\pi}\frac{1+ze^{it}}{1-ze^{-it}}\,dt=\pi+2[\operatorname{Arg}(1-\bar{z})-\operatorname{Arg}(1+\bar{z})]$$

$$=\pi+2\operatorname{Arg}\left(\frac{1-\bar{z}}{1+\bar{z}}\right)=\pi+2\operatorname{Arg}\left(\overline{\frac{1-z}{1+z}}\right)=\pi-2\operatorname{Arg}\left(\frac{1-z}{1+z}\right)$$

$$=\pi+2\operatorname{Arg}\left(\frac{1+z}{1-z}\right).$$

똑같은 방법으로

$$\int_{-\pi}^{0}\frac{1-r^2}{1-2r\cos(\theta-t)+r^2}\,dt=\pi-2\operatorname{Arg}\left(\frac{1+z}{1-z}\right).$$

따라서

$$u(z)=\frac{1}{2\pi}\left[\pi+2\operatorname{Arg}\left(\frac{1+z}{1-z}\right)\right]-\frac{1}{2\pi}\left[\pi-2\operatorname{Arg}\left(\frac{1+z}{1-z}\right)\right]$$

$$=\frac{2}{\pi}\operatorname{Arg}\left(\frac{1+z}{1-z}\right).$$

상반 평면 위에서 Poisson의 적분공식을 구해보자. 먼저 $\psi(z)=i\dfrac{1+z}{1-z}$는 $|z|<1$의 내부를 상반평면 $\{z:\operatorname{Im}z>0\}$로 1-1이고 위로 사상하는 1차 분수변환이다. 이것은 복비 $Rz=(z,-i,-1,1)$를 계산하여 얻는다.

정리 9.3.8 $w(t)$를 실수선상에서 정의된 유계이고 구분적 연속인 실함수라 하자. 그러면 상반평면 $\{\zeta=\sigma+i\tau:\tau>0\}$ 위에서 유계인 조화함수 $W(\zeta)$가 존재하여, $\forall s\in\mathbb{R}$에 대해서 w가 s에서 연속이면 $\lim_{\zeta\to s}W(\zeta)=w(s)$.

증명 $u(e^{i\theta})=w\left(i\dfrac{1+e^{i\theta}}{1-e^{i\theta}}\right)$로 놓으면 u는 $|z|=1$에서 정의된 유계이고 구분적 연속인 함수이다. 여기에 Poisson의 적분공식을 적용하여 조화함수

$$U(z)=\frac{1}{2\pi}\int_0^{2\pi}u(e^{i\theta})\frac{1-r^2}{1-2r\cos(s-\theta)+r^2}\,d\theta,\quad z=re^{is}\quad 0\le r<1$$

를 얻는다. 이 함수는 $|z|<1$에서 조화적이고 $|z|=1$에서 연속이며 $z \to e^{i\theta}$이면 $U(z) \to u(e^{i\theta})$이다. $w(t)$는 실함수이므로 u도 실함수이고

$$U(z) = Re\left\{\frac{1}{2\pi}\int_0^{2\pi} u(e^{i\theta})\frac{e^{i\theta}+z}{e^{i\theta}-z}\,d\theta\right\}.$$

$\zeta = i\dfrac{1+z}{1-z}$라 놓으면 $z = \dfrac{\zeta-i}{\zeta+i}$이므로 $W(\zeta) = U\left(\dfrac{\zeta-i}{\zeta+i}\right)$로 정의하면 $W(\zeta)$는 상반평면 위에서 조화적이다. $i\dfrac{1+e^{i\theta}}{1-e^{i\theta}} = t \in \mathbb{R}$ 이므로 $e^{i\theta} = (t-i)/(t+i)$이고 이것을 미분하면 $e^{i\theta}d\theta = 2(t+i)^{-2}\,dt$. 변수변환하여 정리하면

$$\begin{aligned} W(\zeta) &= \mathrm{Re}\left\{\frac{1}{2\pi}\int_0^{2\pi} u(e^{i\theta})\frac{e^{i\theta}+z}{e^{i\theta}-z}\,d\theta\right\} \qquad (9.10)\\ &= \mathrm{Re}\left\{\frac{1}{2\pi}\int_{-\infty}^{\infty} w(t)\frac{e^{i\theta}+(\zeta-i)/(\zeta+i)}{e^{i\theta}-(\zeta-i)/(\zeta+i)}\cdot\frac{2}{(1+t)^2}\,dt\right\}\\ &= \mathrm{Re}\left\{\frac{1}{2\pi}\int_{-\infty}^{\infty} w(t)\frac{t\zeta+1}{i(t-\zeta)}\cdot\frac{2}{1+t^2}\,dt\right\}\\ &= \frac{1}{\pi}\int_{-\infty}^{\infty} w(t)\frac{\tau}{(t-\sigma)^2+\tau^2}\,dt, \quad \zeta = \sigma+i\tau. \end{aligned}$$

■

(9.10)의 마지막 식을 **상반평면에서의** Poisson **적분공식**이라고 부른다.

[예 9.3.2] 실수선상의 선분 $(-\sigma, \sigma)$ 위의 점들은 퍼텐셜 $V_0 > 0$로 유지되고 나머지 실수축 위의 점들은 퍼텐셜 0로 유지된다고 하자. 이때 상반평면에서 정전기퍼텐셜을 구해보자.

$$V(x, 0) = \begin{cases} V_0 & -\sigma < x < \sigma \\ 0 & |x| > \sigma \end{cases}$$

라고 정의하자. 그러면 $V(x, 0)$는 구분적 연속이다. 상반평면 $\mathrm{Im}\,z > 0$에서 Poisson의 적분공식은

$$\begin{aligned} V(x, y) &= \frac{1}{\pi}\int_{-\infty}^{\infty} V(t, 0)\frac{y}{(x-t)^2+y^2}\,dt = \frac{V_0}{\pi}\int_{-\sigma}^{\sigma}\frac{y}{(t-x)^2+y^2}\,dt\\ &= \frac{V_0}{\pi}\left\{\mathrm{Arc\,tan}\left(\frac{\sigma-x}{y}\right) - \mathrm{Arc\,tan}\left(\frac{-\sigma-x}{y}\right)\right\}\\ &= \frac{V_0}{\pi}\mathrm{Arc\,tan}\left(\frac{2\sigma y}{x^2+y^2-\sigma^2}\right). \end{aligned}$$

$U(x, y) = (V_0/\pi)\log|(z-\sigma)/(z+\sigma)|$는 상반평면 위에서 V의 공액조화함수이다.

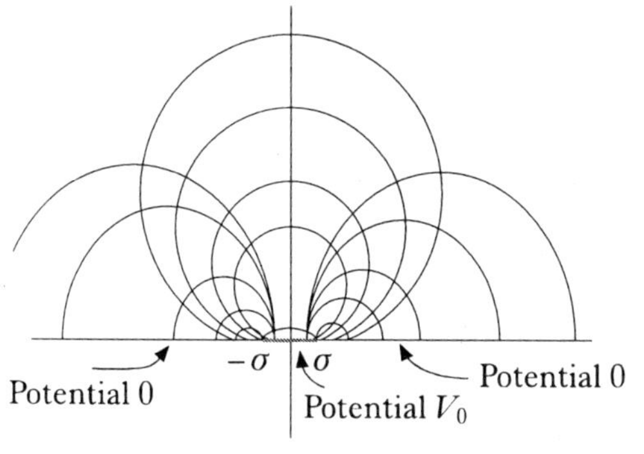

그림 9-3

U의 등고선은 전자장의 흐름을 낸다. 이 곡선들은 Apollonius의 원이라고 부른다. 이 원은 중심이 $(-\infty, -\sigma)\cup(\sigma, \infty)$ 위에 있고 식은

$$|z-\sigma| = \rho|z+\sigma|, \quad 0<\rho<\infty.$$

연습문제 [9.3]

1. $u(x, y) = \dfrac{1}{\pi}\displaystyle\int_0^\infty \left[\frac{y}{(x-t)^2+y^2} - \frac{y}{(x+t)^2+y^2}\right] f(t)\,dt$
   는 상반평면 $\text{Im}\, z>0$ 위에서 조화적이고, 임의의 $0<y<\infty$와 $0<x<\infty$에 대해 $u(0, y) = 0$, $u(x, 0) = f(x)$이다.

2. 문 1을 사용하여 제 1사분면 $\{z=x+iy\,|\,\text{Re}\, z>0,\ \text{Im}\, z>0\}$ 위에 정의되고 경계 값이 $u(x, 0)=f_1(x)$, $0<x<\infty$이고 $u(0, y) = f_2(y)$, $0<y<\infty$인 조화함수 $u(x, y)$의 적분 표현식을 구하여라.

3. $u(re^{i\theta}) = \dfrac{1}{2\pi}\displaystyle\int_0^\pi [P_r(t-\theta) - P_r(t+\theta)] f(e^{it})\,dt$
   는 반 원판 $\{z : |z|<1,\ 0<\text{Arg}\, z<\pi\}$에서 정의된 조화함수이고 경계 값은 $u(e^{i\theta}) = f(e^{i\theta})$, $0<\theta<\pi$이고 $u(x)=0$, $-1<x<1$이다.

4. 단위원판 D의 외부 $|z|>1$에 대한 Dirichlet 문제를 풀어라. 즉, $f:\partial D\to\mathbb{R}$를 연속이라 하자. 그러면 연속함수 $u:\overline{D^c}\to\mathbb{R}$가 존재하여

   (i) $u(e^{i\theta})=f(e^{i\theta}),\ 0\leq\theta\leq 2\pi$, (ii) u는 $\overline{D^c}$에서 조화적이다.

5. 예 9.3.2를 사용하여 $D=\{z=x+iy \mid x^2+y^2>\sigma^2$이고 $y>0\}$에서 퍼텐셜이 $(-\infty, -\sigma)\cup(\sigma, \infty)$에서는 0이고, 반원 $x^2+y^2=\sigma^2,\ y>0$에서는 1인 정전기 퍼텐셜을 구하여라.

6. $0<|\theta|\leq\pi$일 때 $\lim_{r\to 1}P_r(\theta)=0$가 성립함을 보여라.
   연속함수 u_n이 존재하여 $|z|<1$에서 조화적이고 $\theta\neq\pm\pi/2n$일 때

$$u_n(e^{i\theta})=f_n(e^{i\theta})=\begin{cases}2n, & |\theta|<\dfrac{\pi}{2n}\\ 0, & \dfrac{\pi}{2n}<|\theta|\leq\pi\end{cases}$$

   인 함수를 온도분포 함수라 부른다.
   $P_r(\theta)=\lim_{n\to\infty}u_n(re^{i\theta})$ 임을 보여라. $P_r(\theta)$는 $\theta=0,\ r=1$인 점에서 온도가 ∞가 된다. $\theta=0,\ r=1$인 점을 **열점**(hot spot)이라고 부른다.

7. 단위원 둘레에 N개의 열점 $e^{i\theta_1}, e^{i\theta_2}, \cdots, e^{i\theta_N}$이 있는 경우 온도분포함수를 구하여라.

8. 실수축 위의 점 x_0가 열점일 때 상반평면 $\mathrm{Im}\,z>0$에서 온도분포함수를 구하여라. 열점이 $x_1, x_2, \cdots, x_N$인 경우 $\mathrm{Im}\,z>0$에서 온도분포함수를 구하여라.

9.4 경상의 원리(鏡像의 原理, reflection principle)

D를 정의역이라 하자. $D^*=\{z : \bar{z}\in D\}$로 정의한다. $f: D\to\mathbb{C}$가 해석함수일 때 $f^*: D^*\to\mathbb{C}$를 $f^*(z)=\overline{f(\bar{z})}$라고 정의하면 f^*는 해석적이다. 이것은 다음과 같이 보이면 된다. $f(z)=u(x, y)+iv(x, y)$라 하자. $x=\dfrac{z+\bar{z}}{2},\ y=\dfrac{z-\bar{z}}{2i}$이므로, 이것을 f에 대입하면

$$f(\bar{z}) = u\left(\frac{\bar{z}+z}{2}, \frac{\bar{z}-z}{2i}\right) + iv\left(\frac{\bar{z}+z}{2}, \frac{\bar{z}-z}{2i}\right) = u(x, -y) + iv(x, -y).$$

따라서

$$f^*(z) = \overline{f(\bar{z})} = u(x, -y) - iv(x, -y) = u^* + iv^*$$

그런데 $u_x = v_y$, $u_y = -v_x$ 이므로

$$u_x^* = u_x(x, -y) = v_y(x, -y) = (-v(x, -y))_y = v_y^*$$
$$u_y^* = -u_y(x, -y) = -(-v_x(x, -y)) = -v_x^*.$$

u, v는 모두 C^1 함수들이므로 정리 3.3.2에 의해서 f^*는 해석적이다.

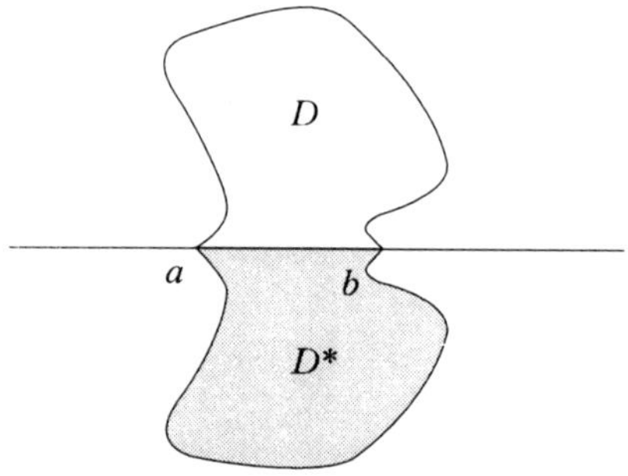

그림 9-4

정리 9.4.1 (Schwarz의 경상의 원리) D를 상반평면 $\{x+iy : y>0\}$에 있는 정의역이라 하고 ∂D는 열린구간 (a, b)를 포함한다고 하자. $f = u + iv$가 D에서 해석적이고 열린구간 (a, b)에서 연속이며 $x \in (a, b)$에 대해 $v(x, 0) = 0$이라 하자. 그러면 f는 $\Omega = D \cup (a, b) \cup D^*$에서 해석적인 함수로 확장할 수 있다. 특히 $z \in \Omega$이면 $f(z) = \overline{f(\bar{z})}$이다.(그림 9-4 참조)

증명 $f(z) = u + iv$라 하자. $z \in D^*$이라 하고 $f^*(z) = \overline{f(\bar{z})}$라 하면 $f^*(z)$는 위에서 보았듯이 D^*에서 해석적이다. Ω에서 F를 다음과 같이 정의한다.

$$F(z) = \begin{cases} f(z), & z \in D \cup (a, b) \\ f^*(z), & z \in D^* \end{cases} \tag{9.11}$$

$z \in (a, b)$이면 $v(z) = 0$이므로 F는 Ω에서 연속이다.

$$f^*(z) = \overline{f(\bar{z})} = u(\bar{z}) - iv(\bar{z})$$

이므로 u와 v를 $u^*(z) = u(\bar{z})$, $v^*(z) = -v(\bar{z})$, $(z \in D^*)$로 정의하면 F를 D^*로 확장할 수 있다. F의 정의에 의해서 F는 $D \cup D^*$에서 해석적이다.

$F(z)$는 열린구간 (a, b)에서도 해석적인 것을 보이자. $x_0 \in (a, b)$라 하자. 적당한 $r > 0$를 택하여 $B(x_0; 2r) \subset \Omega$이 되도록 한다. $\gamma : |z - x_0| = r$인 양방향의 원이라 하자. γ 위에서

$$w(\theta) = \begin{cases} v(x_0 + re^{i\theta}), & 0 \le \theta \le \pi \\ -v(x_0 + re^{-i\theta}), & -\pi \le \theta \le 0 \end{cases} \tag{9.12}$$

이라 놓으면 w는 γ 위에서 연속이다. 또 $w(-\theta) = -w(\theta)$이므로 w는 기함수이다. 그리면 따름정리 9.3.6에 의해서, $B(x_0; r)$에서 조화적이고 γ 위에서 w와 일치하는 조화함수 v_1을 찾을 수 있다. 즉, $v_1(z) = w(z)$, $\forall z \in T(\gamma)$. 그러면 Poisson 적분공식에 의해서 $z \in B(x_0; r)$이면 $v_1(z) = -v_1(\bar{z})$. $z \in \mathbb{R}$ 이면 $z = \bar{z}$이고 $v_1(z) = -v_1(\bar{z}) = -v_1(z)$이므로 구간 $(x_0 - r, x_0 + r)$에서 $v_1 = 0$. $v - v_1$은 반원 $H = \{z : |z - x_0| < r, \operatorname{Im} z > 0\}$에서 조화적이고, 또 H의 경계 ∂H에서 0이다. 그러면 조화함수의 최대값 원리에 의해서 H에서 v와 v_1은 일치한다. 마찬가지 방법으로 $H^* = \{z : \bar{z} \in H\}$에서도 $v \equiv v_1$이므로 $B(x_0; r)$에서 $v \equiv v_1$. 그런데 v_1은 $B(x_0; r)$에서 조화적이므로 v도 $B(x_0; r)$에서 조화적이다. u는 H와 H^*에서 v와 조화적 공액함수이다. 그런데 $v = v_1$은 $B(x_0; r)$에서 조화적이므로 조화적 공액함수를 갖는데 이것은 $H \cup H^*$에서 u와 상수만큼 차이가 난다. 그러면 u도 $B(x_0; r)$에서 조화적이다. 따라서 F는 정리 9.1.1에 의해서 $B(x_0; r)$에서 해석적이다. ■

경상의 원리를 사용하여 특별한 해석함수에 관한 성질을 다음 예에서 찾을 수 있다.

[예 9.4.1] f를 열린구간 (a, b)에서는 실수가 되는 정함수(entire function)라 하자. ($\mathbb{C}$의 모든 점에서 해석적인 함수 (예) 다항식 $\sin z$, $\cos z$, e^z) 그러면 $f|_{\mathbb{R}}$도 실함수이다. 이것은 다음과 같이 보이면 된다.

$$F(z) = \begin{cases} f(z), & \operatorname{Im} z \geq 0 \\ \overline{f(\overline{z})}, & \operatorname{Im} z < 0 \end{cases}$$

라 정의하자. 경상의 원리에 의해서 $F(z)$는 $\Omega = \{z : \operatorname{Im} z > 0\} \cup \{z : \operatorname{Im} z < 0\} \cup (a, b)$에서 해석적이다. 또 f도 물론 Ω에서 해석적이고 $\operatorname{Im} z > 0$이면 $F(z) = f(z)$이므로 항등정리에 의해서 Ω 전체에서 $f = F$이다. 특히 $\operatorname{Im} z \neq 0$이면

$$f(z) = \overline{f(\overline{z})}.$$

그런데 f는 $\mathbb{C}$에서 연속이므로

$$\forall x \in \mathbb{R}, \ f(x) = \lim_{y \to 0} f(x+iy) = \lim_{y \to 0} \overline{f(x-iy)} = \overline{f(x)}.$$

따라서 $f|_{\mathbb{R}}$은 실함수이다.

Schwarz의 경상의 원리는 단지 실수구간에 대한 대칭영역 뿐 아니라 원 위의 호에 대해서도 그것이 1차 분수변환에 의해서 실수구간과 등각적으로 동치이므로 원에 대한 경상의 원리로 범위를 넓힐 수 있다.

[예 9.4.2] $D = \{z \in \mathbb{C} : |z| < 1\}$이라 하고 $f : \overline{D} \to \mathbb{C}$를 연속인 함수라 하자. f가 D에서 해석적이고 열린 호 $I \subseteq \partial D$에서 $f|_I = 0$이면 f는 D에서도 $f|_D \equiv 0$.

$I = \partial D$이면 최대값 원리에 의해서 $f|_D \equiv 0$. 따라서 $I \neq \partial D$라고 가정한다. 적당한 회전을 통해서 I에 없는 점을 -1로 가져올 수 있기 때문에 $-1 \not\in I$라고 가정해도 된다. $\varphi(z) = \dfrac{i(1-z)}{1+z}$라 하면 $\varphi : \overline{D} \to \{z : Im z \geq 0\}$인 등각사상이다. $g = f \circ \varphi^{-1}$이라 놓으면 g는 $H = \{z : \operatorname{Im} z > 0\}$에서 해석적이고, $\overline{H}$에서 연속이며 실수구간 $J = \varphi(I)$에서 함수값이 0이 된다. U를 반원이라 하고 특히 $\partial U \cap \mathbb{R} \subseteq J$라 하자. 그러면 Schwarz의 경상의 원리에 의해서 함수 g를 $U \cup U^* \cup J$로 확장한 $\tilde{g}$가 존재한다. $\tilde{g}$는 극한점을 갖는 J에서 0인 해석함수이므로 $\tilde{g} \equiv 0$. 그러면 U에서 $g \equiv 0$이고 H에서도 $g \equiv 0$. 따라서

$$f|_D \equiv 0. \qquad \blacksquare$$

연습문제 [9.4]

1. 식 (9.11)의 $F(z)$가 해석적인 것을 Morera의 정리를 사용하여 증명하여라.

2. D를 0을 포함하지 않는 정의역이라 하고 D^*는 D가 단위원 $|z|=1$에 대해 대칭인 점들의 집합이라 하자. 즉, $D^* = \{z : 1/\bar{z} \in D\}$.
$f: D \to \mathbb{C}$ 를 해석적이라 하고 $f^*: D^* \to \mathbb{C}$ 를 $f^*(z) = \overline{f(1/\bar{z})}$ 라고 정의하면 f^*는 해석적임을 증명하여라. 만약 $D = D^*$이고 $|z|=1$인 $z \in D$에 대해 $f(z) \in \mathbb{R}$ 이면 $f = f^*$임을 증명하여라. $\mathbb{R}$ 대신, 원주 $|z|=1$에 대한 경상의 원리를 기술하고 이를 증명하여라.

3. f는 $|z|<1$에서 해석적이고 $|z| \le 1$에서 연속이라 하자. $0 \le \theta \le 2\pi$에 대해 $|f(e^{i\theta})|=1$이면 f는 유리함수이다.

4. (조화함수에 관한 경상의 원리) D를 상반평면 $\operatorname{Im} z > 0$ 안에 있는 정의역이라 하고 ∂D는 열린구간 (a, b)를 포함한다 하자. u가 D에서 조화적이고 임의의 $x \in (a, b)$에 대해 $\lim_{z \to x} u(z) = 0$라 하면 u는 $\Omega = D \cup (a, b) \cup D^*$로 조화적으로 확장할 수 있다.

5. u가 $\operatorname{Im} z > 0$에서 조화적이고 모든 $y > 0$에 대해 $0 \le u(z) \le Ky$라 하면 $0 \le k \le K$가 존재하여 $u(z) = ky$이다.

6. $D = D^*$, 즉 D를 실수축에 대해서 대칭인 영역이라 하자. $f: D \to \mathbb{C}$ 가 해석적이면 해석함수 $f_1, f_2: D \to \mathbb{C}$ 가 존재하여 각각 $D \cap \mathbb{R}$ 에서 실수이고 $f = f_1 + if_2$이다.

7. f를 실수축 위에서는 실수이고 허수축 위에서는 허수인 전함수라 하자. 그러면 f는 기함수이다.

8. (Harnack의 부등식) (a) $h \ge 0$를 $\overline{B}(z_0; R)$를 포함하는 열린집합에서 조화적이라 하자. 그러면 임의의 $z = z_0 + re^{it} \in B(z_0; R)$에 대해서

$$\frac{R-r}{R+r} h(z_0) \le h(z_0 + re^{it}) \le \frac{R+r}{R-r} h(z_0).$$

(b) $h \ge 0$가 $\overline{B}(z_0; 2R)$를 포함하는 열린집합에서 조화적이라 하자. 그러면 임의의 $z \in \overline{B}(z_0; R)$에 대해서 $\frac{1}{3} h(z_0) \le h(z) \le 3h(z_0)$.

9. $\mathbb{C}$에서 위로 혹은 아래로 유계인 조화함수는 상수함수이다.

10. u를 $D=\{z:|z|<1\}$에서 정의된 조화함수이고 $u(0)=1$이라 하자. $u\left(\frac{1}{2}\right)$의 상계와 하계를 구하여라.

11. D를 정의역이라 하고 $K\subseteq D$를 컴팩트 부분집합이라 하자. 그러면 $M>0$이 존재하여 모든 양의 조화함수 $u:D\to\mathbb{R}^+$와 임의의 $z_1, z_2\in K$에 대해 $u(z_2)\leq Mu(z_1)$이다.

12. (Harnack의 원리) $U\subseteq\mathbb{C}$를 정의역이라 하고 $\{h_j\}$을 U에서 정의된 증가 조화 함수열이라 하자. 즉, $\forall z\in U,\ h_j(z)\leq h_{j+1}(z)$. 그러면 컴팩트 집합 위에서 균등적으로 $h_j\to\infty$이든지 조화함수 h가 U에 존재하여 $h_j\to h$로 정규수렴한다.

13. 9.38 조화함수들의 감소 열 $\{u_n\}$에 관한 Harnack의 원리는 무엇인가? 이를 기술하고 증명하여라. 만약 성립하지 않으면 반례는 무엇인가?

14. $\mathcal{F}=\{f:D\to\mathbb{C}\mid f$는 해석적이고, $Ref>0\}$는 정규족이다.

15. D를 단순연결영역이라 하고 $\forall n\in\mathbb{N},\ f_n=u_n+iv_n$을 D 위에서 정의된 해석함수라 하자. D의 임의의 컴팩트 부분집합 K 위에서 $\{u_n\}$이 균등수렴하고 어떤 점 $z_0\in D$에 대해 $\lim\limits_{n} f_n(z_0)$가 존재한다고 하자. 그러면 $\{f_n\}$은 임의의 컴팩트 부분집합 K에서 균등수렴한다.

16. 함수열 $\{f_n\}$이 정의역 D에서 해석적이고 $\forall z\in D,\ |f_1(z)|\leq|f_2(z)|\leq\cdots$, $z_0\in D$가 존재하여 $\lim\limits_{n} f_n(z_0)$가 존재하고 유한이면 $\forall z\in D,\ \lim\limits_{n} f_n(z)$가 존재한다.

17. $D=\{z\mid -1<\operatorname{Im}z<1\}$이라 하고 $u:D\to\mathbb{R}^+$를 양의 조화함수라 하자.

(a) $\lim\limits_{n\to\infty}u(n)=+\infty$이면, 모든 $y\in(-1,1)$에 대해서 $\lim\limits_{x\to\infty}u(x+iy)=+\infty$이다.

(b) $\lim\limits_{n\to\infty}u(n)=0$이면, 모든 $y\in(-1,1)$에 대해서 $\lim\limits_{x\to\infty}u(x+iy)=0$이다.

찾아보기

|ㅈ|

|ㅊ|

|ㅋ|

새로운

복소해석학의 기초

2008년 8월 30일 초판 인쇄
2008년 9월 10일 초판 발행

저 자 / 방현수
발행자 / 오판근
발행처 / 교우사

주 소 / 서울 동대문구 제기2동 148-19
전 화 / 925-2861(대), 편집부 / 925-2825
팩 스 / 925-2860
E-mail / kw2861 @ empal.com
http: // www. kyowoo. co. kr
등록 / 1994. 3. 24 제6-0256호

ISBN 978-89-8172-759-8 (93410)

값 19,000원